深入淺出 Kotlin

Dawn Griffiths
David Griffiths

賴屹民 編譯

O'REILLY®

獻給 Kotlin 的設計者。

感謝你們創造這麼棒的程式語言。

深入淺出 Kotlin 的作者

Dawn Griffiths 有超過 20 年的 IT 產業經驗，曾經擔任資深開發人員及資深軟體架構師。她曾經寫過許多深入淺出系列書籍，包括《深入淺出 *Android* 開發》。她也和她先生一起製作了 *The Agile Sketchpad* 教學影片，可讓大腦保持活躍且專注地學習關鍵的概念與技巧。

在寫作與製作影片之餘，Dawn 喜歡打太極、閱讀、跑步、編織線軸雷絲（bobbin lace），以及烹調美食。另外，Dawn 特別喜歡與親愛的老公共享美好時光。

David Griffiths 曾經擔任敏捷式開發教練、開發者，以及車庫服務員，可不是按照這個順序喔！他在 12 歲受 Seymour Papert 紀錄片啟蒙而開始編寫程式，在 15 歲就用 Papert 的 LOGO 電腦語言寫過程式了。在《深入淺出 *Kotlin*》之前，David 寫過許多深入淺出叢書，包括《深入淺出 *Android* 開發》，並且和 Dawn 一起開發 *The Agile Sketchpad* 教學影片。

除了寫文章、寫程式與指導學生之外，他經常與可愛的老婆（暨共同作者）四處旅行。

你可以在 Twitter 追隨 Dawn 與 David：*https://twitter.com/HeadFirstKotlin*。

目錄（精要版）

目錄（詳實版）

序

將你的大腦放在 Kotlin 上。此時，你正試著學習一項技術，你也要讓大腦協助你確保學習進度不會卡住。然而，大腦總是在想“最好留一個空間給更重要的事情，例如，有沒有人 line 我？太晚回家會不會讓另一半生氣？”那麼，該如何哄誘大腦，讓它認為學好 Kotlin 程式才是生死攸關的大事？

千里之行始於足下

1 試試水溫

Kotlin 正掀起浪潮

從第一版開始，Kotlin 就以**親切的語法、簡潔、靈活和強大的功能**，讓程式員留下深刻的印象。本書將教你**建立自己的 Kotlin 應用程式**，我們會先讓你建構一個基本的應用程式，並執行它。在過程中，你會學到 Kotlin 的基本語法，例如陳述式、迴圈與條件分支。你的旅程就要開始了…

能夠選擇編譯的目標平台，代表 Kotlin 程式可以在伺服器、雲端、瀏覽器、行動設備等平台上運行。

基本型態與變數

成為變數

2

所有的程式碼都需要一種東西一變數

所以在這一章，我們要看一下引擎蓋底下的東西，瞭解 ***Kotlin* 變數到底是怎麼運作的**。你會認識 Kotlin 的**基本型態**，例如整數、浮點數與布林，以及 Kotlin 編譯器**如何聰明地從變數的值判斷它的型態**。你將學會如何藉助 **String 模板**，用極少量的程式碼建構複雜的 String，以及如何建立**字串**來保存多個值。最後，你將瞭解，為什麼物件對 *Kotlin* 小鎮如此重要。

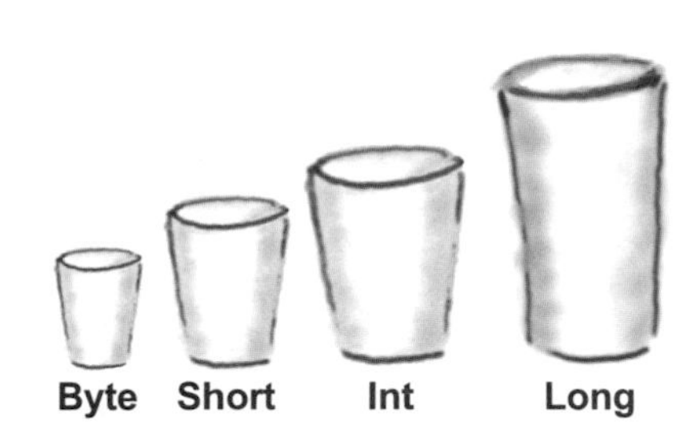

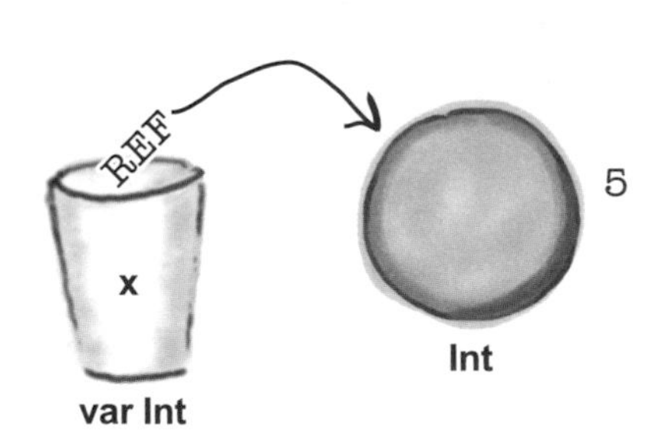

函式

離開 main 函式

3

該提升檔次，學學函式了。

到目前為止，你都在應用程式的 *main* 函式裡面寫程式。但是如果你要寫出**更有組織、更容易維護**的程式，就要知道如何**將程式碼拆成不同的函式**。這一章要藉著建立一個遊戲來教你如何編寫函式，以及如何與應用程式互動。你將會瞭解如何編寫緊湊的**單運算式函式**。在過程中，你也會知道如何運用強大的 *for* 迴圈來**遍歷範圍與集合**。

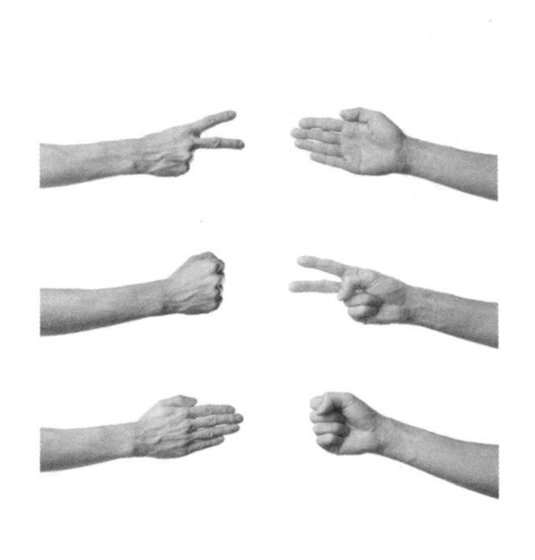

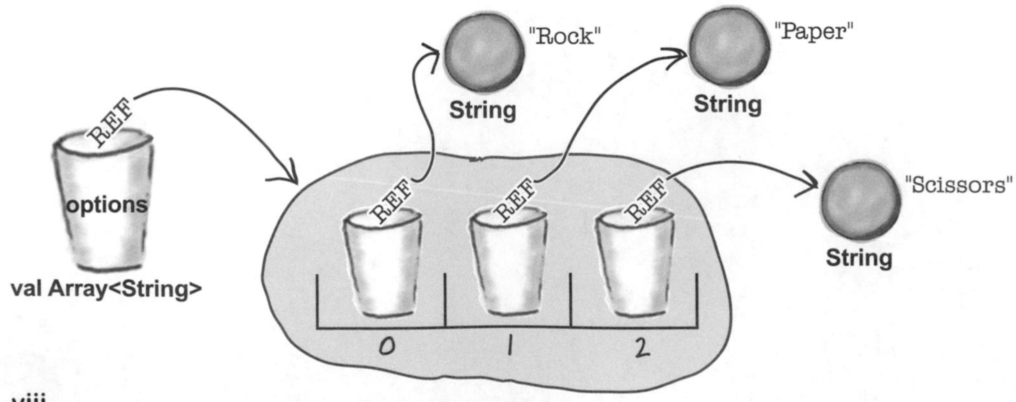

類別與物件

4 淺嚐類別

是時候看一些 Kotlin 基本型態之外的東西了。

你遲早要使用 Kotlin 基本型態之外的東西。所以，是時候讓**類別**登場了。類別是一種模板，可讓你**建立自己的物件型態**，並且定義它們的屬性與函式。這一章要告訴你**如何設計與定義類別**，以及如何用它們來**建立新型態的物件**。你將會認識**建構式**、**初始化區塊**、***getter*** 與 ***setter***，並瞭解如何使用它們來保護屬性。最後，你會知道 **Kotlin 程式碼都內建資料隱藏**，可以節省你的時間、精力與大量的按鍵動作。

一個類別

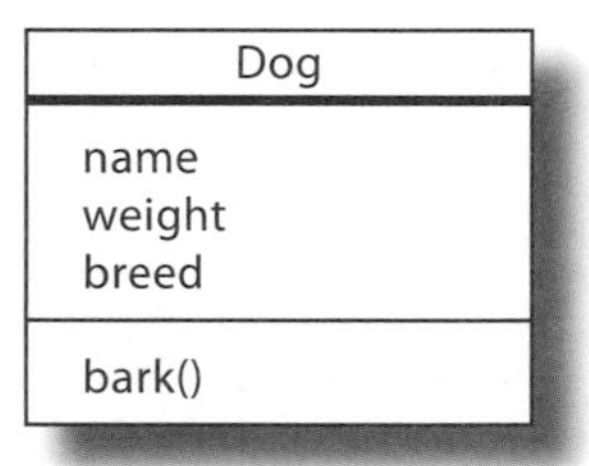

多個物件

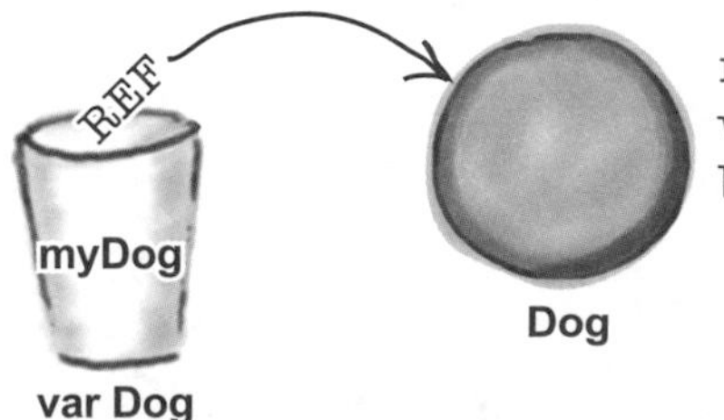

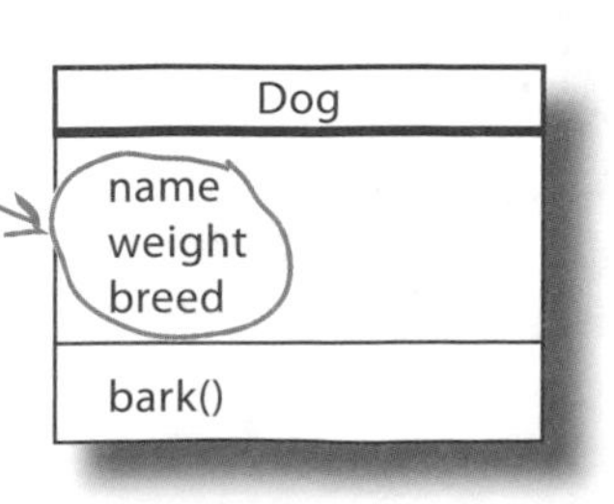

子類別與超類別

5 善用繼承

你是否曾經發現，有些既有的物件型態只要稍作修改，就很適合用來處理眼前的問題？

其實，這是**繼承**的好處之一。在這一章，你會學到如何建立**子類別**以及繼承**超類別**的屬性與函式。你將會瞭解**如何覆寫函式與屬性**，讓類別具備你想要的行為，以及適合（與不適合）做這件事的時機。最後，你將瞭解如何利用繼承來**避免寫出重複的程式**，以及如何使用**多型**來提升靈活性。

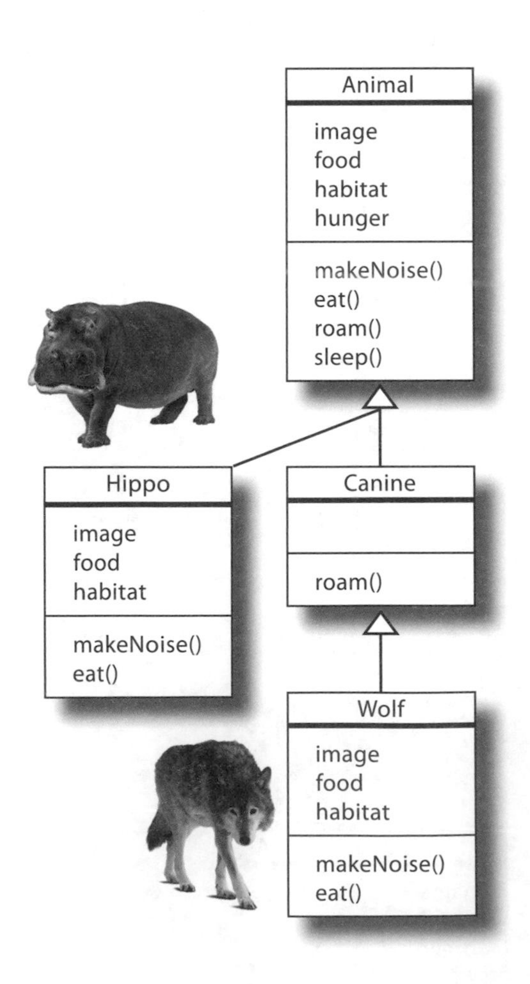

抽象類別與介面

6 認真的多型

超類別繼承階層只是個開端。

如果你想要**完全利用多型**，你就要用**抽象類別**與**介面**來進行設計。本章將教你如何使用抽象類別指定階層的哪些類別**可以被實例化與不可以被實例化**。你會看到它們如何強迫具體子類別**提供它們自己的實作**。你也會知道如何使用介面，**在獨立的類別之間共享行為**。在過程中，你將瞭解 ***is***、***as*** 與 ***when*** 的來龍去脈。

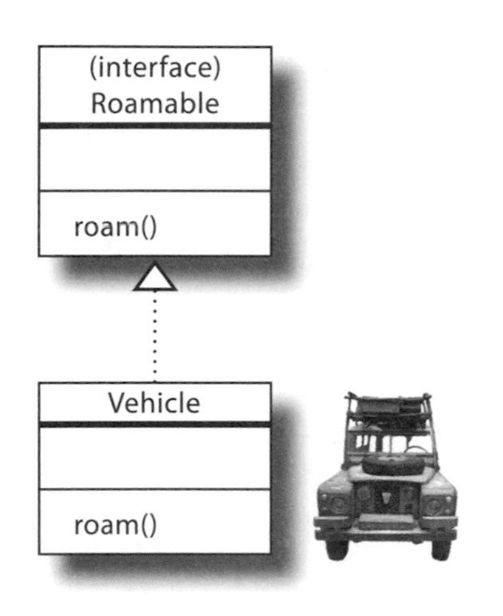

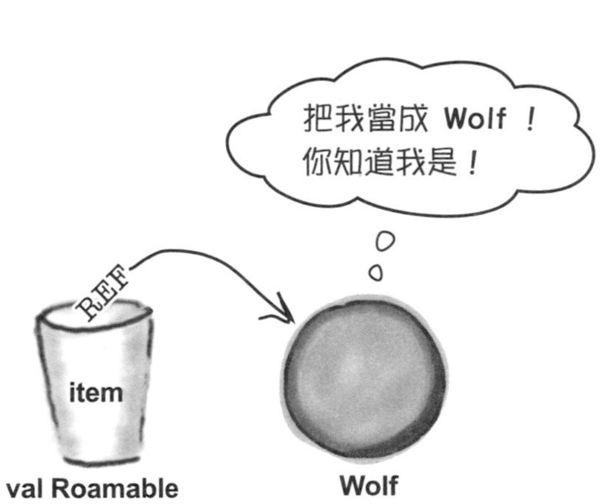

資料類別

處理資料

沒有人想要浪費生命重新發明輪子。

大部分的應用程式都有一些主要用來儲存資料的類別，它們可以讓你的程式設計生涯更輕鬆，因此 Kotlin 開發人員提出**資料類別**的概念。在這一章，我們要學習如何用資料類別寫出意想不到的**簡明**程式。你將瞭解資料類別的**工具函式**，並探索如何**將資料物件解構成它的元件**。在過程中，你會學到如何用**預設的參數值**來讓程式更靈活，我們也會介紹 **Any**，它是所有超類別之母。

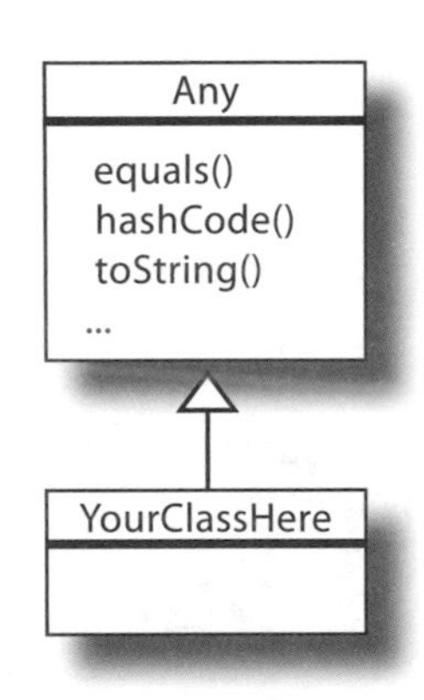

當不同的資料物件擁有相同的屬性值時，它們就會被視為相等。

null 與例外

8 安然無恙

每個人都想要寫出安全的程式。

好消息是，Kotlin 在設計上充分考慮程式的安全性。我們會先告訴你 Kotlin 如何使用 **nullable 型態**，讓你在 *Kotlin 小鎮裡面幾乎不會遇到 NullPointerException*。你將學到如何發出安全呼叫，以及如何使用 Kotlin 的 **Elvis** 運算子來防止你被例外嚇得目瞪口呆。瞭解 null 之後，我們會告訴你如何像專家一樣**丟出與捕捉例外**。

集合

井然有序

9

想要比陣列更靈活的東西嗎？

Kotlin 有許多實用的**集合**，可以讓你更靈活且更精密地**儲存與管理物件群組**。想要在可調整大小的串列中，持續加入東西嗎？想要排序、隨機排列，或反向排列它的內容嗎？想要用名稱找東西嗎？或者，你想要在彈指間，讓重複的東西灰飛煙滅？如果你想要以上的功能，或是其他的功能，請見本章分曉…

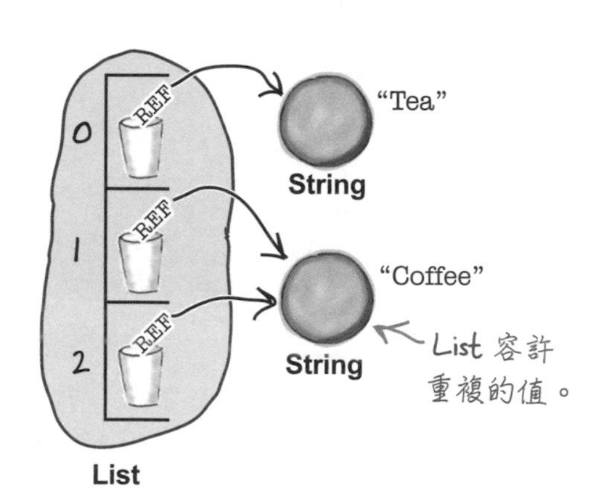

Map 容許重複的值，
但不容許重複的鍵。

泛型

10 見果知因

大家都喜歡一致的程式。

若要寫出一致的、不容易出問題的程式，**泛型**是可行的方式之一。這一章要介紹**Kotlin 的集合類別**如何**使用泛型**來防止你將 Cabbage 放入 List<Seagull>。你將知道何時及如何**編寫你自己的泛型類別、介面與函式**，以及如何**將泛型型態限制為特定的子型態**。最後，你會知道**如何使用協變與反變，親自**控制泛型型態的行為。

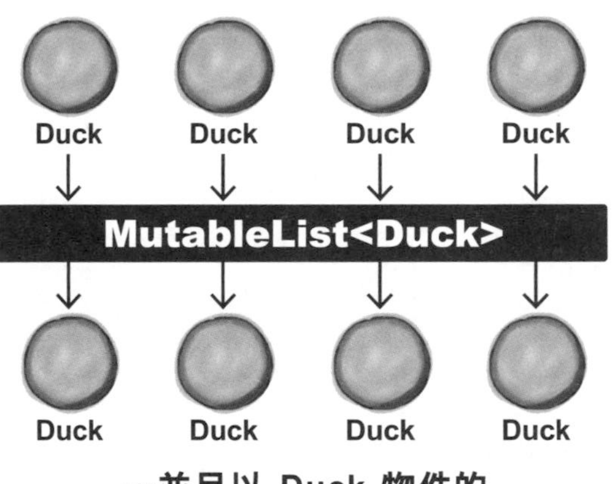

11 lambda 與高階函式

把程式碼當成資料來處理

想要寫出更強大、更靈活的程式嗎？

若是如此，你就要使用 **lambda**。*lambda*（或 *lambda* 運算式）是可以像物件一樣到處傳遞的一段程式碼。這一章會介紹**如何定義 *lambda*、將它指派給變數**，以及**執行它的程式**。你也會學到**函式型態**，以及它們如何協助你寫出**高階函式**，將 lambda 當成它們的參數或回傳值來使用。在過程中，我們也會教你如何使用一點點**語法糖來讓你的編程生涯更甜蜜**。

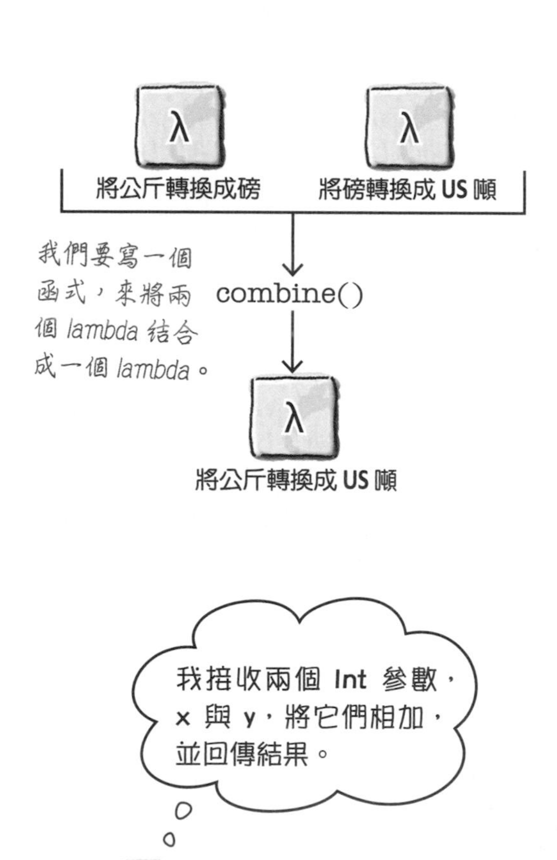

REF
add Five
val
(Int) -> Int
λ
{ it + 5 }
(Int) -> Int

內建的高階函式

12 升級你的程式

Kotlin 有大量內建的高階函式。

這一章要介紹一些最實用的高階函式。你將認識靈活的**過濾器家族**，並瞭解為何它們可以幫助你削減集合的大小。你將學會如何**使用 *map* 來轉換集合**、**使用 *forEach* 來遍歷它的項目**，以及**使用 *groupBy* 將集合的項目分組**。藉由 ***fold***，你甚至只要用一行程式就可以執行複雜的計算。在本章結尾，你將寫出**你意想不到的強大程式**。

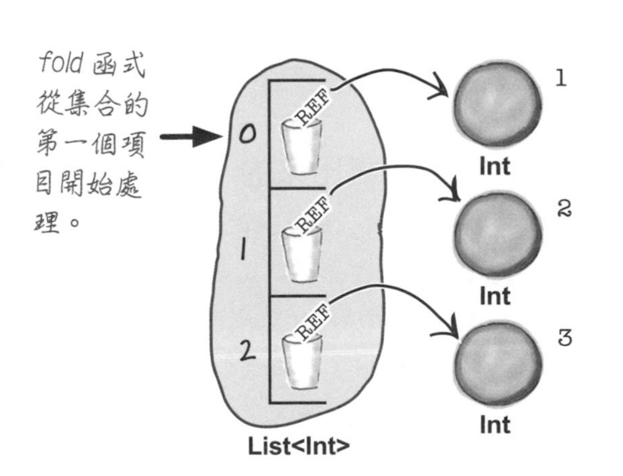

協同程序

平行執行程式碼

有些工作最好在背景執行。

你應該不希望讓其他的程式停下來，等你從緩慢的外部伺服器讀取資料。在這種情況下，**協同程序（coroutine）是你的新戰友**。協同程序可讓你寫出**非同步執行的程式碼**。也就是說，它可讓你的停擺時間更少，產生更好的用戶體驗，應用程式也更有擴展性。繼續看下去，你會學到一邊與 Bob 談話，一邊聽著 Suzy 說話的技巧。

Bam! Bam! Bam! Bam! Bam! Bam!
Tish! Tish!

這一次，鼓聲與鈸聲是平行播放的。

測試

讓程式碼對自己負責

所有人都知道，好程式是需要付出心力才能寫出來的。

但是你對程式做的每一次變動，都有可能引入新 bug，讓程式無法做它該做的事情。所以進行詳盡的測試非常重要，也就是說，你必須在將程式部署程式到實時環境之前，對它的問題瞭若指掌。這個附錄將討論 ***JUnit*** 與 ***KotlinTest*** 這兩種程式庫，它們可以**對程式執行單元測試**，讓你永遠被一張安全網守護。

本書遺珠

（我們沒有談到的）十大要事

即使我們介紹了這麼多東西，遺珠之憾依然難以避免。

我們認為還有一些事情是你應該知道的，忽略它們會讓我們良心不安，而且我們真心希望你不需要苦苦尋找其他資訊就可以輕鬆閱讀這本書。在闔上書本之前，先**瞭解一下這些小花絮**吧！

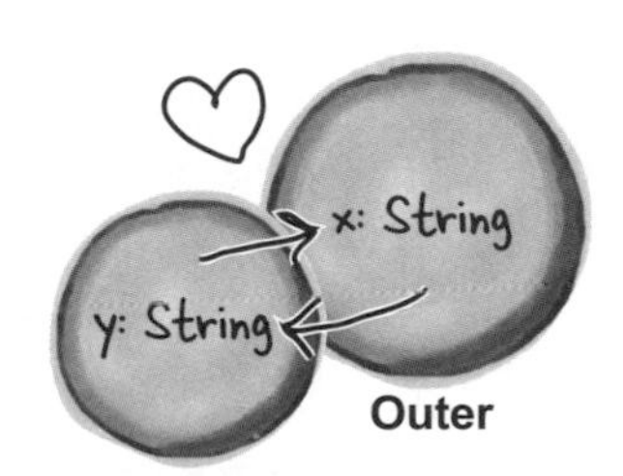

Inner 與 Outer 物件有一種特殊的關係。Inner 可以使用 Outer 的變數，反之亦然。

如何使用本書？

序

本節要回答一個頗為棘手的問題：
「為什麼要把這種內容放在 Kotlin 的書裡？」

誰適合這本書？

如果這些問題的答案全都是「肯定」的：

1. 你有沒有寫過程式？
2. 你想不想學 Kotlin？
3. 你喜歡實際動手做並且運用所學，而不是坐著聽枯燥乏味的學術性演講？

那麼，這本書就是為你量身打造的。

《深入淺出 Kotlin》不是參考書，它是為了幫助學習而設計的書，不是 Kotlin 百科全書。

誰可能要離這本書遠一點？

如果以下任何一個問題的答案是「肯定」的：

1. 你的編程背景只限於 HTML，沒有腳本語言的經驗？

   （如果你曾經寫過迴圈，或 if/then 邏輯，你就可以看懂這本書，但只具備 HTML 標籤的知識是不夠的。）

2. 你是實力堅強的 Kotlin 程式員，想要找一本參考書？
3. 你害怕嘗試不同的事物？寧可讓一群驚聲尖叫的猴子拔你的腳趾甲，也不願意學習新事物？你認為 Kotlin 的書得包山包海，一定要有沒啥路用的深奧主題？就算在閱讀的過程哈欠連連也無所謂？

那麼，這本書就**不適合**你。

［行銷部門註：黑白講，這本書適合每一個有信用卡或現金的人…PayPal 也行！］

我們知道你在想什麼

『這怎麼會是一本正經的 Kotlin 書籍？』

『這一堆圖在搞什麼鬼？』

『這樣真的能讓我學到東西嗎？』

『我是不是聞到披薩的味道了？』

你的大腦認為這才重要。

也知道你的大腦在想什麼

你的大腦渴望新奇的事物，它總是在搜尋、掃描，及期待不尋常的事物。你的大腦生來如此，也正是如此，才能幫助你生存下去。

那麼，如果你面對一成不變、平淡無奇的事物，你的大腦又作何反應？它會用盡一切手段阻止那些事情干擾真正的工作，也就是記錄真正要緊的事情。它不會費心儲存無聊事，絕不讓它們通過「這顯然不重要」的過濾機制。

你的大腦究竟怎麼知道什麼才是重要的事？假設你去爬山，突然有一隻老虎跳到你面前，你的大腦和身體會作何反應？

神經元觸發、情緒高漲、腎上腺素激增。

這就是大腦「知道」的方式 ...

這絕對很重要，不要忘記喔！

然而，想像你在家裡或圖書館，燈光好、氣氛佳，而且沒有老虎出沒。你正在用功、準備考試，或者研究某項技術難題，你的老闆認為需要一週或者頂多十天就能夠完成。

但是，有個問題。你的大腦試著幫你忙，它試圖確保這件顯然不重要的事不會弄亂你的有限資源。畢竟，資源最好用來儲存真正的大事，像是噬人老虎、風災水患，或者 Facebook 上那些不應該 PO 上去的派對照片。而且，也沒有什麼簡單的方法可以告訴你的大腦說：『大腦呀！甘溫啊？不管這本書有多枯燥，多讓我昏昏欲睡，求求你把這些內容全部記下來。』

我們將「Head First」的讀者視為學習者

那麼，要怎麼學習呢？首先，你必須理解它，然後確定不會忘記它。我們不會用填鴨的方式對待你，認知科學、神經生物學、教育心理學的最新研究顯示，學習過程需要的絕對不是只有書頁上的文字。我們知道如何幫助你的大腦「開機」。

Head First 學習守則：

視覺化。圖像遠比文字容易記憶，讓學習更有效率（在知識的回想與轉換上，有高達 89% 的提升）。圖像也能讓事情更容易理解，**將文字放進或靠近相關聯的圖像**，而不是把文字放在頁腳或下一頁，可讓學習者解決相關問題的可能性翻倍。

使用對話式與擬人化的風格。最新的研究發現，以第一人稱的角度、談話式的風格，直接與讀者對話，相較於一般正經八百的敘述方式，學員們課後測驗的成績可提升達 40%。以故事代替論述；以輕鬆的口語取代正式的演說。別太嚴肅，想想看，究竟是晚宴伴侶的耳邊細語，還是課堂上的死板演說，哪個比較能夠吸引你的注意？

讓學習者更深入地思考。換句話說，除非你主動刺激你的神經，不然大腦就不會有所作為。讀者必須被刺激、必須參與、產生好奇、接受啟發，以便解決問題，做出結論，並且形成新知識。為了達到這個目的，你需要可以挑戰、練習、以及刺激思考的問題與活動，同時運用左右腦，充分利用多重感知。

引起 —— 並保持 —— 讀者的注意力。我們都有這樣的經驗：「我真的很想學會這個東西，但是還沒翻過第一頁，就已經昏昏欲睡了」。你的大腦只會注意特殊、有趣、怪異、引人注目、以及超乎預期的東西。新穎、困難、技術性的主題，不一定要用乏味的方式來呈現，如果你不覺得無聊，大腦的學習效率就可以大幅提昇。

觸動心弦。我們已經知道，記憶的效率大大仰賴情感與情緒。你會記得你在乎的事，當你心有所感時，你就會記住。不！我不是在說靈犬萊西與小主人之間心有靈犀的故事，而是在說，當你解開謎題、學會別人覺得困難的東西、或者發現自己比工程部當紅炸子雞小明懂更多時，所產生的驚訝、好奇、有趣、『哇靠 ...』以及『我好棒！』，這類的情緒與感覺。

後設認知：「想想」如何思考

如果你真的想要學習，想要學得更快、更深入，那麼，請注意你是如何「注意」的，「想想」如何思考，「學學」如何學習。

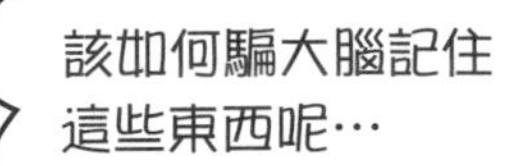

大多數人在成長過程中，都沒有修過後設認知（metacognition）或學習理論的課程，師長們期望我們學習，卻沒有教導我們如何學習。

如果你手裡正拿著這本書，我們假設你想要學好 Kotlin，而且可能不想要花太多時間。假如你想要充分運用從本書讀到的東西，就必須牢牢記住你學過的東西，為此，你必須充分理解它。想要從本書（或者任何書籍與學習經驗）得到最多利益，你就必須讓大腦負起責任，讓它好好注意這些內容。

秘訣在於：讓你的大腦認為你正在學習的新知識**真的很重要**，攸關你的生死存亡，就像噬人的老虎一樣。否則，你會不斷陷入苦戰：想要記住那些知識，卻老是記不住。

那麼，如何讓大腦將 Kotlin 當成一隻飢餓的大老虎？

有慢又囉唆的辦法，也有快又有效的方式。慢的辦法就是多讀幾次，你很清楚，勤能補拙，只要重複的次數夠多，再乏味的知識，也能夠學會並且記住，你的大腦會說：『雖然這此東西感覺上不重要，但這個人卻一而再，再而三地苦讀這個部分，所以我想這應該很重要吧！』

較快的方法則是做**任何促進大腦活動**的事情，特別是不同類型的大腦活動。上一頁提到的事情是解決辦法的一大部分，已被證實有助於大腦運作。比方說，研究顯示，將文字放在它所描述的圖像內（而不是置於頁面上的其他地方，像是圖像說明或內文），可以幫助大腦嘗試將兩者連結起來，那會觸發更多的神經元。更多神經元被觸發就等同於 —— 給大腦更多機會，將此內容視為值得關注的資訊，並且盡可能將它記下來。

對話式的風格也相當有幫助，因為當人類認為自己處於對話情境時會更專心，因為他們必須豎起耳朵，注意整個對話的進行，跟上雙方的節奏與內容。神奇的是，你的大腦根本不在乎那是你與書本之間的「對話」！另一方面，如果寫作風格既正式又枯燥，你的大腦會以為正在聆聽一場演講，自己只是一個被動的聽眾，根本不需要保持清醒。

然而，圖像與對話式的風格，只不過是一個開端。

我們的做法…

我們使用**圖像**，因為你的大腦對視覺效果比較有感受，而不是文字。對你的大腦來說，一圖值「千」字。我們將文字嵌入圖像內，因為文字位於它所指涉的圖像裡頭時（而不是在圖旁的說明或埋在內文某處），大腦運作得比較有效率。

我們**重複呈現**相同內容，以不同的表現方式、不同的媒介、多重的感知敘述相同的事物。這是為了增加機會，將內容烙印在大腦的不同區域。

我們以**超乎預期**的方式，使用概念和圖像，讓你的大腦覺得新鮮有趣。我們使用多少帶有一點**情緒性**的圖像與想法，讓你的大腦覺得感同身受。讓你有感覺的事物自然比較容易被記住，那些感覺不外乎**好笑**、**驚訝**、**有趣**等等。

我們使用擬人化、**對話式風格**，因為當大腦相信你正處於對話之中，而不是被動地聆聽演說時，會更專心，即使你的交談對象是一本書，也就是說，即使你其實是在閱讀，大腦還是會這麼做。

我們加入大量的**活動**，因為當你在**做**事情，而不是在讀東西時，大腦會學得更多，記住更多。我們讓習題與活動維持在具有挑戰性，又不會太困難的程度，因為，那是多數人偏愛的情況。

我們使用**多重學習風格**，因為你可能比較喜歡一步一步的程序，有些人喜歡先瞭解大局，有些人喜歡直接看範例，然而，不管你是哪一種人，本書“以各種方式表現同樣內容”的手法都能讓你受益。

本書的設計同時考慮**你的左右腦**，因為有愈多腦細胞參與，就愈有可能學會並記住，並保持更長久的專注。因為使用一半大腦，往往意味著另一半大腦有機會休息，你便可以學習得更久、更有效率。

我們也運用**故事**和練習，呈現**多重觀點**，因為，當大腦被迫進行評估與判斷時，會學得更深入。

本書也包含了相當多的**挑戰**和習題，透過問**問題**的方式進行，答案不見得很直接，我們的用意是讓你的大腦深入其中，學得更多、記得更牢。想想看 —— 你無法只是看別人上健身房運動，就讓自己達到塑身的效果。但是，我們盡力確保你的努力都用在正確的事情上。你不**會花費額外的腦力**去處理很難理解的範例，或是難以剖析、行話充斥、咬文嚼字的論述。

我們運用**人物**。在故事、圖像與範例中，處處是人物，這是因為你也是人！你的大腦對人比對事物更有興趣。

讓大腦順從你的方法

好吧！該做的我們都做了，剩下的就靠你了。下面有一些小技巧，但它們只是開端，你應該傾聽大腦的聲音，看看哪些對你的大腦有效，哪些無效。試試看！

沿虛線剪下，用超商的公仔磁鐵貼在冰箱上。

---

1 慢慢來，理解越多，需要強記的就越少。

不要光是讀，記得停下來，好好思考。當本書問你問題時，不要完全不思考就直接看答案。想像真的有人面對面問你這個問題，若能迫使大腦思考得更深入，你就有機會學習並且記住更多知識。

2 勤做練習，寫下心得。

我們在書中安排習題，如果你光看不做，就好像只是看別人在健身房運動，自己卻不動一樣，那樣是不會有效果的。**使用鉛筆作答**。大量證據顯示，學習過程中的實體活動會增加學習的效果。

3 認真閱讀『沒有蠢問題』的單元。

仔細閱讀所有的『沒有蠢問題』，那可不是無關緊要的說明，而是**核心內容的一部分**！千萬別跳過。

4 將閱讀本書作為睡前最後一件事，或者至少當作睡前最後一件有挑戰性的事。

有一部分的學習是在放下書本之後才開始作用的，特別是把知識轉化為長期記憶的過程更是如此。你的大腦需要自己的時間，進行更多的處理。如果你在這個處理期間，胡亂塞進新知識，有些剛學過的東西就會遺失。

5 談論它，大聲談論它。

說話可驅動大腦的不同部位，如果你需要理解某項事物或者增加記憶，就大聲說出來。大聲解釋給別人聽效果更佳，你會學得更快，甚至觸發許多新想法，這是光憑閱讀做不到的。

6 喝水，多喝水。

你的大腦需要浸泡在豐沛的液體中，才能夠運作良好，脫水（往往發生在感覺口渴之前）會減緩認知功能。

7 傾聽大腦的聲音。

注意你的大腦是否過度負荷，如果你發現自己開始漫不經心或者過目即忘，就是該休息的時候了。當你錯過某些重點時，放慢腳步，否則你將失去更多。

8 用心感受！

你必須讓大腦知道這一切都很重要，你可以讓自己融入故事裡，在照片加上你自己的說明，即使抱怨笑話太冷，都比毫無感覺來得好。

9 撰寫大量的程式碼！

想學好 Kotlin 只有一條路：**撰寫大量程式碼**。這正是遵循本書腳步時，你要做的事。撰寫程式碼是一種技巧，精通之道唯有練習再練習，所謂熟能生巧。我們會提供許多實作的機會：每一章都有一些習題，丟出問題讓你解決，切勿跳過 —— 學習的效果就在解決問題的過程中形成。每個習題都會附上解答 —— 如果你真的「卡」住了，**偷瞄一下也無妨**！（人生難免會遇到一點小挫折）無論如何，盡量在看解答之前解決問題。在進入下個單元之前，務必讓程式能夠跑起來。

讀我

這是一段學習體驗，不是一本參考書，本書已刻意去除所有可能妨礙學習的因素了。當你第一次閱讀時，必須從頭開始看起，因為本書對讀者的知識背景做了一些假設。

我們假設你是 Kotlin 菜鳥，但不是程式設計新手。

我們假設你已經寫過一些程式了。你寫的或許不多，但我們假設你已經從別種語言知道迴圈與變數之類的東西了。與許多其他 Kotlin 書籍不同的是，我們不假設你學過 Java。

我們會先教一些基本的 Kotlin 概念，接著立刻讓 Kotlin 為你工作。

我們將在第 1 章介紹 Kotlin 的基本知識。如此一來，當你一路進入第 2 章時，就可以寫出能夠實際做事的程式了。接下來的部分將提升你的 Kotlin 技術，在短時間內，把你從 *Kotlin 菜鳥*變成 *Kotlin 忍術大師*。

重複的內容是刻意且必要的。

我們冀望 Head First 系列能夠讓你真正學到東西，希望你讀完這本書之後，能夠記得讀過的內容，但大部分參考用書並非以此為目標。本書把重點放在學習，所以有些重要的內容會一再出現，以加深你的印象。

範例程式將盡量簡潔。

我們知道在 200 行程式中，努力尋找需要瞭解的兩行程式有多麼令人氣餒。本書大多數的範例都盡量簡短，讓你想要學習的部分既簡單且清楚。所以不要期望程式碼有多麼強健，甚至完整。這是你看完這本書之後的作業，也是學習過程的一部分。

書中的練習與活動都是必做的

練習與活動不是附加內容，它們屬於本書的核心內容。它們有些是為了幫助記憶，有些是為了幫助瞭解，有些可以幫助你運用所學。所以不要跳過練習！你的大腦會為此感謝你的。

「動動腦」習題沒有答案。

答案絕對不在書中。有些「動動腦」習題沒有一定的答案，有些則讓你自行判斷答案是否正確，以及何時正確。在某一些「動動腦」習題中，我們會給你提示，指引你正確的方向。

技術審閱小組

技術審閱者：

Ingo Krotzky 是熟練的健康資訊技術員，曾經在合約研究所擔任資料庫程式員及軟體開發者。

Ken Kousen 寫過 *Modern Java Recipes*（O'Reilly）、*Gradle Recipes for Android*（O'Reilly）和 *Making Java Groovy*（Manning）等書，以及出版關於 Android、Groovy、Gradle、進階 Java 與 Spring 的 O'Reilly 教學影片。他是 No Fluff、Just Stuff 巡迴演講的常駐講師，以及 2013 年和 2016 年 JavaOne Rock Star，在世界各地發表過多場演說。目前已經有上千位學生透過他的公司 Kousen I.T., Inc. 接受軟體開發訓練課程了。

致謝

給我們的編輯：

衷心感謝了不起的編輯 **Jeff Bleiel** 的幫助。我們非常珍惜他的信任、支持和鼓勵。感謝他在情況不明以及需要重新思考的時候指引我們，讓我們寫出更好的書籍。

給 *O'Reilly* 團隊：

非常感謝 **Brian Foster** 在早期幫助 *Head First Kotlin* 逆風起飛；**Susan Conant**、**Rachel Roumeliotis** 和 **Nancy Davis** 的潤飾；**Randy Comer** 的封面設計；讓本書的初期版本可供下載的**早期出版團隊**，還有 **Kristen Brown**、**Jasmine Kwityn**、**Lucie Haskins** 和**產品團隊的其他成員**，謝謝你們熟練地引導本書的製作過程，以及在幕後盡心盡力。

給朋友、家人及同事：

撰寫 *Head First* 書就像坐雲霄飛車，我們非常珍惜朋友、家人及同事在一路上的親切對待與支持。特別感謝 **Jacqui**、**Ian**、**Vanessa**、**Dawn**、**Matt**、**Andy**、**Simon**、**媽**、**爸**、**Rob** 與 **Lorraine**。

給其他人：

傑出的技術審閱小組盡心盡力地提供看法，我們非常感謝他們的意見，他們確保我們的內容準確無誤，並讓我們在過程中十分愉快。他們的回饋讓這本書的成果比預期好得多。

最後，感謝 **Kathy Sierra** 和 **Bert Bates** 開創不凡的 Head First 叢書，並讓我們參與其中。

1 千里之行始於足下

試試水溫

Kotlin 正掀起浪潮

從第一版開始，Kotlin 就以**親切的語法、簡潔、靈活和強大的功能**，讓程式員留下深刻的印象。本書將教你**建立自己的 Kotlin 應用程式**，我們會先讓你建構一個基本的應用程式，並執行它。在過程中，你會學到 Kotlin 的基本語法，例如陳述式、迴圈與條件分支。你的旅程就要開始了…

歡迎光臨 Kotlin 小鎮

Kotlin 已經在程式設計領域掀起一場風暴了，儘管它是最年輕的程式語言之一，但現在已經有許多開發人員將它視為首選語言了，為何 Kotlin 如此特別？

Kotlin 有許多現代語言的特性，對開發人員造成很大的吸引力。接下來會詳細地介紹這些特性，但是在那之前，我們要先展示一些它的亮點。

同時為電腦和人類設計的語言？猴腮雷阿！

清晰、簡潔，容易閱讀

與某些語言不同，Kotlin 程式非常簡潔，只要一行程式就可以執行強大的任務。它可讓你不需要編寫大量重複的程式碼，就可以快速地執行常見的動作。它也有豐富的函數庫可用。因為需要費力閱讀的程式碼更少了，你的讀、寫和理解的速度更快，讓你有更多時間做其他事情。

你可以用物件導向與泛函風格來編寫程式

尚未決定該採取物件導向還是泛函（functional）編程嗎？何不兩者兼顧？Kotlin 可讓你像 Java 那樣使用類別、繼承和多型，撰寫物件導向程式，但它也支援泛函編程，讓你同時得到兩者的優勢。

編譯器保證你的安全

沒有人喜歡不安全、有 bug 的程式，Kotlin 編譯器盡可能地確保程式碼是乾淨的，從而避免其他程式語言經常出現的錯誤。例如，Kotlin 是靜態型態的，因此你無法對型態錯誤的變數執行不適當的操作，進而導致程式崩潰。而且在大部分的情況下，你根本不必明確地指定型態，因為編譯器可以幫你判斷。

Kotlin 幾乎消除其他程式語言經常出現的錯誤，這意味著它的程式碼更安全、更可靠，你追蹤 bug 的時間也更少。

所以 Kotlin 是一種現代的、強大的、靈活的程式語言，有許多好處。但故事還沒有結束。

你幾乎可以在所有地方使用 Kotlin

Kotlin 既強大且靈活，你可以把它當成通用語言，在許多不同的背景下使用，這是因為當你**編譯 *Kotlin* 程式碼時，可以選擇想要針對哪個平台進行編譯。**

Java 虛擬機器（JVM）

Kotlin 程式碼可以編譯成 JVM（Java 虛擬機器）bytecode，所以可以使用 Java 的任何地方都可以使用 Kotlin。Kotlin 與 Java 是 100% 可以交互運作的，所以你可以使用既有的 Java 程式庫。當你處理一個含有大量舊 Java 程式的應用程式時，你不需要丟掉所有的舊程式，新的 Kotlin 程式碼可以和它們一起運作。你也可以輕鬆地在 Java 裡面使用已經寫好的 Kotlin 程式。

能夠選擇編譯的目標平台，代表 Kotlin 程式可以在伺服器、雲端、瀏覽器、行動設備等平台上運行。

Android

除了 Java 等其他語言之外，Kotlin 也對 Android 提供首級支援。Android Studio 為 Kotlin 提供全面的支援，讓你在開發 Android 應用程式時，可以充分利用 Kotlin 的許多優勢。

用戶端與伺服器端 JavaScript

你可以將 Kotlin 程式碼轉譯（或轉換並編譯）成 JavaScript，在瀏覽器裡面執行；也可以同時使用 Kotlin 與用戶端和伺服器端技術，例如 WebGL 或 Node.js。

原生 app

如果你希望在功能沒那麼強大的設備上快速執行程式，也可以將 Kotlin 程式碼直接編譯成原生機器碼，例如，你可以撰寫在 iOS 或 Linux 上執行的程式碼。

本書的重點是介紹如何編寫在 JVM 上運行的 Kotlin 應用程式，因為這是最容易讓你掌握這種語言的方法，學會之後，你就可以將學到的知識應用到其他平台上了。

雖然我們即將建構在 Java 虛擬機器執行的應用程式，但是在絕大部分的內容中，你不需要知道 Java 相關知識。我們假設你只要有一些撰寫一般程式的經驗就可以了。

我們開始吧！

這一章要做什麼？

這一章要介紹如何建構基本的 Kotlin 應用程式，我們將會經歷這幾個步驟：

1. **建立新的 Kotlin 專案。**

   我們要安裝 IntelliJ IDEA（社群版本），這是一種支援 Kotlin 應用程式開發的免費 IDE。接著，我們要用這個 IDE 來建立新的 Kotlin 專案：

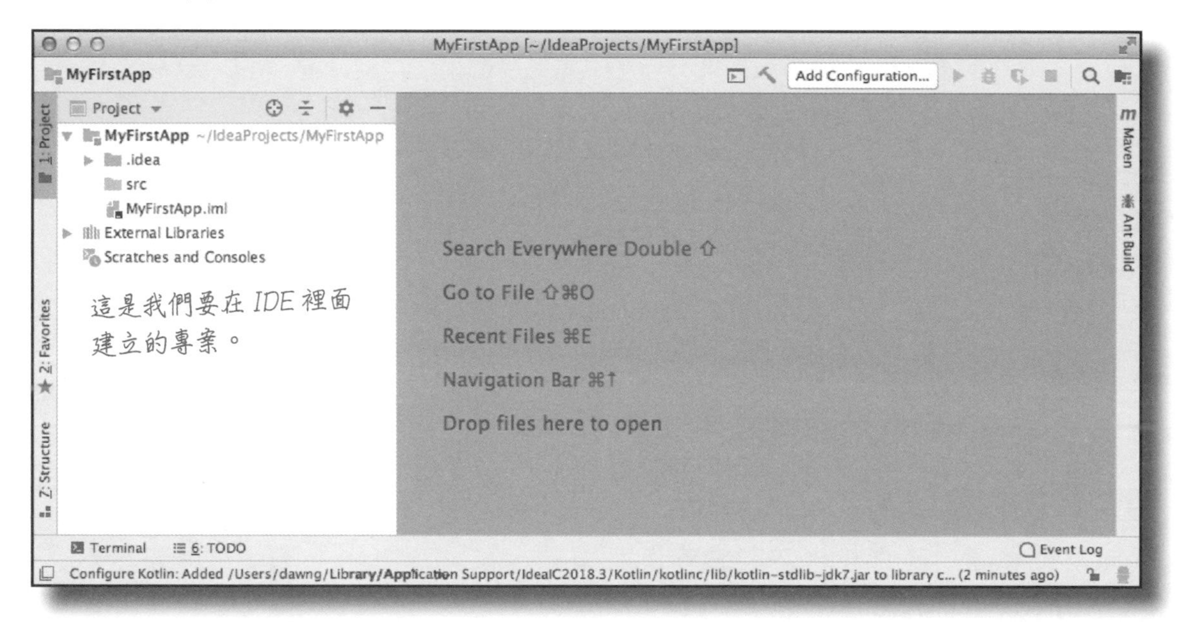

2. **加入一個函式，來顯示一些文字**

   在專案中加入一個新的 Kotlin 檔案，接著寫一個簡單的 `main` 函式，用它來輸出文字“Pow!”

3. **修改函式，讓它做更多事情**

   Kotlin 有一些基本的語言結構，例如陳述式、迴圈與條件分支，我們要修改函式，來使用它們做更多事情。

4. **在 Kotlin 互動殼層中運行程式碼**

   最後，我們要瞭解如何在 Kotlin 互動殼層（或 REPL）運行程式碼。

在安裝 IDE 之前，先做一下接下來的練習吧！

雖然你還沒有學到任何 Kotlin 程式，請先試試能不能猜到下面的每一行程式在做什麼。為了幫你起個頭，我們已經完成第一行了。

```
val name = "Misty"  宣告一個名為'name'的變數，並將它的值設成"Misty"。
val height = 9

println("Hello")
println("My cat is called $name")
println("My cat is $height inches tall")

val a = 6
val b = 7
val c = a + b + 10
val str = c.toString()

val numList = arrayOf(1, 2, 3)
var x = 0
while (x < 3) {
    println("Item $x is ${numList[x]}")
    x = x + 1
}

val myCat = Cat(name, height)
val y = height - 3
if (y < 5) myCat.miaow(4)

while (y < 8) {
    myCat.play()
    y = y + 1
}
```

削尖你的鉛筆 解答

雖然你還沒有學到任何 Kotlin 程式，請先試試能不能猜到下面的每一行程式在做什麼。為了幫你起個頭，我們完成第一行了。

`val name = "Misty"` 宣告一個名為 'name' 的變數，並將它的值設成 "Misty"。

`val height = 9` 宣告一個名為 'height' 的變數，並將它設為 9。

`println("Hello")` 將 "Hello" 印到標準輸出。

`println("My cat is called $name")` 印出 "My cat is called Misty"。

`println("My cat is $height inches tall")` 印出 "My cat is 9 inches tall"。

`val a = 6` 宣告一個名為 'a' 的變數，並將它設為 6。

`val b = 7` 宣告一個名為 'b' 的變數，並將它設為 7。

`val c = a + b + 10` 宣告一個名為 'c' 的變數，並將它設為 23。

`val str = c.toString()` 宣告一個名為 'str' 的變數，並將它設為文字值 "23"。

`val numList = arrayOf(1, 2, 3)` 建立含有值 1、2 與 3 的陣列。

`var x = 0` 宣告一個名為 'x' 的變數，並將它設為 0。

`while (x < 3) {` 只要 x 小於 3，就持續執行迴圈。

`    println("Item $x is ${numList[x]}")` 印出每個陣列項目的索引與值。

`    x = x + 1` 將 x 加 1。

`}` 迴圈结束。

`val myCat = Cat(name, height)` 宣告一個名為 'myCat' 的變數，並建立一個 Cat 物件。

`val y = height - 3` 宣告一個名為 'y' 的變數，並將它設為 6。

`if (y < 5) myCat.miaow(4)` 如果 y 小於 5，Cat 應該 miaow（喵）4 次。

`while (y < 8) {` 只要 y 小於 8，就持續執行迴圈。

`    myCat.play()` 讓 Cat 執行 play。

`    y = y + 1` 將 y 加 1。

`}` 迴圈结束。

建構應用程式
加入函式
更改函式
使用 REPL

安裝 IntelliJ IDEA（社群版本）

編寫和執行 Kotlin 程式最簡單的方式就是使用 IntelliJ IDEA（社群版本），它是 Kotlin 的發明者 JetBrains 提供的免費 IDE，內建開發 Kotlin 所需的每一項功能，包括：

程式編輯器

程式編輯器有程式碼自動完成功能，可協助你編寫 Kotlin 程式，它也有格式化和顏色凸顯功能，可讓程式更容易閱讀。它也會顯示如何改善程式的提示訊息。

組建工具

你可以用快速且方便的快捷方式來編譯和執行程式碼。

Kotlin REPL

Kotlin REPL 可以讓你在主要的程式碼之外，試著執行一段程式。

版本控制

IntelliJ IDEA 可以連接流行的版本控制系統，例如 Git、SVN、CVS 等。

此外還有許多其他功能，它們都可以讓你更輕鬆地編寫程式。

你必須安裝 IntelliJ IDEA（社群版本）才能跟著操作，在這裡下載 IDE：

https://www.jetbrains.com/idea/download/index.html ← 務必選擇並下載 IntelliJ IDEA 的社群（Community）版本。

安裝 IDE 之後，打開它，你會看到 IntelliJ IDEA 歡迎畫面，接下來就可以建構你的第一個 Kotlin 應用程式了。

我們來建立一個基本的應用程式吧！

設定開發環境之後，你就可以建立第一個 Kotlin 應用程式了。我們要建立一個非常簡單的應用程式，用它在 IDE 顯示文字“Pow!”。

當你在 IntelliJ IDEA 建立新的應用程式時，必須為它建立新專案，請打開 IDE 跟著操作。

1. 建立新專案

IntelliJ IDEA 歡迎畫面有一些選項可供選擇，我們想要建立一個新專案，所以按下 “Create New Project” 選項。

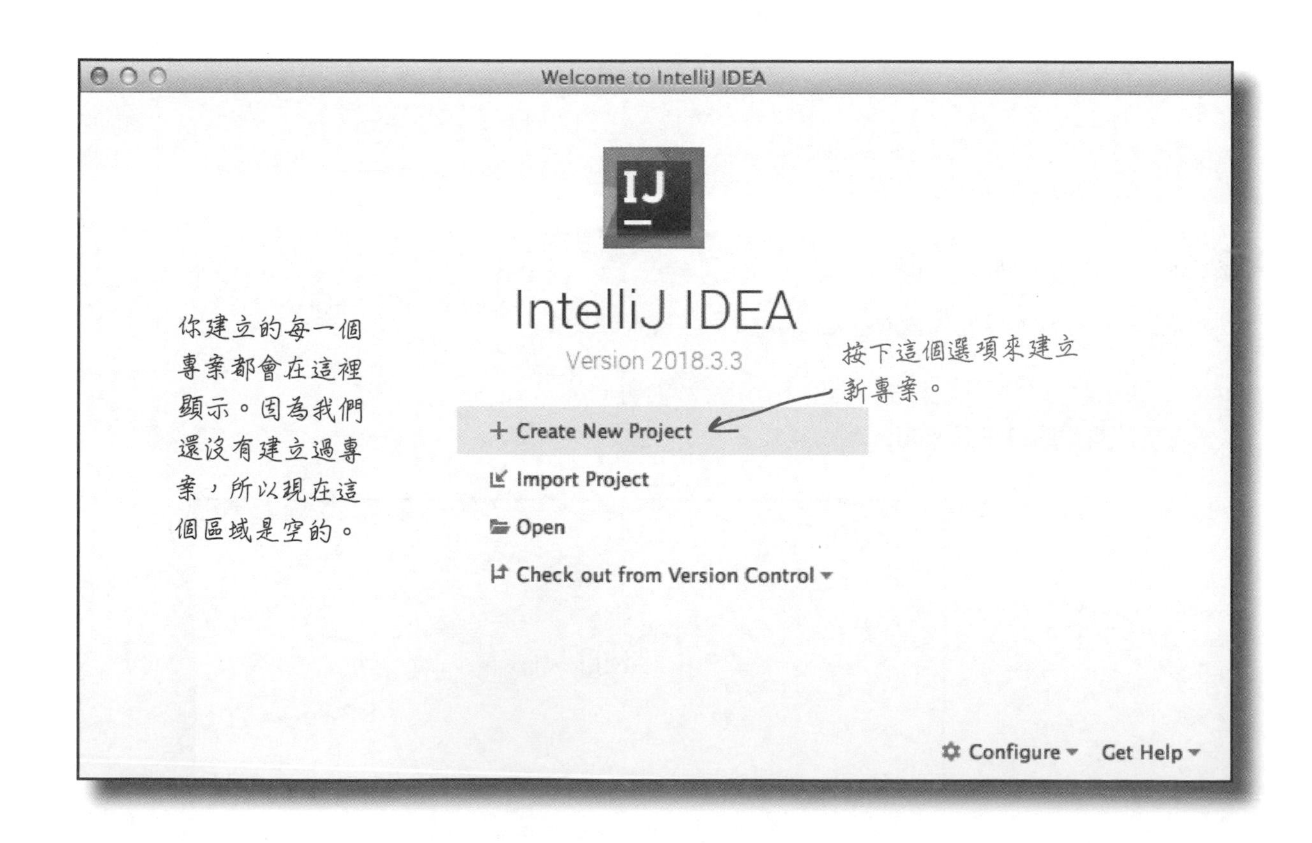

建立基本的應用程式（續）

- → 建構應用程式
- 加入函式
- 更改函式
- 使用 REPL

2. 指定專案類型

接下來要讓 IntelliJ IDEA 知道，你想要建立哪一種專案。

IntelliJ IDEA 可以為各種語言及平台建立專案，例如 Java 和 Android，我們要建立 Kotlin 專案，所以選擇“Kotlin”。

你也要指定 Kotlin 專案的目標平台，因為我們要建立 JVM 的 Kotlin 應用程式，所以選擇 Kotlin/JVM，完成後按下 Next 按鈕。

此外還有其他選項，但我們接下來會把重心放在建立 JVM 應用程式上。

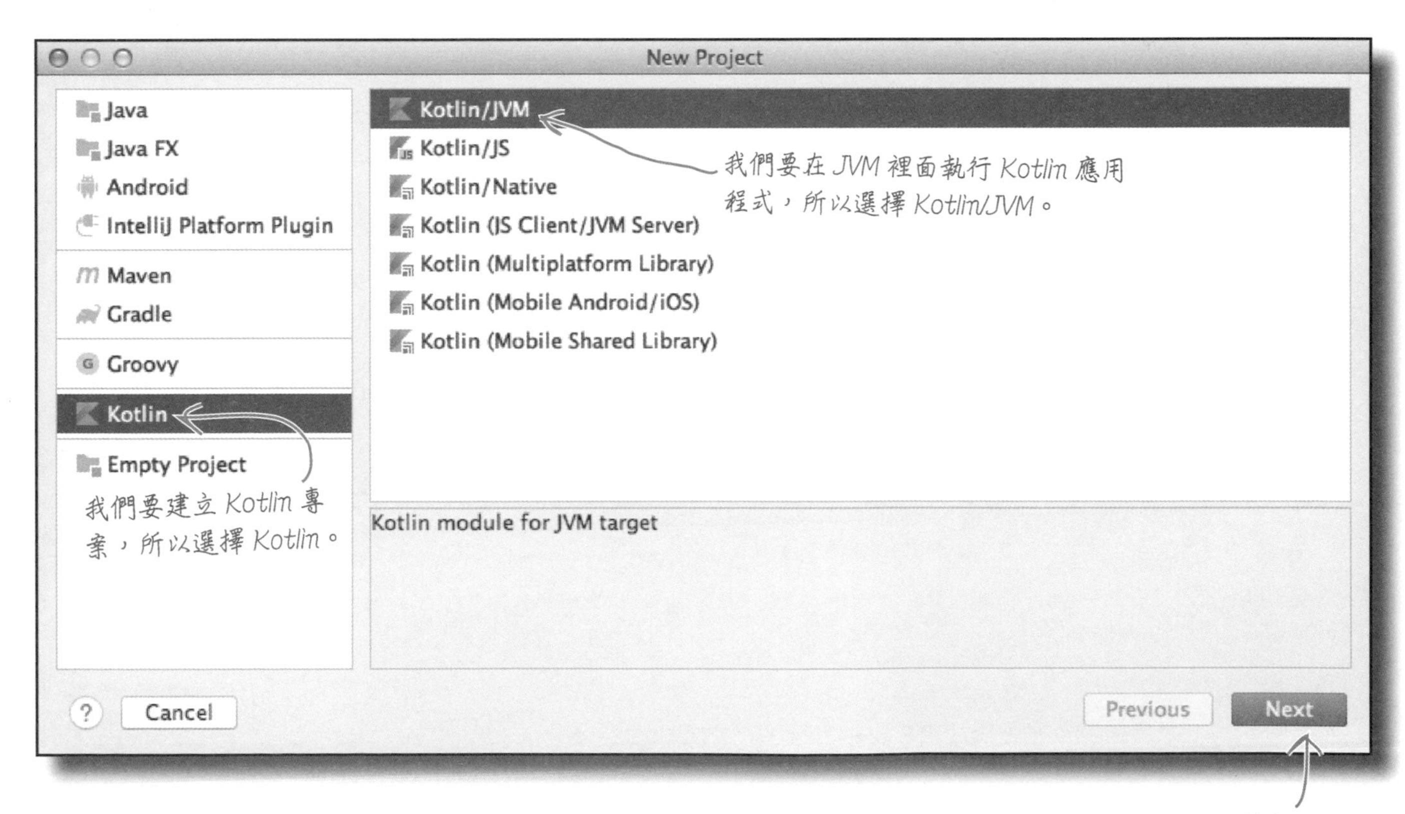

建立基本的應用程式（續）

→ 建構應用程式
加入函式
更改函式
使用 REPL

3. 設置專案

接下來要設置專案，指定它的名稱、檔案的存放位置，以及專案使用哪些檔案。其中也包括 JVM 應該使用哪一版的 Java，以及 Kotlin runtime 使用的程式庫。

將專案的名稱設為 "MyFirstApp"，並接受其餘的細節。

按下 Finish 按鈕之後，IntelliJ IDEA 就會建立你的專案了。

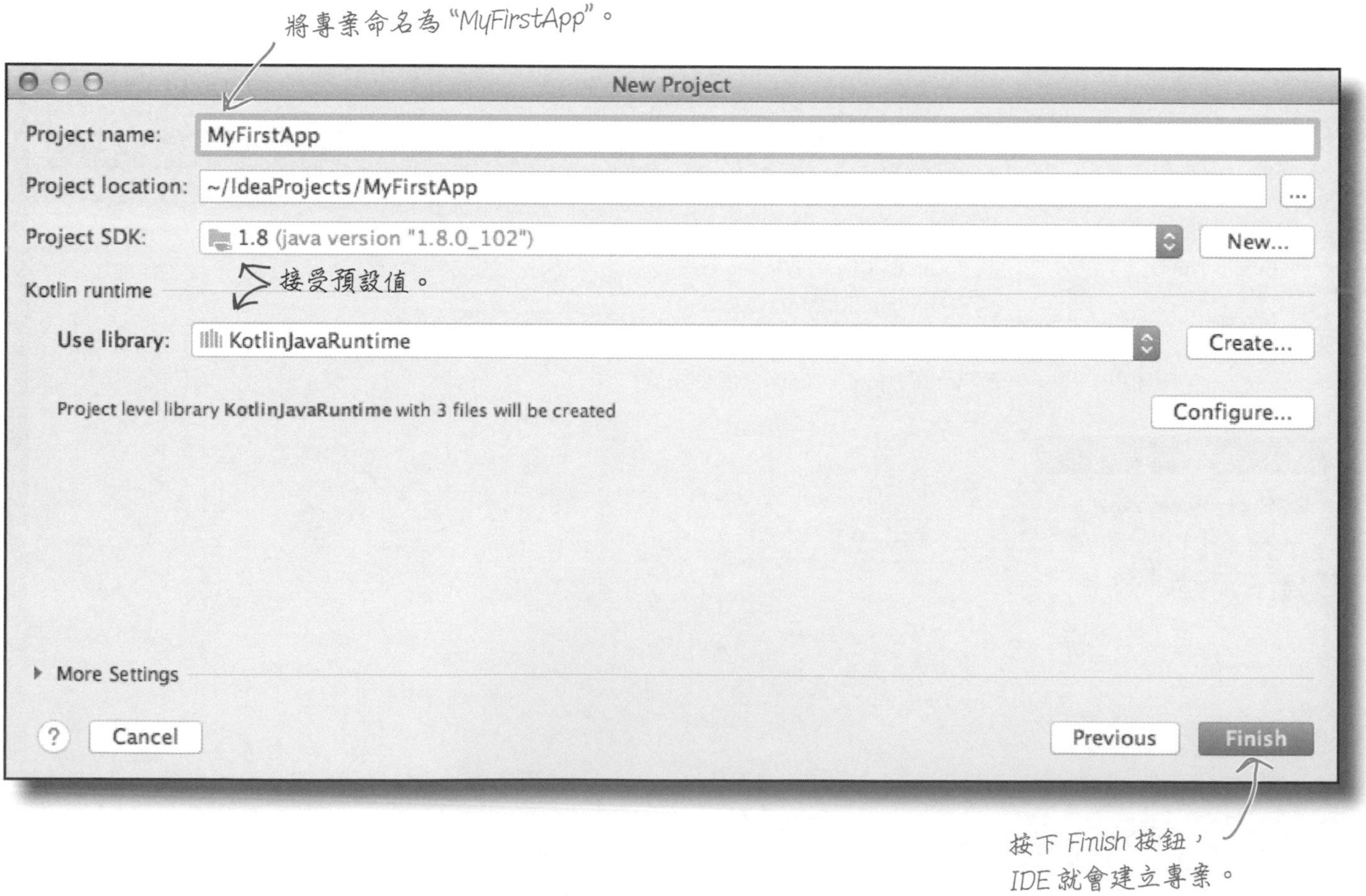

將專案命名為 "MyFirstApp"。

New Project

Project name: MyFirstApp

Project location: ~/IdeaProjects/MyFirstApp ...

Project SDK: 1.8 (java version "1.8.0_102") New...

Kotlin runtime

接受預設值。

Use library: KotlinJavaRuntime Create...

Project level library **KotlinJavaRuntime** with 3 files will be created Configure...

More Settings

? Cancel Previous Finish

按下 Finish 按鈕，
IDE 就會建立專案。

你已經建立第一個 Kotlin 專案了

我們已經完成這個步驟了，將它打勾。

建構應用程式
加入函式
更改函式
使用 REPL

按照上述的步驟來建立新專案之後，IntelliJ IDEA 會幫你設定專案，接著顯示它。這就是 IDE 為我們建立的專案：

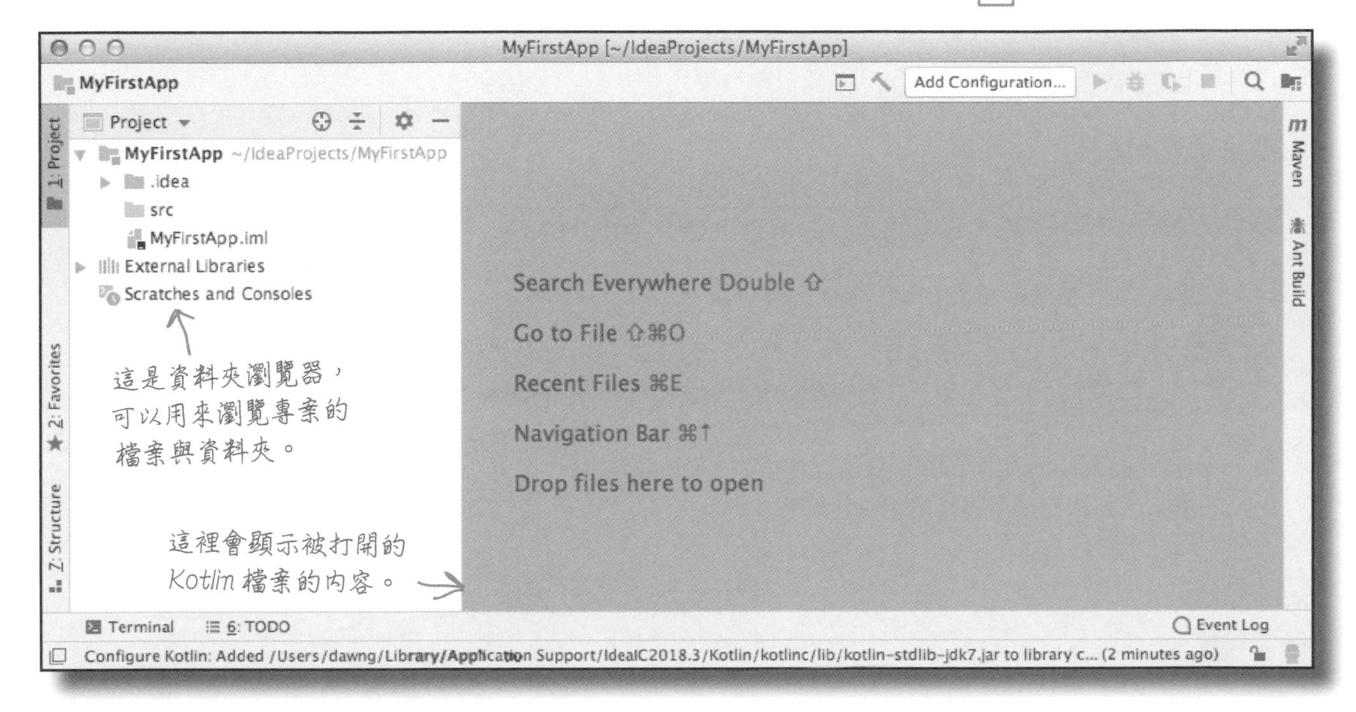

你可以看到，這個專案有一個瀏覽器，可以用來瀏覽專案的檔案與資料夾。IntelliJ IDEA 會在你建立專案之後，為你建立這個資料夾結構。

這個資料夾結構包含 IDE 使用的組態檔，以及應用程式即將使用的外部程式庫。它也有一個 *src* 資料夾，用來保存你的原始碼。在 Kotlin 小鎮裡面，你會將大部分的時間花在使用 *src* 資料夾上。

現在 *src* 資料夾是空的，因為我們還沒有加入任何 Kotlin 檔案，接下來就會做這件事。

你建立的每一個 Kotlin 原始檔案都必須放在 src 資料夾裡面。

將新的 Kotlin 檔案加入專案

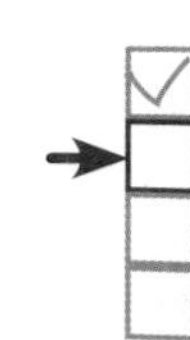

建構應用程式
加入函式
更改函式
使用 REPL

你必須先建立一個 Kotlin 檔案，並將它放入專案，才可以開始編寫 Kotlin 程式。

要將新的 Kotlin 檔案加入專案，請在 IntelliJ IDEA 瀏覽器中點選 *src* 資料夾，按下 File 選單並選擇 New → Kotlin File/Class，你會看到一個彈出視窗要求你輸入想要建立的 Kotlin 檔案的名稱與類型，將檔案命名為“App”，並且在 Kind 選項選擇 File：

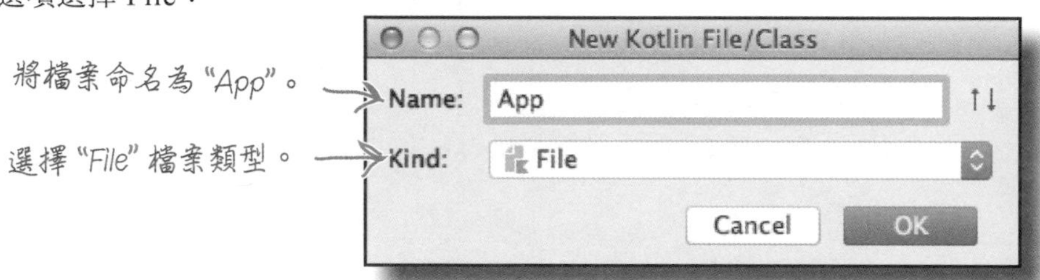

按下 OK 按鈕後，IntelliJ IDEA 會建立一個名為 *App.kt* 的 Kotlin 檔案，並將它加入專案的 *src* 資料夾：

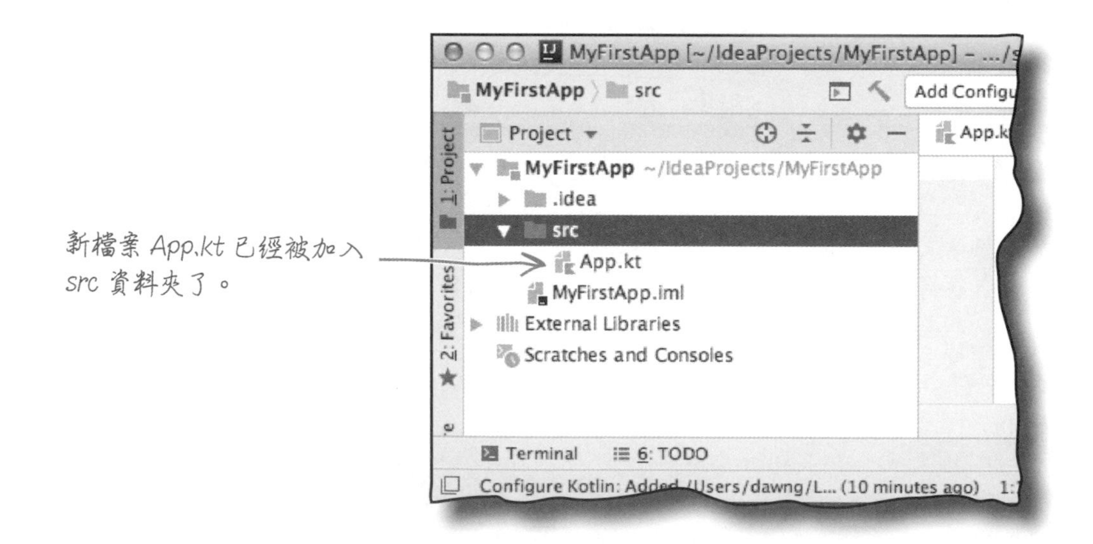

接下來，我們要在 *App.kt* 裡面加入程式，用它來做一些事情。

剖析 main 函式

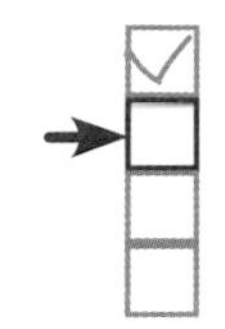

建構應用程式
加入函式
更改函式
使用 REPL

為了讓 Kotlin 程式在 IDE 的輸出視窗中顯示“Pow!”，我們要在 *App.kt* 裡面加入一個函式。

當你編寫 Kotlin 應用程式時，必須加入一個名為 `main` 的函式，用它來啟動應用程式。當你執行程式時，JVM 會尋找這個函式，並執行它。

`main` 函式長這樣：

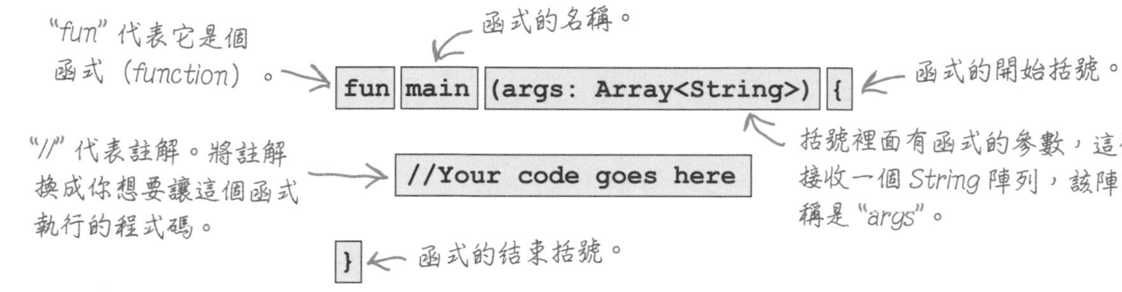

這個函式的開頭是 **fun** 這個字，它的用途是告訴 Kotlin 編譯器：這是個函式。每一個新建立的 Kotlin 函式都要使用 `fun` 關鍵字。

在 `fun` 關鍵字後面的是函式的名稱，在這個例子中是 **main**。將函式的名稱取為 `main` 代表它會在你執行這個應用程式時自動執行。

函式名稱後面的括號 `()` 告訴編譯器這個函式接收哪些引數（有的話）。這裡的 `args: Array<String>` 指出，這個函式接收一個 `String` 陣列，且陣列的名稱是 `args`。

你必須把想要執行的程式都寫在 `main` 函式的大括號 `{}` 裡面。我們想要在 IDE 印出“Pow!”，所以可以使用這段程式碼：

```
fun main(args: Array<String>) {
```

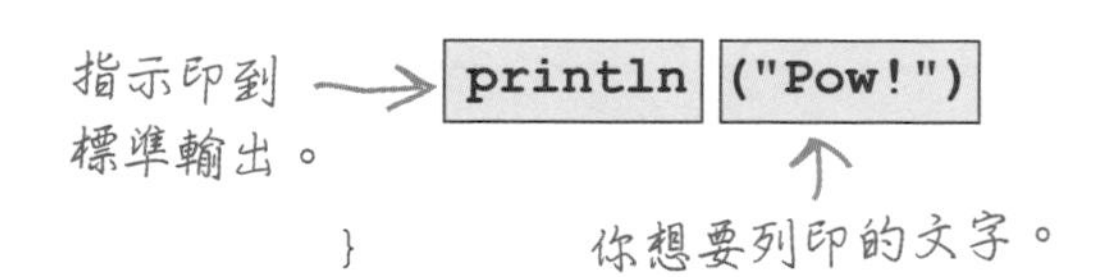


```
}
```

`println("Pow!")` 會在標準輸出上印出字元字串或 `String`。當我們在 IDE 裡面執行程式時，它會在 IDE 的輸出面板印出“Pow!”。

知道函式的長相之後，我們將它加入專案。

無參數的 main 函式

如果你使用 Kotlin 1.2 或更早的版本，`main` 函式必須具備下列格式才能啟動應用程式：

```
fun main(args: Array<String>) {
    //這是你的程式碼
}
```

但是，從 Kotlin1.3 開始，你可以忽略 `main` 的參數，因此函式的長相是：

```
fun main() {
    //這是你的程式碼
}
```

本書大部分的內容使用長版的 `main` 函式，因為它可以在所有的 Kotlin 版本中使用。

建構應用程式
加入函式
更改函式
使用 REPL

將 main 函式加入 App.kt

要將 main 函式加入專案，在 IntelliJ IDEA 的瀏覽器裡面按兩下 *App.kt*，以開啟程式碼編輯器，即可在裡面查看與編輯檔案：

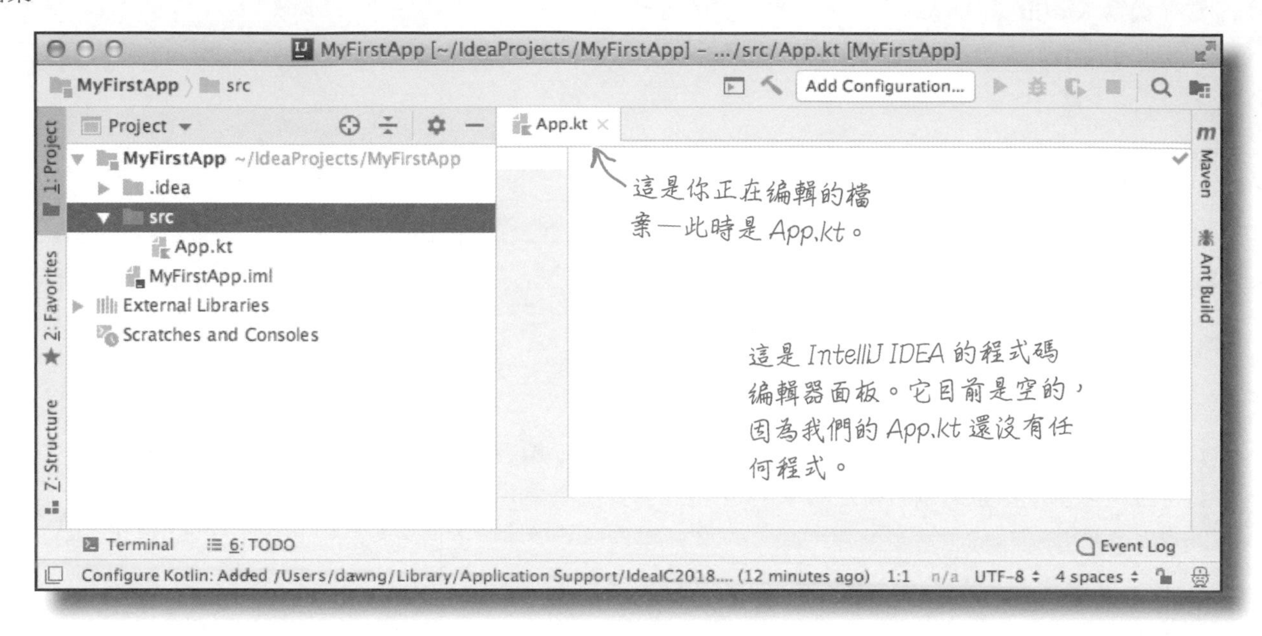

接著，將你的 *App.kt* 改成這些內容：

```
fun main(args: Array<String>) {
    println("Pow!")
}
```

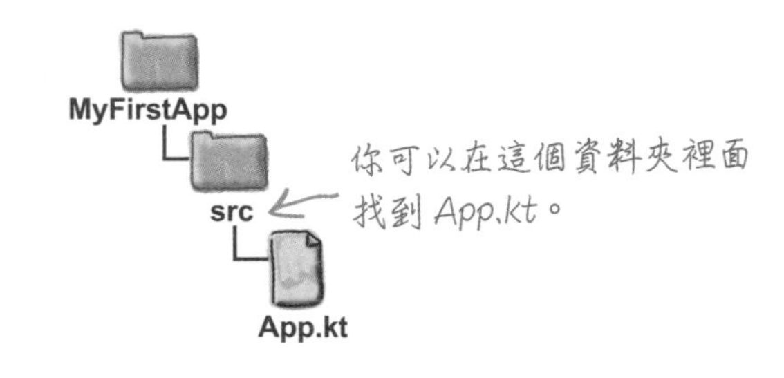

我們來執行一下程式，看看會發生什麼事。

問：**我要在每一個 Kotlin 檔案裡面編寫 main 函式嗎？**

答：不用。一個 Kotlin 應用程式可能有數十個（甚至數百個）檔案，但只有一個檔案需要 main 函式，也就是啟動應用程式的那個檔案。

測試

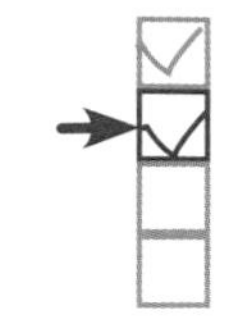

建構應用程式
加入函式
更改函式
使用 REPL

為了在 IntelliJ IDEA 裡面執行程式，前往 Run 選單選擇 Run 命令，看到提示畫面時，選擇 AppKt 即可組建專案，並執行程式碼。

稍微等待一下，你就可以在 IDE 最下面的輸出視窗看到"Pow!"了。

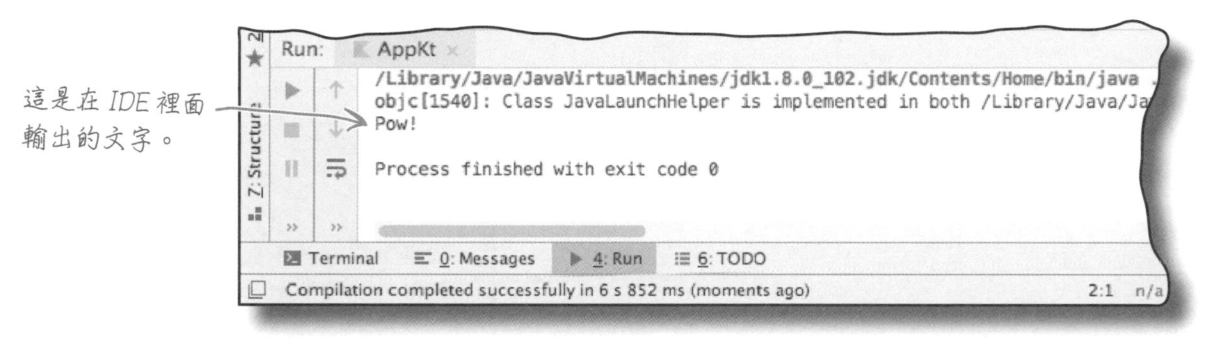

Run 命令在做什麼事？

執行 Run 命令之後，IntelliJ IDEA 會先執行一些步驟，再顯示程式碼的輸出：

因為我們在建立專案時選擇 JVM 選項，所以會將原始碼編譯成 JVM bytecode。如果當時我們選擇另一種環境，編譯器就改成編譯那個環境可用的程式碼。

1. **IDE 將 Kotlin 原始碼編輯成 JVM bytecode。**

   如果程式沒有錯誤，編譯程式碼會建立一或多個可在 JVM 裡面執行的 class 檔。在我們的例子中，編輯 *App.kt* 會建立名為 *AppKt.class* 的 class 檔。

   Kotlin 編譯器
   1001 1110100 001010 1010111
   App.kt
   AppKt.class

2. **IDE 啟動 JVM 並執行 AppKt.class。**

   JVM 將 *AppKt.class* bytecode 轉換成底層平台瞭解的東西，接著執行它，在 IDE 的輸出視窗顯示 `String` "Pow!"。

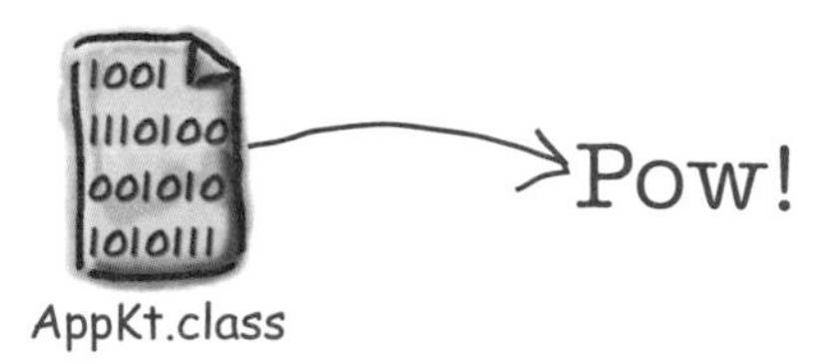

確認函式可以動作之後，我們來看看如何修改它，讓它做更多事情。

你可以在 mian 函式裡面做哪些事？

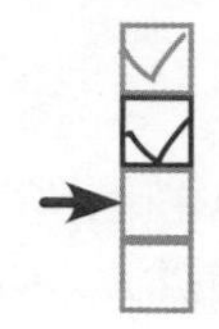

進入 main 函式（或任何其他函式）之後，你就可以做許多有趣的事情了。你可以像使用多數其他程式語言一樣，讓應用程式做一些事情。

你可以讓程式：

- **做某件事（陳述式）**

```
var x = 3
val name = "Cormoran"
x = x * 10
print("x is $x.")
//這是註解
```

- **不斷做某件事（迴圈）**

```
while (x > 20) {
    x = x - 1
    print(" x is now $x.")
}
for (i in 1..10) {
    x = x + 1
    print(" x is now $x.")
}
```

- **在符合某個條件時，做某件事（分支）**

```
if (x == 20) {
    println(" x must be 20.")
} else {
    println(" x isn't 20.")
}
if (name.equals("Cormoran")) {
    println("$name Strike")
}
```

接下來幾頁會更仔細地介紹它們。

語法探究

這些通用的語法提示和小技巧可以幫助你適應 Kotlin 小鎮的環境：

* 用兩個斜線來開始編寫單行的註解

```
//這是註解
```

* 大部分的空格都是沒有效果的：

```
x          =          3
```

* 定義變數的方式，是在變數名稱的前面加上 var 或 val。你可以用 var 來定義值可以改變的變數，用 val 來定義值維持不變的變數。第 2 章會詳細介紹變數：

```
var x = 100
val serialNo = "AS498HG"
```

迴圈與迴圈與迴圈…

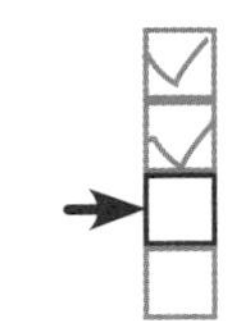

Kotlin 有三種標準的迴圈結構：while、do-while 與 for。我們先把注意力放在 while 上面。

while 迴圈的語法比較簡單，只要條件為真，你就可以做迴圈區塊內的任何事情。迴圈區塊的範圍是用一對大括號來指定的，你要將想要重複執行的程式放入區塊。

如果迴圈區塊內只有一行程式，你可以省略大括號。

條件測試式對 while 迴圈而言非常重要。條件測試式就是產生一個布林（Boolean）值（非真（*true*）即偽（*false*）的值）的運算式。例如，"當 *isIceCreamInTub*（桶子裡還有冰淇淋）為 *true* 時，繼續挖" 就是一個明顯的布林測試，因為桶子裡可能有冰淇淋，也可能沒有了。但是 "當 *Fred* 時，繼續挖" 就不是測試式，你必須將它改成 "當 *Fred* 很餓時，繼續挖" 才合理。

簡單的布林測試

你可以用比較運算子來檢查變數的值，並且做簡單的布林測試。比較運算子有：

<（小於）

>（大於）

==（相等） ← 用兩個等號來測試是否相等，而不是一個等號。

<=（小於或等於）

>=（大於或等於）

注意賦值運算子（一個等號）與相等運算子（兩個等號）之間的差異。

這是使用布林測試的範例程式：

```
var x = 4 //將 x 設為 4
while (x > 3) {
    //因為 x 大於 3，迴圈程式會執行
    println(x)
    x = x - 1
}
var z = 27
while (z == 10) {
    //因為 z 是 27，迴圈程式不會執行
    println(z)
    z = z + 6
}
```

迴圈範例

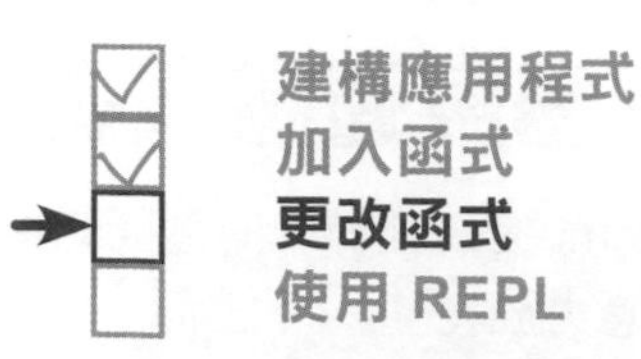

我們將 *App.kt* 裡面的程式改成新版的 `main` 函式，讓它在執行迴圈前、每次執行迴圈時、迴圈結束時顯示一個訊息。

按照下面的內容來修改你的 *App.kt*（粗體是更改的地方）：

```
fun main(args: Array<String>) {
    println("Pow!")
    var x = 1
    println("Before the loop. x = $x.")
    while (x < 4) {
        println("In the loop. x = $x.")
        x = x + 1
    }
    println("After the loop. x = $x.")
}
```

這一行用不到了，刪除它。

這會印出 x 的值。

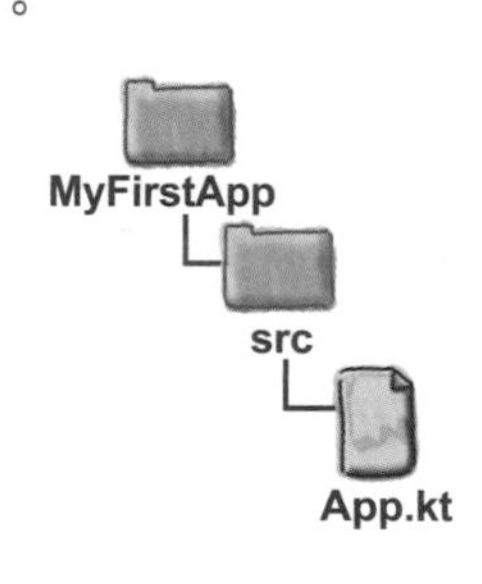

我們試著執行程式。

測試

前往 Run 選單並選擇 Run 'AppKt' 命令來執行程式，你可以在 IDE 底下的輸出視窗看到這些文字：

```
Before the loop. x = 1.
In the loop. x = 1.
In the loop. x = 2.
In the loop. x = 3.
After the loop. x = 4.
```

學會 `while` 迴圈與布林測試式如何運作之後，我們來瞭解 `if` 陳述式。

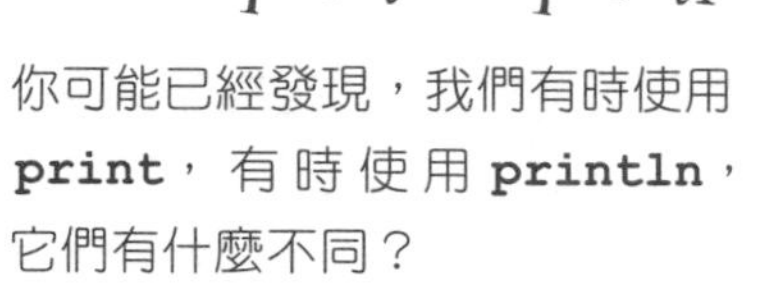

print vs. println

你可能已經發現，我們有時使用 **print**，有時使用 **println**，它們有什麼不同？

println 會插入新的一行（將 `println` 想成 print new line），而 **print** 會持續印到同一行。如果你想要把每一個東西印到屬於它自己的一行，就使用 `println`，如果你想要把所有東西印到同一行，則使用 `print`。

條件分支

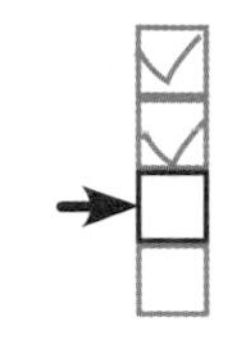

if 測試很像 while 迴圈的布林測試，只不過它的意思不是 "*while* there's still ice cream..."，而是 "*if* there's still ice cream..."。

這段程式會在一個數字大於另一個時，印出一個 String，你可以從中看出它如何運作：

```
fun main(args: Array<String>) {
    val x = 3
    val y = 1
    if (x > y) {
        println("x is greater than y")
    }
    println("This line runs no matter what")
}
```

如果 if 區塊裡面只有一行程式，你可以省略大括號。

這一行只會在 x 大於 y 時執行。

上面的程式只在條件（x 大於 y）為 true 時，執行列印 "*x* is greater than *y*" 的程式。但無論它是不是 true，都執行 "This line runs no matter what"。所以這段程式會根據 x 與 y 的值，讓一或兩個陳述式執行列印。

我們也可以在條件中加入一個 else，所以可以這樣說 "*if* there's still ice cream, keep scooping, *else* (otherwise) eat the ice cream then buy some more（如果還有冰淇淋，就繼續挖，否則吃掉冰淇淋，再去買更多冰淇淋）"。

下面這段程式改自上面的程式，加入一個 else：

```
fun main(args: Array<String>) {
    val x = 3
    val y = 1
    if (x > y) {
        println("x is greater than y")
    } else {
        println("x is not greater than y")
    }
    println("This line runs no matter what")
}
```

這一行只會在不符合 x > y 條件時執行。

如果我們討論的是其他語言的 if，現在已經到了尾聲了；如果（*if*）條件符合，就用它來執行一段程式碼。但是對 Kotlin 而言，故事還沒結束。

用 if 來回傳一個值

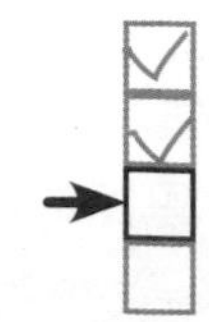

建構應用程式
加入函式
更改函式
使用 REPL

Kotlin 的 `if` 可以當成**運算式**來使用，它可以回傳一個值。這就像是說 "*if* there's ice cream in the tub, return one value, else return a different value（如果桶子裡還有冰淇淋，就回傳某個值，否則回傳另一個值）"。你可以用這種形式的 `if` 來寫出更簡明的程式。

當你將 if 當成運算式來使用時，必須使用一個 else 子句。

我們來修改上一頁的程式，看看它是如何運作的。我們當時用這段程式來印出 `String`：

```
if (x > y) {
    println("x is greater than y")
} else {
    println("x is not greater than y")
}
```

我們可以改用 `if` 運算式：

```
println(if (x > y) "x is greater than y" else "x is not greater than y")
```

這段程式：

```
if (x > y) "x is greater than y" else "x is not greater than y"
```

是 `if` 運算式，它先檢查 `if` 的條件：`x > y`，如果條件為 *true*，運算式回傳 `String` "x is greater than y"，否則（`else`），條件為 *false*，運算式回傳 `String` "x is not greater than y"。

程式接著用 `println` 印出 `if` 運算式的值：

```
println(if (x > y) "x is greater than y" else "x is not greater than y")
```

如果 x 大於 y，程式會印出 "x is greater than y"。如果 x 不大於 y，程式會改成印出 "x is not greater than y"。

所以如果 `x` 大於 `y`，"x is greater than y" 就會被印出。若非如此，則改為印出 "x is not greater than y"。

你可以看到，這樣子使用 `if` 運算式的效果與上一頁一樣，但比較簡明。

下一頁將展示整個函式的程式碼。

修改 main 函式

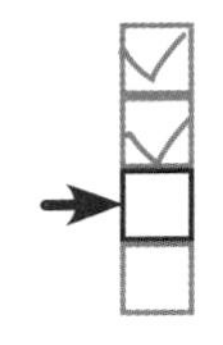

我們來修改 *App.kt* 裡面的程式，讓新版的 `main` 函式使用 `if` 運算式。按照下面的程式來修改你的 *App.kt* 裡面的程式：

```
fun main(args: Array<String>) {
    var x = 1
    println("Before the loop. x = $x.")
    while (x < 4) {
        println("In the loop. x = $x.")
        x = x + 1
    }
    println("After the loop. x = $x.")
    val x = 3
    val y = 1
    println(if (x > y) "x is greater than y" else "x is not greater than y")
    println("This line runs no matter what")
}
```

刪除這幾行。

我們來執行一下程式。

測試

前往 Run 選單並選擇 Run 'AppKt' 命令來執行程式，你可以在 IDE 底下的輸出視窗看到這些文字：

```
x is greater than y
This line runs no matter what
```

學會如何將 `if` 當成條件分支和運算式來使用之後，做一下接下來的練習吧！

程式碼磁貼

有人用冰箱磁貼寫了一個實用的 **main** 函式，可印出 String "YabbaDabbaDo"。不巧，廚房起了一陣怪風，將磁貼吹落一地。你可以把它們回復原狀嗎？

你不需要用到所有的磁貼。

```
fun main(args: Array<String>) {
    var x = 1

    while (x < ........) {

        ............(if (x == ........) "Yab" else "Dab")

        ............("ba")

        x = x + 1
    }
    if (x == ........) println("Do")
}
```

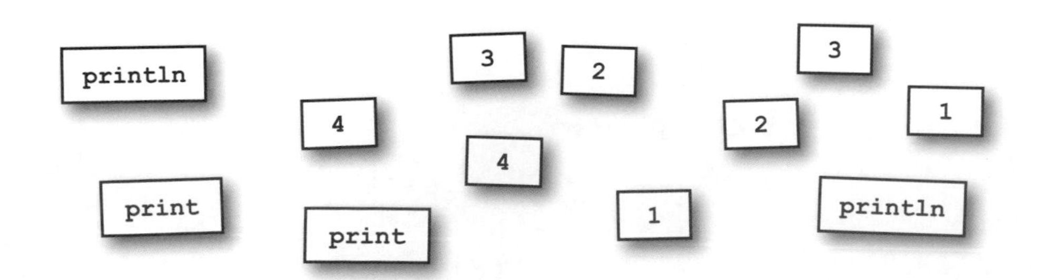

答案在第 29 頁。

使用 Kotlin 互動殼層

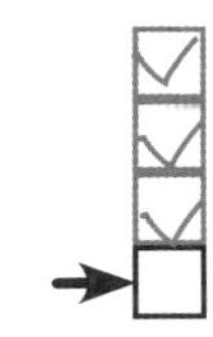

建構應用程式
加入函式
更改函式
使用 REPL

本章快要結束了，但我們還要介紹一種東西：Kotlin 互動殼層，或 REPL。REPL 可讓你在主程式碼之外，快速地嘗試執行一段程式碼。

REPL 是 Read-Eval-Print Loop 的縮寫，但沒有人這樣稱呼它。

你可以前往 IntelliJ IDEA 的 Tools 選單，選擇 Kotlin → Kotlin REPL 來打開 REPL，接著，畫面的底部會出現一個新的窗格如下：

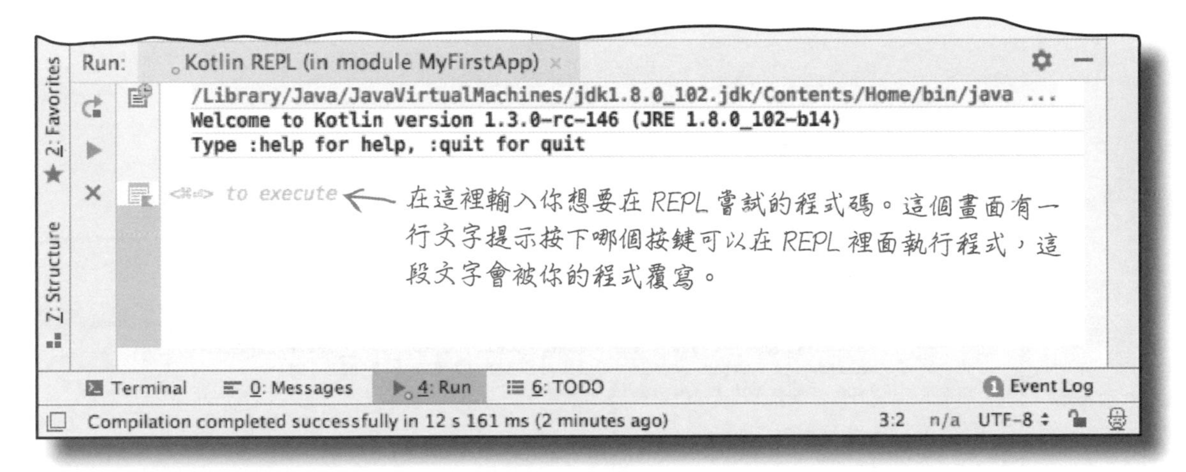

你只要在 REPL 視窗裡面輸入想要嘗試的程式碼即可使用 REPL。例如，試著加入這段程式：

```
println("I like turtles!")
```

輸入程式之後，按下 REPL 視窗左邊的綠色 Run 按鈕，經過短暫的暫停之後，REPL 視窗就會顯示“I like turtles!”：

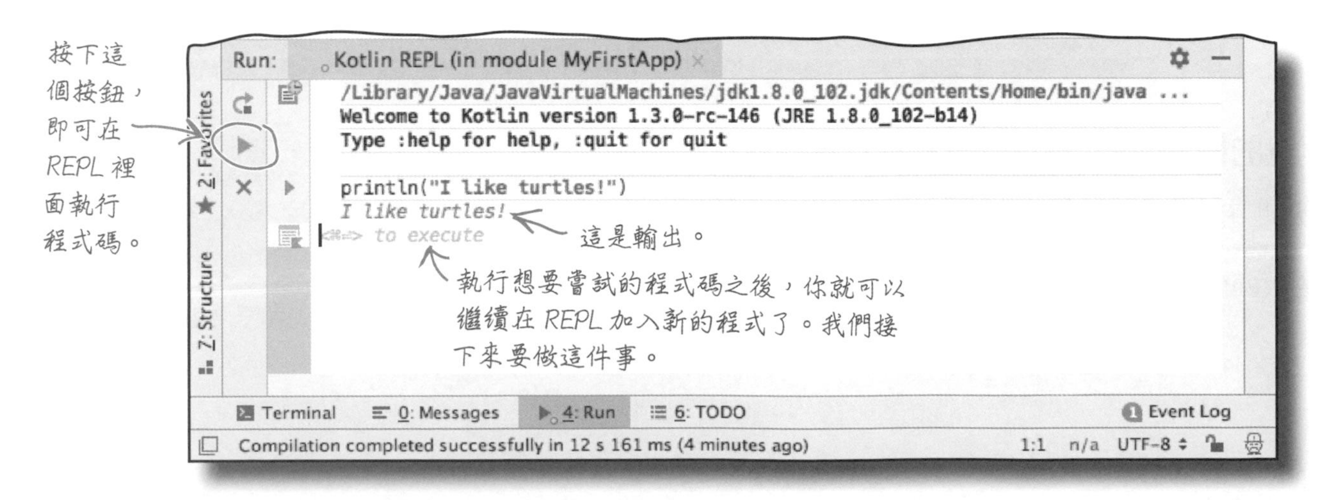

你可以在 REPL 裡面編寫多行程式碼

除了像上一頁那樣，在 REPL 裡面加入單行程式碼之外，你也可以嘗試多行程式。例如，你可以在 REPL 視窗裡面輸入下面的程式：

```
val x = 6
val y = 8
println(if (x > y) x else y)
```

這會印出 x 與 y 兩個數字之間比較大的那一個。

執行程式之後，你可以在 REPL 裡面看到 8 這個輸出：

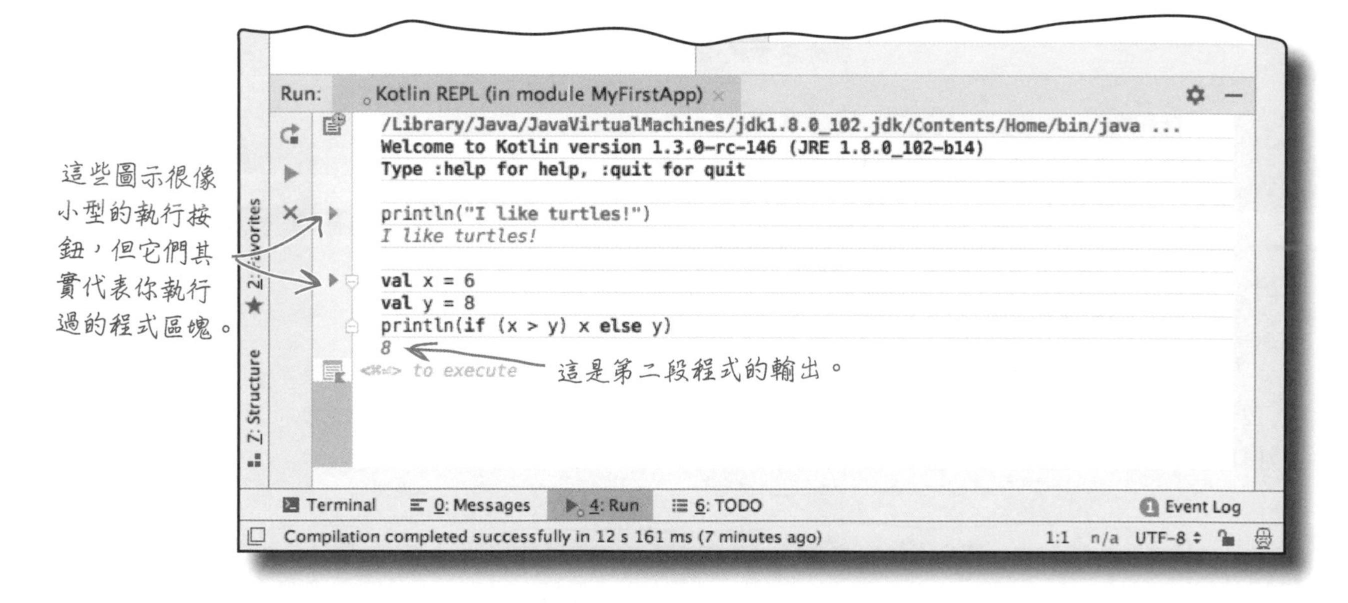

練習的時間到了

知道如何編寫 Kotlin 程式，以及一些基本語法之後，試一下接下來的練習吧。切記，如果你不確定答案，可以在 REPL 裡面試著執行任何一段程式。

建構應用程式
加入函式
更改函式
使用 REPL

我是編譯器

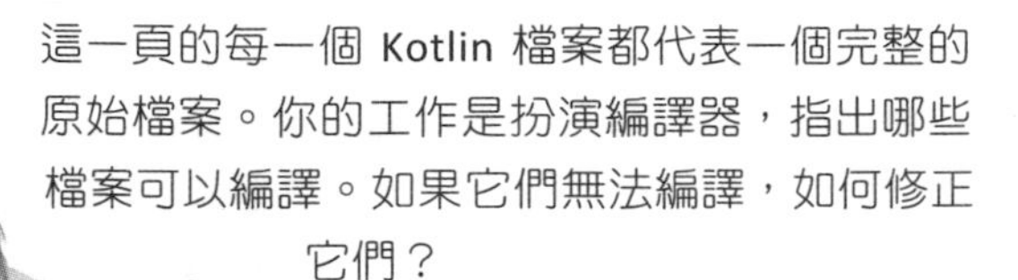

這一頁的每一個 Kotlin 檔案都代表一個完整的原始檔案。你的工作是扮演編譯器，指出哪些檔案可以編譯。如果它們無法編譯，如何修正它們？

A

```
fun main(args: Array<String>) {
    var x = 1
    while (x < 10) {
        if (x > 3) {
            println("big x")
        }
    }
}
```

B

```
fun main(args: Array<String>) {
    val x = 10
    while (x > 1) {
        x = x - 1
        if (x < 3) println("small x")
    }
}
```

C

```
fun main(args: Array<String>) {
    var x = 10
    while (x > 1) {
        x = x - 1
        print(if (x < 3) "small x")
    }
}
```

我是編譯器解答

這一頁的每一個 Kotlin 檔案都代表一個完整的原始檔案。你的工作是扮演編譯器，指出哪些檔案可以編譯。如果它們無法編譯，如何修正它們？

A

```
fun main(args: Array<String>) {
    var x = 1
    while (x < 10) {
        x = x + 1
        if (x > 3) {
            println("big x")
        }
    }
}
```

這段程式可以編譯、執行，且沒有輸出，但是如果沒有加入這行新程式，它會在一個無窮的 "while" 迴圈裡面永無止盡地執行。

B

```
fun main(args: Array<String>) {
    val var x = 10
    while (x > 1) {
        x = x - 1
        if (x < 3) println("small x")
    }
}
```

這段程式無法編譯。x 是用 *val* 來定義的，所以它的值無法改變。因此這段程式無法在 "while" 迴圈裡面更改 x 的值。修正的方法是將 *val* 改成 *var*。

C

```
fun main(args: Array<String>) {
    var x = 10
    while (x > 1) {
        x = x - 1
        print(if (x < 3) "small x" else "big x")
    }
}
```

這段程式無法編譯，因為它使用 *if* 運算式卻沒有使用 *else* 子句。修正的方法是加入 *else* 子句。

連連看

下面有個簡短的 Kotlin 程式，其中有一段程式不見了。你的任務是將左邊的候選程式放入上面的方塊裡面，並找出執行的結果。有些輸出是用不到的，有些輸出可能會被使用多次。請將候選程式段落連到它的輸出。

```
fun main(args: Array<String>) {
    var x = 0
    var y = 0
    while (x < 5) {
        [                    ]
        print("$x$y ")
        x = x + 1
    }
}
```

將候選程式放在這裡。

每一段候選程式都有一個它可能產生的輸出，找出它們。

候選程式：

```
y = x - y
```

```
y = y + x
```

```
y = y + 3
if (y > 4) y = y - 1
```

```
x = x + 2
y = y + x
```

```
if (y < 5) {
    x = x + 1
    if (y < 3) x = x - 1
}
y = y + 3
```

可能的輸出：

```
00 11 23 36 410
```

```
00 11 22 33 44
```

```
00 11 21 32 42
```

```
03 15 27 39 411
```

```
22 57
```

```
02 14 25 36 47
```

```
03 26 39 412
```

下面有個簡短的 Kotlin 程式，其中有一段程式不見了。你的任務是將左邊的候選程式放入上面的方塊裡面，並找出執行的結果。有些輸出是用不到的，有些輸出可能會被使用多次。請將候選程式段落連到它的輸出。

```
fun main(args: Array<String>) {
    var x = 0
    var y = 0
    while (x < 5) {
        [                    ]
        print("$x$y ")
        x = x + 1
    }
}
```

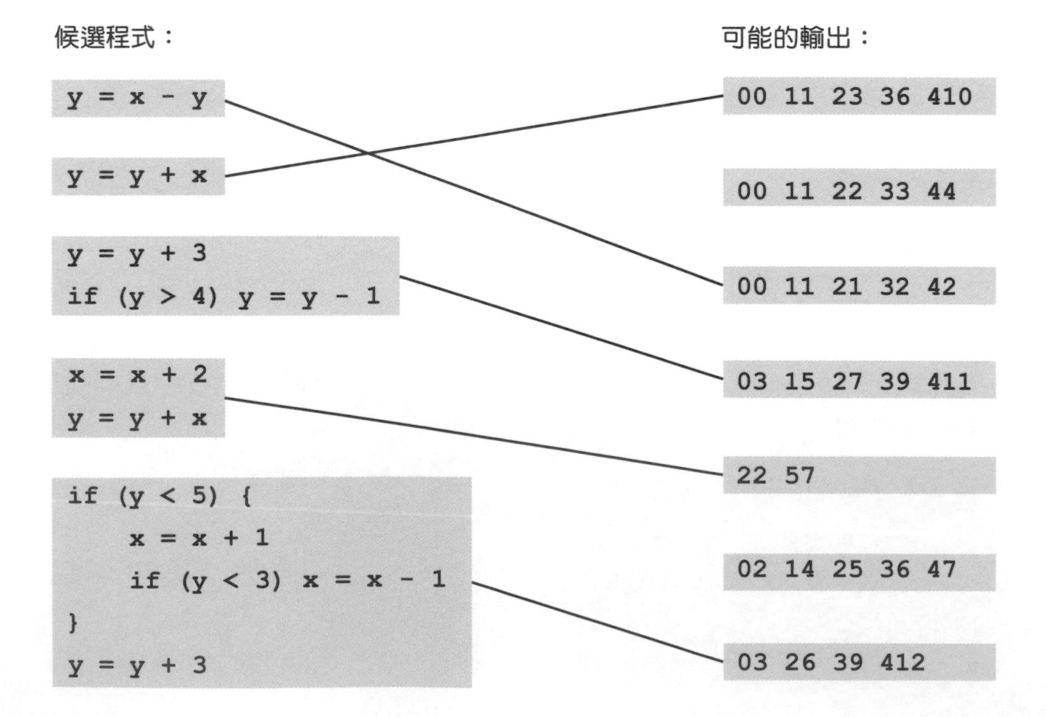

程式碼磁貼解答

有人用冰箱磁貼寫了一個實用的 **main** 函式，可印出 String "YabbaDabbaDo"。不巧，廚房起了一陣怪風，將磁貼吹落一地。你可以把它們回復原狀嗎？

你不需要用到所有的磁貼。

```
fun main(args: Array<String>) {
    var x = 1

    while (x < 3 ) {

        print (if (x == 1 ) "Yab" else "Dab")

        print ("ba")

        x = x + 1
    }
    if (x == 3 ) println("Do")
}
```

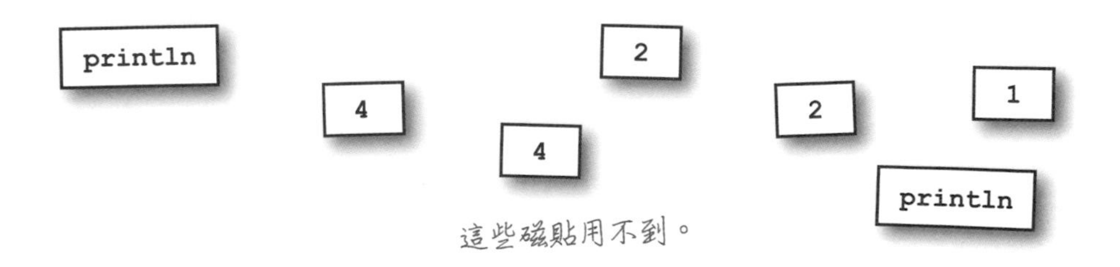

這些磁貼用不到。

你的 Kotlin 工具箱

讀完第 1 章之後，你已經將 Kotlin 的基本語法加入工具箱了。

你可以從 https://tinyurl.com/HFKotlin 下載本章的完整程式碼。

重點提示

- 用 fun 來定義函式。
- 每一個應用程式都需要一個稱為 main 的函式。
- 用 // 來表示單行註解。
- String 是字元組成的字串。指示 String 值的做法是將它的字元放在雙引號裡面。
- 程式碼區塊是用一對大括號 {} 來定義的。
- 一個等號 = 是賦值運算子。
- 兩個等號 == 是相等運算子。
- 用 var 來定義值可能改變的變數。
- 用 val 來定義值保持不變的變數。
- 只要條件測試式是 *true*，while 迴圈就會執行它的區塊內的每一樣東西。
- 如果條件測試式是 *false*，while 迴圈程式碼區塊就不會執行，而是執行迴圈區塊後面的程式碼。
- 將條件測試式放在括號 () 裡面。
- 用 if 與 else 來加入條件分支。else 子句是選用的。
- 你可以將 if 當成運算式來使用，讓它回傳一個值。此時必須使用 else 子句。

2 基本型態與變數

成為變數

所有的程式碼都需要一種東西——變數

所以在這一章，我們要看一下引擎蓋底下的東西，瞭解 ***Kotlin* 變數到底是怎麼運作的**。你會認識 Kotlin 的**基本型態**，例如整數、浮點數與布林，以及 Kotlin 編譯器**如何聰明地從變數的值判斷它的型態**。你將學會如何藉助 **String 模板**，用極少量的程式碼建構複雜的 String，以及如何建立**字串**來保存多個值。最後，你將瞭解，為什麼物件對 Kotlin 小鎮如此重要。

你的程式需要變數

到目前為止，你已經知道怎麼編寫基本的陳述式、運算式、`while` 迴圈與 `if` 測試式了。但是要寫出卓越的程式，我們還要瞭解一種重要的元素：變數。

你已經知道怎麼宣告變數了：

```
var x = 5
```

這段程式看起來很簡單，但它在幕後是怎麼運作的？

變數就像杯子

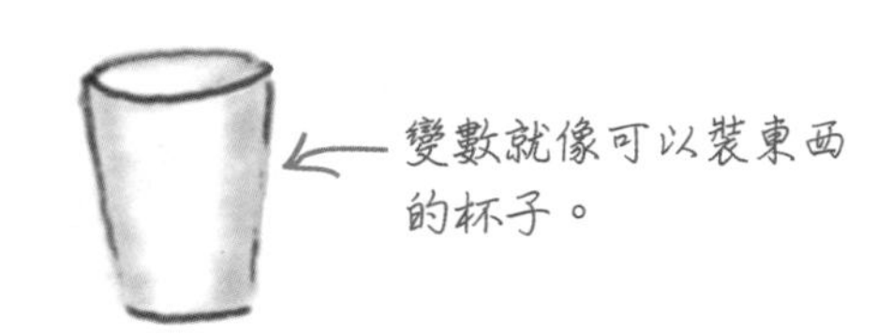

當你看到 Kotlin 的變數時，可以將它想成一個杯子。杯子有各種形狀與大小—大杯子、小杯子、看電影拿的巨型拋棄式爆米花杯子—但它們有一件事是一樣的：它們都是裝東西的杯子。

宣告變數就像在星巴克點飲料，當你點飲料時，要告訴店員你想要哪一種飲料、做好時要喊什麼名字，甚至要不要用一個別緻的可復用杯子，而不是拋棄式的。當你這樣子宣告變數時：

```
var x = 5
```

就是在告訴 Kotlin 編譯器，變數的值是什麼、應該給它什麼名稱、變數可不可以重複設為其他值。

為了建立變數，編譯器必須知道三件事：

- **變數的名稱是什麼。**
  這樣我們才可以在程式中使用它。
- **變數可不可以重複使用。**
  例如，如果我們最初將變數設成 2，之後可不可以將它設成 3？還是它必須永遠保存 2？
- **它是哪一種型態的變數。**
  它是整數？`String`？還是更複雜的東西？

你已經知道怎麼幫變數取名字，以及如何使用 `val` 與 `var` 關鍵字來指定它可不可以重新設為其他值了。但是，該如何指定變數的型態？

當你宣告變數時，會發生什麼事情？

為了防止可能導致 bug 的奇怪行為或危險動作，編譯器非常在乎變數的型態。例如，它不允許你將 String "Fish" 指派給整數變數，因為它知道 String 不能用來執行數學運算。

為了執行這種型態安全機制，編譯器必須知道變數的型態，編譯器也可以**從變數的值判斷它的型態**。

我們來看看它是怎麼做到的。

在建立變數時，編譯器必須知道它的名稱、型態，以及它可不可以重複使用。

值會被轉換成物件…

當你這樣子宣告變數時：

```
var x = 5
```

編譯器會用你指派給變數的值建立一個新物件。在這個例子中，你將數字 5 指派給新變數 x，編譯器知道 5 是整數，所以會建立一個新的 Int 物件，並將它的值設為 5：

接下來幾頁會詳細介紹幾種其他型態。

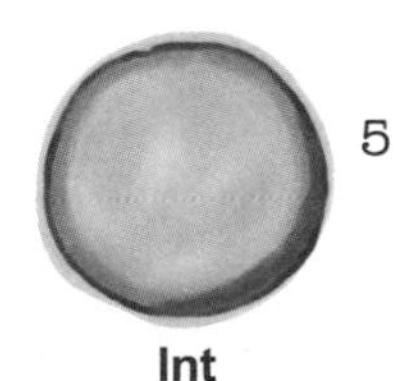

…而且編譯器會用物件的型態來判斷變數的型態

接著編譯器會將物件的型態當成變數的型態，在上面的例子中，物件的型態是 Int，所以變數的型態也是 Int。變數會永遠維持這種型態。

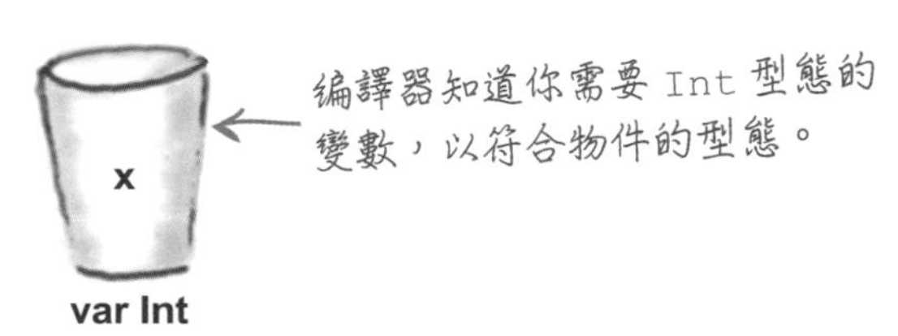

接著物件會被指派給變數。這是怎麼做到的？

變數保存的是物件的參考

當編譯器將物件指派給變數時，**不會將物件本身放入變數**，而是將指向物件的參考（*reference*）放入變數：

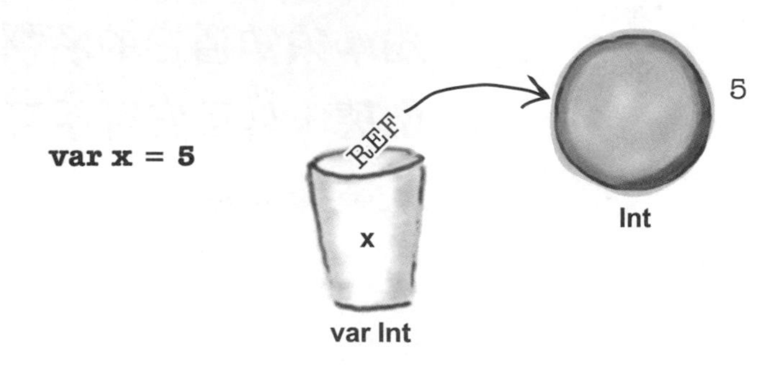

因為變數保存物件參考，所以它可以訪問（access）物件。

再論 val vs. var

如果你用 `val` 宣告變數，指向物件的參考會永遠待在變數裡面，不會被換掉。但是使用 `var` 關鍵字的話，你可以指派別的值給變數。例如，當我們用這段程式：

```
x = 6
```

來將 6 指派給 `x` 時，它會建立一個值為 6 的新 `Int` 物件，並且將物件的參考放入 `x`，換掉原本的參考：

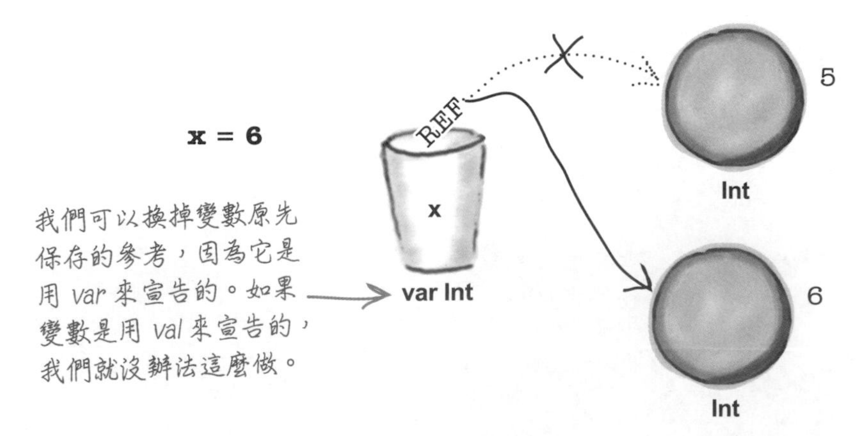

知道宣告變數會發生什麼事情之後，我們來看一些 Kotlin 的基本型態，包括整數、浮點數、布林、字元與 `String`。

Kotlin 的基本型態

整數

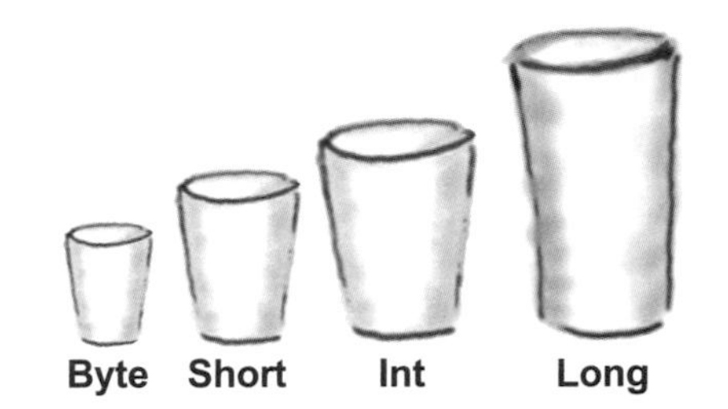

Kotlin 有四種基本的整數型態：**Byte**、**Short**、**Int** 與 **Long**，每一種型態都保存固定數量的位元數。例如，`Byte` 保存 8 個位元，所以可以保存 -128 到 127 的整數值。`Int` 保存 32 個位元，所以可以保存 -2,147,483,648 到 2,147,483,647 的整數值。

在預設情況下，如果你藉著指派整數來宣告變數：

```
var x = 1
```

你就建立一個 `Int` 型態的物件與變數。如果你指派的整數太大，以致無法放入 `Int`，它會改用 `Long`。你也可以在整數的後面加一個 "L" 來建立 `Long` 物件與變數，像這樣：

```
var hugeNumber = 6L
```

這張表列出各種整數型態、它們的位元大小，與值的範圍：

型態	位元	值的範圍
Byte	8 位元	-128 至 127
Short	16 位元	-32768 至 32767
Int	32 位元	-2147483648 至 2147483647
Long	64 位元	-huge 至 (huge - 1)

十六進位與二進位數字

★ 在數字的前面加上 0b 即可指派二進位數字。

```
x = 0b10
```

★ 在數字的前面加上 0x 即可指派十六進位數字。

```
y = 0xAB
```

★ Kotlin 不支援八進位數字。

浮點數

浮點數有兩種型態：**Float** 與 **Double**。`Floats` 保存 32 個位元，而 `Doubles` 保存 64 個位元。

在預設情況下，如果你將浮點數指派給變數來宣告它：

```
var x = 123.5
```

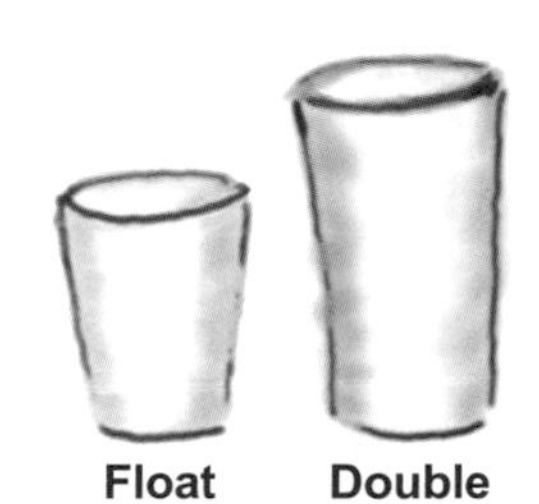

你就會建立 `Double` 型態的物件與變數。在數字的後面加上 "F" 或 "f" 會變成建立 `Float`：

```
var x = 123.5F
```

布林

布林變數可用來儲存非 true 即 false 的值。你可以這樣宣告變數來建立 Boolean 物件與變數：

```
var isBarking = true
var isTrained = false
```

字元與字串

Char 變數儲存單一字元。String 變數儲存一連串的多個字元。

此外還有兩種基本型態：**Char** 與 **String**。

Char 變數儲存單一字元。你可以指派一個以單引號包起來的字元來建立 Char 變數：

```
var letter = 'D'
```

String 變數可保存一連串的多個字元。你可以指派用雙引號包起來的多個字元，來建立 String 變數：

```
var name = "Fido"
```

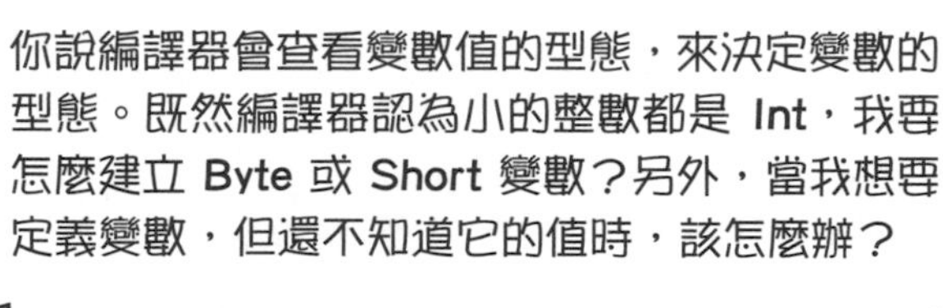

在這些情況下，你必須明確地宣告變數的型態。

做法見接下來的說明。

如何明確地宣告變數的型態？

你已經知道怎麼在建立變數時，將值指派給變數，讓編譯器用值來判斷變數的型態了。但有時你想要明確地要求編譯器建立某種型態的變數。例如，你可能想要使用 Byte 或 Short，而不是 Int，因為它們的效率比較好，或者，你可能想要在程式開始的地方宣告變數，之後再對它賦值。

你可以用這種程式來明確地宣告變數的型態：

```
var smallNum: Short
```

我們在變數名稱後面加上一個冒號（:），接著加上想要使用的型態，而不是讓編譯器用變數的值來判斷它的型態。所以這段程式就像是說“建立一個可重複使用的變數，將它命名為 *smallNum*，並且確保它是 *Short*”。

明確地宣告變數的型態可提供足夠的資訊讓編譯器建立變數，資訊包括：它的名稱、型態，以及可不可以重複使用。

如果你想要宣告一個 Byte 變數，可以使用這種程式：

```
var tinyNum: Byte
```

宣告型態並且賦值

上面的範例在建立變數時沒有賦值。你也可以明確地宣告變數的型態，並且對它賦值。例如，下面的例子建立一個名為 z 的 Short 變數，並且將 6 這個值指派給它：

```
var z: Short = 6
```

這個例子建立一個名為 z，型態為 Short 的變數。變數的值，6，夠小，可以放入 Short，所以這個例子建立一個值為 6 的 Short 物件，接著將一個 Short 物件的參考放入變數。

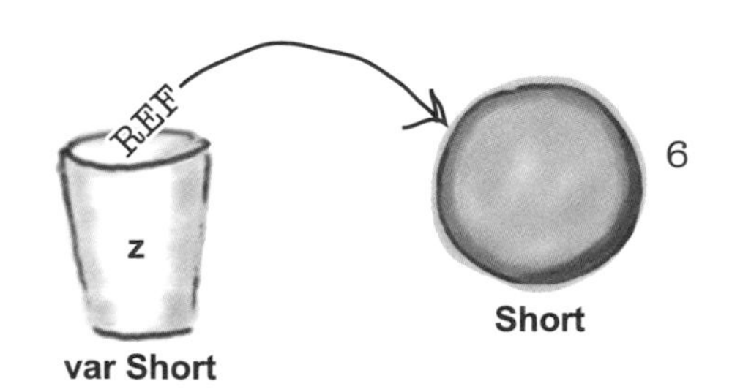

當你對變數賦值時，必須確保那個值與變數相容。下一頁會詳細地說明。

將初始值指派給變數稱為<u>初始化</u>。你必須先將變數初始化才能使用它，否則會產生編譯錯誤。例如，下面的程式無法編譯，因為 x 沒有被賦值：

```
var x: Int
var y = x + 6
```

x 沒有被賦值，所以編譯器很不爽。

使用符合變數型態的值

本章稍早談過，編譯器很在乎變數的型態，因為如此一來，它才可以阻止你執行不洽當的操作，導致 bug 出現。比如說，如果你試著將 3.12 這種浮點數指派給整數變數，編譯器會拒絕編譯程式。例如，下面的程式是無法動作的：

```
var x: Int = 3.12
```

編譯器發現，將 3.12 放入 Int 必定會失去一些精確度（例如，在小數點後面的一切），所以拒絕編譯程式碼。

類似的情況，如果你試著將大型的整數放入無法容納它的變數，編譯器也會不開心。例如，當你試著將 500 這個值指派給 Byte 變數時，將會看到編譯器產生的錯誤：

```
//這無法動作
var tinyNum: Byte = 500
```

因此，當你將常值指派給變數時，必須確定那個值與變數的型態相容。當你將某個變數的值指派給另一個變數時，這一點特別重要，我們繼續看下去。

唯有值與變數相容時，Kotlin 編譯器才讓你將值指派給變數。如果值太大或型態不對，程式就無法編譯。

問：在 Java 中，數字是基本型態，所以變數保存實際的數字，Kotlin 不是這樣嗎？

答：不是，在 Kotlin 中，數字是物件，變數保存指向物件的參考，不是物件本身。

問：為什麼 Kotlin 這麼在乎變數的型態？

答：因為它要讓你的程式更安全，bug 更少。你可能會覺得它太吹毛求疵了，但相信我們，這是件好事。

問：在 Java 中，我可以將 char 基本型態視為數字，在 Kotlin 中，我可以對 Char 做同樣的事情嗎？

答：不行，Kotlin 的 Char 是字元，不是數字。跟我一起念：Kotlin 不是 Java。

問：我可以幫變數取任何名稱嗎？

答：不，命名規則的確有某種彈性，但你不能（比方說）使用保留字來為變數命名。例如，將變數命名為 *while* 根本是在自找麻煩。但好消息是，如果你幫變數取的名稱是非法的，IntelliJ IDEA 會立刻清楚地指出這個問題。

將值指派給另一個變數

當你將變數的值指派給另一個變數時，必須確定它們的型態是相容的，我們用下面的例子來說明原因：

```
var x = 5
var y = x
var z: Long = x
```

1 var x = 5

這會建立一個名為 x 的 Int 變數，以及一個值為 5 的 Int 物件。x 存有物件的參考。

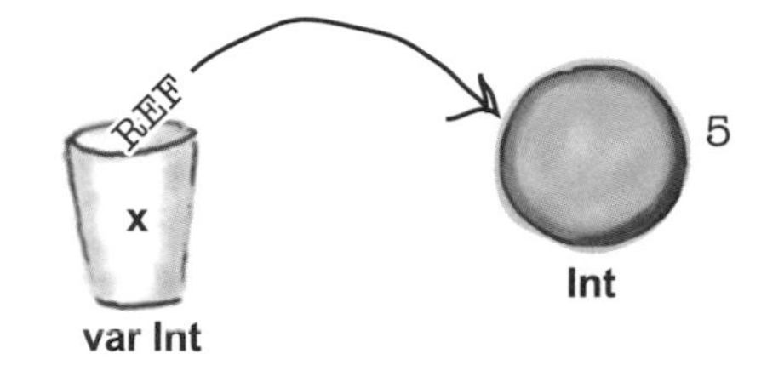

2 var y = x

編譯器看到 x 是個 Int 物件，所以知道 y 的型態也必須是 Int。它會將 x 變數的值指派給 y 變數，而不是建立第二個 Int 物件。什麼意思？這就像是“取得 x 裡面的東西，製作它的副本，並將副本貼到 y 裡面”，**這意味著 x 與 y 都存有同一個物件的參考**。

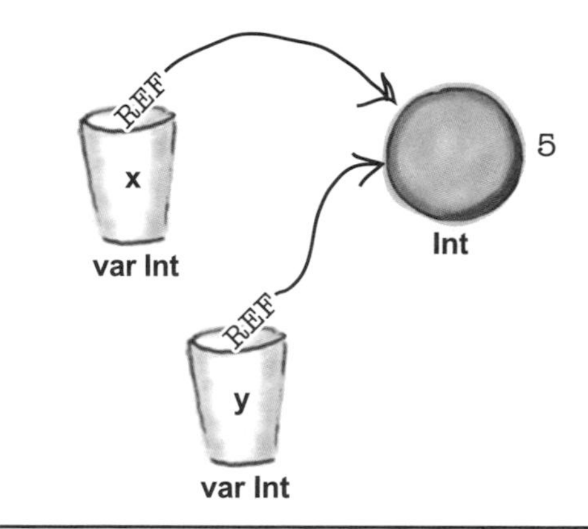

3 var z: Long = x

這一行告訴編譯器，你想要建立一個新的 Long 變數，z，並且將 x 的值指派給它。但問題來了，x 變數保存的是值為 5 的 Int 物件的參考，不是 Long 物件。我們知道物件的值是 5，也知道 5 可以放入 Long 物件，但是 z 變數的型態與 Int 物件不一樣讓編譯器很不開心，拒絕編譯程式碼。

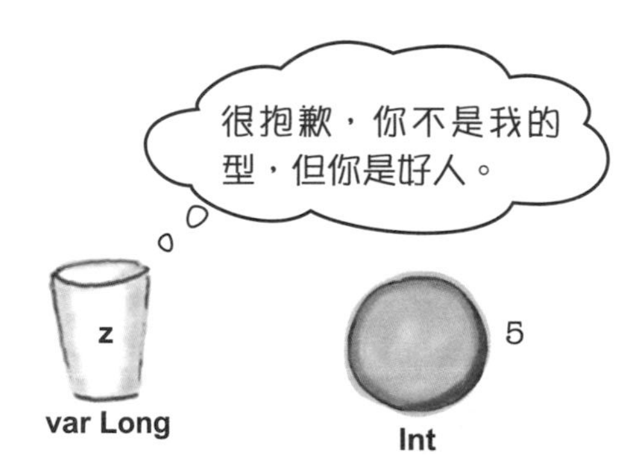

那麼，如果有兩個變數的型態彼此不同，你該如何將其中一個變數的值指派給另一個？

我們必須轉換值

假設你想要將一個 Int 變數的值指派給 Long，編譯器不允許你直接賦值，因為這兩個變數的型態是不同的；Long 變數只能保存 Long 物件的參考，所以試著指派 Int 給它將會無法編譯。

為了讓程式碼可以編譯，你要先將值轉換成正確的型態，所以如果你想要將 Int 變數的值指派給 Long，就要先將它的值轉換成 Long，做法是使用 Int 物件的函式。

物件擁有狀態與行為

物件之所以是物件的原因是它有兩樣東西：**狀態**與**行為**。

物件的狀態是與物件有關的資料：它的屬性與值。例如，數值物件有個數字值，譬如 5、42 或 3.12（依物件的型態而定）。Char 物件有一個字元值。而 Boolean 則非 true 即 false。

物件的行為描述了物件可以做的事情，或你可以對它做的事情。例如，你可以將 String 變成首字大寫。數值物件知道如何執行基本的算術運算，以及將值轉換成不同的數值型態。物件的行為是用它的函式來公開的。

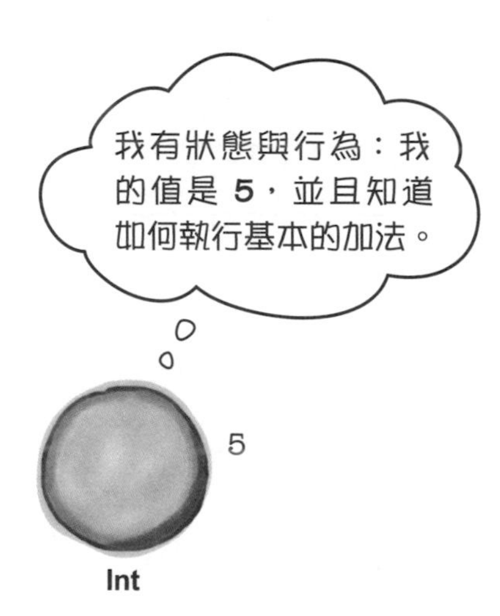

如何將數值轉換成其他型態？

在上述的例子中，我們想要將一個 Int 變數的值指派給 Long。每一個數值物件都有一個稱為 toLong() 的函式，可用物件的值建立新的 Long 物件，所以如果你想要將 Int 變數的值指派給 Long，可以這樣做：

```
var x = 5
var z: Long = x.toLong()
```

這是句點 (dot) 運算子。

你可以用句點運算子（.）來呼叫物件的函式。所以 x.toLong() 的意思就像是“前往變數 x 參考的物件，並呼叫它的 toLong() 函式”。

下一頁會講解這段程式。

每一種數值型態都有這些轉換函式：*toByte()*、*toShort()*、*toInt()*、*toLong()*、*toFloat()* 與 *toDouble()*。

當你轉換值的時候，會發生什麼事？

1 **var x = 5**

建立一個名為 x 的 Int 變數，以及一個值為 5 的 Int 物件。讓 x 存有指向該物件的參考。

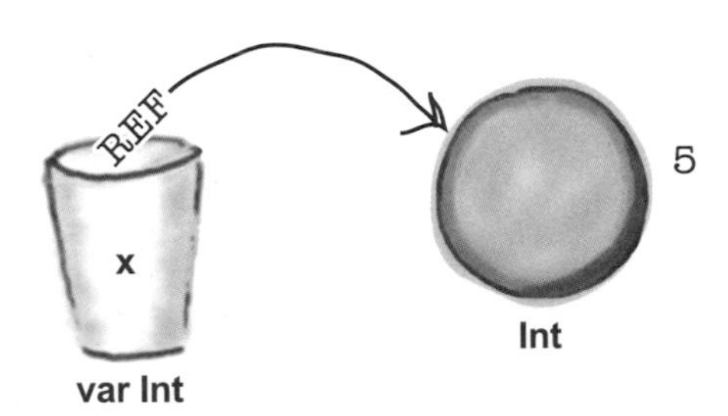

2 **var z: Long = x.toLong()**

編譯器呼叫 x 物件的 toLong() 函式，建立值為 5 的 Long 新物件，並將 Long 物件的參考放入 z 變數，建立新的 Long 變數 z。

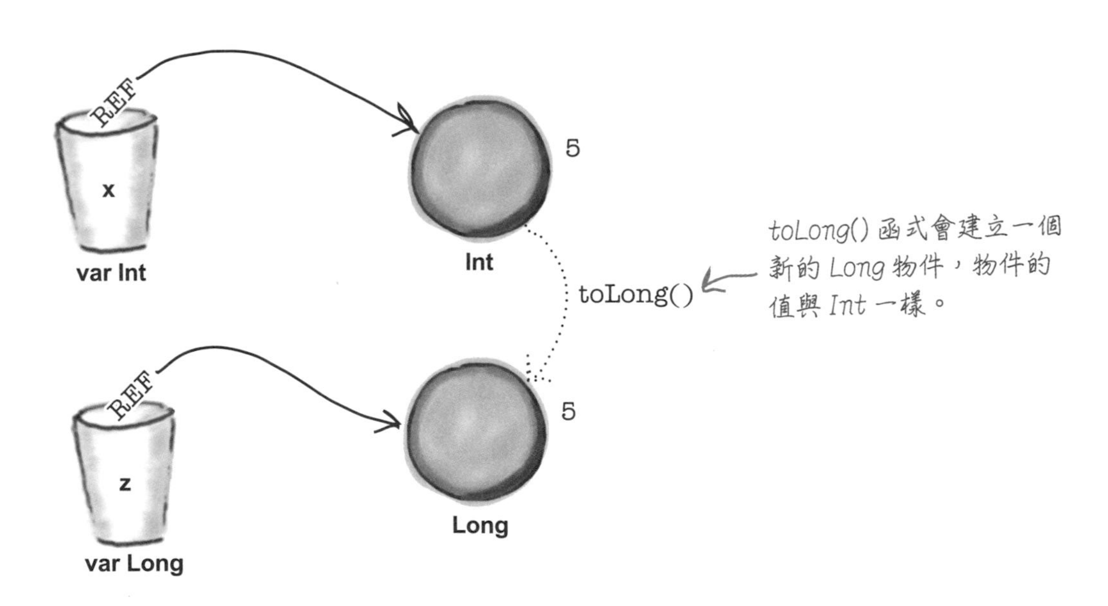

這種做法很適合將值轉換成較大的物件，但如果新物件很小，無法容納新值時，該怎麼辦？

小心外溢

試著將大值放入小變數，就像將一桶咖啡倒入一個小杯子，有些咖啡會跑到杯子裡面，有些會溢出。

假如你要將 Long 值放入 Int，本章談過，Long 可以保存比 Int 大的數字。

如果 Long 值在 Int 可以保存的範圍之內，將 Long 轉換成 Int 也沒有問題。例如，將 Long 值 42 轉換成 Int 會變成值為 42 的 Int：

```
var x = 42L
var y: Int = x.toInt()  //值是 42
```

但是如果 Long 的值對 Int 來說太大了，你會得到奇怪的數字（不過它是可以算出的）。例如，當你試著將 Long 值 1234567890123 轉換成 Int 時，Int 值將會是 1912276171：

它涉及符號、位元、二進位，還有其他不在此討論的因素。如果你真的很好奇，可以搜尋"二的補數"。

```
var x = 1234567890123
var y: Int = x.toInt()  //值是 1912276171!
```

編譯器會假設這是故意的，所以這段程式可以編譯。假如你只想要轉換浮點數的整數部分，當你將這個數字轉換成 Int 時，編譯器會把小數點後面的數字都切掉：

```
var x = 123.456
var y: Int = x.toInt()  //值是 123
```

重點在於，當你將一種型態的數值轉換成另一種型態時，必須確定型態的大小足以容納那個值，否則你會得到意外的結果。

你已經知道變數如何運作，也有一些 Kotlin 基本型態的使用經驗了，做一下接下來的練習吧！

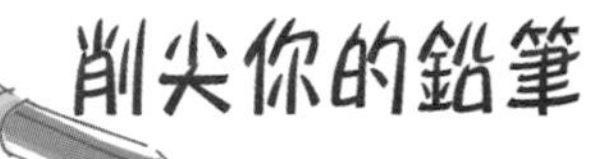

削尖你的鉛筆

這個 main 函式無法編譯，把錯誤的那幾行程式圈起來，並說明為何它們讓程式無法編譯。

```
fun main(args: Array<String>) {

    var x: Int = 65.2

    var isPunk = true

    var message = 'Hello'

    var y = 7

    var z: Int = y

    y = y + 50

    var s: Short

    var bigNum: Long = y.toLong()

    var b: Byte = 2

    var smallNum = b.toShort()

    b = smallNum

    isPunk = "false"

    var k = y.toDouble()

    b = k.toByte()

    s = 0b10001

}
```

削尖你的鉛筆 解答

這個 main 函式無法編譯，把錯誤的那幾行程式圈起來，並說明為何它們讓程式無法編譯。

```
fun main(args: Array<String>) {
    var x: Int = 65.2
    var isPunk = true
    var message = 'Hello'
    var y = 7
    var z: Int = y
    y = y + 50
    var s: Short
    var bigNum: Long = y.toLong()
    var b: Byte = 2
    var smallNum = b.toShort()
    b = smallNum
    isPunk = "false"
    var k = y.toDouble()
    b = k.toByte()
    s = 0b10001
}
```

- `var x: Int = 65.2`：65.2 不是有效的 Int 值。
- `var message = 'Hello'`：單引號是用來定義 Char 的，Char 只有一個字元。
- `b = smallNum`：smallNum 是 Short，所以不能把它的值指派給 Byte 變數。
- `isPunk = "false"`：isPunk 是個 Boolean 變數，所以不能把 false 放在雙引號裡面。

將多個值放入陣列

我們還要介紹一種物件—陣列（array）。如果你用變數來儲存 50 種冰淇淋的名稱，或圖書館的所有書籍條碼，你很快就會陷入尷尬的境地。此時你可以改用陣列。

如果你想要快速地使用一組東西，陣列是很棒的工具，它很容易建立，而且你可以快速地存取陣列的每一個項目。

你可以將陣列想像成一排杯子，陣列的每一個項目都是一個變數：

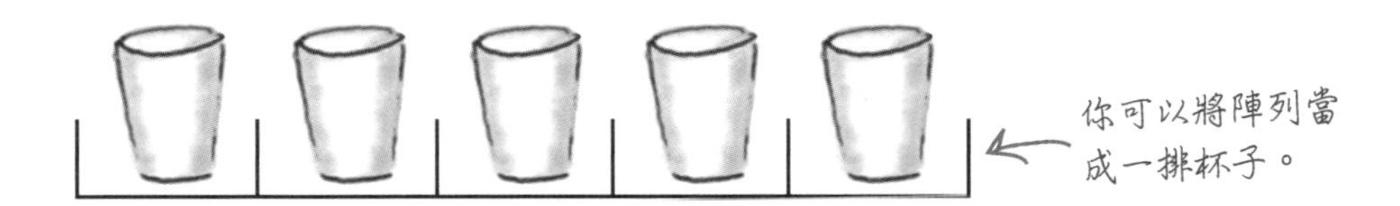

如何建立陣列？

你可以用 `arrayOf()` 函式來建立陣列，例如，下面的程式使用它來建立內含三個項目（`Int` 1、2 與 3）的陣列，並將這個陣列指派給變數 `myArray`：

```
var myArray = arrayOf(1, 2, 3)
```

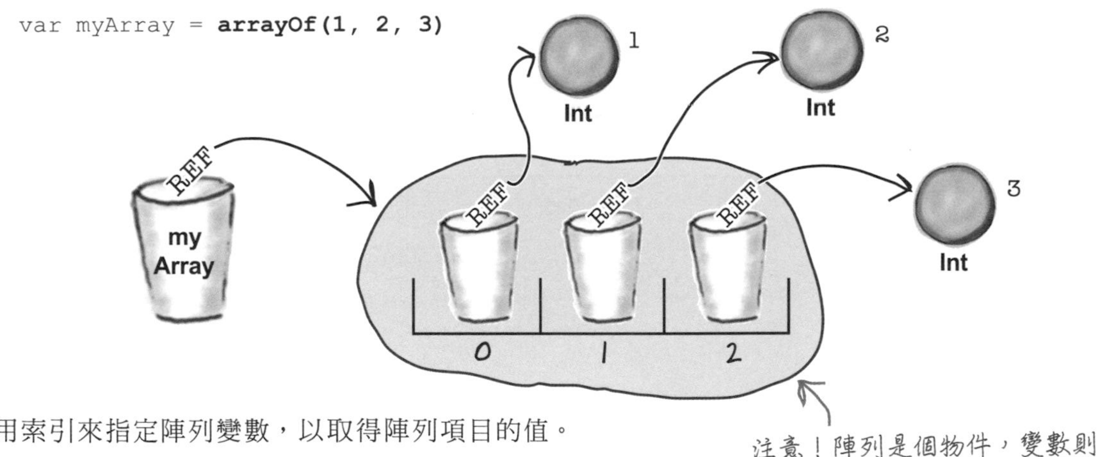

你可以用索引來指定陣列變數，以取得陣列項目的值。例如，這樣可以印出第一個項目的值：

```
println(myArray[0])
```

如果你想要知道陣列的大小，可使用

```
myArray.size
```

下一頁會將這些程式整合起來，認真地寫一個商業應用程式—Phrase-O-Matic。

建立 Phrase-O-Matic 應用程式

我們接下來要建立一個應用程式，它的功能是產生實用的行銷標語。

首先，在 IntelliJ IDEA 裡面建立一個新專案：

1. 打開 IntelliJ IDEA，在歡迎畫面選擇 “Create New Project”，啟動你在第 1 章看過的 wizard。

2. 選擇彈出視窗的選項，建立以 JVM 為目標的 Kotlin 專案。

3. 將專案名為 “PhraseOMatic”，並接受其他的預設值，按下 Finish 按鈕。

4. 當 IDE 出現新專案時，建立一個新的 Kotlin 檔案並將它命名為 *PhraseOMatic.kt*，做法是選擇 *src* 資料夾，按下 File 選單並選擇 New → Kotlin File/Class，在彈出視窗中，將檔名設為 “PhraseOMatic”，再將 Kind 設為 File。

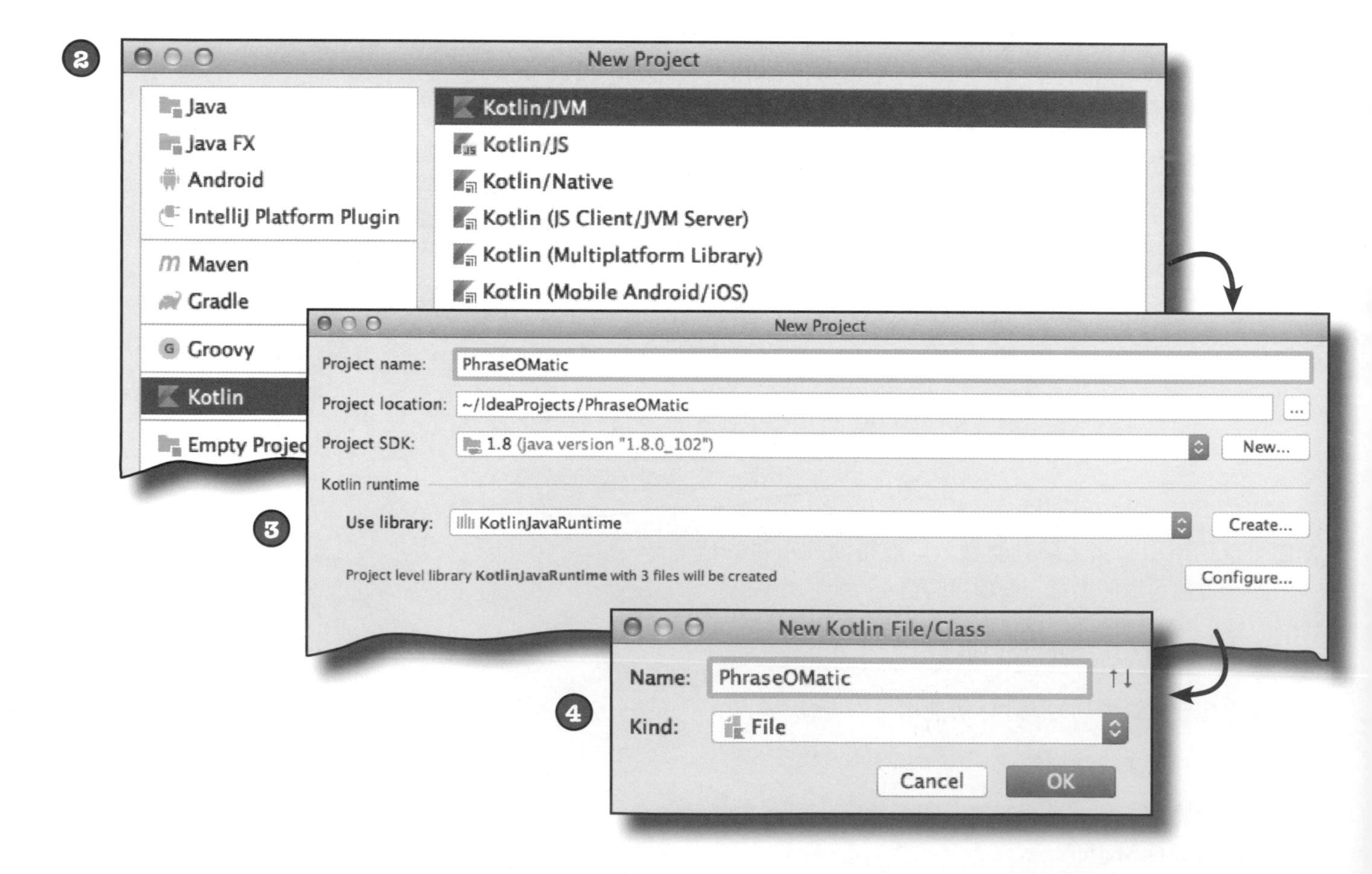

將程式碼加入 PhraseOMatic.kt

Phrase-O-Matic 的 main 函式建立三個單字陣列，分別從這三個陣列裡面隨機取出一個單字，接著將它們接起來。將下面的程式加入 *PhraseOMatic.kt*：

```
fun main(args: Array<String>){
    val wordArray1 = arrayOf("24/7", "multi-tier", "B-to-B", "dynamic", "pervasive")
    val wordArray2 = arrayOf("empowered", "leveraged", "aligned", "targeted")
    val wordArray3 = arrayOf("process", "paradigm", "solution", "portal", "vision")

    val arraySize1 = wordArray1.size
    val arraySize2 = wordArray2.size
    val arraySize3 = wordArray3.size

    val rand1 = (Math.random() * arraySize1).toInt()
    val rand2 = (Math.random() * arraySize2).toInt()
    val rand3 = (Math.random() * arraySize3).toInt()

    val phrase = "${wordArray1[rand1]} ${wordArray2[rand2]} ${wordArray3[rand3]}"
    println(phrase)
}
```

PhraseOMatic
src
PhraseOMatic.kt

你已經知道大部分的程式在做什麼事情了，但是有幾行需要特別注意。

首先，這一行

```
val rand1 = (Math.random() * arraySize1).toInt()
```

會隨機產生一個數字。Math.random() 會回傳一個介於 0 和（最多）1 之間的亂數，我們先將它乘以陣列的項目數量，再用 toInt() 將結果轉成整數。

此外，這一行

```
val phrase = "${wordArray1[rand1]} ${wordArray2[rand2]} ${wordArray3[rand3]}"
```

使用 **String 模板**來選擇三個單字，並且將它們接起來。下一頁會介紹 String 模板，接著我們將告訴你陣列的其他功能。

我們需要 ...

- multi-tier leveraged solution
- dynamic targeted vision
- 24/7 aligned paradigm
- B-to-B empowered portal

譯註 上面的標語是用三個陣列的單字隨機組成的。

String 模板探究

String 模板可讓你快速且輕鬆地在 String 裡面引用變數。

如果你想要在 String 裡面加入某個變數的值，只要在變數名稱前面加上 $ 即可。例如，要在 String 裡面，加入名為 x 的 Int 變數的值，你可以：

```
var x = 42
var value = "Value of x is $x"
```

你也可以在 String 模板引用物件的屬性，或呼叫它的函式，採取這種做法時，你要將運算式放在大括號裡面。例如，下面的程式將陣列的大小及它的第一個項目的值加入 String：

```
var myArray = arrayOf(1, 2, 3)
var arraySize = "myArray has ${myArray.size} items"
var firstItem = "The first item is ${myArray[0]}"
```

你還可以使用 String 模板，在 String 裡面計算更複雜的運算式。例如，下面的程式使用 if 運算式，根據 myArray 陣列的大小來加入不同的文字：

注意 {} 是怎麼包住我們想要在 String 裡面計算的運算式的。

```
var result = "myArray is ${if (myArray.size > 10) "large" else "small"}"
```

所以 String 模板可讓你用少量的程式製作複雜的 String。

問：**Math.random() 是在 Kotlin 中取得亂數的標準做法嗎？**

答：依你的 Kotlin 版本而定。

在 1.3 版之前，Kotlin 無法以內建的方式產生它自己的亂數。但是，如果應用程式是在 JVM 上運行的，你可以使用 Java Math 程式庫的 random() 方法，跟這裡一樣。

如果你的版本是 1.3 以上，你就可以使用 Kotlin 內建的 Random 函式了。例如，下面的程式使用 Random 的 nextInt() 函式來產生隨機的 Int：

```
kotlin.random.Random.nextInt()
```

本書會繼續使用 Math.random() 來產生亂數，因為在 JVM 上面運行的所有 Kotlin 版本都可以使用這種做法。

編譯器會用陣列的值來判斷陣列的型態

你已經知道如何建立陣列以及存取它的項目了，接著來介紹如何修改它的值。

假設你有個 Int 陣列，它的名字叫做 myArray：

```
var myArray = arrayOf(1, 2, 3)
```

如果你想要修改第二個項目，將它的值設為 15，可以這樣寫：

```
myArray[1] = 15
```

但是有一個要注意的地方：**值的型態必須是正確的**。

編譯器會查看陣列的每一個項目的型態，並且判斷該陣列永遠必須儲存哪一種型態的項目。在上面的例子中，我們用 Int 值來宣告一個陣列，所以編譯器認定陣列只能保存 Int，如果你試著將 Int 之外的東西放入陣列，程式將無法編譯：

```
myArray[1] = "Fido"  //這無法編譯
```

陣列保存特定型態的項目。你可以讓編譯器用陣列值來判斷型態，也可以用 Array<Type> 明確地定義型態。

如何明確地定義陣列的型態？

如同處理其他變數的方式，你可以明確地定義陣列應該容納哪種型態的項目，假如你要宣告一個容納 Byte 值的陣列，可以這樣寫：

```
var myArray: Array<Byte> = arrayOf(1, 2, 3)
```

Array<Byte> 可讓編譯器知道：你想要建立一個容納 Byte 變數的陣列。一般來說，你只要將型態放在角括號（<>）裡面，就可以指定想宣告的陣列型態了。

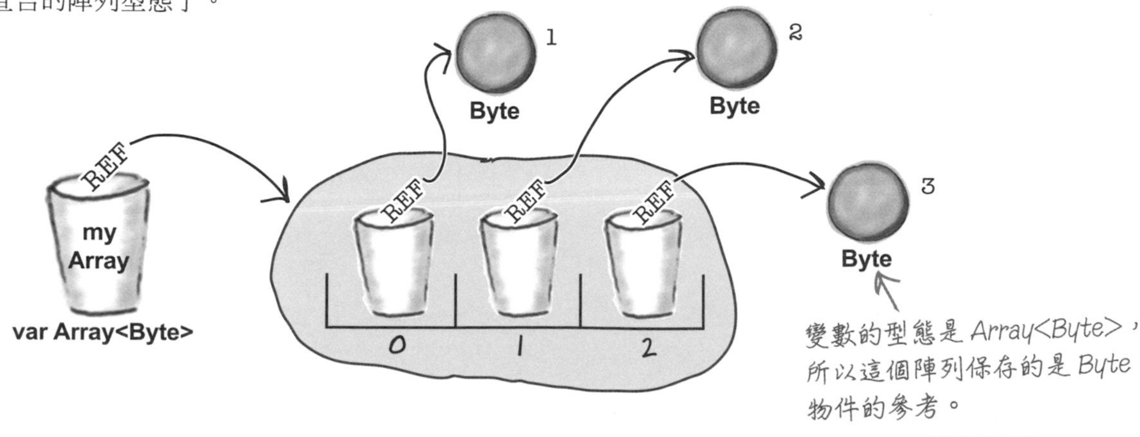

var 的意思是變數可以指向不同的陣列…

我們來討論最後一件事：當你宣告陣列時，val 與 var 的效果是什麼。

如你所知，變數保存的是物件的參考，當你用 var 宣告變數時，你可以更改變數，讓它保存不同物件的參考，所以，如果變數保存陣列的參考，你也可以更改變數，讓它引用同一種型態的其他陣列，例如，下面的程式是完全有效，而且可以編譯的：

```
var myArray = arrayOf(1, 2, 3)
myArray = arrayOf(4, 5)
```
← 這是個全新的陣列。

我們來逐步瞭解發生的情況。

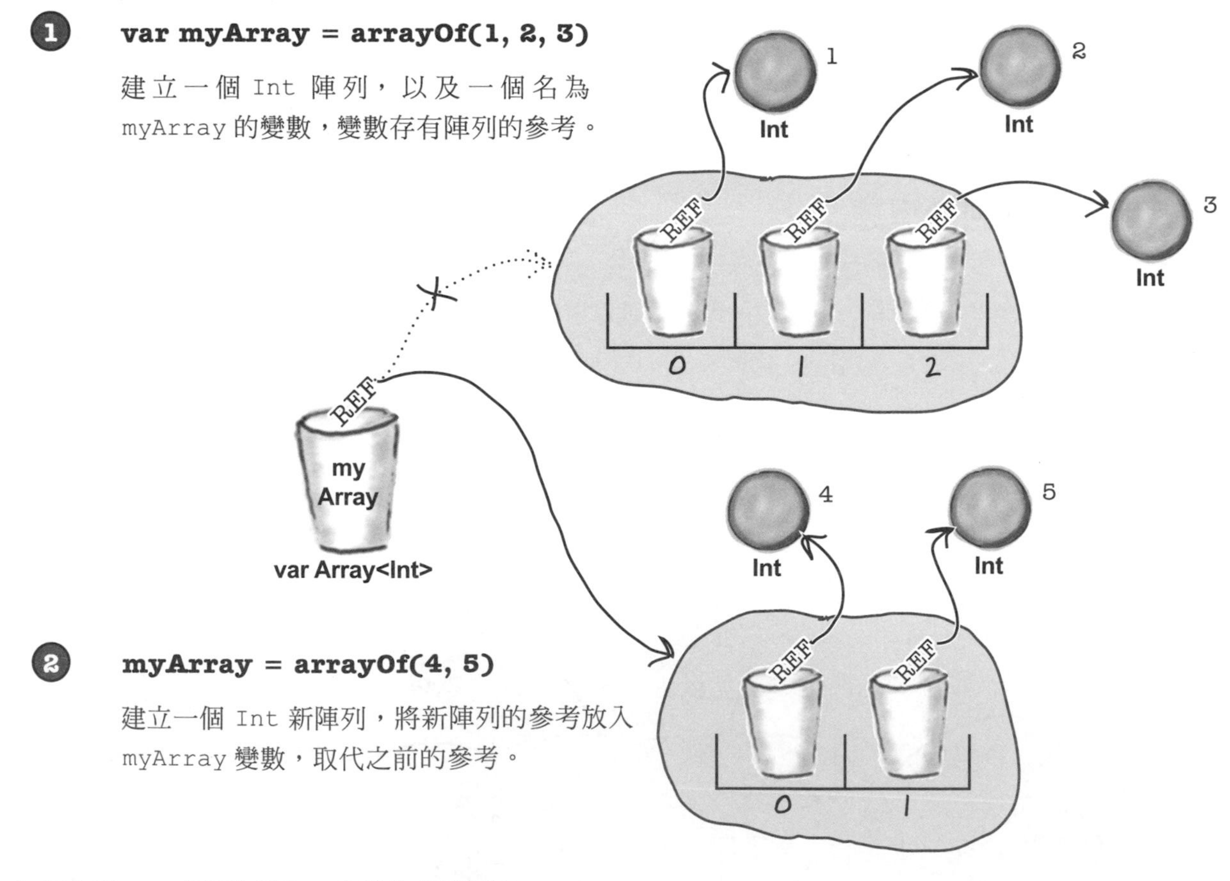

如果改用 val 來宣告變數，會發生什麼麼事？

val 的意思是變數永遠指向同一個陣列…

用 val 宣告陣列之後，你就不能更改變數，讓它保存不同陣列的參考了。例如，下面的程式是無法編譯的：

```
val myArray = arrayOf(1, 2, 3)
myArray = arrayOf(4, 5, 6)
```

如果你用 val 來宣告陣列變數，它就無法參考不同的陣列了。

一旦你將一個陣列指派給變數，它就會永遠保存那個陣列的參考。但是，即使變數只能保存同一個陣列的參考，**陣列本身仍然是可以改變的**。

用 val 來宣告變數代表你無法重複使用變數，讓它指向其他物件。但是，你仍然可以更改物件本身。

…但是你仍然可以修改陣列裡面的變數

用 val 宣告變數，就是告訴編譯器：你想要建立一個不能使用其他值的變數，但是這個指令只適用於變數本身。如果變數保存陣列的參考，陣列裡面的項目仍然可以更改。

例如，這段程式：

```
val myArray = arrayOf(1, 2, 3)
myArray[2] = 6
```

這會更新陣列的第三個項目。

會建立一個名為 myArray 變數，保存 Int 陣列的參考。這個變數是用 val 宣告的，所以它在整個程式的執行過程中，都會保存同一個陣列的參考。接著它將陣列的第三個項目成功地改成 6，因為陣列本身是可以更改的。

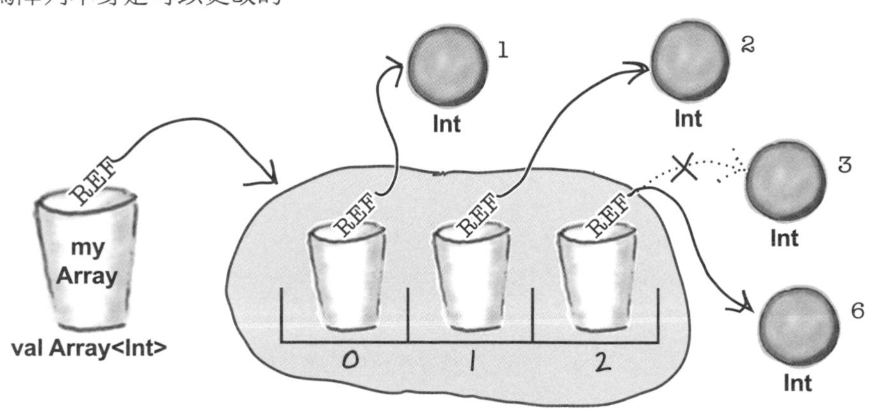

即使變數是用 val 宣告的，陣列本身仍然是可以更改的。

知道 Kotlin 小鎮的陣列如何運作之後，做一下接下來的練習吧。

我是編譯器

這一頁的每一個 Kotlin 檔案都代表一個完整的原始檔案。你的任務是扮演編譯器，確認哪些檔案可以成功編譯並且無誤地運作。如果不行，該如何修正它們？

A

```
fun main(args: Array<String>) {

    val hobbits = arrayOf("Frodo", "Sam", "Merry", "Pippin")
    var x = 0;

    while (x < 5) {
        println("${hobbits[x]} is a good Hobbit name")
        x = x + 1
    }

}
```

我們想要幫 hobbits 陣列裡面的每一個名稱印出一行文字。

B

```
fun main(args: Array<String>) {

    val firemen = arrayOf("Pugh", "Pugh", "Barney McGrew", "Cuthbert", "Dibble", "Grub")
    var firemanNo = 0;

    while (firemanNo < 6) {
        println("Fireman number $firemanNo is $firemen[firemanNo]")
        firemanNo = firemanNo + 1
    }

}
```

我們想要幫 fireman 陣列裡面的每一個消防員印出一行文字。

答案在第 55 頁。

程式碼磁貼

原本冰箱上有一段可運作的 Kotlin 程式，但它被打亂了。可否重新建立一個可運作的 Kotlin 函式，讓它產生下面的輸出：

```
Fruit = Banana
Fruit = Blueberry
Fruit = Pomegranate
Fruit = Cherry
```

```
fun main(args: Array<String>) {

}
```

將磁貼放入這裡。

```
var x = 0
x = x + 1
y = index[x]
while (x < 4) {
var y: Int
val index = arrayOf(1, 3, 4, 2)
}
println("Fruit = ${fruit[y]}")
val fruit = arrayOf("Apple", "Banana", "Cherry", "Blueberry", "Pomegranate")
```

答案在第 56 頁。

下面有段簡短的 Kotlin 程式。當它執行到 // 做事 時，就會建立一些物件與變數。你的任務是找出當程式跑到 // 做事 時，哪個變數參考哪個物件。有些物件可能會被多個變數參考。將變數與它參考的物件連起來。

```
fun main(args: Array<String>) {
    val x = arrayOf(0, 1, 2, 3, 4)
    x[3] = x[2]
    x[4] = x[0]
    x[2] = x[1]
    x[1] = x[0]
    x[0] = x[1]
    x[4] = x[3]
    x[3] = x[2]
    x[2] = x[4]
    //做事
}
```

變數：

物件：

將每一個變數與它的物件連起來。

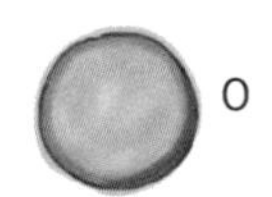

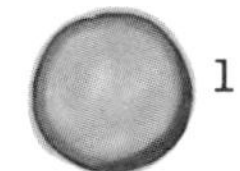

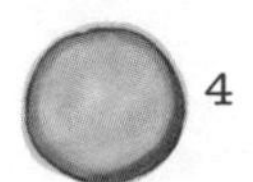

→ 答案在第 57 頁。

我是編譯器解答

這一頁的每一個 Kotlin 檔案都代表一個完整的原始檔案。你的任務是扮演編譯器，確認哪些檔案可以成功編譯並且無誤地運作。如果不行，該如何修正它們？

A

```
fun main(args: Array<String>) {

    val hobbits = arrayOf("Frodo", "Sam", "Merry", "Pippin")
    var x = 0;

    while (x < 4) {
        println("${hobbits[x]} is a good Hobbit name")
        x = x + 1
    }

}
```

這段程式可以編譯，但是會在執行時產生錯誤。切記，陣列從項目 0 開始，在項目（大小 – 1）結束。

B

```
fun main(args: Array<String>) {

    val firemen = arrayOf("Pugh", "Pugh", "Barney McGrew", "Cuthbert", "Dibble", "Grub")
    var firemanNo = 0;

    while (firemanNo < 6) {
        println("Fireman number $firemanNo is ${firemen[firemanNo]}")
        firemanNo = firemanNo + 1
    }

}
```

你必須將 *firemen[firemanNo]* 放在大括號裡面，才能印出每一位消防員的名字。

程式碼磁貼解答

原本冰箱上有一段可運作的 Kotlin 程式，但它被打亂了。可否重新建立一個可運作的 Kotlin 函式，讓它產生下面的輸出：

```
Fruit = Banana
Fruit = Blueberry
Fruit = Pomegranate
Fruit = Cherry
```

```
fun main(args: Array<String>) {
    val index = arrayOf(1, 3, 4, 2)
    val fruit = arrayOf("Apple", "Banana", "Cherry", "Blueberry", "Pomegranate")
    var x = 0
    var y: Int
    while (x < 4) {
        y = index[x]
        println("Fruit = ${fruit[y]}")
        x = x + 1
    }
}
```

下面有個簡短的 Kotlin 程式。當它執行到 // 做事 時，就會建立一些物件與變數。你的任務是找出當程式跑到 // 做事 時，哪個變數參考哪個物件。有些物件可能會被多個變數參考。將變數與它參考的物件連起來。

```
fun main(args: Array<String>) {
    val x = arrayOf(0, 1, 2, 3, 4)
    x[3] = x[2]
    x[4] = x[0]
    x[2] = x[1]
    x[1] = x[0]
    x[0] = x[1]
    x[4] = x[3]
    x[3] = x[2]
    x[2] = x[4]
    //做事
}
```

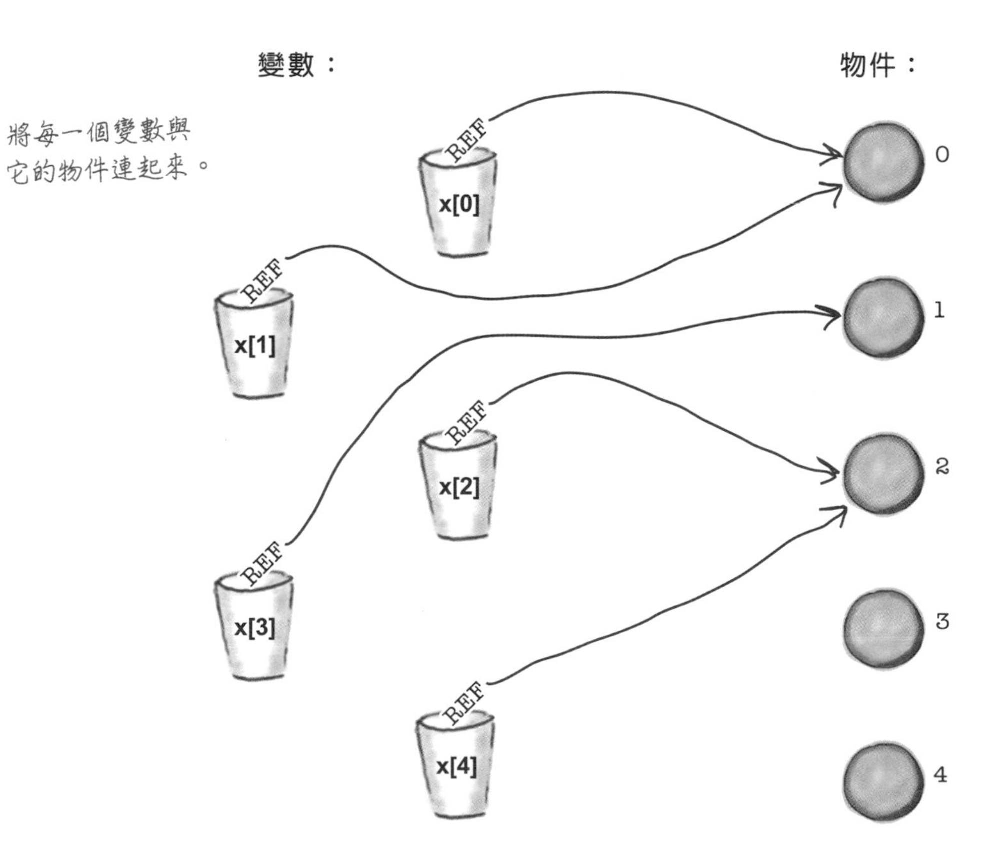

你的 Kotlin 工具箱

讀完第 2 章之後，你已經將基本型態與變數加入工具箱了。

你可以從 https://tinyurl.com/HFKotlin 下載本章的完整程式碼。

重點提示

- 為了建立變數，編譯器必須知道它的名稱、型態與它可不可以被重複使用。
- 如果變數的型態沒有被明確地定義，編譯器會用它的值來判斷它。
- 變數保存物件的參考。
- 物件有狀態與行為。它的行為是用它的函式來公開的。
- 用 `var` 定義變數代表變數的物件參考可被換掉。用 `val` 定義變數代表變數永遠保存同一個物件的參考。
- Kotlin 有許多基本型態：`Byte`、`Short`、`Int`、`Long`、`Float`、`Double`、`Boolean`、`Char` 與 `String`。
- 要明確地定義變數型態，在變數名稱後面加上一個冒號，再指定型態：

```
var tinyNum: Byte
```

- 你只能將值指派給型態相容的變數。
- 你可以將數值型態轉換成另一種型態。如果值無法放入新型態，就會損失一些精確度。
- 用 `arrayOf` 函式來建立陣列：

```
var myArray = arrayOf(1, 2, 3)
```

- 舉例來說，存取陣列項目的方式是 `myArray[0]`。陣列的第一個項目的索引是 0。
- 用 `myArray.size` 來取得陣列的大小。
- 編譯器會用陣列的項目來判斷陣列的型態。你可以明確地定義陣列的型態，就像這樣：

```
var myArray: Array<Byte>
```

- 如果你用 `val` 來定義陣列，你仍然可以更改陣列的項目。
- `String` 模板可讓你在 `String` 中，快速且輕鬆地引用變數或執行運算式。

3 函式

離開 main 函式

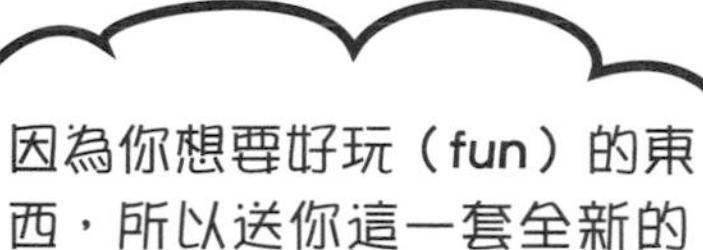

該提升檔次，學學函式了。

到目前為止，你都在應用程式的 *main* 函式裡面寫程式。但是如果你要寫出**更有組織**、**更容易維護**的程式，就要知道如何**將程式碼拆成不同的函式**。這一章要藉著建立一個遊戲來教你**如何編寫函式**，以及如何**與應用程式互動**。你將會瞭解如何編寫緊湊的**單運算式函式**。在過程中，你也會知道如何運用強大的 *for* 迴圈來**遍歷範圍與集合**。

我們來寫個遊戲吧：剪刀、石頭、布

在之前的所有範例程式中，我們都將程式碼加入應用程式的 main 函式。如你所知，這個函式會啟動你的應用程式，因為當你執行應用程式時，就會執行它。

這種做法在學習 Kotlin 的基本語法時很方便，但真實世界的應用程式大部分都將程式碼拆成多個函式。原因是：

- **讓程式碼更有組織。**
  將程式碼拆成許多可管理的區塊，而不是全部放在一個冗長的 main 函式裡面，可以讓程式碼更容易閱讀與瞭解。

- **讓程式碼更容易重複使用**
  將程式碼拆成不同的函式，方便你到處重複使用它們。

此外還有其他的理由，但這兩種是最重要的。

每一個函式都是擁有名稱，並且執行特定工作的一段程式碼，例如，你可以寫一個名為 max 的函式來找出兩個值最大的那一個，接著在應用程式的各個階段呼叫它。

這一章要寫一個剪刀、石頭、布遊戲，來仔細研究函式是怎麼運作的。

遊戲將如何運作？

目標：跟電腦猜拳，並且獲勝！

設定：當應用程式啟動時，遊戲隨機選擇剪刀、石頭或布，接著要求你選擇其中一個選項。

規則：遊戲會比較雙方的選擇。如果它們相同，結果就是平手，但是當雙方的選擇不同時，就用下面的規則來決定勝負：

選項	結果
剪刀、布	選剪刀的贏，因為剪刀可以把布剪掉。
石頭、剪刀	選石頭的贏，因為石頭可以讓剪刀變鈍。
布、石頭	選布的贏，因為布可以包住石頭。

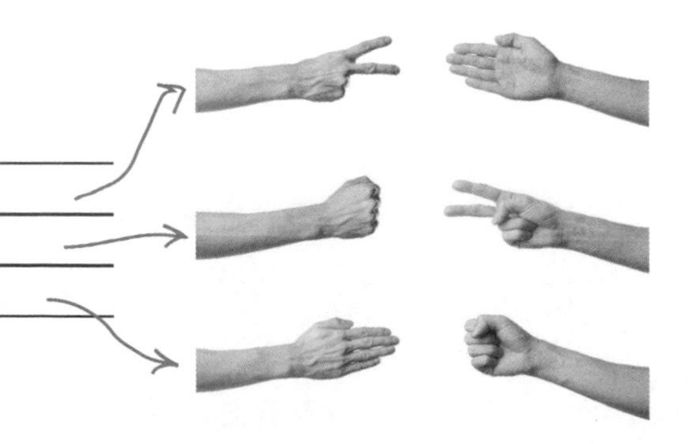

這個遊戲在 IDE 的輸出視窗中運行。

遊戲的高階設計

在開始寫遊戲程式之前，我們要先規劃它的運作方式。

首先，我們必須找出遊戲的流程。基本概念如下：

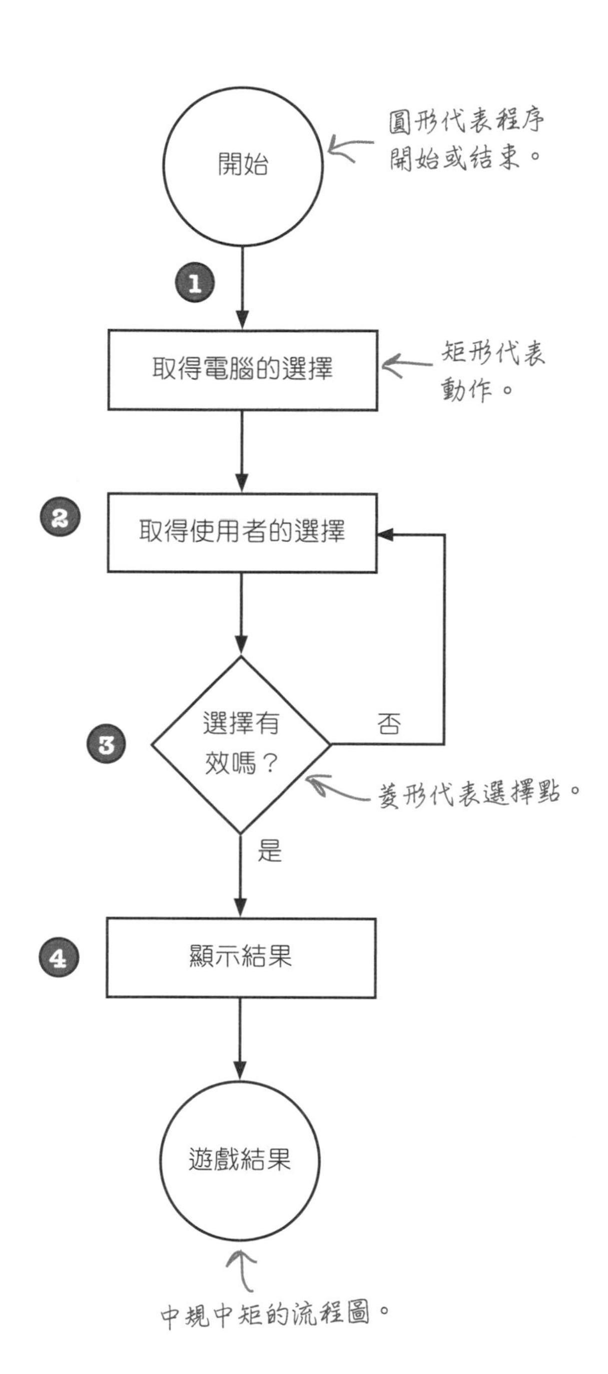

1. **啟動遊戲。**
應用程式隨機選一個選項:剪刀、石頭或布。

2. **應用程式要求你做出選擇。**
你在 IDE 的輸出視窗輸入選擇。

3. **應用程式驗證你的選擇。**
如果你選擇無效的項目，它會回到步驟 2，並要求你再做一次選擇。遊戲重複做這件事，直到你輸入有效的選項為止。

4. **遊戲顯示結果。**
它會顯示你的選擇、應用程式的選擇，以及你是贏、輸，還是平手。

知道應用程式如何運作之後，我們來看一下如何編寫它。

這就是我們要做的事情

為了製作遊戲，我們要經歷幾個步驟：

1. **讓遊戲選擇一個選項。**
   我們要建立一個名為 `getGameChoice` 的新函式，讓它隨機選擇“剪刀”、“石頭”或“布”。

2. **要求使用者做出選擇。**
   我們會編寫另一個新函式，`getUserChoice`，用來要求使用者輸入他們的選擇。我們會確保他們輸入有效的選項，如果選項無效，我們會持續要求他們輸入，直到選項有效為止。

```
Please enter one of the following: Rock Paper Scissors.
Errr... dunno
You must enter a valid choice.
Please enter one of the following: Rock Paper Scissors.
Paper
```

3. **印出結果。**
   我們要寫一個名為 `printResult` 的函式來判斷使用者的輸贏，或結果是否平手。這個函式會印出結果。

```
You chose Paper. I chose Rock. You win!
```

動手：建立專案

我們先幫應用程式建立專案，做法與上一章一模一樣。

建立在 JVM 運行的 Kotlin 專案，將專案命名為 “Rock Paper Scissors”。接著建立名為 *Game.kt* 的 Kotlin 檔案，做法是點選 *src* 資料夾，按下 File 選單，選擇 New → Kotlin File/Class，在彈出視窗中，將檔名設為 “Game”，再將 Kind 設為 File。

建立專案之後，我們要開始寫一些程式了。

讓遊戲選擇一個項目

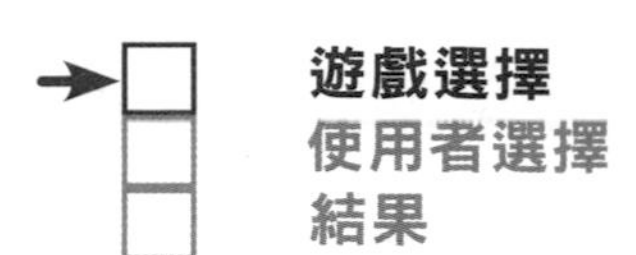

第一項工作就是讓遊戲隨機選擇一個項目（剪刀、石頭或布），做法是：

1. **建立一個陣列，在裡面放入字串 "Rock"、"Paper" 與 "Scissors"。**

   我們在應用程式的 `main` 函式裡面做這件事。

2. **建立一個新的 getGameChoice 函式，讓它隨機選擇其中一個項目。**

3. **從 main 函式呼叫 getGameChoice 函式。**

我們先來建立陣列。

建立 Rock、Paper、Scissors 陣列

我們要像上一章一樣，用 `arrayOf` 函式來建立陣列。我們在應用程式的 `main` 函式裡面寫這段程式，如此一來，應用程式啟動時就會建立陣列，這也代表我們可以在稍後編寫的程式中使用它。

在你的 *Game.kt* 加入下面的程式，來建立 `main` 函式與陣列：

```
fun main(args: Array<String>) {
    val options = arrayOf("Rock", "Paper", "Scissors")
}
```

Rock Paper Scissors
src
Game.kt

建立陣列之後，我們要定義新的 `getGameChoice` 函式，在此之前，我們先來瞭解如何建立函式。

如何建立函式？

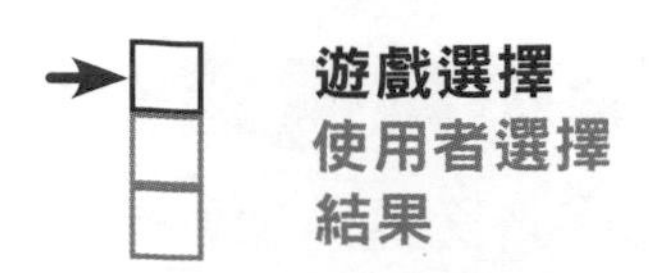

第 1 章教過，定義新函式的方式，是在 fun 關鍵字後面加上函式的名稱。例如，如果你要建立新函式 foo，可以這樣子寫：

```
fun foo() {
    //這是你的程式碼
}
```

'fun' 告訴 Kotlin 它是個函式。

寫好函式後，你可以在應用程式的其他地方呼叫它：

```
fun main(args: Array<String>) {
    foo()
}
```

這會執行名為 'foo' 的函式。

你可以送東西給函式

有時函式需要額外的資訊才能執行工作。例如，如果你要用一個函式來確定兩個值哪個比較大，那個函式就需要知道那兩個值是什麼。

你可以指定一或多個**參數**，來告訴編譯器函式可以接收哪些值。每一個參數都必須有名稱與型態。

例如，這段程式指定 foo 函式接收一個名為 param 的 Int 參數：

```
fun foo(param: Int) {
    println("Parameter is $param")
}
```

你要在函式的括號裡面宣告參數。

接著你可以呼叫這個函式，並且傳一個 Int 值給它：

```
foo(6)
```

將 '6' 傳給 foo 函式。

要注意的是，**如果函式有個參數，你就必須傳東西給它**，那個東西必須是型態適當的值。例如，下面的函式呼叫式無法動作，因為 foo 函式期望收到的是 Int 值，不是 String：

```
foo("Freddie")
```

我們無法將 String 傳給 foo，因為它只接受 Int。

參數與引數

取決於你的程式設計背景與個人偏好，或許你會用引數（*argument*）或參數（*parameter*）來稱呼傳入函式的值。雖然有一些穿著實驗室制服的人用正經八百的計算機科學來區分它們，但我們認為嚴格地區分它們沒那麼重要。你可以用你喜歡的字眼來稱呼它們（引數、參數、甜甜圈⋯），不過我們的做法是：

函式使用的東西是參數。呼叫方傳給函式的東西是引數。

引數是你傳入函式的東西，也就是將引數（2 或 “Pizza” 這類的值）傳給參數。參數只不過是個**區域變數**：一個有名稱與型態，讓函式的內文使用的變數。

你可以傳很多東西給函式

遊戲選擇
使用者選擇
結果

如果你想要讓函式有多個參數，可以在宣告它們時，用逗號隔開它們，在使用函式時，用逗號隔開引數來將它們傳入函式。最重要的是，如果函式有多個參數，你必須按照正確的順序傳入正確型態的引數。

呼叫有兩個參數的函式，並且傳入兩個引數

```
fun main(args: Array<String>) {
    printSum(5, 6)
}


fun printSum(int1: Int, int2: Int) {
    val result = int1 + int2
    println(result)
}
```

引數會按照順序傳給函式。第一個引數會被傳給第一個參數，第二個引數會被傳給第二個參數，以此類推。

只要變數的型態符合參數的型態，你就可以將變數傳給函式

```
fun main(args: Array<String>) {
    val x: Int = 7
    val y: Int = 8
    printSum(x, y)
}


fun printSum(int1: Int, int2: Int) {
    val result = int1 + int2
    println(result)
}
```

你傳入的每一個引數都必須與對應的參數有相同的型態。

除了傳值給函式之外，你也可以從函式取回東西，我們來看一下做法。

你可以從函式取回東西

遊戲選擇
使用者選擇
結果

如果你想要從函式得到東西，就必須宣告它。例如，這段程式宣告函式 max，並讓它回傳一個 Int 值：

```
fun max(a: Int, b: Int): Int {
    val maxValue = if (a > b) a else b
    return maxValue
}
```

Int 告訴編譯器：這個函式回傳一個 Int 值。

使用 'return' 關鍵字，後面加上想要回傳的值，來回傳一個值。

如果你將函式宣告成回傳一個值，你就必須回傳你宣告的型態的值。例如，這段程式是無效的，因為它回傳 String 而不是 Int：

```
fun max(a: Int, b: Int): Int {
    val maxValue = if (a > b) a else b
    return "Fish"
}
```

我們宣告這個函式回傳 Int 值，所以如果你試著回傳別的東西，比如 String，編譯器就會不高興。

不回傳值的函式

如果你不希望讓函式回傳值，可以在宣告函式時，省略回傳型態，或將回傳型態設為 Unit。宣告 Unit 這個回傳型態代表函式不回傳值，例如，下面兩種函式宣告方式都是有效且等效的：

```
fun printSum(int1: Int, int2: Int) {
    val result = int1 + int2
    println(result)
}

fun printSum(int1: Int, int2: Int): Unit {
    val result = int1 + int2
    println(result)
}
```

這裡的：Unit 代表函式不回傳值。它是選用的。

當你指明函式不回傳值時，你就必須確保它沒有回傳值。如果你在一個沒有宣告回傳型態，或回傳型態是 Unit 的函式裡面回傳值，程式將無法編譯。

內容只有一個運算式的函式

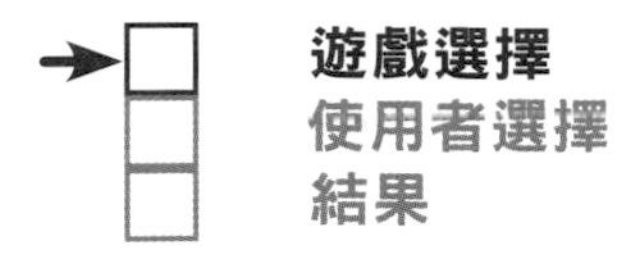

如果函式的內容只有一個運算式，你可以將函式宣告式的大括號與 return 陳述式移除，來簡化程式。例如，上一頁使用這個函式來回傳兩個值之間比較大的那一個：

```
fun max(a: Int, b: Int): Int {
    val maxValue = if (a > b) a else b
    return maxValue
}
```

這個 max 函式的內文只有一個運算式，並且回傳它的結果。

因為這個函式回傳單一 if 運算式的結果，所以我們可以將函式改寫成：

```
fun max(a: Int, b: Int): Int = if (a > b) a else b
```

用 = 來指示要讓函式回傳什麼，並移除 {}。

因為編譯器能夠從 if 運算式判斷函式的回傳型態，我們可以進一步省略 : Int 來讓程式更簡短：

```
fun max(a: Int, b: Int) = if (a > b) a else b
```

編譯器知道 a 與 b 是 Int，所以可以從運算式知道回傳型態。

建立 getGameChoice 函式

知道如何建立函式之後，做一下接下來的練習，看看你能不能幫剪刀、石頭、布遊戲寫出 getGameChoice 函式。

程式碼磁貼

getGameChoice 函式接收一個參數，也就是 String 的陣列，並回傳一個陣列項目。看看你能不能用下面的磁貼來編寫函式。

```
fun getGameChoice(.................................) =
    optionsParam[.............................................]
```

磁貼：

- Array<String>
- optionsParam:
- (
- .toInt()
- .size
- Math.random()
- optionsParam
-)
- *

程式碼磁貼解答

getGameChoice 函式接收一個參數，也就是 String 的陣列，並回傳一個陣列項目。看看你能不能用下面的磁貼來編寫函式。

遊戲選擇
使用者選擇
結果

函式有一個參數，即 String 的陣列。

```
fun getGameChoice( optionsParam: Array<String> ) =
    optionsParam[ ( Math.random() * optionsParam .size ) .toInt() ]
```

隨機選擇一個陣列項目。

將 getGameChoice 函式加入 Game.kt

我們已經知道 getGameChoice 函式長怎樣了，接下來要將它加入應用程式，並修改 main 函式，讓它呼叫新函式。根據下面的內容來修改你的 *Game.kt*（粗體是修改的地方）：

```
fun main(args: Array<String>) {
    val options = arrayOf("Rock", "Paper", "Scissors")
    val gameChoice = getGameChoice(options)
}

fun getGameChoice(optionsParam: Array<String>) =
        optionsParam[(Math.random() * optionsParam.size).toInt()]
```

呼叫 getGameChoice 函式，對它傳入 options 陣列。

你要加入這個函式。

Rock Paper Scissors
src
Game.kt

將 getGameChoice 加入應用程式之後，我們來看一下當程式執行時，幕後究竟發生什麼事情。

問：**我可以讓函式回傳多個值嗎？**

答：你只能將函式宣告為回傳一個值，如果你想要（比如說）回傳三個 Int 值，可以將型態宣告成 Int 陣列（Array<Int>），將三個 Int 放入陣列，再將它回傳。

問：**我一定要用函式回傳的值來做一些事情嗎？可不可以忽略它？**

答：Kotlin 不要求你一定要理會回傳值。或許你只想要呼叫一個有回傳值的函式，但不在乎它回傳什麼，若是如此，你可以單純呼叫函式來利用它在內文中做的事情，不需理會它回傳的東西，不必重新指派或使用回傳值。

幕後花絮：發生什麼情況？

當程式執行時，下面的事情就會發生：

1 **val options = arrayOf("Rock", "Paper", "Scissors")**

建立一個 String 陣列，以及一個 options 變數，變數存有陣列的參考。

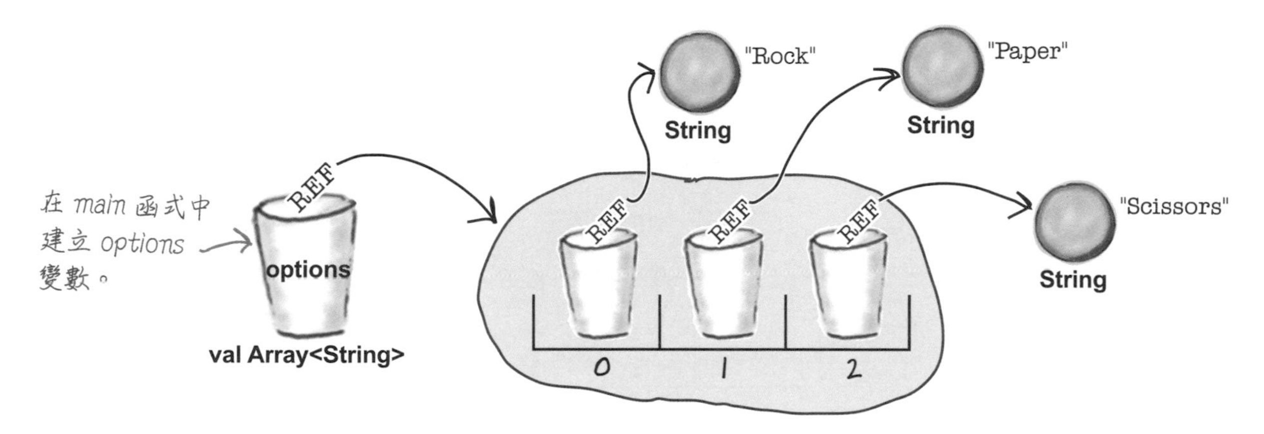

2 val gameChoice = **getGameChoice(options)**

將 options 變數的內容傳入 getGameChoice 函式。options 變數存有 String 陣列的參考，所以參考的副本會被傳給 getGameChoice 函式，並放入它的 optionsParam 參數。也就是說，options 與 optionsParam 變數**都存有同一個陣列的參考**。

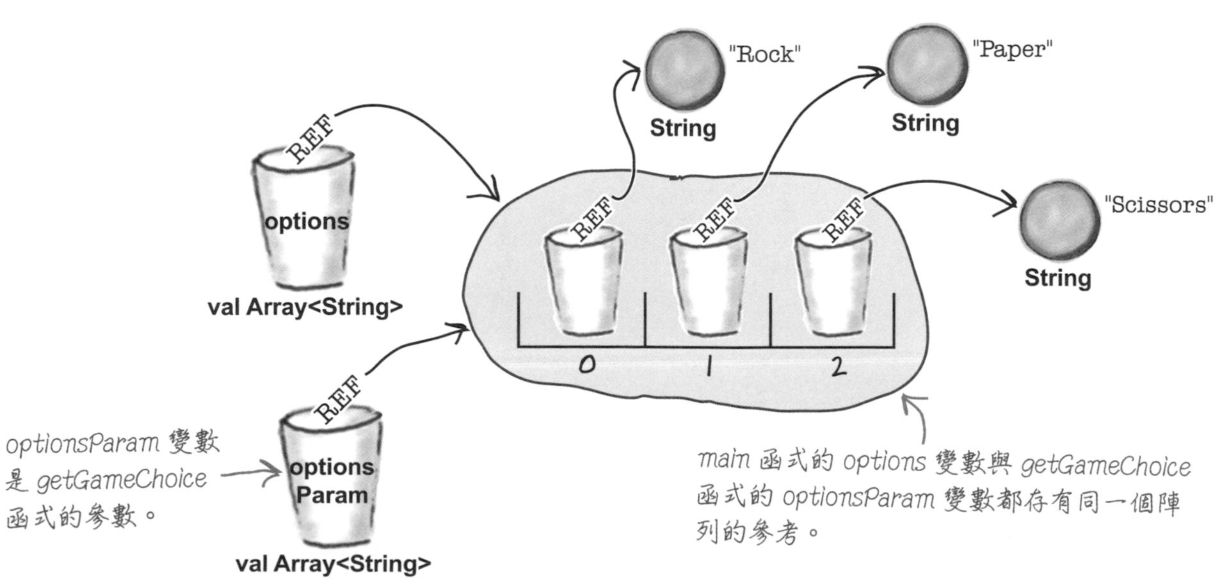

故事還沒結束

遊戲選擇
使用者選擇
結果

3

```
fun getGameChoice(optionsParam: Array<String>) =
    optionsParam[(Math.random() * optionsParam.size).toInt()]
```

`getGameChoice` 函式隨機選擇一個 `optionsParam` 的項目（例如，"Scissors" 項目），並回傳該項目的參考。

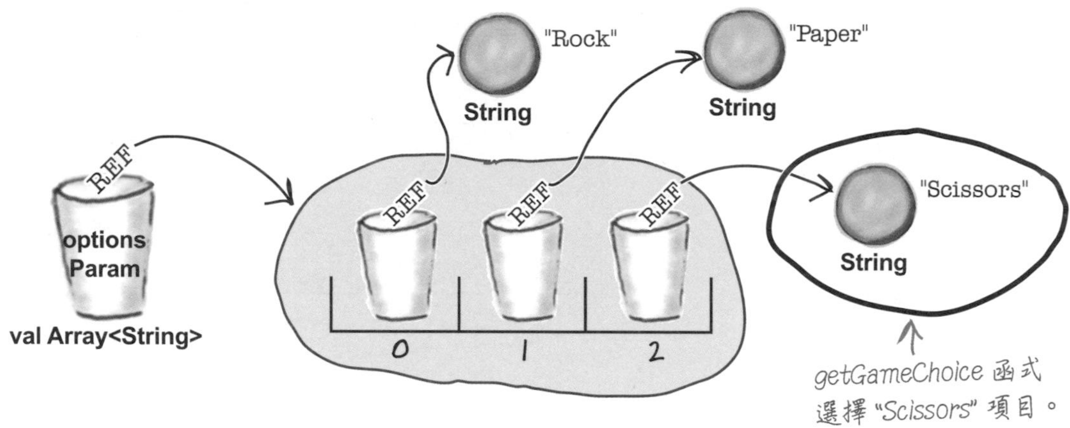

4

```
val gameChoice = getGameChoice(options)
```

將 `getGameChoice` 函式回傳的參考放入新變數 `gameChoice`。例如，如果 `getGameChoice` 函式回傳陣列的 "Scissors" 項目的參考，"Scissors" 物件的參考就會被放入 `gameChoice` 變數。

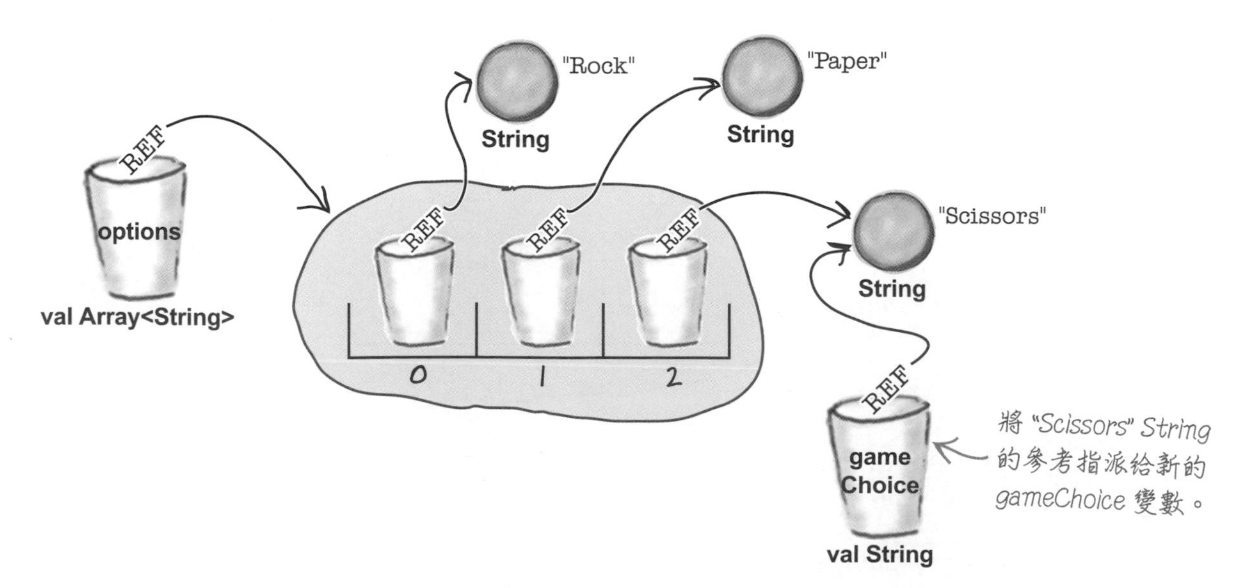

遊戲選擇
使用者選擇
結果

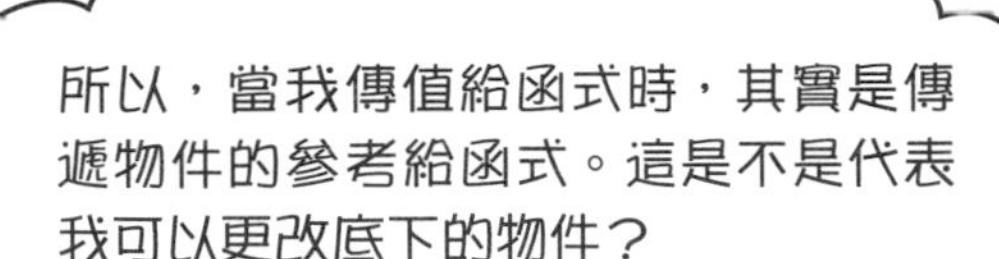

是的，你可以。

例如，假如你有這段程式：

```
fun main(args: Array<String>) {
    val options = arrayOf("Rock", "Paper", "Scissors")
    updateArray(options)
    println(options[2])
}

fun updateArray(optionsParam: Array<String>) {
    optionsParam[2] = "Fred"
}
```

`main` 函式會建立一個陣列，裡面有 `String` “Rock”、“Paper” 與 “Scissors”，接著將這個陣列的參考傳給 `updateArray` 函式，`updateArray` 函式將陣列的第三個項目改成 “Fred”。最後，`main` 函式印出陣列的第三個項目的值，它會印出文字 “Fred”。

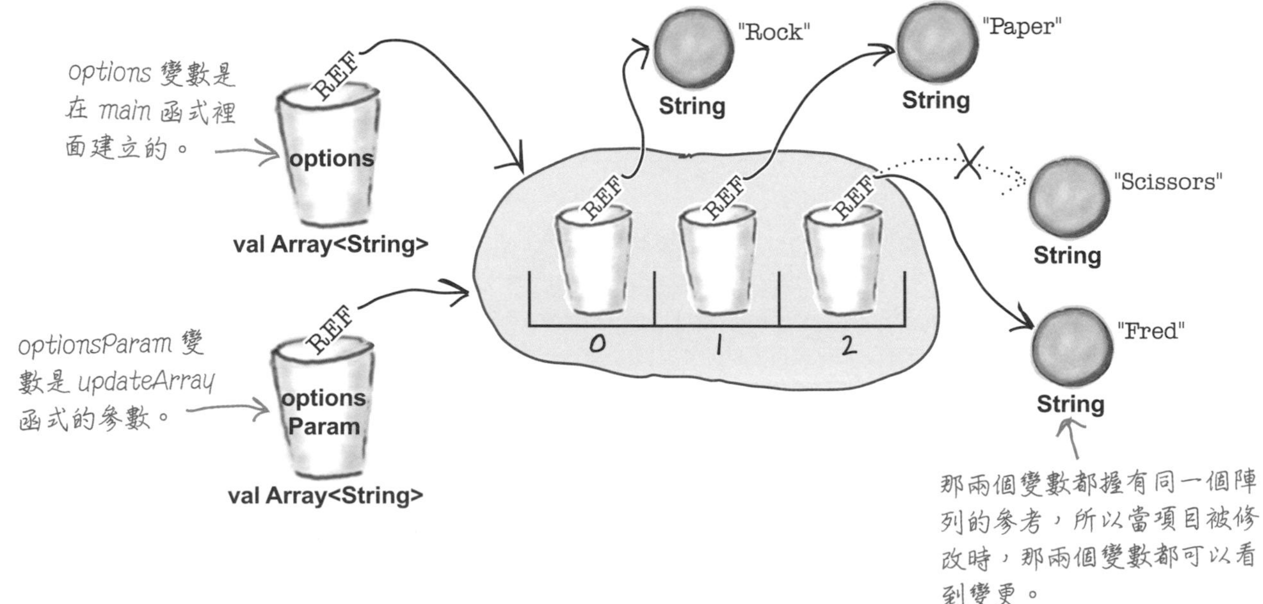

區域變數探究

本章稍早談過，區域變數是只在函式的內文中使用的變數，它是在特定的函式內宣告的，也只有那個函式的程式碼可以看見它。如果你試著使用別的函式定義的變數，你就會看到編譯錯誤，就像這個例子：

```
fun main(args: Array<String>) {
    var x = 6
}

fun myFunction() {
    var y = x + 3
}
```

這段程式無法編譯，因為 myFunction 無法看到在 main 裡面宣告的 x 變數。

所有區域變數都必須先初始化才能使用。例如，如果你要用一個變數來代表函式的回傳值，就要先將那個變數初始化，否則編譯器會不高興：

```
fun myFunction(): String {
    var message: String
    return message
}
```

要將變數當成函式的回傳值，就必須將它初始化，所以這段程式無法編譯。

函式參數實際上與區域變數一樣，它們都只活在函式的背景之下。但是，它都是已經初始化的，所以你絕對不會看到編譯器指出“參數變數沒有被初始化”這個錯誤。因為，當你試著呼叫函式，但沒有傳入函式需要的引數時，編譯器會顯示錯誤訊息；編譯器會保證當函式被呼叫時，對方一定會傳入符合函式參數的引數，且引數會被自動指派給參數。

請注意，你不能將函式的任何參數變數設為新值，參數變數在私底下是用區域性的 `val` 變數來建立的，無法重複使用其他值。例如，下面的範例無法編譯，因為它試著將函式的參數變數設成新的值：

```
fun myFunction(message: String){
    message = "Hi!"
}
```

參數變數相當於使用 val 來建立的區域變數，所以你無法將它設成其他值。

我是編譯器

下面有三個完整的 Kotlin 函式。你的任務是扮演編譯器，確定各個函式可不可以編譯。如果它們無法編譯，如何修正它們？

A

```
fun doSomething(msg: String, i: Int): Unit {
    if (i > 0) {
        var x = 0
        while (x < i) {
            println(msg)
            x = x + 1
        }
    }
}
```

B

```
fun timesThree(x: Int): Int {
    x = x * 3
    return x
}
```

C

```
fun maxValue(args: Array<Int>) {
    var max = args[0]
    var x = 1
    while (x < args.size) {
        var item = args[x]
        max = if (max >= item) max else item
        x = x + 1
    }
    return max
}
```

我是編譯器解答

下面有三個完整的 Kotlin 函式。你的任務是扮演編譯器，確定各個函式可不可以編譯。如果它們無法編譯，如何修正它們？

A

```
fun doSomething(msg: String, i: Int): Unit {
    if (i > 0) {
        var x = 0
        while (x < i) {
            println(msg)
            x = x + 1
        }
    }
}
```

這段程式可以編譯，並且成功執行。這個函式的回傳型態是 Unit，代表它不回傳值。

B

```
fun timesThree(x: Int): Int {
    val y = x * 3
    return y
}
```

這段程式不能編譯，因為它將函式的參數設為新值。函式的回傳型態可能也有問題，將 Int 乘以 3 可能會產生太大，因而無法放入 Int 的值。

C

```
fun maxValue(args: Array<Int>): Int {
    var max = args[0]
    var x = 1
    while (x < args.size) {
        var item = args[x]
        max = if (max >= item) max else item
        x = x + 1
    }
    return max
}
```

這段程式不能編譯，因為它沒有宣告它回傳一個 Int 值。

getUserChoice 函式

寫出讓遊戲選擇一個項目的程式之後，我們要進入下一個步驟：取得使用者的選擇。我們要寫一個名為 getUserChoice 的新函式來做這件事，並且在 main 函式呼叫它。我們會將 options 陣列當成參數傳給 getUserChoice，並且讓它回傳使用者的選項（一個 String）：

```
fun getUserChoice(optionsParam: Array<String>): String {
    //在這裡寫程式
}
```

這是 getUserChoice 需要做的事情：

1. **要求使用者做出選擇。**
   我們會遍歷 options 陣列裡面的項目，要求使用者在輸出視窗中，輸入他們的選擇。

2. **從輸出視窗讀取使用者的選擇。**
   使用者輸入他們的選擇之後，我們將它的值指派給一個新變數。

3. **驗證使用者的選擇。**
   我們會先確定使用者已經輸入一個選項，而且它是陣列裡面的選項。如果使用者輸入有效的選項，我們就讓函式回傳它。如果選項是無效的，我們會繼續問下去，直到選項正確為止。

我們先來寫提示使用者做出選擇的程式。

要求使用者選擇

為了要求使用者輸入他們的選項，我們讓 getUserChoice 函式印出下面的訊息："Please enter one of the following: Rock Paper Scissors."

有一種做法是用 println 函式將訊息寫死，就像這樣：

```
println("Please enter one of the following: Rock Paper Scissors.")
```

比較彈性的做法是遍歷並且印出 options 陣列裡面的每一個項目，如此一來，當你想要更改任何一個選項時，即可輕鬆地做到。

← 你可能想要改成玩剪刀、石頭、布、蜥蜴、史巴克（Spock）。

我們要用新型迴圈，for 迴圈，來做這件事，而不是 while 迴圈。我們來看看它是怎麼運作的。

for 迴圈是怎麼運作的？

for 迴圈非常適合用來遍歷固定範圍的數字，或陣列的每一個項目（或其他類型的集合—第 9 章會介紹集合）。我們來看看怎麼使用它。

遍歷一個數字範圍

假設你想要遍歷一個範圍的數字，從 1 到 10。你已經知道怎麼用 while 迴圈來做這種事情了：

```
var x = 1
while (x < 11) {
    //這是你的程式碼
    x = x + 1
}
```

但改用 for 迴圈的話，程式更簡潔，需要的行數更少。這是等效的程式：

```
for (x in 1..10) {
    //這是你的程式碼
}
```

這就像是說“將 1 到 10 之間的每一個數字指派給變數 x，並且執行迴圈的內文”。

為了遍歷特定範圍的數字，你要先幫迴圈使用的變數取一個名稱，上面的例子將變數命名為 x，但你也可以使用任何有效的變數名稱。變數會在迴圈執行時建立。

你要用 .. 運算子來指定值的範圍。上面的例子的範圍是 1..10，所以程式會遍歷數字 1 到 10。當程式開始執行每一次迴圈時，都會將目前的數字指派給變數（在這個例子是 x）。

如同 while 迴圈，如果迴圈內文只有一行陳述式，你可以省略大括號。例如，這是使用 for 迴圈來印出數字 1 到 100 的方式：

```
for (x in 1..100) println(x)
```

請注意，.. 運算子包含範圍的結束數字。如果你想要排除它，可將 .. 運算子換成 until，例如，下面的程式會印出 1 到 99 的數字，排除 100：

```
for (x in 1 until 100) println(x)
```

數學簡寫

遞增運算子 ++ 會將變數加 1，所以：

```
x++
```

是這段程式的簡寫：

```
x = x + 1
```

遞減運算子 -- 會將變數減 1，所以：

```
x--
```

是這段程式的簡寫：

```
x = x - 1
```

如果你想要將變數加上 1 之外的數字，可以使用 += 運算子，所以：

```
x += 2
```

的效果與這段程式相同：

```
x = x + 2
```

你也可以將 -=、*= 與 /= 當成減法、乘法與除法的簡寫來使用。

while 迴圈會在指定的條件為 true 時執行。

for 迴圈會遍歷一個範圍之內的值或項目。

for 迴圈是怎麼運作的？（續）

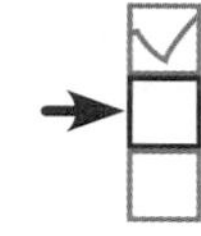

遊戲選擇
使用者選擇
結果

使用 downTo 來將範圍反過來

如果你想要用相反的順序來遍歷一個範圍的數字，可以用 **downTo** 來取代 .. 或 until，例如，下面的程式會印出從 15 到 1 的數字：

```
for (x in 15 downTo 1) println(x)
```

用 downTo 取代 ..，以相反的順序來遍歷數字。

使用 step 來跳過範圍內的數字

在預設情況下，.. 運算子、until 與 downTo 都會一次遍歷一個數字，你可以使用 step 來增加間隔大小，例如，下面的程式在 1 到 100 之間，每隔一個數字印出一個數字：

```
for (x in 1..100 step 2) println(x)
```

遍歷陣列的項目

你也可以用 for 迴圈來遍歷陣列的項目，例如，在範例中，我們想要遍歷 options 陣列的項目，為此，我們可以用這種格式來使用 for 迴圈：

```
for (item in optionsParam) {
    println("$item is an item in the array")
}
```

這會遍歷 optionsParam 陣列的每一個項目。

你也可以這樣遍歷陣列的索引：

```
for (index in optionsParam.indices) {
    println("Index $index has item ${optionsParam[index]}")
}
```

你還可以簡化上面的迴圈，在迴圈中回傳陣列的索引與值：

```
for ((index, item) in optionsParam.withIndex()) {
    println("Index $index has item $item")
}
```

它會遍歷陣列的每一個項目，將項目的索引指派給 index 變數，將項目本身指派給 item 變數。

知道 for 迴圈如何運作之後，我們要來編寫要求使用者輸入 “Rock”、“Paper” 或 “Scissors” 的程式。

詢問使用者的選擇

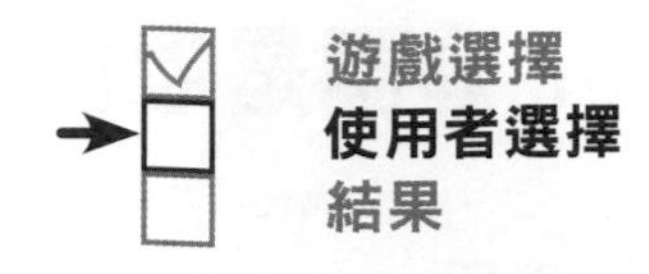

我們要使用 `for` 迴圈來印出文字 “Please enter one of the following: Rock Paper Scissors”。下面是做這件事的程式，我們會在本章稍後，完成 `getUserChoice` 函式時修改 *Game.kt*：

```
fun getUserChoice(optionsParam: Array<String>): String {
    //要求使用者輸入他們的選擇
    print("Please enter one of the following:")
    for (item in optionsParam) print(" $item")
    println(".")
}
```

這會印出陣列的每一個項目的值。

使用 readLine 函式來讀取使用者的輸入

要求使用者輸入他們的選擇之後，我們要讀取他們的回覆，做法是呼叫 **`readLine()`** 函式：

```
val userInput = readLine()
```

`readLine()` 函式會從標準輸入串流（在本例中，就是 IDE 內的輸出視窗）讀取一行輸入，並回傳一個 `String` 值，也就是使用者輸入的文字。

如果你的應用程式是從檔案讀取資料，`readLine()` 函式會在讀到檔案的結尾時回傳 `null`，`null` 代表沒有值，或值遺失了。

第 8 章會進一步介紹 null 值，你現在只要知道這件事就可以了。

這是修改版的 `getUserChoice` 函式（我們會在完成它之後，將它加入應用程式）：

我們會在幾頁之後修改 getUserChoice 函式。

```
fun getUserChoice(optionsParam: Array<String>): String {
    //要求使用者輸入他們的選擇
    print("Please enter one of the following:")
    for (item in optionsParam) print(" $item")
    println(".")
    //讀取使用者輸入
    val userInput = readLine()
}
```

這會從標準輸入串流讀取使用者的輸入。在我們的例子中，它是 IDE 的輸出視窗。

接下來，我們要檢查使用者輸入，以確定他們輸入適當的選項。在那之前，先做一下接下來的練習。

下面有一段簡短的 Kotlin 程式，裡面有一段程式不見了，你的任務是將左邊的候選程式放入上面的方塊裡面，並找出執行的結果。有些輸出是用不到的，有些輸出可能會使用多次。請將候選程式段落連到它的輸出。

```
fun main(args: Array<String>) {
    var x = 0
    var y = 20
    for(outer in 1..3) {
        for (inner in 4 downTo 2) {
            [                    ]
            y++
            x += 3
        }
        y -= 2
    }
    println("$x $y")
}
```

將候選程式放在這裡。

每一段候選程式都有一個它可能產生的輸出，找出它們。

候選程式：

```
x += 6
```

```
x--
```

```
y = x + y
```

```
y = 7
```

```
x = x + y
y = x - 7
```

```
x = y
y++
```

可能的輸出：

```
4286 4275
```

```
27 23
```

```
27 6
```

```
81 23
```

```
27 131
```

```
18 23
```

```
35 32
```

```
3728 3826
```

連連看解答

下面有一段簡短的 Kotlin 程式，裡面有一段程式不見了，你的任務是將左邊的候選程式放入上面的方塊裡面，並找出執行的結果，有些輸出是用不到的，有些輸出可能會使用多次，請將候選程式段落連到它的輸出。

```
fun main(args: Array<String>) {
    var x = 0
    var y = 20
    for(outer in 1..3) {
        for (inner in 4 downTo 2) {
            [                    ]
            y++
            x += 3
        }
        y -= 2
    }
    println("$x $y")
}
```

將候選程式放在這裡。

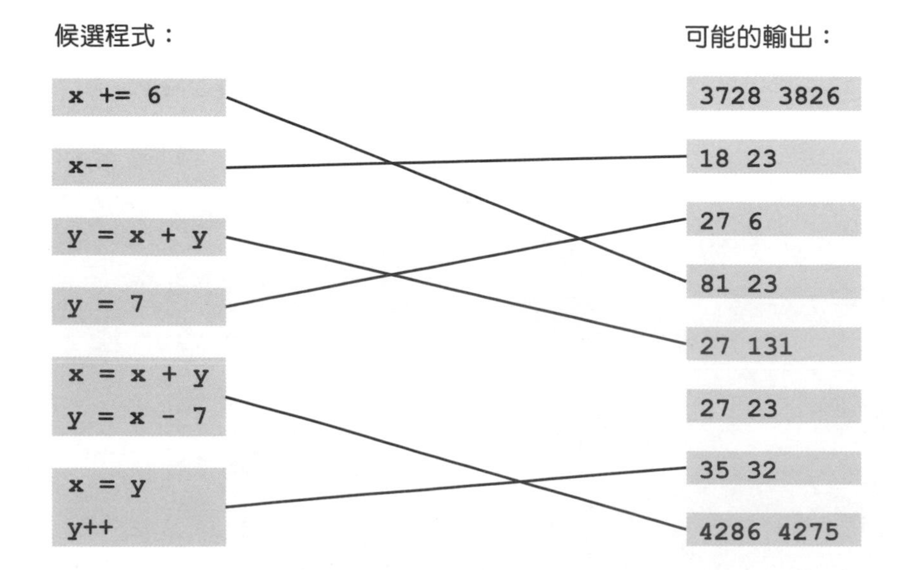

我們必須驗證使用者的輸入

我們還要幫 `getUserChoice` 函式寫最後一段程式來確定使用者輸入有效的選項。這段程式必須做下面的事情：

1. **確定使用者不是輸入 null。**
   前面說過，如果 `readLine()` 函式是從檔案讀取文字，而且已經讀到檔案的結尾了，它就會回傳 null 值。本例不會發生這種情況，但我們仍然要確定使用者輸入的東西不是 `null`，好讓編譯器保持愉快的心情。

2. **檢查使用者的選擇是不是屬於 options 陣列。**
   我們可以用之前在討論 `for` 迴圈時介紹過的 `in` 運算子來做這件事。

3. **執行迴圈，直到使用者輸入有效的選項為止。**
   為了持續執行迴圈，直到條件符合為止（使用者輸入有效的選項），我們將要使用 `while` 迴圈。

你已經很熟悉執行上述工作的大部分程式了，但是為了寫出更簡明的程式，我們要使用一些布林運算式，它們的威力比你看過的還要強大。接下來會介紹它們，介紹完畢之後，你將會看到完整的 `getUserChoice` 函式。

'And' 與 'Or' 運算子 (&& 與 ||)

假如你想要寫一段程式，使用一些如何選擇手機的規則來選擇新手機，例如，你可能想要將價格範圍限制在 $200 與 $300 之間，此時可以這樣寫：

```
if (price >= 200 && price <= 300) {
    //選擇手機的程式
}
```

`&&` 代表 “and”。如果 `&&` **兩邊**的值都是 true，它就會產生 true 的結果。執行程式時，Kotlin 會先計算運算式的左邊，如果它是 false，Kotlin 就不需要計算右邊了，因為只要運算式有一邊是 false，整個運算式就必定是 false。

這有時稱為短路 (short-circuiting)。

如果你想要改用 “or” 運算式，就使用 `||` 運算子：

```
if (price <= 10 || price >= 1000) {
    //電話太便宜或太貴
}
```

如果 `||` **有一邊**是 true，運算式就會產生 true。這一次，如果運算式的左邊是 true，Kotlin 就不會計算右邊。

更強大的布林運算式（續）

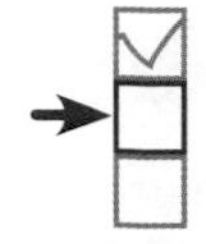

不等於（!= 與 !）

如果你要為某個型號之外的手機執行一段程式，可以使用這種程式：

```
if (model != 2000) {
    //當型號不是 2000 時執行的程式
}
```

!= 代表“不等於”。

類似的情況，你可以使用 ! 來代表“not”，例如，下面的迴圈會在 `isBroken` 變數不是 true 時執行：

```
while (!isBroken) {
    //當手機沒有壞掉時執行的程式
}
```

使用括號來讓程式更明確

有時布林運算式會變得既龐大且複雜：

```
if ((price <= 500 && memory >= 16) ||
    (price <= 750 && memory >= 32) ||
    (price <= 1000 && memory >= 64)) {
    //做某件適當的事情
}
```

或許你為了成為真正的技術專家，而想要知道這些運算子的優先順序，我們建議你用括號來讓程式更容易瞭解就好了，不要企圖成為神秘的優先順序領域專家。

知道一些更強大的布林運算式之後，我們要展示 `getUserChoice` 函式其餘的程式，並將它加入應用程式。

將 getUserChoice 函式加入 Game.kt

遊戲選擇
使用者選擇
結果

下面是修改過的程式，包括完整的 getUserChoice 函式。根據我們的程式來修改你的 *Game.kt*（粗體是修改的地方）：

Rock Paper Scissors
src
Game.kt

```
fun main(args: Array<String>) {
    val options = arrayOf("Rock", "Paper", "Scissors")
    val gameChoice = getGameChoice(options)
    val userChoice = getUserChoice(options)
}

fun getGameChoice(optionsParam: Array<String>) =
        optionsParam[(Math.random() * optionsParam.size).toInt()]

fun getUserChoice(optionsParam: Array<String>): String {
    var isValidChoice = false
    var userChoice = ""
    //持續執行迴圈，直到使用者輸入有效的選擇
    while (!isValidChoice) {
        //要求使用者輸入他們的選擇
        print("Please enter one of the following:")
        for (item in optionsParam) print(" $item")
        println(".")
        //讀取使用者輸入
        val userInput = readLine()
        //驗證使用者的輸入
        if (userInput != null && userInput in optionsParam) {
            isValidChoice = true
            userChoice = userInput
        }
        //如果選擇是有無效的，通知使用者
        if (!isValidChoice) println("You must enter a valid choice.")
    }
    return userChoice
}
```

呼叫 getUserChoice 函式。

我們將要使用 isValidChoice 變數來指出使用者是否輸入有效的選擇。

持續執行迴圈，直到 isValidChoice 是 true。

確認使用者輸入不是 null，而且是 options 陣列的選項。

如果使用者輸入的選項沒問題，就停止執行迴圈。

如果使用者輸入的選項無效，就持續執行迴圈。

我們來試一下程式，看看執行時會發生什麼事。

測試

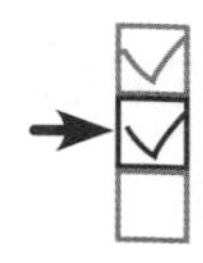

前往 Run 選單，並選擇 Run 'GameKt' 命令來執行程式。當 IDE 的輸出視窗打開時，程式會要求你輸入 "Rock"、"Paper" 或 "Scissors" 之一：

```
Please enter one of the following: Rock Paper Scissors.
```

當你輸入無效的選擇並按下 Return 鍵時，遊戲會再次要求你輸入有效的選項，這個程序會不斷重複，直到你輸入 "Rock"、"Paper" 或 "Scissors" 之一為止，此時程式結束。

```
Fred
You must enter a valid choice.
Please enter one of the following: Rock Paper Scissors.
George
You must enter a valid choice.
Please enter one of the following: Rock Paper Scissors.
Ginny
You must enter a valid choice.
Please enter one of the following: Rock Paper Scissors.
Rock
```

輸入一些無效的選項…

…接著輸入 "Rock"。

我們必須印出結果

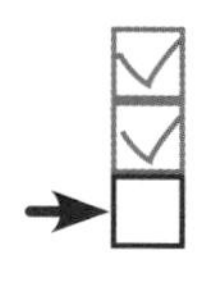

我們要讓應用程式做的最後一件事情，就是印出結果。提醒你，如果使用者的選擇與遊戲一樣，結果就是平手，如果雙方的選擇不同，就用下面的規則來決定勝負：

選項	結果
剪刀、布	選剪刀的贏，因為剪刀可以把布剪掉。
石頭、剪刀	選石頭的贏，因為石頭可以讓剪刀變鈍。
布、石頭	選布的贏，因為布可以包住石頭。

我們要在新函式 `printResult` 裡面印出結果。我們會從 `main` 呼叫這個函式，並且傳給它兩個參數：使用者的選擇與遊戲的選擇。

在展示這個函式的程式碼之前，看看你能不能藉著接下來的練習將它寫出來。

池畔風光

你的**任務**是把游泳池裡面的程式片段放入 printResult 函式的空行。同一個片段只能使用**一次**，而且你**不**需要用到所有的片段。你的**目標**是印出使用者與遊戲的選擇，並且指出誰贏了。提醒你，池子裡的每一個東西都只能使用一次！

```
fun printResult(userChoice: String, gameChoice: String) {
    val result: String
    //判斷結果
    if (userChoice______gameChoice) result = "Tie!"
    else if ((userChoice______"Rock"______gameChoice______"Scissors")______
            (userChoice______"Paper"______gameChoice______"Rock") ______
            (userChoice______"Scissors"______gameChoice______"Paper")) result = "You win!"
    else result = "You lose!"
    //印出結果
    println("You chose $userChoice. I chose $gameChoice. $result")
}
```

提醒你，池子裡的每一個東西都只能使用一次！

```
=   ==   ==
=   ==   ==   &&   ||   !=
=   =    ==   ==   &&   ||   !=   !=   !=
=   ==   ==   &&   ||   !=   !=   !=
=   =
```

池畔風光解答

你的**任務**是把游泳池裡面的程式片段放入 printResult 函式的空行。同一個片段只能使用**一次**，而且你**不**需要用到所有的片段。你的**目標**是印出使用者與遊戲的選擇，並且指出誰贏了。

```
fun printResult(userChoice: String, gameChoice: String) {
    val result: String
    //判斷結果
    if (userChoice == gameChoice) result = "Tie!"
    else if ((userChoice == "Rock" && gameChoice == "Scissors") ||
            (userChoice == "Paper" && gameChoice == "Rock") ||
            (userChoice == "Scissors" && gameChoice == "Paper")) result = "You win!"
    else result = "You lose!"
    //印出結果
    println("You chose $userChoice. I chose $gameChoice. $result")
}
```

如果使用者與遊戲的選擇相同，結果就是平手。

如果這些組合有任何一個是 true，就代表使用者獲勝。

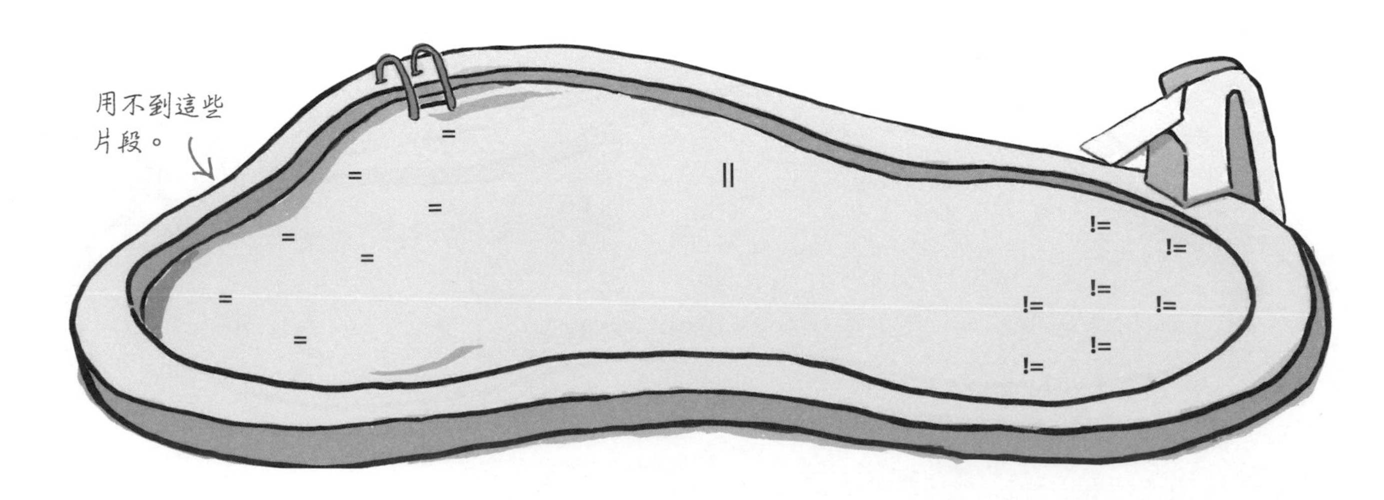

將 printResult 函式加入 Game.kt

我們要將 printResult 函式加入 *Game.kt*，並且從 main 函式呼叫它。程式如下，根據它來修改你的程式（粗體是修改的地方）：

```
fun main(args: Array<String>) {
    val options = arrayOf("Rock", "Paper", "Scissors")
    val gameChoice = getGameChoice(options)
    val userChoice = getUserChoice(options)
    printResult(userChoice, gameChoice)   <-- 從 main 呼叫 printResult 函式。
}

fun getGameChoice(optionsParam: Array<String>) =
        optionsParam[(Math.random() * optionsParam.size).toInt()]

fun getUserChoice(optionsParam: Array<String>): String {
    var isValidChoice = false
    var userChoice = ""
    //持續執行迴圈，直到使用者輸入有效的選擇
    while (!isValidChoice) {
        //要求使用者輸入他們的選擇
        print("Please enter one of the following:")
        for (item in optionsParam) print(" $item")
        println(".")
        //讀取使用者輸入
        val userInput = readLine()
        //驗證使用者的輸入
        if (userInput != null && userInput in optionsParam) {
            isValidChoice = true
            userChoice = userInput
        }
        //如果選擇是有無效的，通知使用者
        if (!isValidChoice) println("You must enter a valid choice.")
    }
    return userChoice
}
```

Rock Paper Scissors
src
Game.kt

下一頁還有程式。→

Game.kt 程式碼（續）

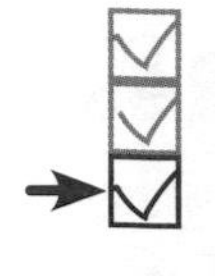


```
fun printResult(userChoice: String, gameChoice: String) {
    val result: String
    //判斷結果
    if (userChoice == gameChoice) result = "Tie!"
    else if ((userChoice == "Rock" && gameChoice == "Scissors") ||
            (userChoice == "Paper" && gameChoice == "Rock") ||
            (userChoice == "Scissors" && gameChoice == "Paper")) result = "You win!"
    else result = "You lose!"
    //印出結果
    println("You chose $userChoice. I chose $gameChoice. $result")
}
```

你必須加入這個函式。

Rock Paper Scissors
src
Game.kt

以上就是應用程式的所有程式碼，我們來看看執行它會發生什麼事。

測試

執行程式會打開 IDE 的輸出視窗，我們輸入 “Rock”、“Paper” 或 “Scissors” 之一（我們選擇 “Paper”）：

```
Please enter one of the following: Rock Paper Scissors.
Paper
You chose Paper. I chose Rock. You win!
```

應用程式印出我們的選擇、遊戲的選擇，以及結果。

問：我輸入 “paper”，但是遊戲說我輸入無效的選項，為何如此？

答：因為你輸入小寫的 String，而不是首字母大寫的。遊戲要求你輸入 “Rock”、“Paper” 或 “Scissors” 之一，它不認為 “paper” 是其中一個選項。

問：我可以讓 Kotlin 忽略大小寫嗎？可不可以先改變使用者輸入的大小寫，再檢查它有沒有在陣列裡面？

答：Kotlin 有 toLowerCase、toUpperCase 與 capitalize 函式，可建立小寫、大寫或首字母大寫版本的 String。例如，這段程式使用 capitalize 函式來將名為 userInput 的 String 改成首字母大寫：

```
userInput = userInput.capitalize()
```

所以，你可以先將使用者輸入轉換成適當的格式，再檢查它有沒有符合陣列內的值。

你的 Kotlin 工具箱

讀完第 3 章之後，你已經將函式加入工具箱了。

你可以從 https://tinyurl.com/HFKotlin 下載本章的完整程式碼。

重點提示

- 使用函式來組織程式碼，讓它比較容易重複使用。
- 函式可以擁有參數，讓你可以傳送多個值給它。
- 你傳給函式的值的數量與型態必須符合函式宣告的參數的順序與型態。
- 函式可以回傳一個值，你必須定義它的回傳值的型態（有的話）。
- 回傳型態 `Unit` 代表函式不回傳任何東西。
- 當你知道迴圈的程式需要重複的次數時，請選擇 `for` 迴圈，而非 `while` 迴圈。
- `readLine()` 函式可從標準輸入串流讀取一行輸入。它會回傳一個 `String` 值，也就是使用者輸入的文字。
- 當你使用 `readLine()` 函式來讀取檔案，並且讀到檔案的結尾時，它會回傳 `null`。`null` 代表它沒有值，或值遺失了。
- `&&` 代表 “and”。`||` 代表 “or”。`!` 代表 “not”。

4 類別與物件

淺嚐類別

自從我幫自己寫了一個新的 Boyfriend 類別之後，我的羅曼史變得豐富多了！

是時候看一些 Kotlin 基本型態之外的東西了。

你遲早要使用 Kotlin 基本型態之外的東西，所以，是時候讓**類別**登場了。類別是一種模板，可讓你**建立自己的物件型態**，並且定義它們的屬性與函式。這一章要告訴你**如何設計與定義類別**，以及如何用它們來**建立新型態的物件**。你將會認識***建構式***、***初始化區塊***、***getter*** 與 ***setter***，並瞭解如何使用它們來保護屬性。最後，你會知道 **Kotlin 程式碼都內建資料隱藏**，可以節省你的時間、精力與大量的按鍵動作。

物件型態是用類別來定義的

到目前為止，你已經知道怎麼用 Kotlin 的基本型態（例如數字、String 與陣列）來建立與使用變數了。例如，當你寫出這段程式時：

```
var x = 6
```

它會建立一個值為 6 的 Int 物件，並且將物件的參考指派給新變數 x：

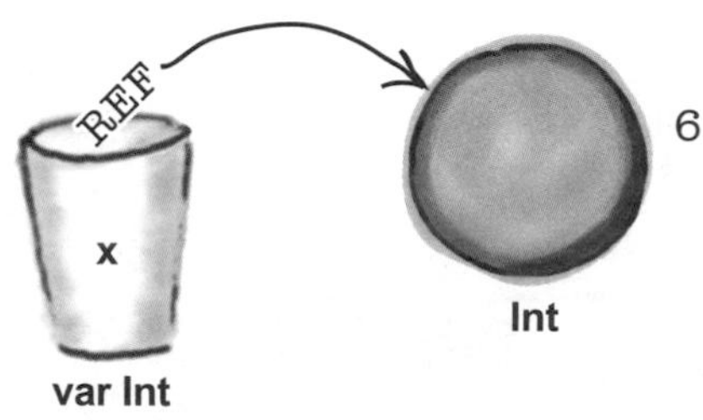

在幕後，這些型態都是用**類別**來定義的。類別是一種模板，定義了那種型態的物件有哪些屬性與函式，例如，當你建立一個 Int 物件時，編譯器會查看 Int 類別，看到它需要一個整數值，而且有 toLong 和 toString 等函式。

你可以定義自己的類別

如果你想要讓應用程式使用非 Kotlin 內建的物件型態，可以編寫新類別來定義你自己的型態。例如，如果你要寫一個應用程式來記錄狗的資訊，你可能會定義一個 Dog 類別，這樣你就可以建立自己的 Dog 物件，用來記錄每隻狗的名字、體重與品種了。

這是 Dog 類別，它讓編譯器知道 Dog 有 name（名字）、weight（體重）與 breed（品種），以及一個 bark（汪）函式。

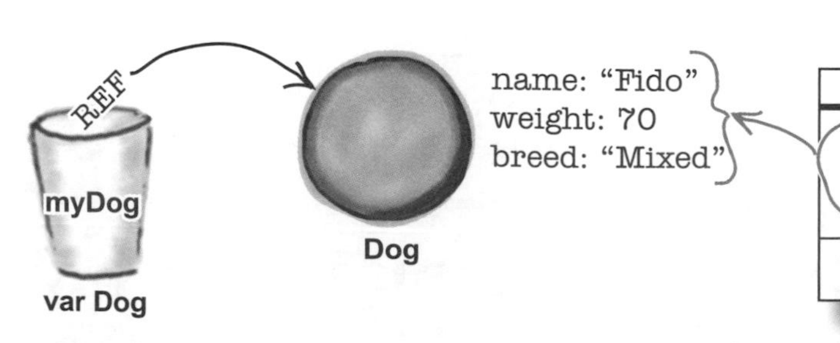

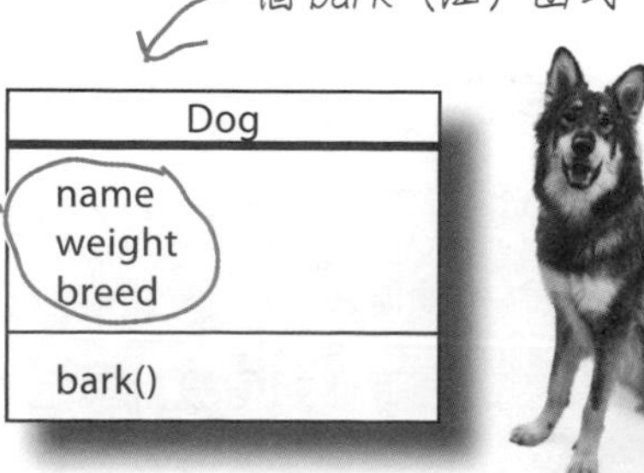

那麼，該如何定義類別？

如何設計你自己的類別？

當你定義自己的類別時，必須想一下關於該類別產生的物件的一些事項。你必須考慮：

- 每一個物件知道的、關於它自己的事情。
- 每一個物件可以做的事情

物件所知道的、關於它自己的事情就是它的**屬性**，它們代表物件的狀態（資料）。屬於該型態的每一個物件都可以擁有不同的值，例如，`Dog` 類別可能有 `name`、`weight` 與 `breed` 屬性。`Song` 類別可能有 `title` 與 `artist` 屬性。

物件可以做的事情就是它的**函式**，它們決定了物件的行為，而且可能會使用物件的屬性。例如，`Dog` 類別可能有個 `bark` 函式，`Song` 類別可能有個 `play` 函式。

下面的類別範例都有自己的屬性與函式：

物件所知道的、關於它自己的事情就是它的屬性。

物件可以做的事情就是它的函式。

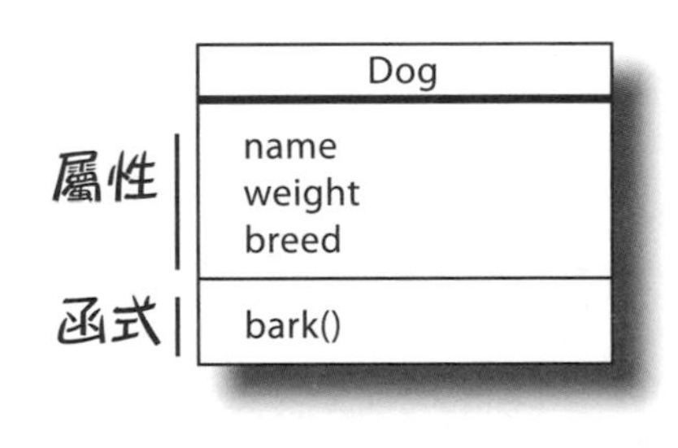

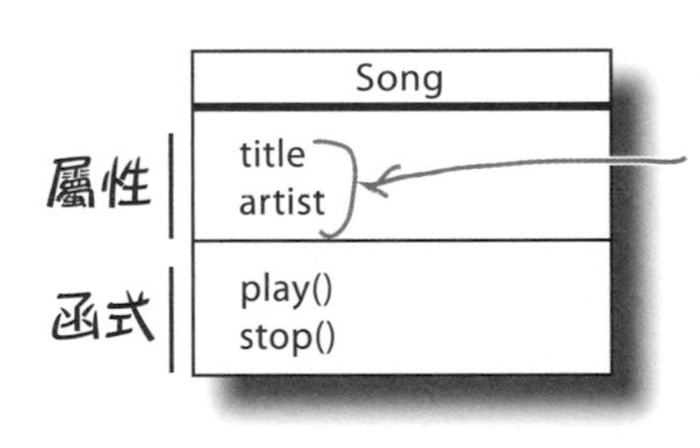

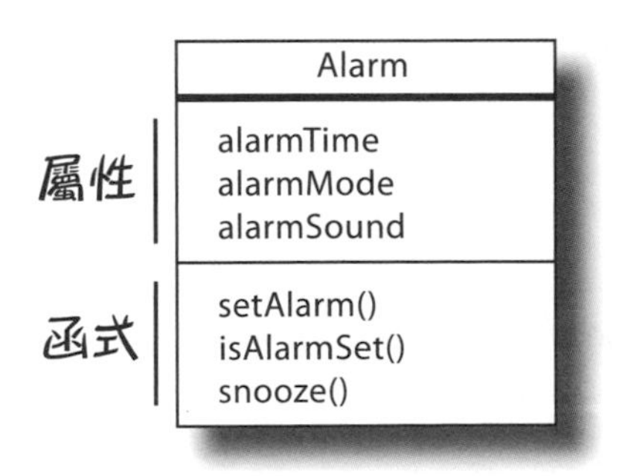

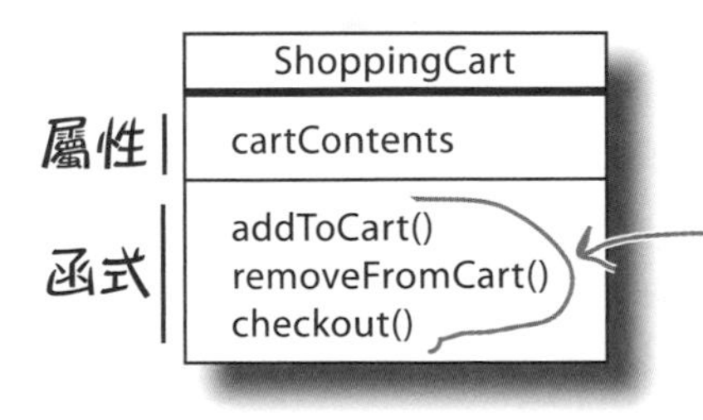

知道類別應該有哪些屬性與函式之後，你就可以開始用程式來建立它了。我們接著來看。

我們來定義一個 Dog 類別

我們要建立一個 Dog 類別，之後用它來建立 Dog 物件。每一隻 Dog 都有 name、weight 與 breed，所以我們將它們當成類別的屬性。我們也會定義一個 bark 函式，根據 Dog 的 weight 來決定吠聲的大小。

這是 Dog 類別的程式碼：

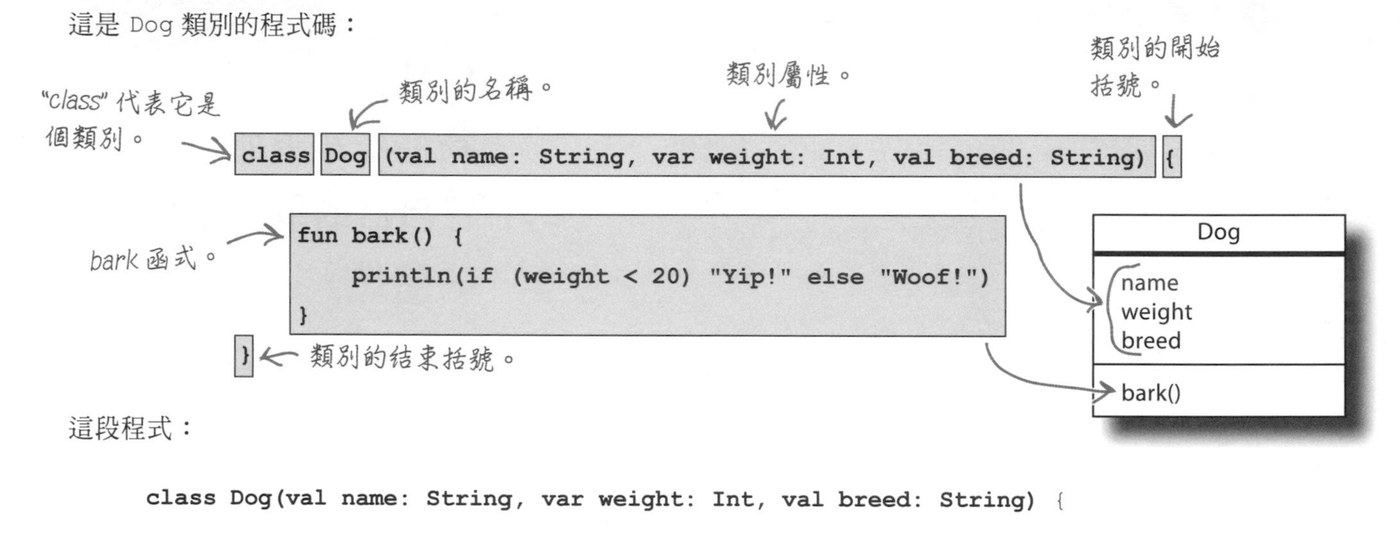

這段程式：

```
class Dog(val name: String, var weight: Int, val breed: String) {
    ...
}
```

定義了類別（Dog）的名稱，以及 Dog 類別的屬性。我們會在幾頁之後，仔細研究幕後發生的事情，現在你只要知道上面的程式定義了 name、weight 與 breed 屬性，而且當你建立 Dog 物件時，這些屬性都會被賦值就可以了。

在類別裡面定義的函式稱為成員函式。它有時稱為方法。

類別函式是在類別的內文（在大括號（{}）裡面）定義的。我們要定義一個 bark 函式，程式是：

```
class Dog(val name: String, var weight: Int, val breed: String) {
    fun bark() {
        println(if (weight < 20) "Yip!" else "Woof!")
    }
}
```

這就像上一章的函式，唯一的差異是，它是在 Dog 類別的內文定義的。

看了 Dog 類別的程式碼之後，接著我們來看一下怎麼用它來建立 Dog 物件。

如何建立 Dog 物件？

你可以將類別當成物件的模板，它會告訴編譯器如何製作該型態的物件，以及各個物件應該有哪些屬性。用類別製作的各個物件可以擁有它自己的值，例如，每一個 Dog 物件都有 name、weight 與 breed 屬性，而且每一個 Dog 都有它自己的值。

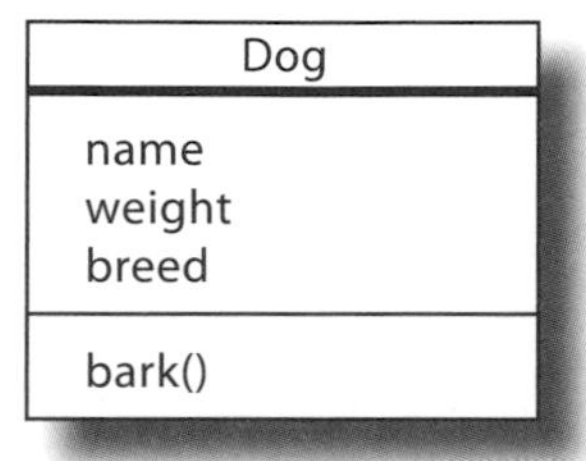

我們將使用 Dog 類別來建立 Dog 物件，並將它指派給新變數 myDog。程式如下：

```
var myDog = Dog("Fido", 70, "Mixed")
```

在建立 Dog 時，你要傳入引數讓三個屬性使用。

這段程式傳遞三個引數給 Dog 物件，它們符合我們在 Dog 類別裡面定義的屬性：Dog 的 name、weight 與 breed：

```
class Dog(val name: String, var weight: Int, val breed: String) {
    ...
}
```

執行程式時，程式會建立一個新的 Dog 物件，並且用那些引數來對 Dog 的屬性賦值。例如，我們的例子建立一個新的 Dog 物件，它的 name 屬性是 “Fido”，weight 屬性是 70 磅，breed 屬性是 “Mixed”：

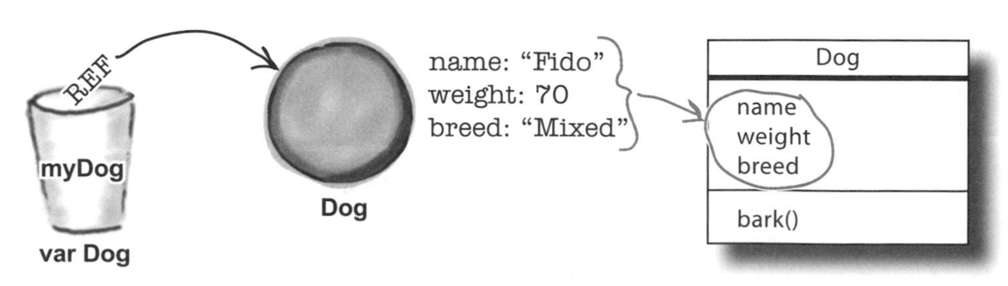

知道如何建立 Dog 物件之後，我們來看看如何使用它的屬性與函式。

如何使用屬性與函式？

建立物件之後，你可以用句點運算子（.）來存取它的屬性。例如，如果你想要印出 Dog 的名稱，可以使用這種程式：

```
var myDog = Dog("Fido", 70, "Mixed")
println(myDog.name)
```

myDog.name 就像是說"前往 myDog，並取得它的 name"。

你也可以用 var 關鍵字來修改你定義的任何屬性。例如，這段程式可以將 Dog 的 weight 屬性改成 75 磅：

```
myDog.weight = 75
```

前往 myDog，並將它的 weight 設成 75。

注意，編譯器不會讓你更改以 val 關鍵字定義的屬性，試著做這件事會得到編譯錯誤。

你也可以用句點運算子來呼叫物件的函式。例如，如果你想要呼叫 Dog 的 bark 函式，可以使用這段程式：

```
myDog.bark()
```

前往 myDog，並呼叫它的 bark 函式。

如果 Dog 在 Dog 陣列裡面會怎樣？

你也可以將你建立的任何物件放入陣列。例如，如果你想要建立一個 Dog 陣列，可以這樣寫：

```
var dogs = arrayOf(Dog("Fido", 70, "Mixed"), Dog("Ripper", 10, "Poodle"))
```

這段程式會建立兩個 Dog 物件，並將它們加入名為 dogs 的 array<Dog> 陣列。

這段程式定義一個名為 dogs 的變數，因為它是被你填入 Dog 物件的陣列，編譯器會將它的型態設為 array<Dog>，接著將兩個 Dog 物件加入陣列。

你仍然可以使用陣列內的各個 Dog 物件的屬性與函式。例如，假如你要更改第二個 Dog 的 weight，並且讓它 bark，可以用 dogs[1] 來取得 dogs 陣列的第二個項目的參考，接著用句點運算子來更改 Dog 的 weight 屬性與呼叫 bark 函式：

```
dogs[1].weight = 15
dogs[1].bark()
```

編譯器知道 dogs[1] 是個 Dog 物件，所以你可以存取 Dog 的屬性與呼叫它的函式。

這就像是說"取得 *dogs* 陣列的第二個物件，將它的 weight 改成 15 磅，並讓它 bark"。

建立 Songs 應用程式

在進一步瞭解類別如何運作之前，我們要建立一個新的 Songs 專案，來讓你做一些關於類別的練習。我們要將 `Song` 類別加入專案，並且建立與使用一些 `Song` 物件。

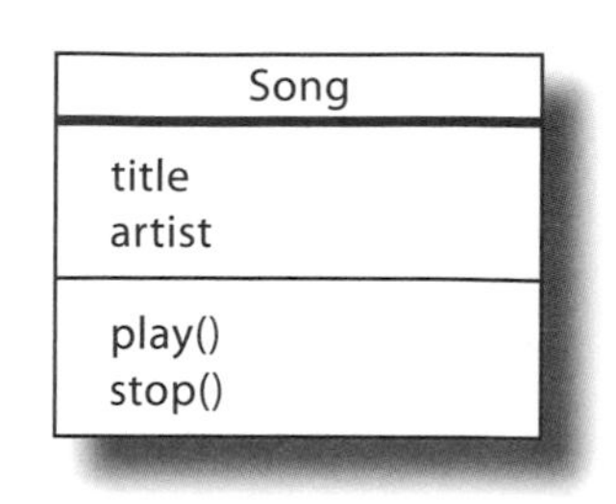

建立在 JVM 運行的 Kotlin 專案，將專案命名為 “Songs”。接著建立一個名為 *Songs.kt* 的新 Kotlin 檔案，做法是點選 *src* 資料夾，按下 File 選單並選擇 New → Kotlin File/Class，在彈出視窗中，將檔名設為 “Songs”，再將 Kind 設為 File。

接下來，將下面的程式加入 *Songs.kt*：

```
class Song(val title: String, val artist: String) {
    fun play() {
        println("Playing the song $title by $artist")
    }

    fun stop() {
        println("Stopped playing $title")
    }
}

fun main(args: Array<String>) {
    val songOne = Song("The Mesopotamians", "They Might Be Giants")
    val songTwo = Song("Going Underground", "The Jam")
    val songThree = Song("Make Me Smile", "Steve Harley")
    songTwo.play()
    songTwo.stop()
    songThree.play()
}
```

定義 title 與 artist 屬性。

加入 play 與 stop 函式。

建立三個 Song。

播放 songTwo、停止它，接著播放 songThree。

Songs
src
Songs.kt

測試

當我們執行程式時， IDE 的輸出視窗會顯示下面的文字：

```
Playing the song Going Underground by The Jam
Stopped playing Going Underground
Playing the song Make Me Smile by Steve Harley
```

知道如何定義類別，並且用它來建立物件之後，我們要探索如何建立物件了。

見證建立物件的奇蹟

當你宣告並指派物件時，Kotlin 會執行三個主要的步驟：

1 宣告變數。

```
var myDog = Dog("Fido", 70, "Mixed")
```

2 建立物件。

```
var myDog = Dog("Fido", 70, "Mixed")
```

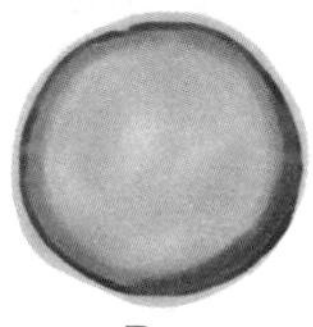

3 指派參考，將物件與變數接起來。

```
var myDog = Dog("Fido", 70, "Mixed")
```

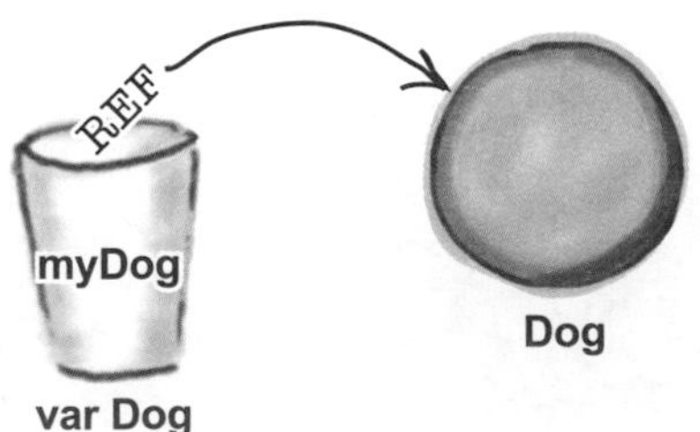

奇蹟是在步驟 2 發生的，也就是當物件被建立時，這個步驟在幕後發生很多事情，我們接著來仔細探討。

物件是怎麼建立的？

當我們這樣子定義物件時：

```
var myDog = Dog("Fido", 70, "Mixed")
```

因為有括號，這段程式很像在呼叫一個名為 Dog 的函式。

它看起來很像呼叫一個名為 Dog 的函式，雖然它感覺起來很像呼叫函式，但事實並非如此，它呼叫的是 Dog **建構式**。

建構式裡面有物件的初始化程式，建構式會在物件被指派給參考之前執行，也就是說，它提供一個機會讓你介入，做一些工作來讓物件就緒並可供使用。多數人都用建構式來定義物件的屬性，並將值指派給它們。

每當你建立一個新物件時，就會呼叫該物件的類別的建構式。所以，當你執行這段程式時：

```
var myDog = Dog("Fido", 70, "Mixed")
```

就會呼叫 Dog 類別的建構式。

建構式在你實例化物件時執行，它的用途是定義屬性並將它們初始化。

Dog 的建構式長怎樣？

當我們建立 Dog 類別時，我們就已經加入建構式了，類別首行的括號和括號之間的程式就是建構式：

```
class Dog(val name: String, var weight: Int, val breed: String) {
    ...
}
```

這段程式（包括括號）是類別建構式。技術上，它稱為主建構式。

Dog 建構式定義三個屬性——name、weight 與 breed。每一個 Dog 都有這些屬性，當你建立 Dog 時，建構式會將值指派給各個屬性，將每一個 Dog 的狀態初始化，並確保它被正確地設定。

我們來看一下呼叫 Dog 建構式時，幕後發生什麼事情。

幕後花絮：呼叫 Dog 建構式

我們來看一下執行程式會發生什麼事：

```
var myDog = Dog("Fido", 70, "Mixed")
```

1. **系統幫你傳給 Dog 建構式的每一個引數建立一個物件。**

   系統建立一個值為 “Fido” 的 `String`，一個值為 70 的 `Int`，以及一個值為 “Mixed” 的 `String`。

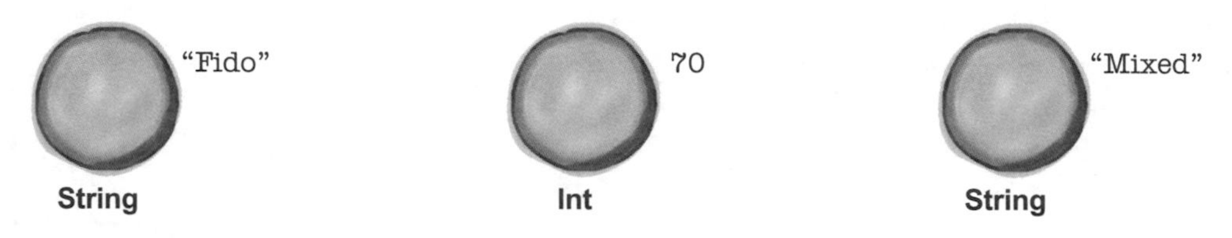

2. **系統為新 Dog 物件配置空間，呼叫 Dog 建構式。**

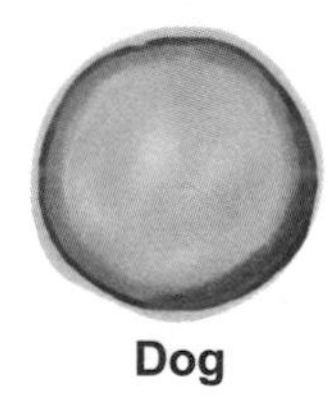

3. **Dog 建構式定義三個屬性：name、weight 與 breed。**

   在幕後，**每個屬性都是一個變數**。系統按照建構式的定義，為每個屬性建立一個適當型態的變數。

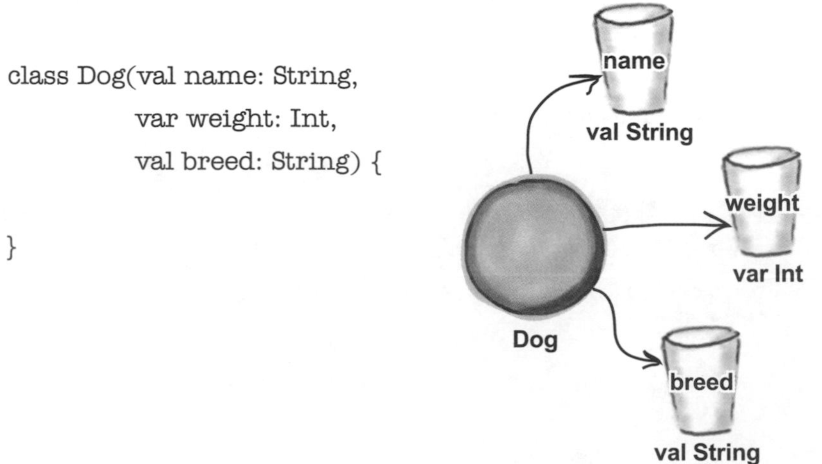

故事還沒結束…

4 **將值物件的參考指派給 Dog 的每一個屬性變數。**

例如，將 "Fido" `String` 物件的參考指派給 `name` 屬性。

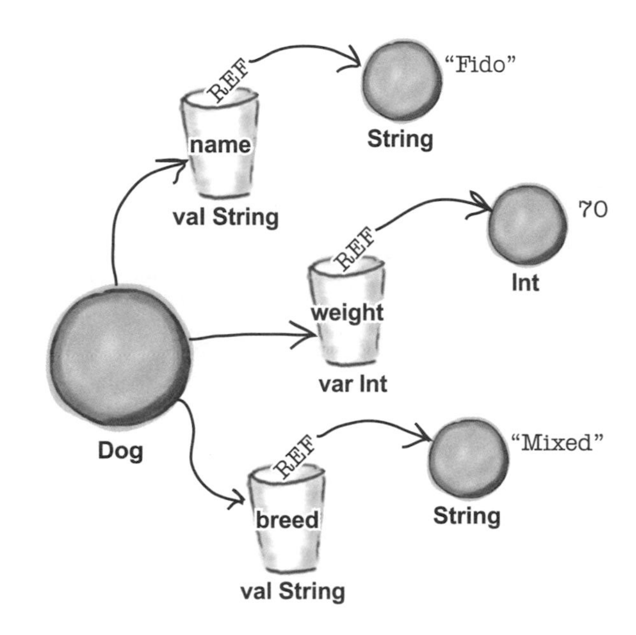

5 **最後，將 Dog 物件的參考指派給 Dog 新變數 myDog。**

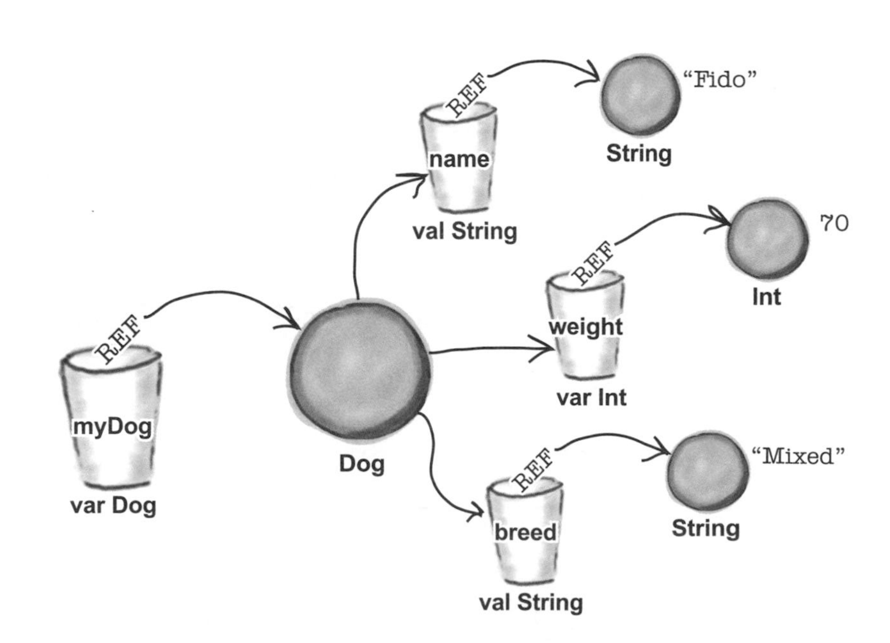

沒錯──屬性是物件的區域變數。

也就是說，你學過的變數知識都適用於屬性。例如，如果你用 `val` 關鍵字來定義屬性，就代表你無法將新值指派給它，但是你可以修改用 `var` 定義的任何屬性。

我們的例子用 `val` 來定義 `name` 與 `breed` 屬性，用 `var` 來定義 `weight`：

```
class Dog(val name: String, var weight: Int, val breed: String) {
    ...
}
```

這代表我們只能更改 `Dog` 的 `weight` 屬性，不能更改 `Dog` 的 `name` 或 `breed`。

問：**建構式會幫被建立的物件配置記憶體嗎？**

答：不會，這是系統的工作。建構式負責初始化物件，所以它會確保物件的屬性都被建立，並且被指派初始值。所有的記憶體都是系統管理的。

問：**我可以在宣告類別時，不定義建構式嗎？**

答：可以，本章稍後會介紹這種程式如何運作。

物件有時被稱為特定類別的實例，所以它的屬性有時被稱為實例變數。

程式碼磁貼

有人用冰箱磁貼寫了一個吵死人的 **DrumKit** 類別，以及一個印出下列輸出的 main 函式：

```
ding ding ba-da-bing!
bang bang bang!
ding ding ba-da-bing!
```

不幸的是，磁貼被吹亂了，你可以把它們回復原狀嗎？

```
class DrumKit(var hasTopHat: Boolean, var hasSnare: Boolean) {

}

fun main(args: Array<String>) {

}
```

把磁貼放入這些方塊。

```
println("ding ding ba-da-bing!")
{
d.hasSnare =
fun playSnare()
val d = DrumKit(true, true)
(hasSnare)
fun playTopHat()
}
(hasTopHat)
}
{
if
d.playTopHat()
d.playSnare()
d.playTopHat()
d.playSnare()
if
false
println("bang bang bang!")
```

程式碼磁貼解答

有人用冰箱磁貼寫了一個吵死人的 **DrumKit** 類別，以及一個印出下列輸出的 `main` 函式：

ding ding ba-da-bing!
bang bang bang!
ding ding ba-da-bing!

不幸的是，磁貼被吹亂了，你可以把它們回復原狀嗎？

```
class DrumKit(var hasTopHat: Boolean, var hasSnare: Boolean) {
```

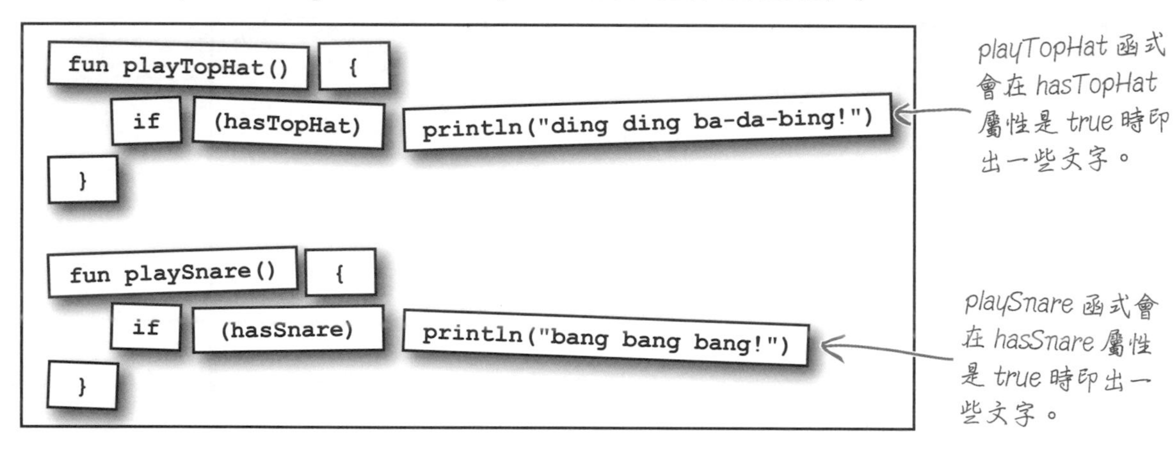


```
}

fun main(args: Array<String>) {
```

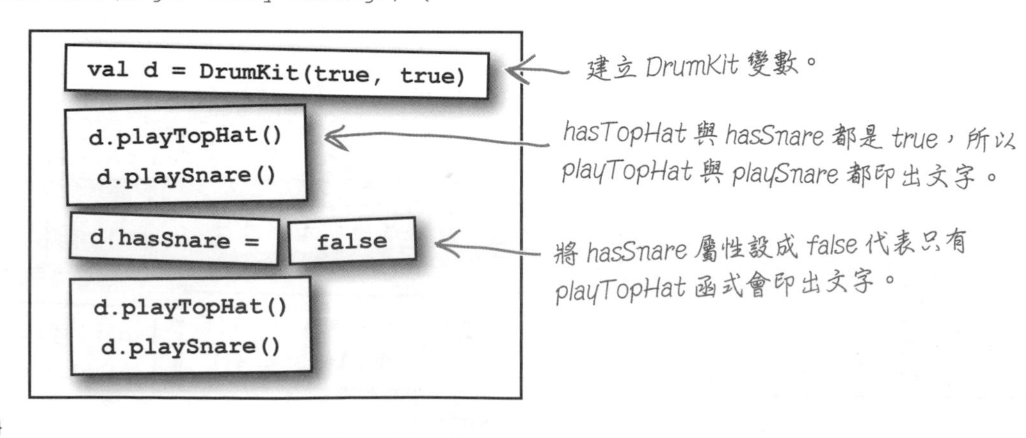


```
}
```

更深入研究屬性

到目前為止，你已經知道如何將屬性放入類別建構式來定義它了，也知道如何在呼叫建構式時，對那個屬性賦值。但是，如果你想要做一些不同的事情呢？如果你想要在將值指派給屬性之前先驗證它？或者，你想要用一個通用的預設值來將屬性初始化，如此一來，你就不需要將它加入類別建構式了？

為了瞭解如何做這類的事情，我們要更仔細地研究建構式程式碼。

Dog 建構式的幕後花絮

如你所知，目前的 Dog 建構式程式碼定義了三個屬性，也就是每個 Dog 物件的 name、weight 與 breed，並且在呼叫 Dog 建構式時，為每一個屬性賦值：

```
class Dog(val name: String, var weight: Int, val breed: String) {
    ...
}
```

之所以可以如此簡潔地完成這項工作，原因是建構式程式碼使用一種簡捷機制來執行它。Kotlin 的設計者認為，定義屬性，以及將它初始化這種工作十分常見，因此值得用非常簡潔的語法來做這件事。

以不簡潔的方式做同一件事的程式是：

建構式參數的前面沒有 val 與 var 了，所以建構式不將它們做成屬性了。

```
class Dog(name_param: String, weight_param: Int, breed_param: String) {
    val name = name_param
    var weight = weight_param
    val breed = breed_param

    ...
}
```

屬性變成在類別內文定義了。

Dog
name weight breed
bark()

這段程式的三個建構式參數 name_param、weight_param 與 breed_param 的前面都沒有 val 與 var，也就是說，它們已經不是在定義屬性了，而是一般的參數，就像你在函式定義式中看到的那種。這段程式在類別的主內文定義 name、weight 與 breed 屬性，將每一個屬性設成相關建構式參數的值。

那麼，這個機制如何幫助我們用屬性做更多事？

靈活的屬性初始化

在類別的主體定義屬性比在建構式加入它們還要有彈性，因為這樣你就不必使用參數值來設定每一個屬性的初始值了。

假如你想要指派預設值給屬性，但不想要將它放入建構式，例如，你想要將 `activities` 屬性加入 `Dog` 類別，並且將它的初始值設為一個內含 “Walks” 值的預設陣列，你可以這樣做：

```
class Dog(val name: String, var weight: Int, val breed: String) {
    var activities = arrayOf("Walks")
    ...
}
```

你建立的每一個 Dog 物件都有一個 activities 屬性，它的初始值是個含有 “Walks” 值的陣列。

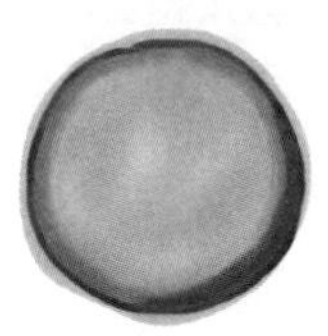

或者，你想要調整一下建構式參數的值，再將它指派給屬性，例如，讓 `breed` 屬性儲存大寫的 `String`， 而不是建構式收到的值，此時，你要使用 `toUpperCase` 函式來建立大寫版的 `String`，再將它指派給 `breed` 屬性，例如：

```
class Dog(val name: String, var weight: Int, breed_param: String) {
    var activities = arrayOf("Walks")
    val breed = breed_param.toUpperCase()
    ...
}
```

它會取得 breed_param 的值，將它變成大寫，再指派給 breed 屬性。

name: “Fido”
weight: 70
breed: “MIXED”
activities: “Walks”

Dog

如果你想要指派簡單的值或運算式，很適合使用這種方式來將屬性初始化。但是，如果你想要做更複雜的事情呢？

如何使用初始化區塊？

如果你想要把屬性的初始值設成比運算式還要複雜的東西，或如果你想要在建立各個物件時，執行其他的程式碼，可以使用一或多個**初始化區塊**。初始化區塊會在你初始化物件，呼叫建構式之後立刻執行。你要在初始化區塊的前面加上 **init** 關鍵字，下面是個初始化區塊的例子，它會在 Dog 物件被初始化時，印出一個訊息：

```
class Dog(val name: String, var weight: Int, breed_param: String) {
    var activities = arrayOf("Walks")
    val breed = breed_param.toUpperCase()

    init {
        println("Dog $name has been created.")
    }

    ...
}
```

這是初始化區塊，它的內容是你想要在 Dog 物件初始化時執行的東西。

Dog
name weight breed activities
bark()

類別可以使用多個初始化區塊。每一個區塊都是按照它在類別內文的位置依序執行的，你可以在它們之間穿插任何屬性初始化程式，例如這段程式有多個初始化區塊：

```
class Dog(val name: String, var weight: Int, breed_param: String) {

    init {
        println("Dog $name has been created.")
    }

    var activities = arrayOf("Walks")
    val breed = breed_param.toUpperCase()

    init {
        println("The breed is $breed.")
    }

    ...
}
```

先建立在建構式裡面定義的屬性。

接著執行初始化區塊。

在第一個初始化區塊完成時建立這些屬性。

建立那些屬性之後，執行第二個初始化區塊。

如你所見，你可以用各種方式來將變數初始化，但是真的有必要如此嗎？

你必須將屬性初始化

第 2 章談過，你在函式中宣告的每一個變數都必須先初始化才能使用，你在類別中定義的屬性也一樣，**必須先將它們初始化，才能使用它們**。如果你在宣告屬性時，沒有在屬性宣告式或初始化區塊中將它初始化，編譯器會相當生氣，拒絕編譯程式。例如，下面的程式無法編譯，因為我們加入一個名為 temperament 的新屬性，卻沒有將它初始化：

```
class Dog(val name: String, var weight: Int, breed_param: String) {
    var activities = arrayOf("Walks")
    val breed = breed_param.toUpperCase()
    var temperament: String
    ...
}
```

temperament 屬性沒有被初始化，所以程式無法編譯。

你幾乎可以隨時指派預設值給屬性，例如，在上面的例子中，將 temperament 屬性的初始值設為 "" 之後，程式就可以編譯了：

```
var temperament = ""
```

用空 String 將 temperament 屬性初始化。

問：當我在 Java 的類別裡面宣告變數時，不需要將它初始化，在 Kotlin 有沒有辦法不將類別屬性初始化？

答：如果你百分之百確定你在呼叫類別建構式時，無法指派初始值給某個屬性，你可以在它的前面加上 **lateinit**，這可以讓編譯器知道：你知道該屬性還沒有被初始化，而且稍後你會處理它。例如，如果你想要將 temperament 屬性標記成稍後再初始化，可以這樣做：

```
lateinit var temperament: String
```

這樣編譯器就可以編譯程式碼，但是，一般來說，我們還是強烈鼓勵你將屬性初始化。

問：在屬性初始化之前使用它會發生什麼事情？

答：如果你還沒有將屬性初始化就試著使用它，當你執行程式時，將會得到執行期錯誤。

問：我可以把 lateinit 用在任何型態的屬性上嗎？

答：你只能對著以 var 宣告的屬性使用 lateinit，而且不能將它用在這些型態上：Byte、Short、Int、Long、Double、Float、Char 或 Boolean，原因和這些型態在 JVM 裡面怎麼被處理有關。換句話說，你必須在定義以上任何型態時將它初始化，或是在初始化區塊內將它初始化。

空建構式探究

如果你想要快速建立物件，不想要傳值給它的任何屬性，可以定義一個無建構式的類別。

例如，假設你要快速建立 Duck 物件。為此，你可以定義一個無建構式的 Duck 類別，像這樣：

```
class Duck {   ← 在類別名稱後面沒有()，所以這個類別沒有定義建構式。

    fun quack() {
        println("Quack! Quack! Quack!")
    }
}
```

當你定義無建構式的類別時，編譯器會私底下幫你寫一個，它會在編譯過的程式碼裡面加入一個空建構式（沒有參數的建構式）。所以，當你編譯上述的 Duck 類別時，編譯器會把它當成這段程式：

```
class Duck() {   ← 這是個空建構式：無參數的建構式。在幕後，當你定義無建構式的類別時，編譯器會在編譯好的程式碼加入一個空的建構式。

    fun quack() {
        println("Quack! Quack! Quack!")
    }
}
```

也就是說，要建立 Duck 物件，你要用這段程式：

```
var myDuck = Duck()   ← 建立一個 Duck 變數，並且將 Duck 物件的參考指派給它。
```

而不是：

```
var myDuck = Duck   ← 這段程式無法編譯。
```

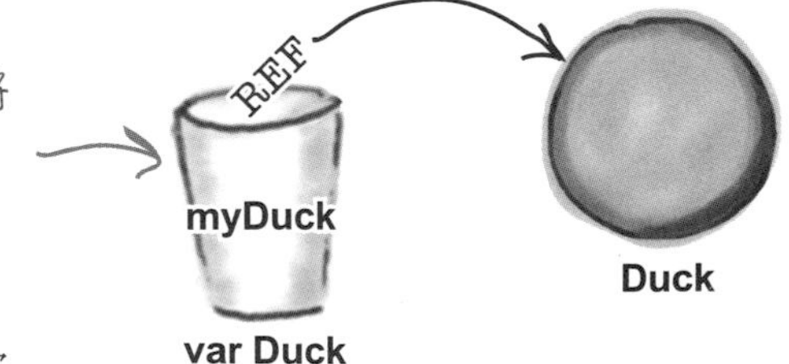

編譯器已經幫你建立一個 Duck 類別的空建構式了，這代表你必須呼叫空建構式來實例化 Duck。

我是編譯器

這一頁的每一個 Kotlin 檔案都代表一個完整的原始檔案。你的任務是扮演編譯器，指出哪些檔案可以編譯。如果它們無法編譯，該如何修正它們？

A

```
class TapeDeck {
    var hasRecorder = false

    fun playTape() {
        println("Tape playing")
    }

    fun recordTape() {
        if (hasRecorder) {
            println ("Tape recording")
        }
    }
}

fun main(args: Array<String>) {
    t.hasRecorder = true
    t.playTape()
    t.recordTape()
}
```

B

```
class DVDPlayer(var hasRecorder: Boolean) {

    fun recordDVD() {
        if (hasRecorder) {
            println ("DVD recording")
        }
    }
}

fun main(args: Array<String>) {
    val d = DVDPlayer(true)
    d.playDVD()
    d.recordDVD()
}
```

答案在第 119 頁。

如何驗證屬性值？

在本章稍早，你已經知道如何使用句點運算子來直接取得或設定屬性的值了。例如，你可以像這樣印出 Dog 的 name：

```
println(myDog.name)
```

你也可以將它的 weight 設成 75 磅：

```
myDog.weight = 75
```

但是讓外人這樣子直接存取我們的屬性非常危險，我們不希望讓外人寫出這種程式：

```
myDog.weight = -1
```

我的老天爺！

體重為負的 Dog 肯定不是好東西。

為了防止這種事情發生，我們必須設法先驗證值，再將它指派給屬性。

解決手段：自訂 getter 與 setter

如果你想要調整屬性的回傳值，或者，先驗證值再將它指派給屬性，你可以編寫自己的 **getter 與 setter**。

getter 與 setter 可讓你取得與設定屬性值。getter 唯一的用途就是回傳它應該回傳的值。setter 的人生目標是接收一個引數值，並且用它來設定某個屬性值。

如果你喜歡更正式的稱呼，或許可以改叫它們 *accessor* 與 *mutator*。

編寫自訂的 getter 與 setter 可以保護屬性值，也可以讓你控制哪些值是可以回傳或指派的。為了介紹它們的運作方式，我們要在 Dog 類別裡面加入兩個新東西：

- **一個自訂的 getter，用來回傳 Dog 的公斤體重。**
- **一個自訂的 setter，用來驗證收到的 Dog 體重，再設定它。**

我們先建立自訂的 getter，用它回傳 Dog 的公斤體重。

如何編寫自訂 getter？

為了加入自訂 getter 來回傳 Dog 的公斤體重，我們要做兩件事：在 Dog 類別中加入一個新的屬性，稱為 weightInKgs，以及為它編寫一個自訂 getter，用它來回傳適當的值。這是做這兩件事的程式：

```
class Dog(val name: String, var weight: Int, breed_param: String) {
    var activities = arrayOf("Walks")
    val breed = breed_param.toUpperCase()
    val weightInKgs: Double
        get() = weight / 2.2
    ...
}
```

這段程式加入一個新的 weightInKgs 屬性與一個自訂 getter。getter 會將 weight 參數的值除以 2.2，來算出公斤重量。

Dog
name weight breed activities weightInKgs
bark()

這一行：

```
get() = weight / 2.2
```

定義了 getter，它是一個被你加入屬性的無參數函式，名字叫做 **get**。你要把它寫在屬性宣告式的後面，來將它加入屬性。它回傳的型態**必須**符合你想要回傳的屬性值的型態，否則程式無法編譯。在上面的例子中，weightInKgs 屬性的型態是 Double，所以該屬性的 getter 也必須回傳 Double。

在技術上，getter 與 setter 是屬性宣告式的選用部分。

每當你使用這種程式來索取屬性的值時：

```
myDog.weightInKgs
```

就會呼叫屬性的 getter。例如，上面的程式會呼叫 weightInKgs 屬性的 getter。getter 使用 Dog 的 weight 屬性來計算 Dog 的公斤 weight，再回傳結果。

注意，在這個例子中，我們不需要將 weightInKgs 屬性初始化，因為它的值是在 getter 裡面算出來的。每當有人索取屬性的值時，getter 就會被呼叫，算出應該回傳的值。

知道如何加入自訂的 getter 之後，我們來看一下如何為 weight 屬性加入自訂的 setter。

問：**難道不能用一般的函式來回傳公斤體重嗎？**

答：可以，但是在建立新屬性時加入 getter 有時很有幫助，例如，許多框架都可以讓你將 GUI 元件綁定一個屬性，在這種情況下，建立新屬性可讓你的編程生涯過得更輕鬆。

如何編寫自訂 setter？

我們要幫 weight 屬性加入一個自訂 setter，讓體重只能被設成大於 0 的值。為此，我們必須將 weight 屬性的定義從建構式移到類別內文，接著為屬性加入 setter。做法是：

```
class Dog(val name: String, weight_param: Int, breed_param: String) {
    var activities = arrayOf("Walks")
    val breed = breed_param.toUpperCase()
    var weight = weight_param
        set(value) {
            if (value > 0) field = value
        }
    ...
}
```

這段程式為 weight 屬性加入一個自訂 setter。這個 setter 讓 weight 屬性的值只能被設成大於 0 的值。

這是定義 setter 的程式：

```
set(value) {
    if (value > 0) field = value
}
```

setter 是一個名為 **set** 的函式，你必須將它寫在屬性宣告式後面，才能將它加入屬性。setter 有一個參數（名字通常是 value），代表準備設定的屬性新值。

在上面的例子中，weight 屬性的值只能在 value 參數大於 0 時修改，如果你試著將 weight 屬性改成小於或等於 0 的值，setter 會阻止你更改屬性。

setter 使用 **field** 識別碼來更改 weight 屬性的值。field 代表屬性的幕後屬性（backing field），你可以把它當成屬性的底層值的參考。在 getter 與 setter 裡面用 field 來取代屬性名稱可以防止你陷入無窮迴圈，這一點非常重要。例如，執行下面的 setter 程式時，系統會試著更改 weight 屬性，導致 setter 被呼叫…再被呼叫…再被呼叫。

```
var weight = weight_param
    set(value) {
        if (value > 0) weight = value
    }
```

不要這樣子寫！這樣你會陷入無窮迴圈。改用 field。

屬性的 setter 會在每次你試著設定屬性值的時候執行。例如，下面的程式會呼叫 weight 屬性的 setter，將 75 這個值傳給它：

```
myDog.weight = 75
```

資料隱藏探究

你可以從前面幾頁看到，編寫自訂的 getter 與 setter 可以保護屬性，避免它被濫用。自訂 getter 可讓你控制回傳的值，自訂 setter 可讓你驗證值，再將它指派給屬性。

在幕後，編譯器會幫沒有 getter 與 setter 的所有屬性建立它們。如果屬性是用 val 來定義的，編譯器會加入一個 setter，如果屬性是用 var 來定義的，編譯器會加入 getter 與 setter。所以，當你寫這樣的程式時：

val 屬性不需要 setter，因為一旦它被初始化之後，它的值就不能更改了。

```
var myProperty: String
```

當程式碼被編譯時，編譯器會私下加入這些 getter 與 setter：

```
var myProperty: String
    get() = field
    set(value) {
        field = value
    }
```

這代表，當你使用句點運算子來取得或設定屬性的值時，在幕後，**你一定會呼叫屬性的 getter 或 setter**。

為什麼編譯器要這樣做？

為每一個屬性加入 getter 與 setter 代表我們是用一種標準的方式來存取屬性的值。getter 負責處理每一個索取值的請求，setter 負責處理每一個設定它的請求。所以，如果你想要改變這些請求的實作方式，可以放心地做這件事，而不會破壞任何人的程式。

為了避免人們直接存取屬性值而將存取屬性值的動作包在 getter 與 setter 裡面，稱為資料隱藏（data hiding）。

Dogs 專案的完整程式

這一章快要結束了，在此之前，我們想要讓你看一下 Dogs 專案的完整程式。

建立在 JVM 運行的 Kotlin 專案，將專案命名為 "Dogs"。接著建立新的 Kotlin 檔案，將它命名為 *Dogs.kt*，做法是點選 *src* 資料夾，按下 File 選單並選擇 New → Kotlin File/Class，在彈出視窗中，將檔名設為 "Dogs"，再將 Kind 設為 File。

接著將下面的程式加入 *Dogs.kt*：

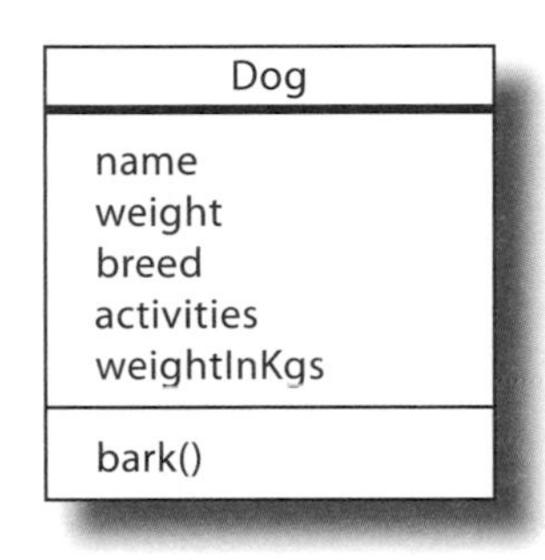


```
class Dog(val name: String,
          weight_param: Int,
          breed_param: String) {

    init {
        print("Dog $name has been created. ")
    }

    var activities = arrayOf("Walks")
    val breed = breed_param.toUpperCase()

    init {
        println("The breed is $breed.")
    }

    var weight = weight_param
        set(value) {
            if (value > 0) field = value
        }

    val weightInKgs: Double
        get() = weight / 2.2

    fun bark() {
        println(if (weight < 20) "Yip!" else "Woof!")
    }
}
```

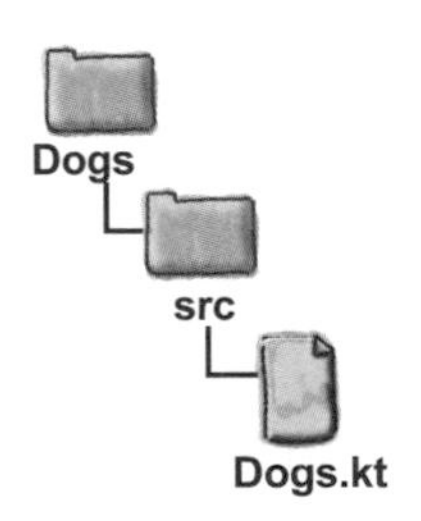

程式還沒結束…

```
fun main(args: Array<String>) {
    val myDog = Dog("Fido", 70, "Mixed")
    myDog.bark()
    myDog.weight = 75
    println("Weight in Kgs is ${myDog.weightInKgs}")
    myDog.weight = -2
    println("Weight is ${myDog.weight}")
    myDog.activities = arrayOf("Walks", "Fetching balls", "Frisbee")
    for (item in myDog.activities) {
        println("My dog enjoys $item")
    }

    val dogs = arrayOf(Dog("Kelpie", 20, "Westie"), Dog("Ripper", 10, "Poodle"))
    dogs[1].bark()
    dogs[1].weight = 15
    println("Weight for ${dogs[1].name} is ${dogs[1].weight}")
}
```

Dogs
src
Dogs.kt

執行程式時，IDE 的輸出視窗會顯示下面的文字：

```
Dog Fido has been created. The breed is MIXED.
Woof!
Weight in Kgs is 34.090909090909086
Weight is 75
My dog enjoys Walks
My dog enjoys Fetching balls
My dog enjoys Frisbee
Dog Kelpie has been created. The breed is WESTIE.
Dog Ripper has been created. The breed is POODLE.
Yip!
Weight for Ripper is 15
```

池畔風光

你的**任務**是把游泳池裡面的程式片段放到上面程式的空行裡面。同一個片段只能使用一次，而且你**不**需要用到所有的片段。你的**目標**是寫出可以輸出右邊文字的程式碼。

這段程式必須產生這個輸出。

Rectangle 0 has area 15. It is not a square.
Rectangle 1 has area 36. It is a square.
Rectangle 2 has area 63. It is not a square.
Rectangle 3 has area 96. It is not a square.

```
class Rectangle(var width: Int, var height: Int) {
    val isSquare: Boolean
        .........(width == height)

    val area: Int
        .........(width * height)
}

fun main(args: Array<String>) {
    val r = arrayOf(Rectangle(1, 1), Rectangle(1, 1),
                    Rectangle(1, 1), Rectangle(1, 1))
    for (x in 0.......) {
        ......width = (x + 1) * 3
        ......height = x + 5
        print("Rectangle $x has area ${..................}. ")
        println("It is ${if (..................) "" else "not "}a square.")
    }
}
```

提醒你，池子裡的每一個東西都只能使用一次！

r[x]
r[x]
r[x]
r[x]
area
isSquare
4
3
.
.
get() =
set() =
get() =
set() =

池畔風光解答

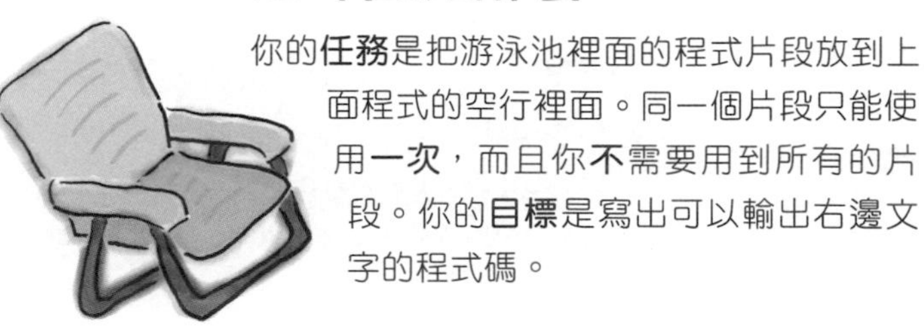

你的**任務**是把游泳池裡面的程式片段放到上面程式的空行裡面。同一個片段只能使用**一次**，而且你**不**需要用到所有的片段。你的**目標**是寫出可以輸出右邊文字的程式碼。

```
Rectangle 0 has area 15. It is not a square.
Rectangle 1 has area 36. It is a square.
Rectangle 2 has area 63. It is not a square.
Rectangle 3 has area 96. It is not a square.
```

```
class Rectangle(var width: Int, var height: Int) {
    val isSquare: Boolean
        get() = (width == height)      ← 這是回答矩形是不是正方形的 getter。

    val area: Int
        get() = (width * height)       ← 這是計算矩形面積的 getter。
}

fun main(args: Array<String>) {
    val r = arrayOf(Rectangle(1, 1), Rectangle(1, 1),
                    Rectangle(1, 1), Rectangle(1, 1))
    for (x in 0..3) {                  ← r 陣列有 4 個項目，所以我們從索引 0 遍歷到索引 3。
        r[x].width = (x + 1) * 3       ┐ 設定矩形
        r[x].height = x + 5            ┘ 的寬與高。
        print("Rectangle $x has area ${r[x].area}. ")      ← 印出矩形的面積。
        println("It is ${if (r[x].isSquare) "" else "not "}a square.")   ← 印出矩形是不是正方形。
    }
}
```

用不到這些片段。

```
4
set() =
set() =
```

我是編譯器解答

這一頁的每一個 Kotlin 檔案都代表一個完整的原始檔案。你的任務是扮演編譯器，指出哪些檔案可以編譯。如果它們無法編譯，該如何修正它們？

A

```
class TapeDeck {
    var hasRecorder = false

    fun playTape() {
        println("Tape playing")
    }

    fun recordTape() {
        if (hasRecorder) {
            println ("Tape recording")
        }
    }
}

fun main(args: Array<String>) {
    val t = TapeDeck()
    t.hasRecorder = true
    t.playTape()
    t.recordTape()
}
```

這段程式無法編譯，因為你必須先建立 TapeDeck 物件才能使用它。

B

```
class DVDPlayer(var hasRecorder: Boolean) {

    fun playDVD() {
        println("DVD playing")
    }

    fun recordDVD() {
        if (hasRecorder) {
            println ("DVD recording")
        }
    }
}

fun main(args: Array<String>) {
    val d = DVDPlayer(true)
    d.playDVD()
    d.recordDVD()
}
```

這段程式無法編譯，因為 DVDPlayer 類別必須有個 playDVD 函式。

你的 Kotlin 工具箱

讀完第 4 章之後，你已經將類別與物件加入工具箱了。

你可以從 https://tinyurl.com/HFKotlin 下載本章的完整程式碼。

重點提示

- 類別可讓你定義自己的型態。
- 類別是物件的模板。一個類別可以建立許多物件。
- 物件所知道的、關於它自己的東西是屬性。物件可以做的事情是它的函式。
- 屬性是類別的區域變數。
- `class` 關鍵字可定義類別。
- 用句點運算子來使用物件的屬性與函式。
- 當你將物件初始化時，就會執行建構式。
- 你可以在主建構式的參數前面加上 `val` 或 `var` 來定義屬性，也可以將屬性加入類別的內文，在建構式之外定義它。
- 初始化區塊會在物件被初始化時執行。
- 你必須先將屬性初始化才能使用它的值。
- getter 與 setter 可讓你取得與設定屬性值。
- 在幕後，編譯器會幫每個屬性加入預設的 getter 與 setter。

5 子類別與超類別

善用繼承

你是否發現，有時只要修改既有的物件型態，就可以用它來處理眼前的問題？

其實，這是**繼承**的好處之一。在這一章，你會學到如何建立**子類別**以及繼承**超類別**的屬性與函式。你將會瞭解**如何覆寫函式與屬性**，讓類別具備你想要的行為，以及適合（與不適合）做這件事的時機。最後，你將瞭解如何利用繼承來**避免寫出重複的程式**，以及如何使用**多型**來提升靈活性。

繼承可以避免重複的程式碼

如果你要使用許多類別來開發較大型的應用程式，你就必須考慮使用**繼承**。當你用繼承來設計程式時，會將共同的程式碼放在一個類別裡面，讓其他的類別繼承那段程式碼。如果你需要修改程式，只要在一個地方修改它就可以了，你修改的地方會反應在繼承那個行為的所有類別上面。

含有共同程式碼的類別稱為**超類別（superclass）**，繼承它的類別稱為**子類別（subclass）**。

超類別有時稱為基礎（base）類別，子類別有時稱為衍生（derived）類別。本書稱它們為超類別與子類別。

繼承範例

假如你有兩個類別，分別稱為 Car 與 ConvertibleCar。Car 類別有建立普通汽車所需的屬性與函式，例如 make 與 model 屬性，以及名為 accelerate、applyBrake 與 changeTemperature 的函式。

ConvertibleCar 類別是 Car 類別的子類別，所以它會自動繼承 Car 的所有屬性與函式，但是 ConvertibleCar 也可以加入它自己的新函式與屬性，以及覆寫它從 Car 超類別繼承的東西：

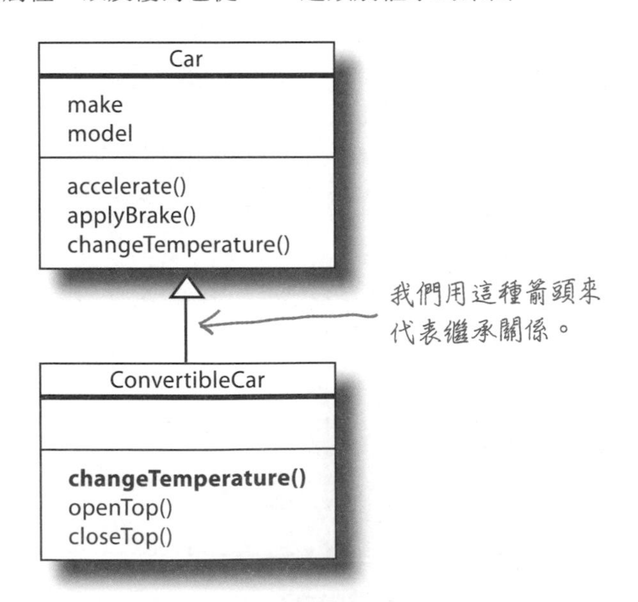

超類別有共同的屬性與函式，可讓一或多個子類別繼承。

子類別可以加入額外的屬性與函式，也可以覆寫它繼承的東西。

ConvertibleCar 類別加入兩個額外的函式，openTop 與 closeTop。它也覆寫了 changeTemperature 函式，如此一來，如果車子的溫度因為天窗打開而太冷，就可以把天窗關起來。

我們接下來的工作

在這一章，我們要教你如何設計與編寫繼承類別階層結構。我們會經歷這三個階段：

1. **設計一個動物類別階層結構。**
我們會以一群動物為例，設計牠們的繼承結構。我們會帶領你執行一系列的泛用步驟，以繼承來進行設計，讓你可以在自己的專案中使用它們。

2. **編寫動物類別階層結構的（部分）程式碼。**
設計繼承之後，我們會幫一些類別編寫程式。

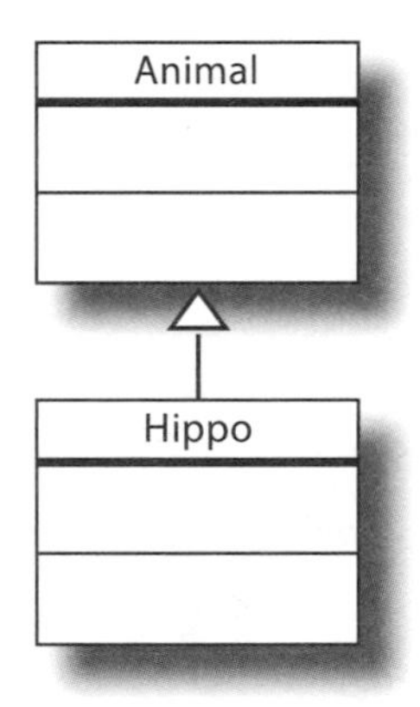

3. **編寫程式來使用動物類別階層。**
我們將說明如何使用繼承結構來編寫更靈活的程式碼。

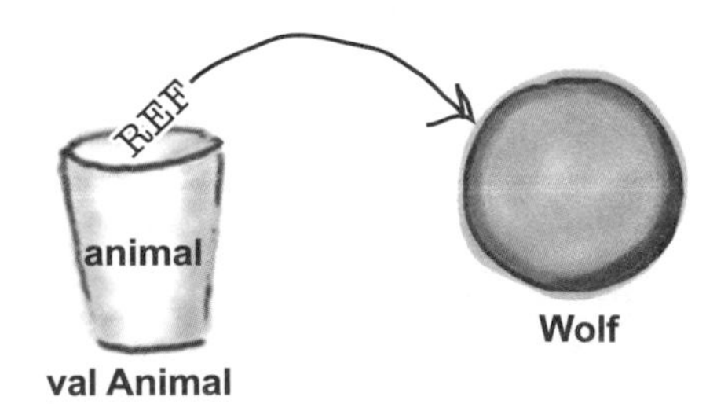

我們先來設計動物繼承結構。

設計動物類別繼承結構

想像有人要求你為一個動物模擬程式設計類別結構，這個程式可讓使用者在一個環境中加入許多不同的動物，觀察牠們如何生活。

因為我們感興趣的只有類別的設計，所以不會編寫整個應用程式。

我們知道有人會在這個應用程式中，加入一些動物種類，但不知道所有種類。我們用物件來代表各種動物，並且為各種動物編寫牠們的行為。

我們希望以後能夠加入新的動物品種，因此，類別的設計必須有足夠的彈性來應付這件事。

在開始考慮具體的動物之前，我們必須找出所有動物共同的特性，接著將這些特性寫入超類別，讓所有動物子類別都可以繼承它們。

我們將帶領你執行一般性的類別繼承階層設計步驟，這是第一個步驟。

1. **尋找物件共同的屬性與行為。**

   看一下這些動物，牠們有哪些共同點？

   這可以協助你找出可以加入超類別的屬性與行為。

使用繼承來避免子類別有重複的程式

我們要在 **Animal** 超類別加入一些共同的屬性與函式，讓各個動物子類別可以繼承它們。雖然我們沒有列出完整的屬性與函式，但它們已經足以讓你大致瞭解概念了。

我們有四個**屬性**：

image：這種動物的圖像檔名稱。

food：這種動物的食物類型，例如 meat（肉食）或 grass（草食）。

habitat：動物的主要棲息地，例如林地、熱帶草原或水中。

hunger：代表動物飢餓程度的 Int。它會根據動物何時進食（以及份量）來改變。

以及四個**函式**：

makeNoise()：讓動物發出聲音。

eat()：當動物遇到它最喜歡的食物時做的事情。

roam()：當動物不是在吃東西或睡覺時做的事情。

sleep()：讓動物小睡一下。

❷ **設計代表共同狀態與行為的超類別。**

我們要把動物共同的屬性與函式放入名為 Animal 的超類別，讓所有動物子類別繼承這些屬性與函式。

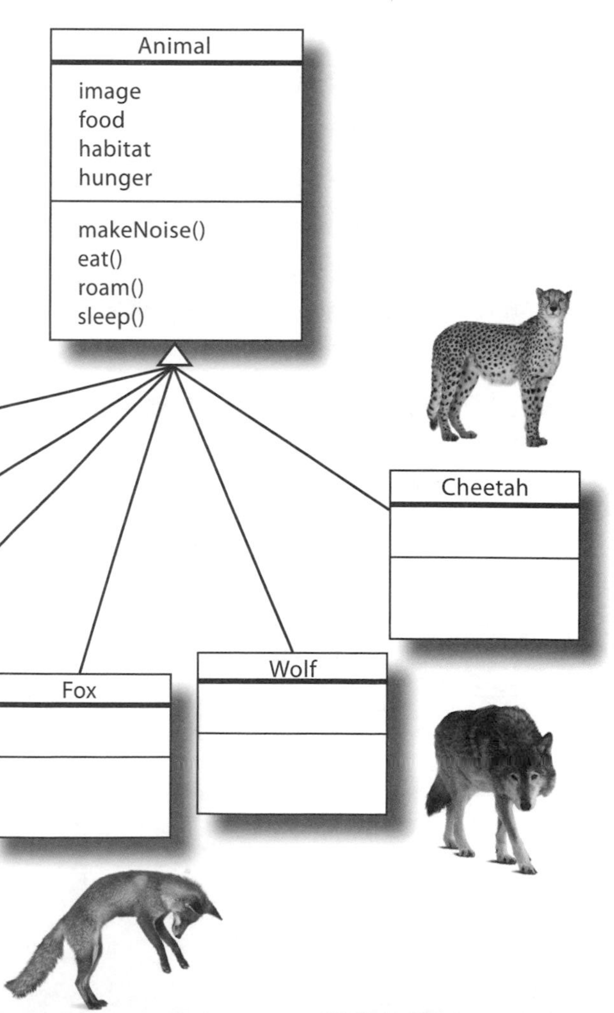

子類別應該覆寫什麼？

設計類別
建立類別
使用類別

接下來，我們要想一下，動物超類別有哪些屬性與函式應該覆寫。我們從屬性看起。

動物有不同的屬性值…

Animal 的屬性有 image、food、habitat 與 hunger，動物子類別會繼承這些屬性。

動物有不同的外觀，住在不同的棲息地，而且有不同的飲食需求，這代表我們可以覆寫 image、food 與 habitat 屬性，用不同的方式將各種不同的動物初始化。例如，我們可以將 Hippo 的 habitat 設成 "water" 值，將 Lion 的 food 屬性設成 "meat"。

3 確定子類別是否需要預設的屬性值，或子類別專屬的函式實作。

在這個例子中，我們將覆寫 image、food 與 habitat 屬性，以及 makeNoise 和 eat 函式。

…以及不同的函式實作

每一種動物子類別都會從 Animal 超類別繼承 makeNoise、eat、roam 與 sleep 函式。那麼，我們該覆寫哪些函式？

獅子是用吼的，狼會嚎叫，河馬則是發出咕噥聲，這些動物有不同的叫聲，這代表我們要在各個動物子類別裡面覆寫 makeNoise 函式。每一個子類別仍然有 makeNoise 函式，但是這個函式的實作將會因動物種類而異。

類似的情況，每一種動物都會吃東西，但牠們的食物各有不同，例如，河馬吃草，獵豹食肉。為了處理不同的飲食習慣，我們要在各個動物子類別覆寫 eat 函式。

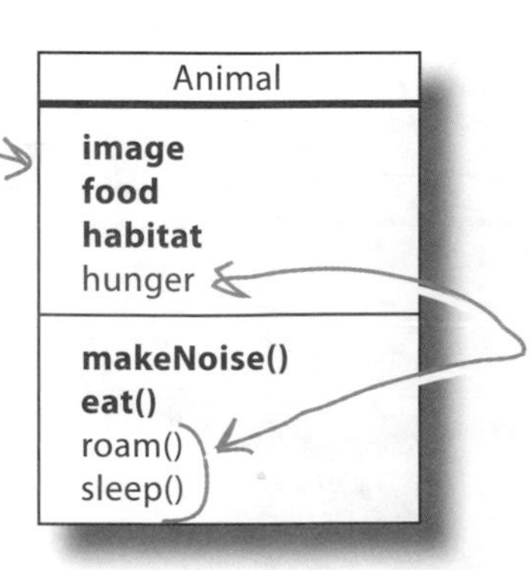

我們可以將一些動物分組

類別階層慢慢成形了，我們讓各個子類別覆寫一些屬性與函式，這樣就不會將狼的嚎叫聲當成河馬的咕噥聲了。

但我們可以做更多事情。當你用繼承來進行設計時，可以建立互相繼承的**類別階層**，從最上面的超類別往下延伸。在這個例子中，我們要來看一下能不能將兩個以上的動物子類別分成一組，並且為那一組動物撰寫專屬的共同程式碼。例如，狼與狐狸都是犬科（canine）動物，我們可以把一些共同的行為抽象為 `Canine` 類別。類似的情況，獅子、獵豹和猞猁都是貓科（feline）動物，所以加入一個新的 `Feline` 類別可能會有幫助。

4 **尋找具有共同行為的子類別，看看還有沒有機會將屬性與函式抽象化。**

查看子類別之後，我們發現有兩個犬科、三個貓科，與一個河馬（不屬於前兩者）。

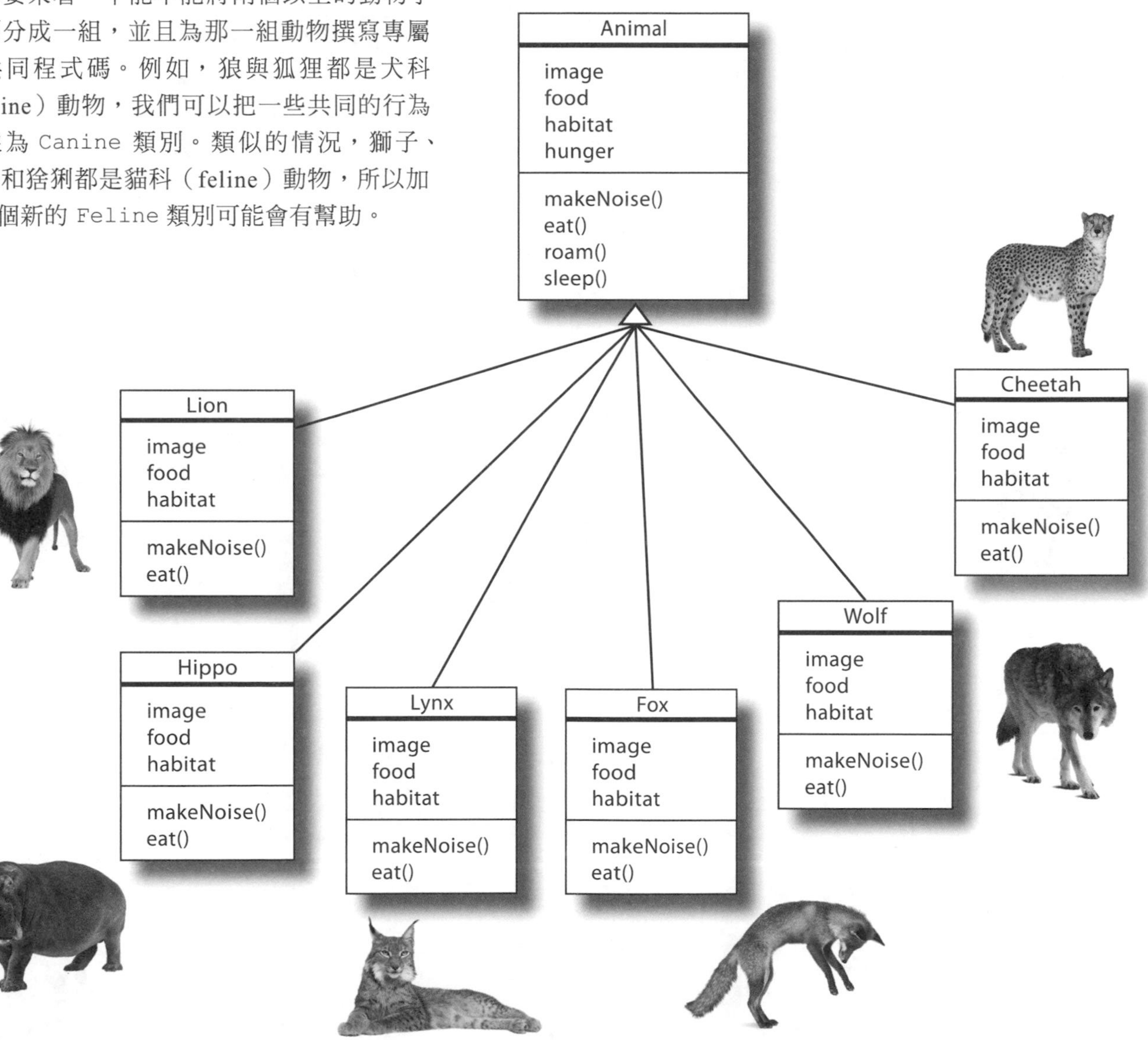

Canine 與 Feline 類別

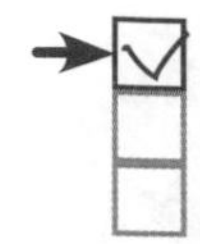

我們已經做出一個組織化的動物階層結構了，接下來要將它反映在合理的類別設計上。我們在類別階層中加入 Canine 與 Feline 類別，用生物的分類法來組織動物。Canine 類別包含狼與狐狸等犬科動物共同的屬性與函式，Feline 類別則包含獅子、獵豹與猞猁等貓科動物共同的屬性與函式。

各個子類別也可以定義它自己的屬性與函式，但是在此，我們只關注動物的共同處。

5 完成類別階層。

我們在 Canine 與 Feline 類別裡面覆寫 roam 函式，因為這兩組動物的移動方式在模擬程式中非常相似。我們讓 Hippo 類別繼續使用從 Animal 繼承來的通用函式 roam。

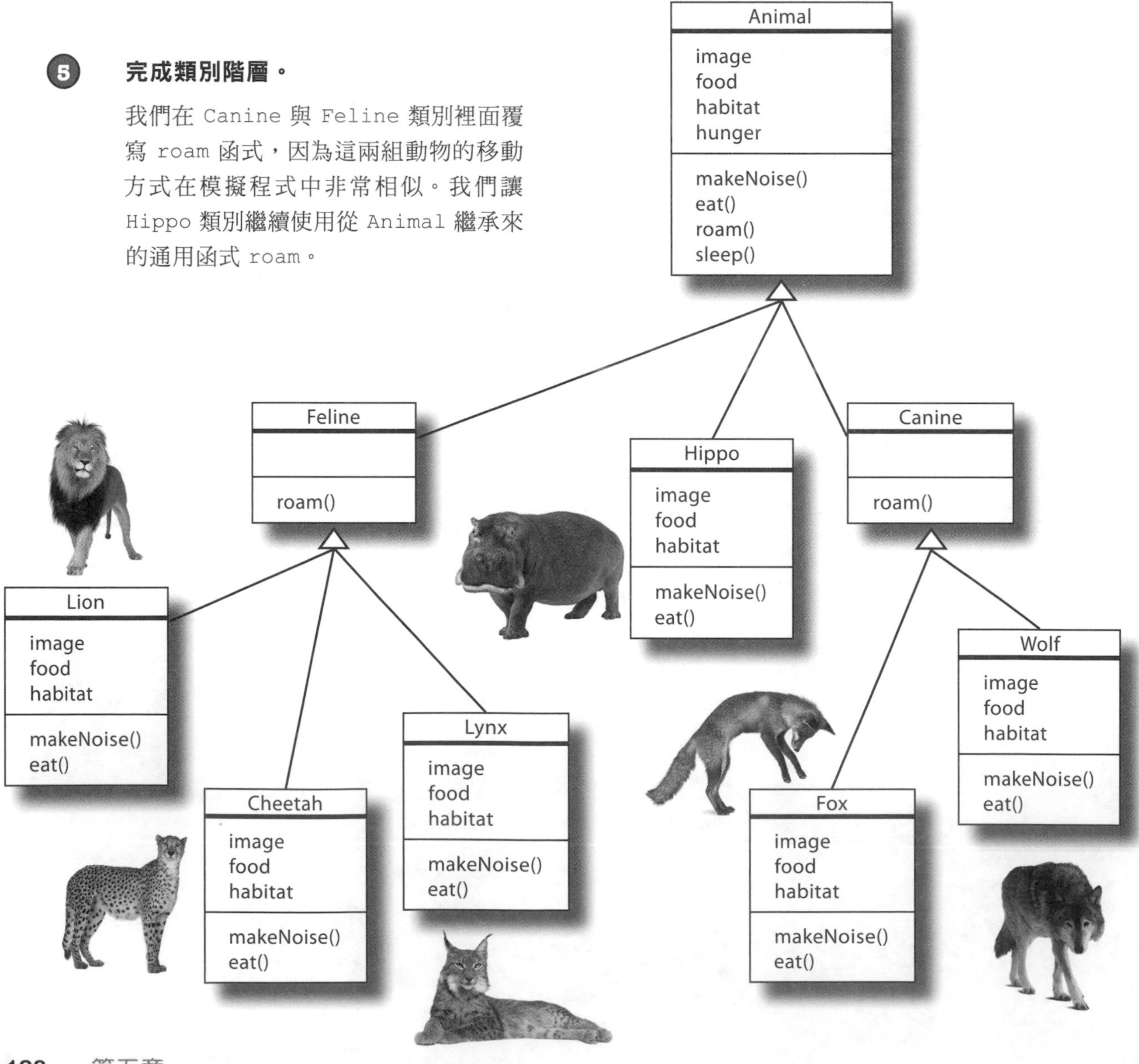

用 IS-A 來測試類別階層

當你設計類別階層時，可以用 **IS-A** 來測試一種東西是不是另一種東西的子類別。你只要自問："型態 X IS-A（是）型態 Y 嗎？"如果答案是肯定的，那兩種類別應該就可以放在同一個繼承階層，因為它們可能有相同或重疊的行為，如果答案是否定的，代表你應該三思。

此外還有其他內容，但目前這條規則就夠用了。下一章會介紹其他的類別設計問題。

例如，對我們來說 "a Hippo IS-A Animal（河馬是動物）" 是對的。河馬是一種動物，所以讓 `Hippo` 類別成為 `Animal` 的子類別很合理。

注意，IS-A 關係意味著，如果 `X` IS-A `Y`，那麼 `X` 就可以做 `Y` 可以做的所有事情（而且可能更多），所以 IS-A 測試只單向有效。例如，"an `Animal` IS-A `Hippo`" 不合理，因為動物不是一種河馬。

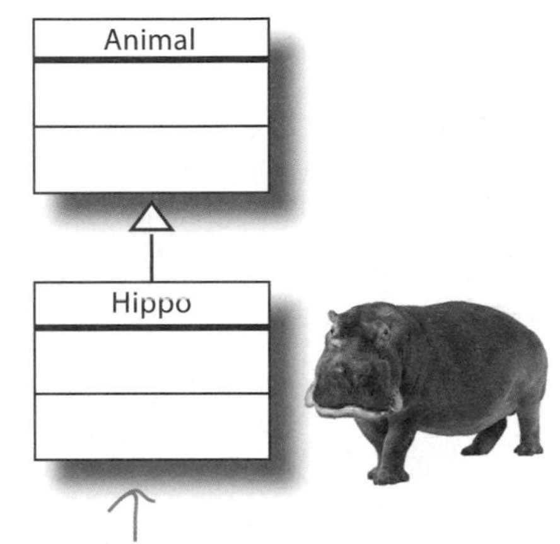

"a Hippo IS-A Animal" 是對的，所以 Hippo 可以當成 Animal 的子類別。

用 HAS-A 來測試其他的關係

如果兩個類別用 IS-A 來測試是失敗的，它們仍然可能有其他的關係。

例如，假設你有 `Fridge` 與 `Kitchen` 類別。"a Fridge IS-A Kitchen" 這句話不合理，"a Kitchen IS-A Fridge" 也是如此。但是這兩種類別仍然有關係，只不過不是繼承關係。

`Kitchen` 與 `Fridge` 可以用 **HAS-A** 關係來連結。"a Kitchen HAS-A Fridge" 這句話合不合理？如果合理，那就代表 `Kitchen` 類別有個 `Fridge` 屬性，換句話說，`Kitchen` 有個 `Fridge` 的參考，但是 `Kitchen` 不是 `Fridge` 的子類別，反之亦然。

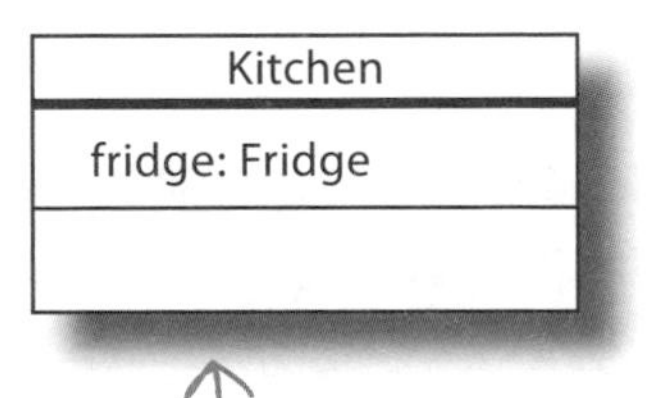

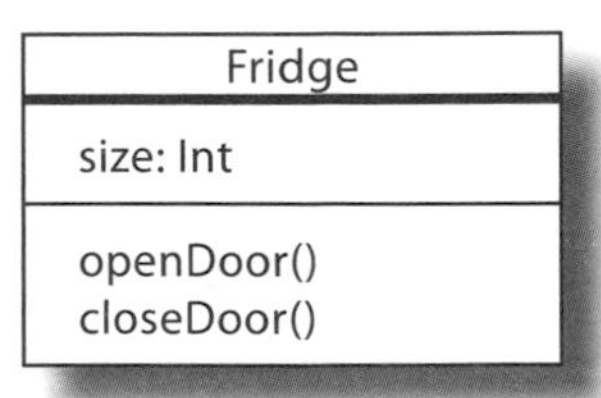

Kitchen HAS-A Fridge，所以它們之間是有關係的，但是這兩個類別都不是對方的子類別。

在繼承樹裡面，IS-A 測試到處都是有效的

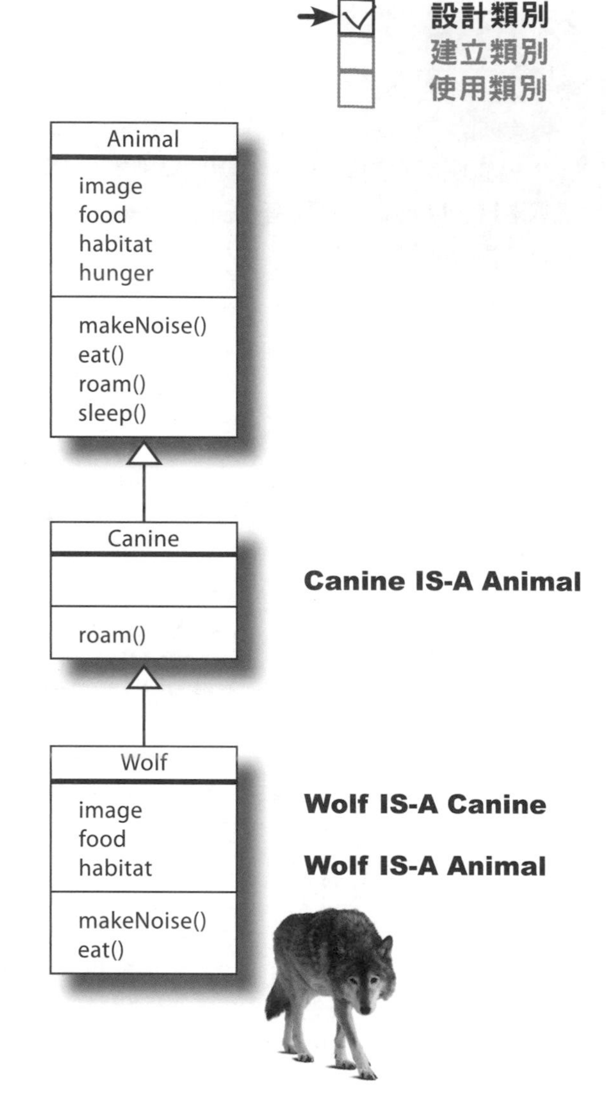

如果你的繼承樹有良好的設計，當你用 IS-A 來詢問任何子類別是否 IS-A 它的任何超類別時，答案都是肯定的。

如果類別 B 是類別 A 的子類別，類別 B IS-A 類別 A。**這件事在繼承樹的任何地方都是 true**。如果類別 C 是 B 的子類別，**類別 C 可以通過 B 與 A 的 IS-A 測試**。

在我們展示的繼承樹中，你可以說 “Wolf 是 Animal 的子類別” 或 “Wolf IS-A Animal”。無論 Animal 是不是 Wolf 的超類別的超類別，這句話都是對的。**在繼承樹內，只要 Animal 在 Wolf 上面的任何地方，Wolf IS-A Animal 就一定是 true**。

Animal 繼承樹的結構告訴這個世界：

“Wolf IS-A Canine，所以 Wolf 可以做 Canine 能做的所有事情。而且 Wolf IS-A Animal，所以 Wolf 可以做 Animal 能做的所有事情。”

無論 Wolf 有沒有覆寫 Animal 或 Canine 的函式，上面的說法都是對的。就程式碼而言，Wolf 可以執行那些函式，Wolf 究竟如何執行它們，或它們在哪個類別被覆寫都無所謂。Wolf 可以 makeNoise、eat、roam 與 sleep，因為 Wolf 是 Animal 的子類別。

知道如何設計類別階層之後，做一下接下來的練習吧。完成練習之後，你將會知道如何編寫 Animal 類別階層。

如果 IS-A 測試失敗了，就不要使用繼承。你只能在測試成功時使用繼承，以便重複使用其他類別的程式碼。

例如，假設你在 Alarm（警報器）類別裡面加入特殊的聲音播放程式，並且想要在 Kettle（鼓）類別裡面復用那個播放程式，因為 Kettle 不是 Alarm 的具體型態，所以你不應該將 Kettle 當成 Alarm 的子類別。你可以考慮建立一個 VoiceActivation 類別，讓所有發出聲音的物件藉由 HAS-A 關係來利用它。（下一章會介紹更多設計選項。）

削尖你的鉛筆

下面的表格裡面有一系列的類別名稱。你的任務是找出它們之間的關係，指出各個類別的超類別與子類別是什麼，接著畫出類別的階層樹。

類別	超類別	子類別
Person		
Musician		
RockStar		
BassPlayer		
ConcertPianist		

下面的表格裡面有一系列的類別名稱。你的任務是找出它們之間的關係，指出各個類別的超類別與子類別是什麼，接著畫出類別的階層樹。

類別	超類別	子類別
Person		Musician, RockStar, BassPlayer, ConcertPianist
Musician	Person	RockStar, BassPlayer, ConcertPianist
RockStar	Musician, Person	
BassPlayer	Musician, Person	
ConcertPianist	Musician, Person	

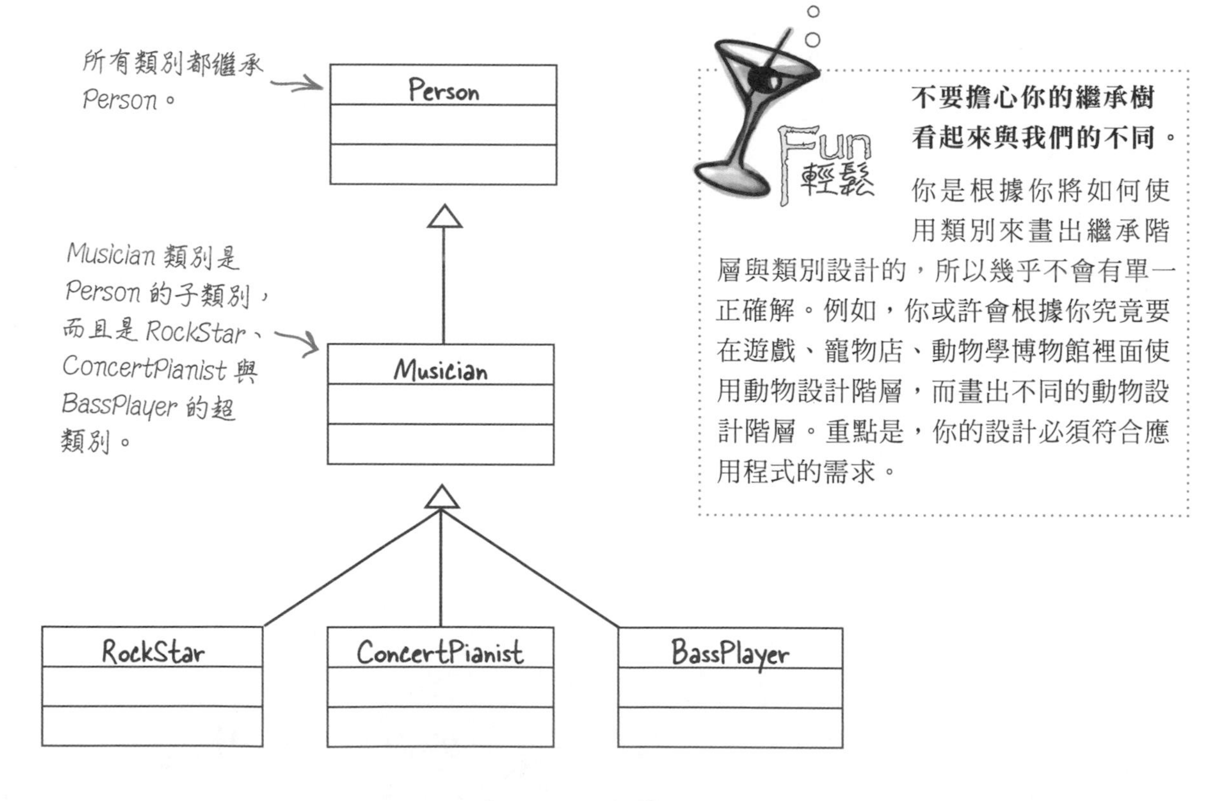

不要擔心你的繼承樹看起來與我們的不同。

你是根據你將如何使用類別來畫出繼承階層與類別設計的，所以幾乎不會有單一正確解。例如，你或許會根據你究竟要在遊戲、寵物店、動物學博物館裡面使用動物設計階層，而畫出不同的動物設計階層。重點是，你的設計必須符合應用程式的需求。

RockStar、ConcertPianist 與 BassPlayer 是 Musician 的子類別。這代表它們通過了與 Musician 和 Person 之間的 IS-A 測試。

建立一些 Kotlin 動物

設計類別
建立類別
使用類別

設計動物類別階層之後，我們來為它編寫程式。

建立在 JVM 運行的 Kotlin 專案，將專案命名為 "Animals"。接著建立一個新的 Kotlin 檔案，並將它命名為 *Animals.kt*，做法是點選 *src* 資料夾，按下 File 選單並選擇 New → Kotlin File/Class，在彈出視窗中，將檔名設為為 "Animals"，再將 Kind 設為 File。

我們要在專案中加入一個名為 `Animal` 的新類別，用它來提供建立通用動物所需的預設程式碼。程式如下，依此更改你的 *Animals.kt*：

Animal
image
food
habitat
hunger
makeNoise()
eat()
roam()
sleep()

```
class Animal {
    val image = ""
    val food = ""
    val habitat = ""
    var hunger = 10

    fun makeNoise() {
        println("The Animal is making a noise")
    }

    fun eat() {
        println("The Animal is eating")
    }

    fun roam() {
        println("The Animal is roaming")
    }

    fun sleep() {
        println("The Animal is sleeping")
    }
}
```

Animal 類別有 image、food、habitat 與 hunger 屬性。

Animals
src
Animals.kt

我們定義了 makeNoise、eat、roam 與 sleep 函式的預設實作。

完成 `Animal` 類別之後，我們要告訴編譯器，我們想要將它當成超類別來使用。

將超類別及其屬性和函式宣告為 open

設計類別
建立類別
使用類別

要讓一個類別成為超類別，你要讓編譯器知道它可以當成超類別來使用，做法是在類別名稱（以及你想要覆寫的每一個屬性或函式）的前面加上關鍵字 **open**，告訴編譯器該類別是超類別，並且歡迎其他類別覆寫被宣告為 open 的屬性與函式。

在我們的類別階層中，我們將 Animal 當成超類別來使用，並且會覆寫它大部分的屬性與函式，下面是執行這項工作的程式，依此修改你的 *Animals.kt*（粗體代表修改的地方）：

你必須將類別宣告成 open 才能把它當成超類別來使用。你想要覆寫的每一樣東西也要宣告成 open。

我們想要把這個類別當成超類別來使用，所以用 open 來宣告它。

```
open class Animal {
    open val image = ""
    open val food = ""
    open val habitat = ""
    var hunger = 10

    open fun makeNoise() {
        println("The Animal is making a noise")
    }

    open fun eat() {
        println("The Animal is eating")
    }

    open fun roam() {
        println("The Animal is roaming")
    }

    fun sleep() {
        println("The Animal is sleeping")
    }
}
```

我們想要覆寫 image、food 與 habitat 屬性，所以在它們前面加上 open。

將 makeNoise、eat 與 roam 宣告為 open，因為我們想要在子類別覆寫它們。

Animals
src
Animals.kt

將 Animal 超類別，以及想要覆寫的所有屬性及函式都宣告為 open 之後，我們就可以建立動物子類別了。我們來編寫 Hippo 類別，看看如何完成這項工作。

子類別如何從超類別繼承？

你可以在類別的首行加入一個冒號（:）再加上超類別的名稱，來讓該類別繼承超類別。如此一來，該類別會變成子類別，並且繼承超類別的所有屬性與函式。

在我們的例子中，我們想要讓 Hippo 類別繼承 Animal 超類別，所以使用這段程式：

```
class Hippo : Animal() {
    //在這裡編寫 Hippo 程式
}
```

這就像是說"類別 Hippo 是類別 Animal 的子型態"。在幾頁之後，我們會在程式中加入 Hippo 類別。

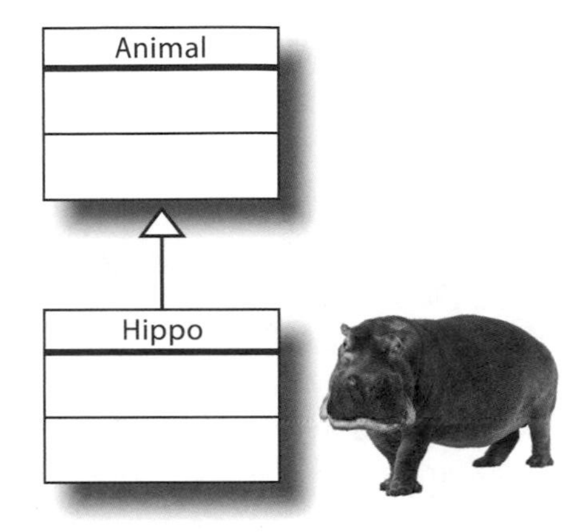

在 : 後面的 Animal() 會呼叫 Animal 的建構式，確保 Animal 的所有初始化程式（例如對屬性賦值）都會執行。呼叫超類別的建構式是必要的步驟，**如果超類別有一個主建構式，你就要在子類別的首行呼叫它，否則程式將無法編譯**。即使你沒有明確地在超類別加入建構式，編譯器也會在編譯程式時，自動為你建立一個空的建構式。

我們沒有在 Animal 類別加入建構式，所以編譯器會在編譯程式時，加入一個空的。呼叫建構式的方式是使用 Animal()。

如果超類別的建構式有參數，你必須在呼叫建構式時，傳遞這些參數的值。例如，假如你有一個 Car 類別，它的建構式有兩個參數，稱為 make 與 model：

```
open class Car(val make: String, val model: String) {
    //Car 類別的程式碼
}
```

Car 建構式定義兩個屬性：make 與 model。

要定義名為 ConvertibleCar 的 Car 子類別，你要在 ConvertibleCar 類別的首行呼叫 Car 建構式，傳入 make 與 model 參數的值。在這種情況下，你通常會在子類別加入一個建構式，來取得這些值，接著將它們傳給超類別建構式，例如：

```
class ConvertibleCar(make_param: String,
                     model_param: String) : Car(make_param, model_param) {
    //ConvertibleCar 類別的程式碼
}
```

ConvertibleCar 建構式有兩個參數：make_param 與 model_param。它將這些參數的值傳給 Car 的建構式，讓建構式將 make 與 model 屬性初始化。

知道如何宣告超類別之後，我們來看看如何覆寫它的屬性與函式。我們從屬性看起。

如何（與何時）覆寫屬性？

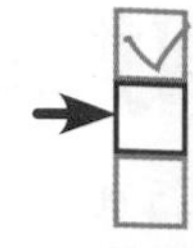

要覆寫從超類別繼承來的屬性，你要在子類別加入該屬性，並且在它前面加上 **override** 關鍵字。

在我們的例子中，我們想要覆寫 Hippo 類別從 Animal 超類別繼承來的 image、food 與 habitat 屬性，將它們的初始值設成 Hippo 專屬的。做法是：

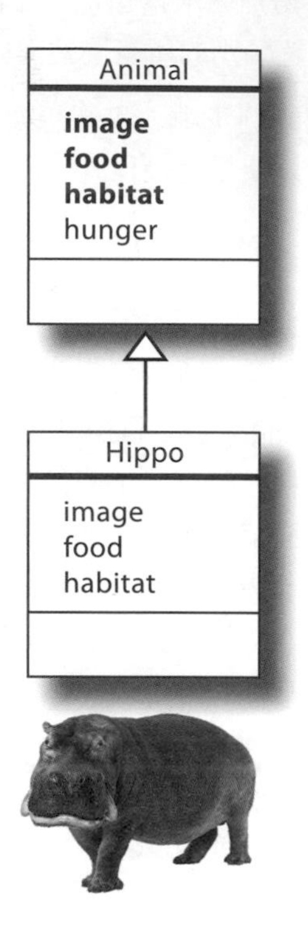


```
class Hippo : Animal() {
    override val image = "hippo.jpg"
    override val food = "grass"
    override val habitat = "water"
}
```

這會覆寫 Animal 類別的 image、food 與 habitat 屬性。

我們會在幾頁之後，將 Hippo 類別加入專案。

在這個例子中，我們覆寫三個屬性，將它們的初始值設成與超類別不同的值。可以這樣做的原因是這些屬性在 Animal 超類別都是用 val 來定義的。

上一頁談過，繼承超類別時，你必須呼叫超類別建構式，這是為了呼叫它的初始化程式，建立它的屬性，以及將它們初始化。這意味著，**如果你在超類別用 val 來定義屬性，如果你要將它設成不一樣的值，你就必須在子類別覆寫它**。

如果超類別屬性是用 var 來定義的，你不需要為了指派新值給它而覆寫它，因為 var 變數本來就可以重複使用其他的值。你可以改成在子類別的初始化區塊裡面，將它設為新值，例如：

```
open class Animal {
    var image = ""
    ...
}
```

在這裡，image 是用 var 定義的，而且它的初始值被設為 ""。

```
class Hippo : Animal() {
    init {
        image = "hippo.jpg"
    }
    ...
}
```

我們用 Hippo 的初始化區塊來將新值指派給 image 屬性。在這個例子中，我們不需要覆寫這個屬性。

覆寫屬性不是只有指派預設值的效果

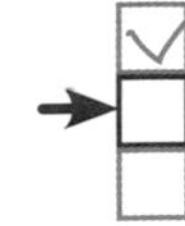

到目前為止，我們只討論如何藉著覆寫屬性，來將它的初始值設成與超類別不同的值，但覆寫屬性可以在類別設計中帶來許多其他的好處：

- **你可以覆寫屬性的 getter 與 setter。**

  在上一章，你已經知道如何自訂屬性的 getter 與 setter 了。如果你想要讓屬性的 getter 與 setter 與它從超類別繼承來的 getter 與 setter 不同，可以在子類別覆寫屬性，並且加入 getter 與 setter 來定義新的。

- **你可以在子類別將超類別的 val 屬性覆寫成 var 屬性。**

  如果屬性在超類別是用 `val` 來定義的，你可以在子類別用 `var` 屬性來覆寫它。你只要覆寫屬性，並且將它宣告成 `var` 就可以了。請注意，這種做法只單向有效，試著用 `val` 來覆寫 `var` 屬性會讓編譯器非常不開心，並拒絕編譯你的程式。

- **你可以將屬性的型態覆寫成超類別版本的其中一個子型態。**

  當你覆寫屬性時，它的型態必須符合該屬性的超類別版本的型態，或它的其中一個子型態。

知道如何覆寫屬性，以及做這件事的時機之後，我們來看一下如何覆寫函式。

問：我可以覆寫在超類別建構式裡面定義的屬性嗎？

答：可以。當你在類別建構式裡面定義屬性時，可以在它們前面加上 `open` 或 `override`，藉以覆寫在超類別建構式中定義的屬性。

問：為什麼當我想要覆寫類別、屬性與函式時，必須在它們前面加上 open？Java 不需要這樣啊！

答：在 Kotlin，你只能在超類別、屬性與函式的前面有 `open` 時繼承超類別並覆寫它們的屬性與函式。這種做法與 Java 剛好相反。

Java 的類別內定是 open 的，你要用 `final` 來防止其他類別繼承它們或覆寫它們的實例變數與方法。

問：為什麼 Kotlin 的做法要與 Java 不同？

答：因為標示 `open` 可以清楚地表明哪些類別被設計成超類別，以及哪些屬性與函式可被覆寫。這種做法符合 Joshua Bloch 的著作 *Effective Java*: "Design and document for inheritance or else prohibit it" 裡面談到的規則。

如何覆寫函式？

設計類別
建立類別
使用類別

覆寫函式的做法與覆寫屬性很像，你要在子類別加入函式，並且在前面加上 override。

在我們的例子中，我們想要在 Hippo 子類別覆寫 makeNoise 與 eat 函式，讓它們執行 Hippo 專屬的動作。做法是：

```
class Hippo : Animal() {
    override val image = "hippo.jpg"
    override val food = "grass"
    override val habitat = "water"

    override fun makeNoise() {
        println("Grunt! Grunt!")
    }

    override fun eat() {
        println("The Hippo is eating $food")
    }
}
```

我們會在幾頁之後，將 Hippo 類別加入專案。

我們覆寫 makeNoise 與 eat 函式，讓它們的實作是河馬專屬的。

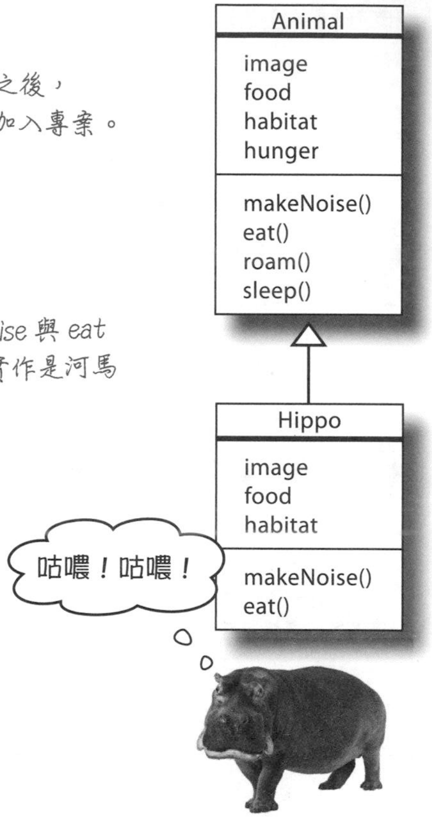

Animal
image
food
habitat
hunger
makeNoise()
eat()
roam()
sleep()

Hippo
image
food
habitat
makeNoise()
eat()

咕嚕！咕嚕！

覆寫函式的規則

覆寫函式時，你必須遵守兩條規則：

- **子類別的函式參數必須符合超類別的函式參數。**
  舉例來說，如果超類別的函式接收三個 Int 引數，子類別覆寫的函式也必須接收三個 Int 引數，否則程式無法編譯。

- **函式的回傳型態必須相容。**
  無論超類別函式宣告哪種回傳型態，覆寫它的函式都必須回傳同一種型態，或子類別型態。子類別型態可以執行它的超類別宣告的每一件事，因此在預期回傳超類別型態的地方回傳子類別是沒問題的。

本章稍後會展示更多用子類別取代超類別的案例。

在上面的 Hippo 程式中，我們覆寫的函式沒有參數也沒有回傳型態，符合超類別的函式定義，所以它們遵守覆寫函式的規則。

覆寫的函式或屬性會保持 open…

設計類別
→ 建立類別
使用類別

本章稍早談過，當你想要讓函式或屬性可被覆寫時，必須在超類別將它們宣告成 open。但當時沒有告訴你一件事：那些函式或屬性在每一個子類別都會維持 open，因此你不需要在繼承樹下面的每一個子類別將它宣告成 open。例如，這個類別階層的程式是有效的：

```
open class Vehicle {
    open fun lowerTemperature() {
        println("Turn down temperature")
    }
}

open class Car : Vehicle() {
    override fun lowerTemperature() {
        println("Turn on air conditioning")
    }
}

class ConvertibleCar : Car() {
    override fun lowerTemperature() {
        println("Open roof")
    }
}
```

Vehicle 類別定義一個 open 的 lowerTemperature() 函式。

lowerTemperature() 函式在 Car 子類別會維持 open，即使我們覆寫它…

…這代表我們可以在 ConvertibleCar 類別再次覆寫它。

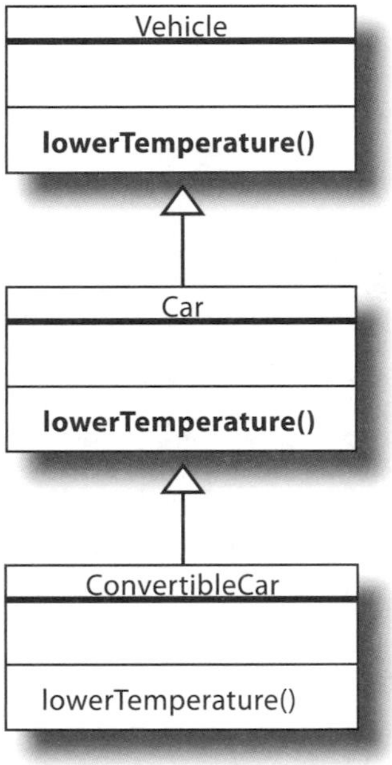

Vehicle
lowerTemperature()

Car
lowerTemperature()

ConvertibleCar
lowerTemperature()

…直到它被宣告成 final 為止

如果你想要防止後續的子類別覆寫某個函式或屬性，可以在它前面加上 **final**。例如，如果你想要防止 Car 類別的子類別覆寫 lowerTemperature 函式，可以使用這段程式：

在 Car 類別中，將函式宣告成 final，代表 Car 的所有子類別都不能覆寫它了。

```
open class Car : Vehicle() {
    final override fun lowerTemperature() {
        println("Turn on air conditioning")
    }
}
```

知道如何繼承超類別的屬性與函式，以及如何覆寫它們之後，我們要將 Hippo 加入專案。

將 Hippo 類別加入 Animals 專案

設計類別
建立類別
使用類別

我們要將 Hippo 類別程式加入 Animal 專案了，按照下面的程式來修改你的 *Animals.kt*（粗體代表修改的地方）：

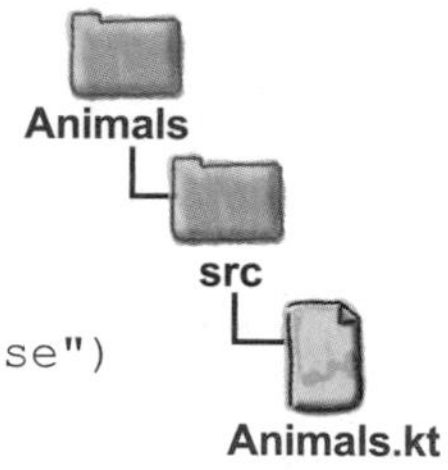

```
open class Animal {
    open val image = ""
    open val food = ""
    open val habitat = ""
    var hunger = 10

    open fun makeNoise() {
        println("The Animal is making a noise")
    }

    open fun eat() {
        println("The Animal is eating")
    }

    open fun roam() {
        println("The Animal is roaming")
    }

    fun sleep() {
        println("The Animal is sleeping")
    }
}

class Hippo : Animal() {
    override val image = "hippo.jpg"
    override val food = "grass"
    override val habitat = "water"

    override fun makeNoise() {
        println("Grunt! Grunt!")
    }

    override fun eat() {
        println("The Hippo is eating $food")
    }
}
```

Animal 不變。

Hippo 類別是 Animal 的子類別。

Hippo 子類別覆寫這些屬性與函式。

Animals
src
Animals.kt

Animal
image food habitat hunger
makeNoise() eat() roam() sleep()

Hippo
image food habitat
makeNoise() eat()

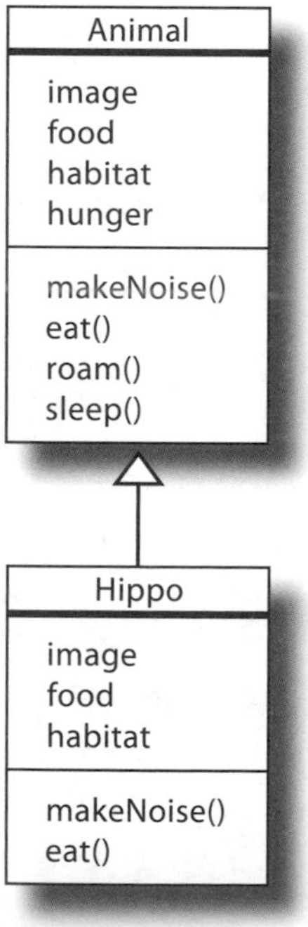

知道如何建立 Hippo 類別之後，看看你能不能在接下來的練習中，建立 Canine 與 Wolf 類別。

程式碼磁貼

看看你能不能用下面的磁貼建立 Canine 與 Wolf 類別。

Canine 類別是 Animal 的子類別，並且覆寫它的 roam 函式。

Wolf 類別是 Canine 的子類別，並且覆寫 Animal 類別的 image、food 與 habitat 屬性，以及 makeNoise 與 eat 函式

你不需要用到所有的磁貼。

```
............ class Canine ................ {

    ............ fun ........ {

        println("The ............ is roaming")
    }
}

class Wolf ................ {

    ............ val image = "wolf.jpg"

    ............ val food = "meat"

    ............ val habitat = "forests"

    ............ fun makeNoise() {

        println("Hooooowl!")
    }

    ............ fun eat() {

        println("The Wolf is eating $food")
    }
}
```

override　override　open　:　extends　override　extends　Canine()　:　open　open　open　Canine　open　Wolf　Animal()　override　Animal　open　open　roam()　override　override　override　Canine

程式碼磁貼解答

看看你能不能用下面的磁貼建立 Canine 與 Wolf 類別。

Canine 類別是 Animal 的子類別，並且覆寫它的 roam 函式。

Wolf 類別是 Canine 的子類別，並且覆寫 Animal 類別的 image、food 與 habitat 屬性，以及 makeNoise 與 eat 函式

你不需要用到所有的磁貼。

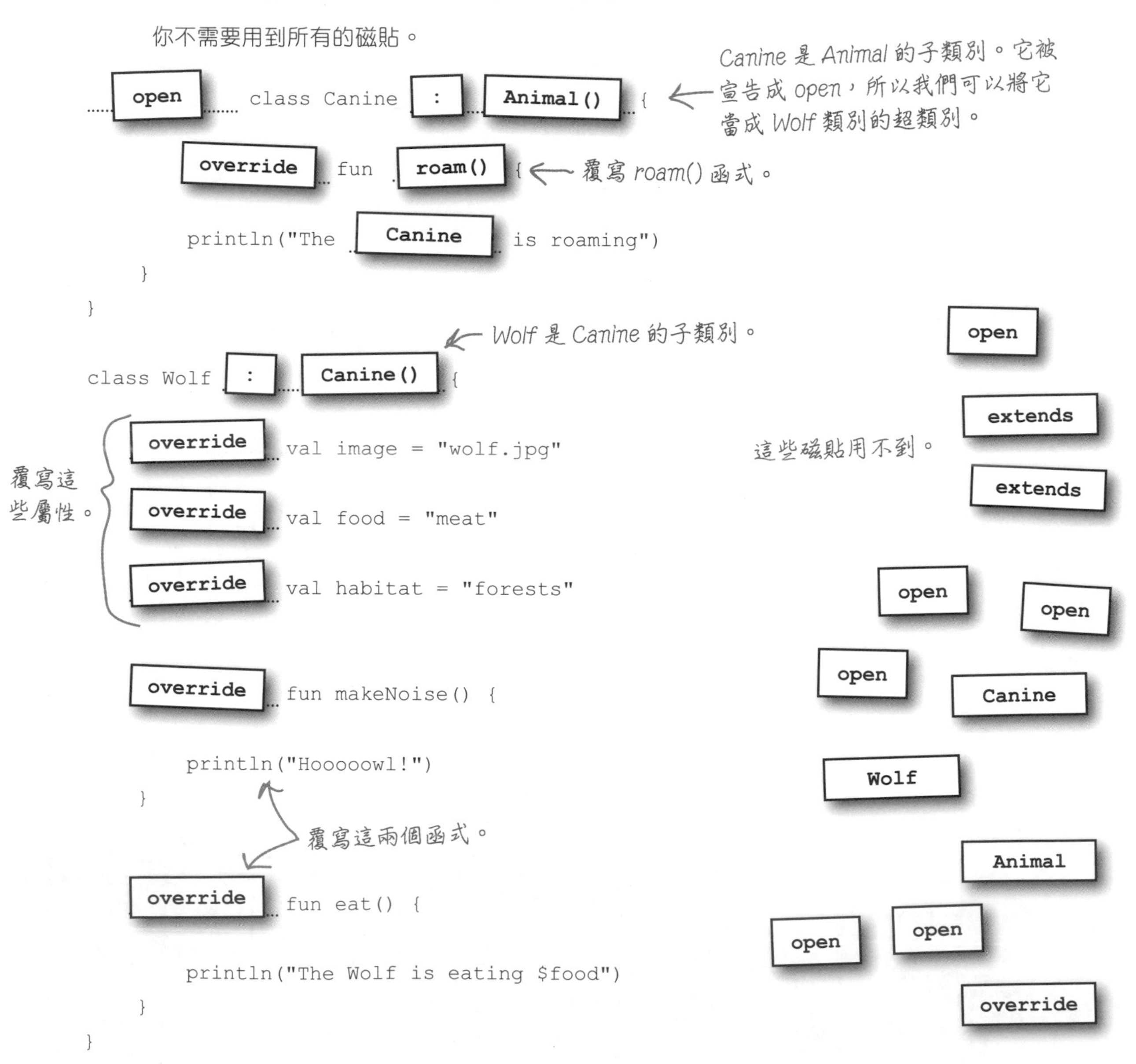

加入 Canine 與 Wolf 類別

設計類別
建立類別
使用類別

建立 Canine 與 Wolf 類別之後，我們要將它們加入 Animals 專案。修改 *Animals.kt* 裡面的程式，加入這兩個類別（粗體代表修改的地方）：

```
open class Animal {
    ...
}

class Hippo : Animal() {
    ...
}
```

我們沒有更改 Animal 與 Hippo 類別的程式。

加入 Canine 類別…

```
open class Canine : Animal() {
    override fun roam() {
        println("The Canine is roaming")
    }
}
```

…以及 Wolf 類別。

```
class Wolf : Canine() {
    override val image = "wolf.jpg"
    override val food = "meat"
    override val habitat = "forests"

    override fun makeNoise() {
        println("Hooooowl!")
    }

    override fun eat() {
        println("The Wolf is eating $food")
    }
}
```

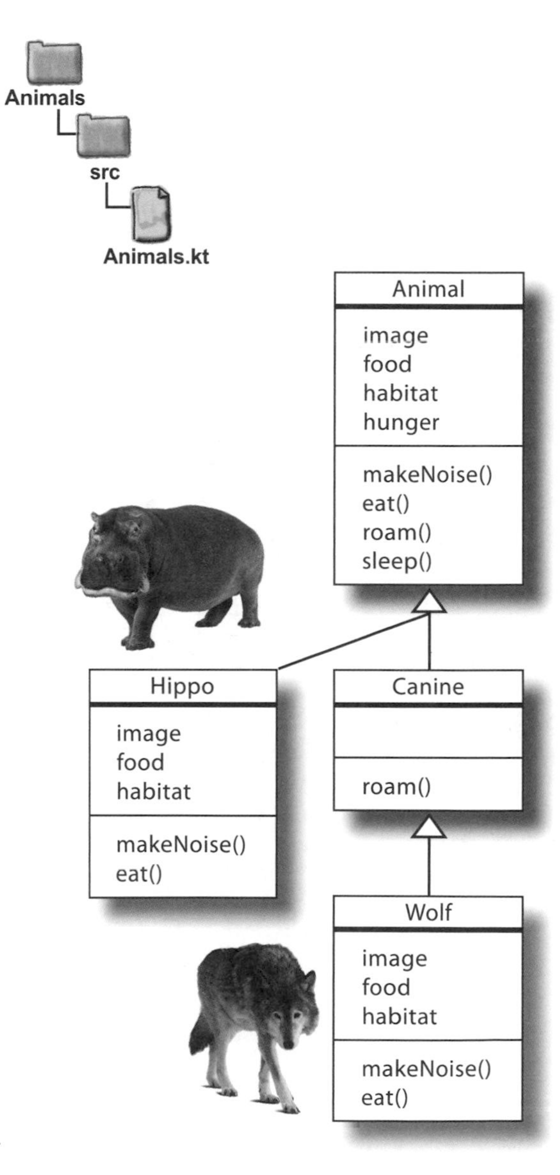

接下來，我們要來看一下，當我們建立 Wolf 物件並呼叫它的函式時，會發生什麼事情。

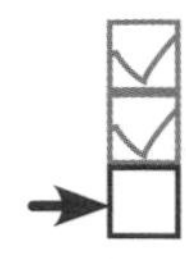

哪個函式被呼叫了？

Wolf 類別有四個函式：一個從 Animal 繼承，一個從 Canine 繼承（它覆寫 Animal 類別裡面的函式），以及兩個在 Wolf 類別中覆寫。當你建立 Wolf 物件，並將它指派給一個變數之後，你就可以對那個變數使用句點運算子來呼叫這四個函式了。但是，你呼叫的是哪一個版本的函式？

當你用物件參考來呼叫函式時，你呼叫的是**該物件型態最具體的函式版本**，也就是在繼承樹中，最下面的那一個版本。

例如，當你對著 Wolf 物件呼叫函式時，系統會先尋找 Wolf 類別內的那個函式，如果系統在該類別內找到那個函式，它就會執行那個函式，如果 Wolf 類別沒有定義那個函式，系統會往繼承樹的上面走，找到 Canine 類別，如果該類別定義那個函式，系統就會執行它，如果沒有，系統會繼續往繼承樹的上面走。系統會持續往類別階層的上面走，直到找到該函式為止。

為了瞭解這個動作，想像你建立一個新的 Wolf 物件，並呼叫它的 makeNoise 函式。系統會在 Wolf 類別裡面尋找該函式，因為那個函式在 Wolf 類別裡面被覆寫，所以系統會執行這個版本：

```
val w = Wolf()
w.makeNoise()
```

← 呼叫在 *Wolf* 類別裡面定義的 *makeNoise()* 函式。

如果你接下來想要呼叫 Wolf 的 roam 函式呢？Wolf 類別沒有覆寫這個函式，所以系統會到 Canine 類別尋找它。因為它在那裡被覆寫，所以系統會使用那個版本。

```
w.roam()
```

← 呼叫在 *Canine* 類別裡面定義的函式。

最後，假設你呼叫 Wolf 的 sleep 函式。系統會在 Wolf 類別裡面尋找那個函式，Wolf 沒有覆寫它，所以系統往繼承樹的上方走，找到 Canine 類別。Canine 也沒有覆寫它，所以系統使用 Animal 裡面的版本。

```
w.sleep()
```

← 呼叫在 *Animal* 類別裡面定義的函式。

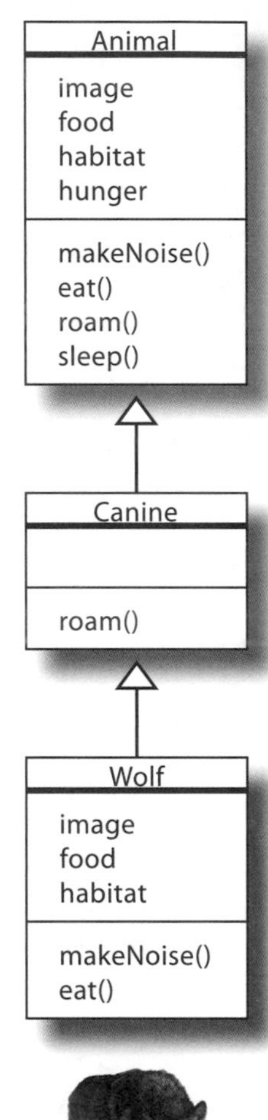

繼承可以<u>保證</u>所有子類別都有超類別定義的函式與屬性

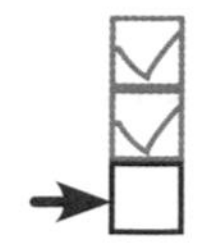

設計類別
建立類別
使用類別

當你在超類別定義一組屬性與函式時，你就保證它的所有子類別也有這些屬性與函式。換句話說，你幫一組藉由繼承來建立關係的類別定義了一個共同遵守的協定或合約。

例如，`Animal` 類別為所有動物子型態建立一個共同的協定，指出“任何 *Animal* 都有名為 *image*、*food*、*habitat* 與 *hunger* 的屬性，以及名為 *makeNoise*、*eat*、*roam* 與 *sleep* 的函式”：

“任何 Animal” 的意思是 Animal 類別或 Animal 的任何子類別。

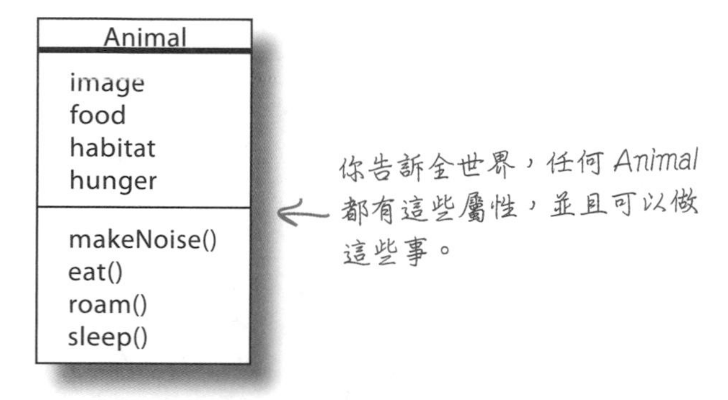

可以使用超類別的地方，就可以改用它的其中一個子類別

當你為一組類別定義超類別時，就**可以使用任何子類別來取代它的超類別**。因此，在宣告變數時，你可以將該變數的型態的任何子類別物件指派給它。例如，下面的程式定義一個 `Animal` 變數，並且將 `Wolf` 物件的參考指派給它。編譯器知道 `Wolf` 是一種 `Animal`，所以程式可以編譯：

```
val animal: Animal = Wolf()
```

Animal 與 Wolf 看起來是不同的型態，但因為 Wolf IS-A Animal，所以程式可以編譯。

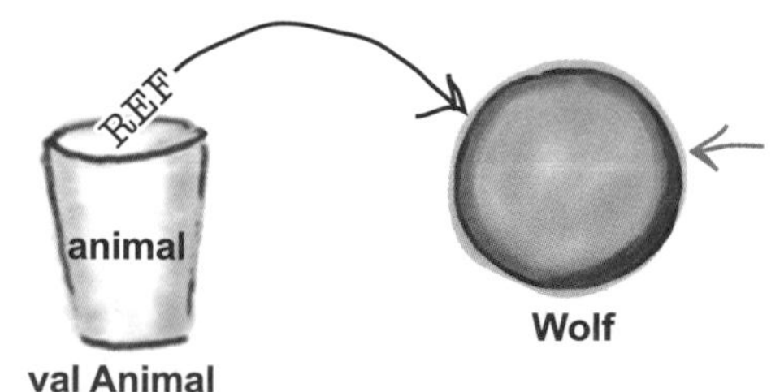

程式建立了 Wolf 物件，並將它指派給 Animal 型態的變數。

當你對著變數呼叫函式時，回應的是物件的版本

設計類別
建立類別
使用類別

你已經知道，將物件指派給變數之後，你就可以透過變數來使用物件的函式了。這件事在變數的型態是物件的超型態時也是成立的。

例如，假設你將 `Wolf` 物件指派給 `Animal` 變數，並使用這段程式來呼叫它的 `eat` 函式：

```
val animal: Animal = Wolf()
animal.eat()
```

當 `eat` 函式被呼叫時，回應的是 `Wolf` 類別的版本。系統知道底下的物件是 `Wolf`，所以它會用 `Wolf` 的方式來回應。

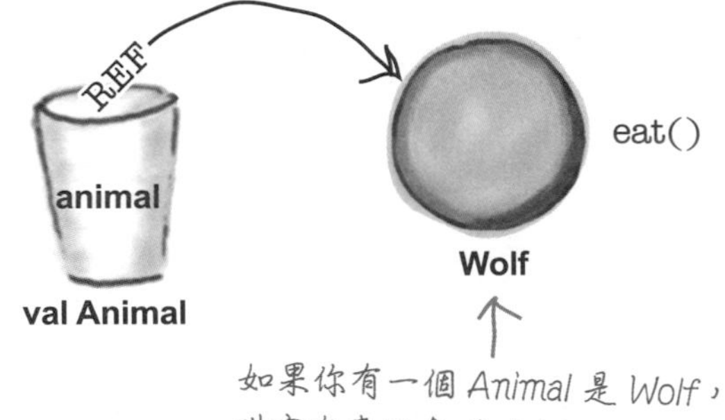

如果你有一個 *Animal* 是 *Wolf*，叫它吃東西會呼叫 *Wolf* 的 *eat()* 函式。

你也可以建立一個陣列，在裡面填入各種不同的動物，並且讓各種動物展現自己的行為。因為每一種動物都是 `Animal` 的子類別，我們可以將它們加入一個陣列，並且對著陣列的各個項目呼叫函式：

```
val animals = arrayOf(Hippo(),
                      Wolf(),
                      Lion(),
                      Cheetah(),
                      Lynx(),
                      Fox())
```

編譯器知道它們都是 *Animal* 型態，所以建立一個型態為 *Array<Animal>* 的陣列。

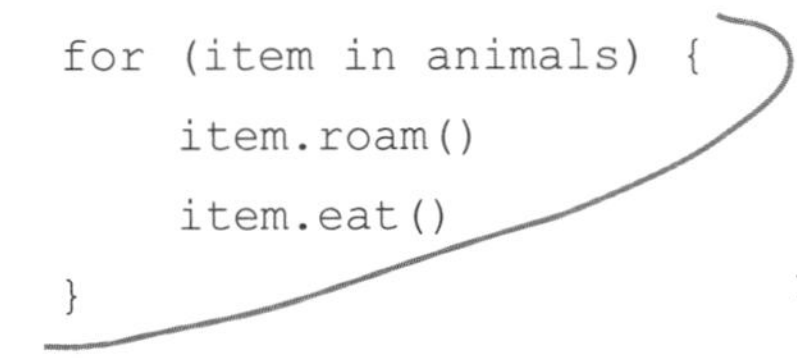

```
for (item in animals) {
    item.roam()
    item.eat()
}
```

這會遍歷動物，並呼叫每一隻動物的 *roam()* 與 *eat()* 函式。每一種動物都會以符合它的型態的方式做出回應。

因此，用繼承來設計，代表你可以寫出靈活的程式，並且知道，各個物件在它的函式被呼叫時，都會做正確的事情。

但好戲還在後頭。

你可以讓函式的參數與回傳型態使用超型態

如果你宣告一個超型態的變數（假設是 Animal），並且將它設為子類別的物件（假設是 Wolf），當你把子類別當成引數傳給函式時會發生什麼事？

例如，假設我們建立一個 Vet 類別，裡面有一個名為 giveShot 的函式：

```
class Vet {
    fun giveShot(animal: Animal) {
        //對 Animal 做一些牠肯定不喜歡的醫療行為
        animal.makeNoise()
    }
}
```

Vet 的 giveShot 函式有個 Animal 參數。

giveShot 呼叫 Animal 的 makeNoise 函式。

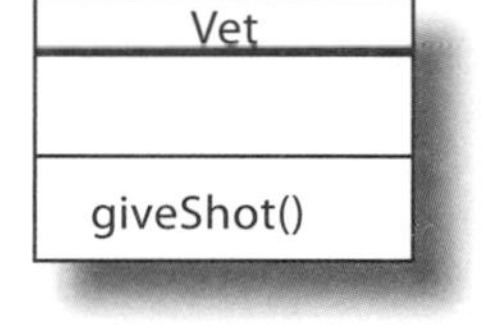

Animal 參數可以接收任何 Animal 型態的引數，所以當你呼叫 Vet 的 giveShot 函式時，它會執行 Animal 的 makeNoise 函式，無論 Animal 是什麼都會做出回應：

```
val vet = Vet()
val wolf = Wolf()
val hippo = Hippo()
vet.giveShot(wolf)
vet.giveShot(hippo)
```

Wolf 與 Hippo 都是 Animal，所以你可以把 Wolf 與 Hippo 物件當成引數傳給 giveShot 函式。

所以，當你用 Vet 類別來處理其他類型的動物時，只要確保每一種動物都是 Animal 類別的子類別就可以了。Vet 的 giveShot 函式仍然可以正常運作，就算我們在編寫這個函式時，還不知道 Vet 可以處理哪些新的 Animal 子類別。

如果有個地方指明它希望收到某種型態，但你可以傳給它另一種型態，這種機制稱為**多型**，這是將不同的子類別實作提供給函式的機制。

下一頁將展示 Animals 專案的完整程式。

多型代表"許多形式"。它可讓不同的子類別用不同的方式實作同一個函式。

修改後的 Animals 程式

這是修改過的 *Animals.kt*，裡面有 `Vet` 類別與 `main` 函式，依此修改你的程式（粗體代表修改的地方）：

這一頁的程式維持不變。

```
open class Animal {
    open val image = ""
    open val food = ""
    open val habitat = ""
    var hunger = 10

    open fun makeNoise() {
        println("The Animal is making a noise")
    }

    open fun eat() {
        println("The Animal is eating")
    }

    open fun roam() {
        println("The Animal is roaming")
    }

    fun sleep() {
        println("The Animal is sleeping")
    }
}

class Hippo: Animal() {
    override val image = "hippo.jpg"
    override val food = "grass"
    override val habitat = "water"

    override fun makeNoise() {
        println("Grunt! Grunt!")
    }

    override fun eat() {
        println("The Hippo is eating $food")
    }
}

open class Canine: Animal() {
    override fun roam() {
        println("The Canine is roaming")
    }
}
```

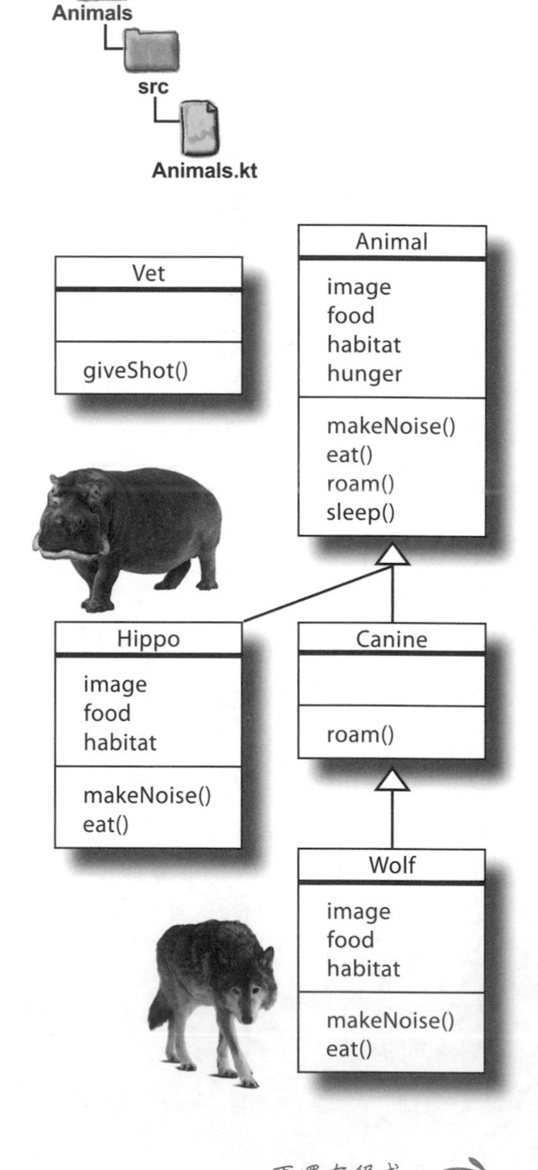

下一頁還有程式。

程式還沒結束…

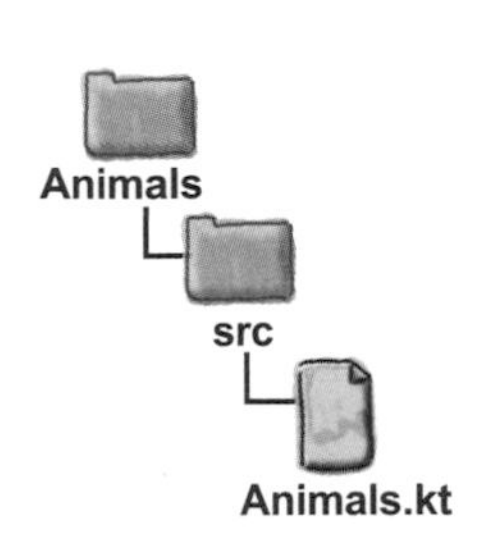


```
class Wolf: Canine() {
    override val image = "wolf.jpg"
    override val food = "meat"
    override val habitat = "forests"

    override fun makeNoise() {
        println("Hooooowl!")
    }

    override fun eat() {
        println("The Wolf is eating $food")
    }
}
                  ← 加入 Vet 類別。
class Vet {
    fun giveShot(animal: Animal) {
        //做一些醫療行為
        animal.makeNoise()
    }
}
                              ← 加入 main 函式。
fun main(args: Array<String>) {
    val animals = arrayOf(Hippo(), Wolf())
    for (item in animals) {   ← 遍歷 Animals 陣列。
        item.roam()
        item.eat()
    }

    val vet = Vet()
    val wolf = Wolf()
    val hippo = Hippo()
    vet.giveShot(wolf)
    vet.giveShot(hippo)
}
```

呼叫 Vet 的 giveShot 函式，傳入兩個 Animal 的子型態。

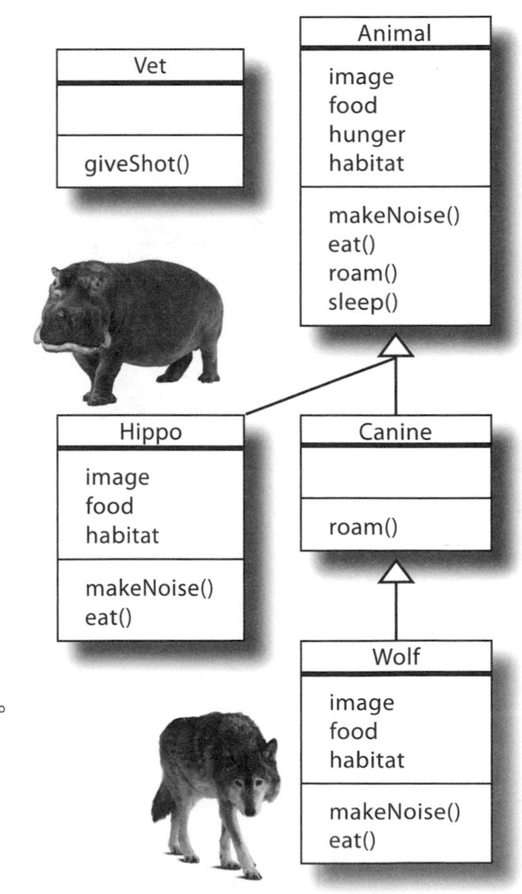

測試

當我們執行程式時， IDE 的輸出視窗會顯示下面的文字：

```
The Animal is roaming   ← Hippo 繼承 Animal 的 roam 函式。
The Hippo is eating grass
The Canine is roaming   ← Wolf 繼承 Canine 的 roam 函式。
The Wolf is eating meat
Hooooowl!
Grunt! Grunt!
```

當 Vet 的 giveShot 函式執行時，每一種 Animal 都會發出它自己的叫聲。

沒有蠢問題

問：為什麼 Kotlin 讓我用 var 覆寫 val 屬性？

答：第 4 章說過，當你建立 val 屬性時，編譯器會私下為它加入一個 getter。而且當你建立 var 屬性時，編譯器會加入 getter 與 setter。

當你用 var 覆寫 val 屬性時，代表你明確地要求編譯器在子類別的屬性中，加入額外的 setter。這是有效的，所以程式可以編譯。

問：我可不可以用 val 覆寫 var 屬性？

答：不行。如果你試著用 val 覆寫 var 屬性，程式將無法編譯。

定義類別階層，就是保證你可以對子類別做可以對超類別做的事情。如果你試著用 val 覆寫 var 屬性，就是在告訴編譯器，你再也不希望那個屬性值能夠被更新了，這會破壞超類別與它的子型態之間的共同協定，因此程式碼無法編譯。

問：你說，當你對一個變數呼叫函式時，系統會在繼承階層裡面尋找符合的函式。萬一系統無法找到它呢？

答：你不需要擔心系統無法找到符合的函式。

編譯器會確保你可以對特定的變數型態呼叫特定的函式，但它不理會那個函式在執行期屬於哪個類別。例如，當你對 Wolf 呼叫 sleep 函式時，編譯器會確定 sleep 函式確實存在，但不在乎函式是在類別 Animal 定義（與從那裡繼承）的。

請記得，當類別**繼承**函式時，它就**擁有**那個函式。編譯器完全不在乎繼承來的函式究竟是在哪裡定義的。但是在執行期，系統一定會選擇對那個物件來說，最具體且正確的函式版本。

問：子類別可以有多個直系超類別嗎？

答：不行。Kotlin 沒有多重繼承，所以每個子類別都只有一個直系超類別。第 6 章會更詳細探討這個部分。

問：當我在子類別覆寫函式時，函式的參數型態必須是一樣的。我可以定義一個名稱與超類別的函式相同，但是有不同參數型態的函式嗎？

答：可以。你可以用同一個名稱定義多個函式，只要它們的參數型態不同即可。這種做法稱為*多載*（不是覆寫），它與繼承沒有關係。

第 7 章會介紹多載函式。

問：你可以再解釋一下多型嗎？

答：沒問題。多型的意思，就是你可以使用任何子型態物件來取代它的超型態。因為不同的子類別可以用不同的方式製作同一個函式，所以這種功能可讓各個物件用最適合的方式回應函式呼叫。

下一章會介紹更多好用的多型寫法。

我是編譯器

左邊的程式是原始檔案。你的任務是扮演編譯器，指出右邊的哪一對 A-B 程式放入左邊的程式之後，可以編譯成功，並且產生所需的輸出。A 是放入類別 Monster 的函式，B 是放入類別 Vampyre 的函式。

輸出：

程式必須產生這個輸出。

Fancy a bite?
Fire!
Aargh!

這是程式碼。

```
open class Monster {

    A

}

class Vampyre : Monster() {

    B

}

class Dragon : Monster() {
    override fun frighten(): Boolean {
        println("Fire!")
        return true
    }
}

fun main(args: Array<String>) {
    val m = arrayOf(Vampyre(),
                    Dragon(),
                    Monster())
    for (item in m) {
        item.frighten()
    }
}
```

這些是成對的函式。

1A
```
open fun frighten(): Boolean {
    println("Aargh!")
    return true
}
```

1B
```
override fun frighten(): Boolean {
    println("Fancy a bite?")
    return false
}
```

2A
```
fun frighten(): Boolean {
    println("Aargh!")
    return true
}
```

2B
```
override fun frighten(): Boolean {
    println("Fancy a bite?")
    return true
}
```

3A
```
open fun frighten(): Boolean {
    println("Aargh!")
    return false
}
```

3B
```
fun beScary(): Boolean {
    println("Fancy a bite?")
    return true
}
```

我是編譯器解答

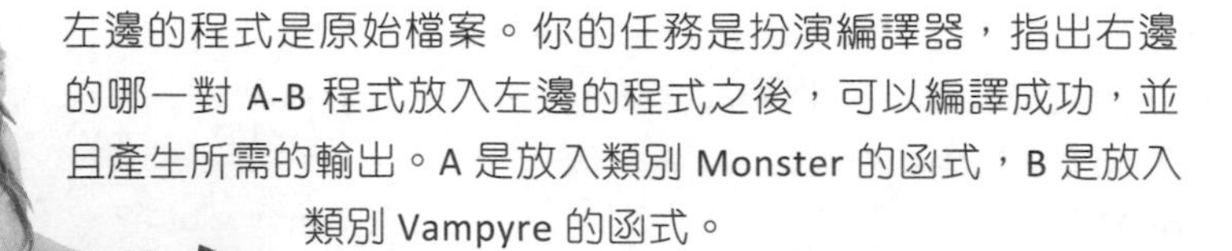

左邊的程式是原始檔案。你的任務是扮演編譯器，指出右邊的哪一對 A-B 程式放入左邊的程式之後，可以編譯成功，並且產生所需的輸出。A 是放入類別 Monster 的函式，B 是放入類別 Vampyre 的函式。

輸出：

Fancy a bite?
Fire!
Aargh!

```
open class Monster {

    A

}

class Vampyre : Monster() {

    B

}

class Dragon : Monster() {
    override fun frighten(): Boolean {
        println("Fire!")
        return true
    }
}

fun main(args: Array<String>) {
    val m = arrayOf(Vampyre(),
                    Dragon(),
                    Monster())
    for (item in m) {
        item.frighten()
    }
}
```

1A

```
open fun frighten(): Boolean {
    println("Aargh!")
    return true
}
```

這段程式可以編譯，並且產生正確的輸出。

1B

```
override fun frighten(): Boolean {
    println("Fancy a bite?")
    return false
}
```

2A

```
fun frighten(): Boolean {
    println("Aargh!")
    return true
}
```

這段程式無法編譯，因為 Monster 的 frighten() 函式沒有 open。

2B

```
override fun frighten(): Boolean {
    println("Fancy a bite?")
    return true
}
```

3A

```
open fun frighten(): Boolean {
    println("Aargh!")
    return false
}
```

這段程式可以編譯，但它會產生不正確的輸出，因為 Vampyre 沒有覆寫 frighten()。

3B

```
fun beScary(): Boolean {
    println("Fancy a bite?")
    return true
}
```

你的 Kotlin 工具箱

讀完第 5 章之後，你已經將超類別與子類別加入工具箱了。

你可以從 https://tinyurl.com/HFKotlin 下載本章的完整程式碼。

重點提示

- 超類別含有可供一或多個子類別繼承的共同屬性與函式。
- 子類別可以加入超類別沒有的額外屬性與函式，也可以覆寫它繼承來的東西。
- 用 IS-A 測試來確定繼承是正確的。如果 X 是 Y 的子類別，那麼 X IS-A Y 必須是對的。
- IS-A 關係只單向有效。Hippo 是 Animal，但是並非所有 Animal 都是 Hippo。
- 如果類別 B 是類別 A 的子類別，且類別 C 是類別 B 的子類別，那麼類別 C 可以通過對於 B 與 A 的 IS-A 測試。
- 你必須先將類別宣告成 open，才能將它當成超類別。你也必須將想要覆寫的任何屬性與函式宣告成 open。
- 使用 : 來指定子類別的超類別。
- 如果超類別有主建構式，你必須在子類別的首行呼叫它。
- 在子類別的屬性與函式的前面加上 override 來覆寫它。當你覆寫屬性時，它的型態必須與超類別的屬性相容。當你覆寫函式時，它的參數列必須一致，而且它的回傳型態必須與超類別的相容。
- 覆寫的函式與屬性會保持 open，直到它們被宣告成 final 為止。
- 如果子類別覆寫一個函式，而且有人對著子類別實例呼叫那個函式，他會呼叫覆寫版的函式。
- “繼承”可以保證所有子類別都有超類別定義的函式與屬性。
- 你可以在期望收到超類別型態的任何地方使用子類別。
- 多型代表“許多形式”。它可讓不同的子類別用不同的方式實作同一個函式。

6 抽象類別與介面

認真的多型

超類別繼承階層只是個開端。

如果你想要**完全利用多型**，你就要用**抽象類別**與**介面**來進行設計。本章將教你如何使用抽象類別來指定階層的哪些類別**可以被實例化與不可以被實例化**。你會看到它們如何強迫具體子類別**提供它們自己的實作**。你也會知道如何使用介面，**在獨立的類別之間共享行為**。在過程中，你將瞭解 ***is***、***as*** 與 ***when*** 的來龍去脈。

回顧 Animal 類別階層

上一章教你如何設計繼承階層，為動物們建立類別結構。我們將共同的屬性與函式抽象化，提取到 `Animal` 超類別，並且在 `Animal` 的子類別覆寫 一些屬性與函式，做出一些適當的子類別專屬實作。

我們藉著在 `Animal` 超類別定義共同的屬性與函式，為所有的 `Animal` 建立共同的協定，讓這個設計既優良且靈活。我們可以用 `Animal` 的變數與參數來寫程式，讓任何 `Animal` 子型態（包括在我們寫程式時還不知道的）都可以在執行期使用。

我們回顧一下這個類別結構：

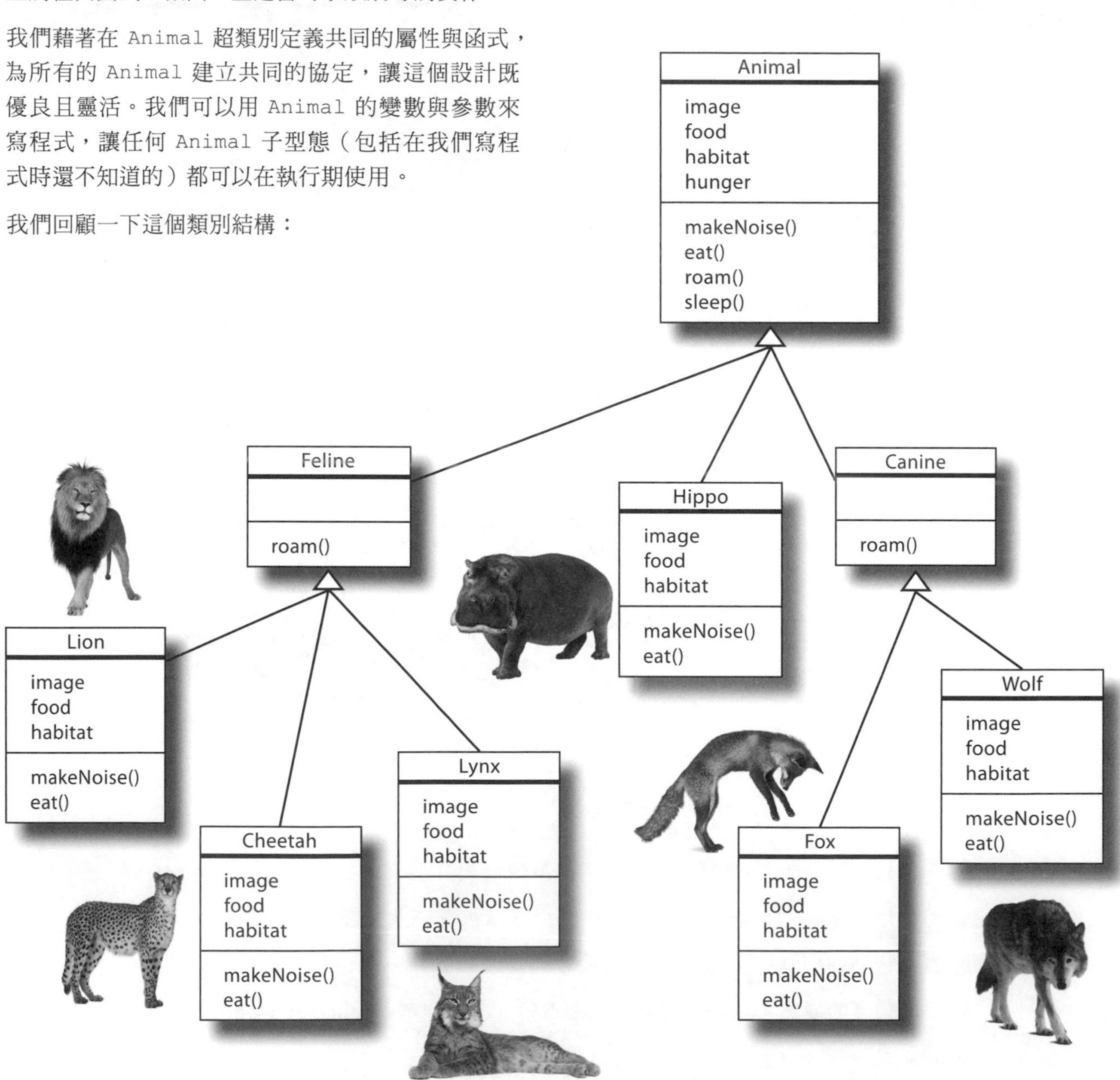

有些類別不應該實例化

但是，這個類別結構還有需要改善的地方。建立新的 Wolf、Hippo 或 Fox 物件是合理的做法，但是這個繼承階層也可以建立通用的 Animal 物件，這不是件好事，因為我們無法指出 Animal 長怎樣、吃什麼，以及叫聲音是什麼等。

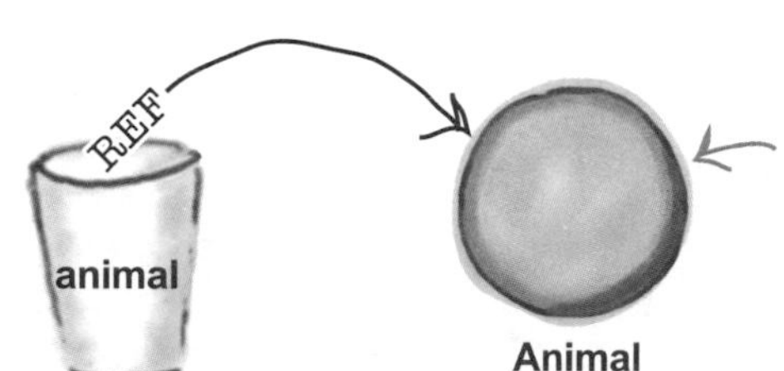

我們知道 *Wolf*、*Hippo* 與 *Fox* 物件長怎樣，但 *Animal* 物件呢？牠有毛嗎？有腿嗎？牠是怎麼吃東西，還有怎麼移動的？

我們該怎麼處理這種情況？我們需要一個可供繼承與製作多型的 Animal 類別，但我們只想要將不抽象的 Animal 子類別實例化，而不是 Animal 本身。我們想要建立 Hippo、Wolf 與 Fox 物件，但不想建立 Animal 物件。

將類別宣告成抽象，來防止它被實例化

如果你想要防止類別被實例化，可以將類別標成抽象，做法是在它前面加上 **abstract** 關鍵字。例如，這是將 Animal 變成抽象類別的做法：

```
abstract class Animal {
    ...
}
```

在類別前面加上 "*abstract*" 來讓它成為抽象類別。

把它變成抽象類別，代表沒有人可以做出那種型態的物件，就算你為它定義了建構式也是如此。你仍然可以將抽象類別當成變數宣告型態來使用，但是你不用擔心有人做出那種型態的物件，編譯器會阻止這件事發生：

```
var animal: Animal
animal = Wolf()
animal = Animal()
```

這一行無法編譯，因為你不能建立 *Animal* 物件。

看一下 Animal 類別階層，你認為哪些類別應該宣告成抽象？換句話說，你認為哪些類別不應該被實例化？

如果超類別被標成 abstract，你就不需要將它宣告成 open 了。

抽象或具體？

在 Animal 類別階層中，有三個類別需要宣告成抽象：Animal、Canine 與 Feline。我們需要繼承這些類別，但我們不想要讓任何人做出這些型態的物件。

非抽象的類別稱為**具體**類別，所以 Hippo、Wolf、Fox、Lion、Cheetah 與 Lynx 是具體子類別。

一般來說，究竟要讓類別是抽象的還是具體的，取決於應用程式的背景。例如，Tree 類別在樹苗圃應用程式中應該是抽象的，因為 Oak 與 Maple 之間的差異對應用程式而言非常重要。但是在設計高爾夫模擬程式時，Tree 可能是個具體類別，因為應用程式不需要區分不同類型的樹。

我們讓 Animal、Canine 與 Feline 類別使用灰色背景，藉此代表它們是抽象的。

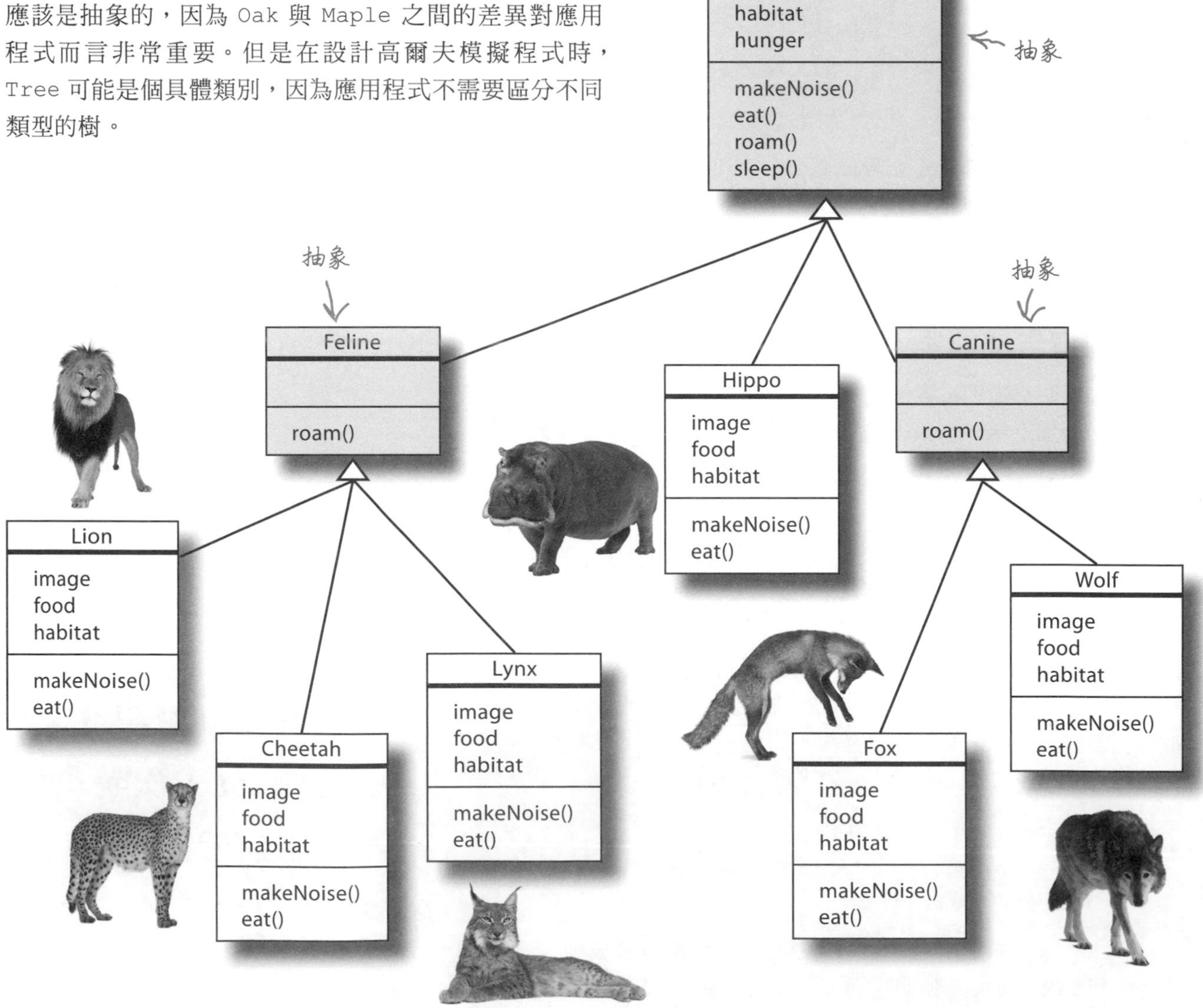

抽象類別可以有抽象屬性與函式

你可以將抽象類別的屬性或函式標為抽象。如果類別的行為被具體的子類別實作之後才有意義，而且你無法想出通用的實作來讓子類別繼承，就很適合採取這種做法。

我們來看看 Animal 類別有哪些屬性與函式應該標成抽象，來瞭解這種機制的運作方式。

抽象類別可以容納抽象與非抽象屬性及函式。抽象類別也有可能沒有抽象成員。

我們可以把三種屬性標成抽象

我們在製作 Animal 類別時，用通用的值將 image、food 與 habitat 初始化，並且在子類別覆寫它們，原因是我們沒有適合子類別的值可以指派給這些屬性。

因為這些屬性使用通用值，而且必須覆寫，我們可以在它們前面加上 abstract 關鍵字，來將它們標為抽象。做法是：

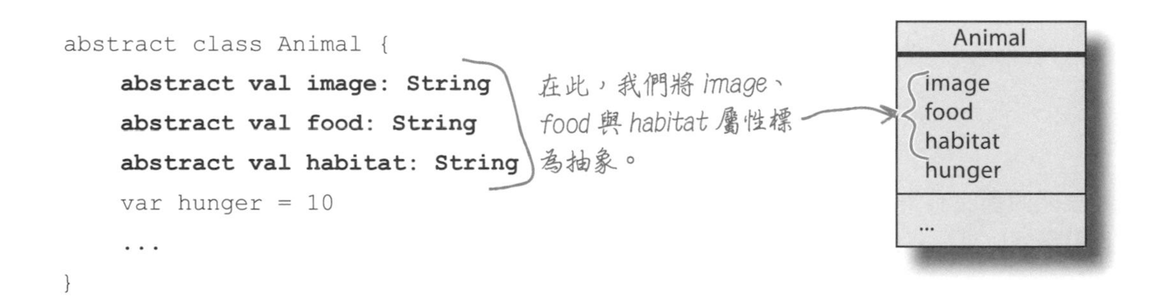

抽象屬性與函式不需要標成 open。

上面的程式沒有將任何抽象屬性初始化。如果你試著將抽象屬性初始化，或為它定義自訂的 getter 或 setter，編譯器會拒絕編譯你的程式碼。因為將屬性標為抽象之後，你就認定它沒有適用的初始值了，也不會有實用的 getter 或 setter 實作。

知道哪些屬性可以標為抽象之後，我們來考慮函式。

Animal 類別有兩個抽象函式

Animal 類別定義了兩個函式，makeNoise 與 eat，每一個具體子類別都有覆寫它們。因為這兩個函式一定會被覆寫，而且我們無法寫出適合子類別的實作，所以可以在 makeNoise 與 eat 函式前面加上 abstract 關鍵字，將它們標成抽象：

```
abstract class Animal {
    ...
    abstract fun makeNoise()

    abstract fun eat()

    open fun roam() {
        println("The Animal is roaming")
    }

    fun sleep() {
        println("The Animal is sleeping")
    }
}
```

Animal

image
food
habitat
hunger

makeNoise()
eat()
roam()
sleep()

上面的兩個抽象函式都沒有內文，原因是當你將函式標為抽象時，等於告訴編譯器你無法寫出實用的函式內文。

當你試著為抽象函式加入內文時，編譯器會生氣地拒絕編譯程式，例如，下面的程式無法編譯，因為函式定義的後面有大括號：

```
abstract fun makeNoise() {}
```

大括號形成一個空的函式內文，所以程式無法編譯。

你必須移除大括號才可以編譯程式：

```
abstract fun makeNoise()
```

因為抽象函式沒有函式內文了，所以程式可以編譯。

照過來！

當你將屬性或函式標為 abstract 時，也必須將類別標為 abstract。

即使你只在類別中加入一個抽象屬性或函式，也必須將類別標為 abstract，否則程式無法編譯。

我不懂，沒有程式碼的抽象函式有什麼存在的理由？抽象類別不就是為了提供共同的程式碼來讓子類別繼承而存在的嗎？

抽象屬性與函式定義了共同的協定，來讓你可以使用多型。

如果可供繼承的函式實作（有實際內文的函式）是合理的，它就可以放入超類別。但是在抽象類別中，你可能無法寫出適合子類別的通用程式碼，所以沒有合理的實作。

抽象函式好用的地方在於，雖然它們沒有任何實際的程式碼，但它們可為一組子類別定義一個協定，當成多型來使用。上一章談過，多型代表當你為一組類別定義一個超型態時，你就可以用任何子類別來取代它繼承的超類別。它讓你可以將超類別的型態當成變數型態、函式引數、回傳型態或陣列型態，就像下面的例子：

```
val animals = arrayOf(Hippo(),
                      Wolf(),
                      Lion(),
                      Cheetah(),
                      Lynx(),
                      Fox())
```

建立一個含有各種 Animal 物件的陣列。

```
for (item in animals) {
    item.roam()
    item.eat()
}
```

陣列內的每一種 Animal 都用它自己的方式回應。

這代表你可以為應用程式加入新的子型態（例如新的 `Animal` 子類別），而不需要重寫或加入新函式來處理新型態。

知道如何（與何時）將類別、屬性與函式標為抽象之後，我們來看一下如何實作它們。

如何實作抽象類別？

讓類別繼承抽象超類別的做法，與指明類別繼承一般的超類別一樣：在類別的首行加上一個冒號，再加上抽象類別的名稱。例如，這是指出 Hippo 類別繼承 Animal 抽象類別的方式：

```
class Hippo : Animal() {
    ...
}
```

與繼承一般的超類別一樣，你必須在子類別的首行呼叫抽象類別的建構式。

Animal
image
food
habitat
hunger
makeNoise()
eat()
roam()
sleep()

Hippo
image
food
habitat
makeNoise()
eat()

你要覆寫每一個抽象屬性與函式，並且實作它們，也就是說，你必須設定每一個抽象屬性的初始值，並且幫每一個抽象函式編寫內文。

在例子中，Hippo 類別是 Animal 的具體子類別，這個 Hippo 類別實作了 image、food 與 habitat 屬性，以及 makeNoise 和 eat 函式：

```
class Hippo : Animal() {
    override val image = "hippo.jpg"
    override val food = "grass"
    override val habitat = "water"

    override fun makeNoise() {
        println("Grunt! Grunt!")
    }

    override fun eat() {
        println("The Hippo is eating $food")
    }
}
```

你要覆寫抽象屬性與函式來實作它們，與繼承具體超類別時一樣。

當你實作抽象屬性與函式時，也必須遵守覆寫一般屬性與函式時的規則：

- 當你實作抽象屬性時，它必須使用同樣的名稱，而且它的型態必須與抽象超類別裡面定義的型態相容。換句話說，它的型態必須與超類別屬性的型態相同，或是那個型態的子型態。
- 當你實作抽象函式時，它的函式簽章（名稱與引數）必須與抽象超類別定義的函式相同。它的回傳型態必須與宣告的回傳型態相容。

你必須實作所有的抽象屬性與函式

在繼承樹的抽象超類別下面的第一個**具體**類別必須實作所有的抽象屬性與函式。例如，在我們的類別階層中，Hippo 類別是 Animal 的直系具體子類別，所以它必須實作 Animal 類別的所有抽象屬性與函式，才能編譯成功。

當你編寫**抽象**子類別時，你可以選擇實作抽象屬性或函式，或是讓它的子類別完成這項工作。例如，如果 Animal 與 Canine 都是抽象的，Canine 類別可以實作 Animal 的抽象屬性與函式，或是默默地將它們交給子類別來實作。

Canine 的具體子類別（例如 Wolf）必須實作 Canine 沒有實作的所有抽象屬性與函式。如果 Canine 類別定義任何新的抽象屬性與函式，Canine 的子類別也必須實作它們。

瞭解抽象類別、屬性與函式之後，我們來修改 Animal 階層的程式。

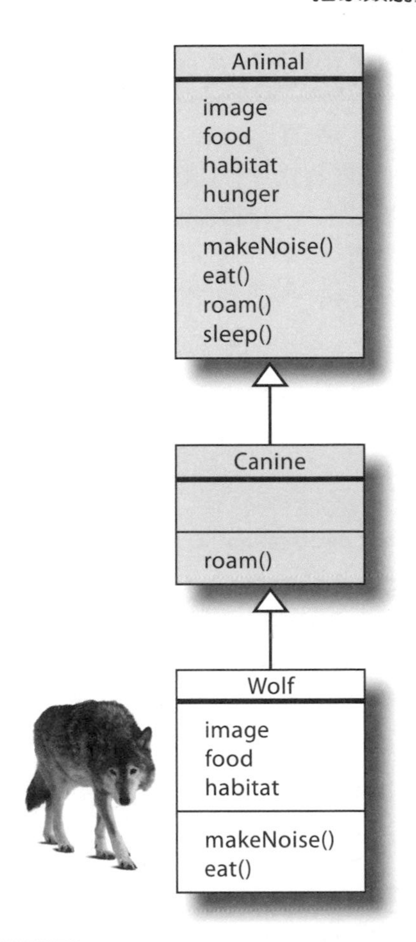

繼承抽象超類別的子類別，仍然可以定義它自己的函式與屬性。

問：**為什麼第一個具體類別必須實作它繼承的所有抽象屬性與函式？**

答：在具體類別裡面實作每一個屬性與函式才可以讓編譯器知道，它們被使用時該做什麼事情。

只有抽象類別可以擁有抽象屬性或函式。如果一個類別有任何屬性或函式被標為抽象，那個類別就必定是抽象的。

問：**我想要幫抽象屬性定義自訂的 getter 與 setter。為什麼不行？**

答：當你將屬性標成抽象時，就是在告訴編譯器：那個屬性沒有實用的實作可以協助子類別。如果編譯器看到抽象屬性有某種實作，例如自訂的 getter 或 setter 或初始值，編譯器就會一頭霧水，無法編譯程式。

我們來更改 Animals 專案

在上一章，我們已經幫 `Animal`、`Canine`、`Hippo`、`Wolf`、`Vet` 類別寫好程式，並且將它們加入 Animals 專案了。我們必須修改那些程式，來讓 `Animal` 與 `Canine` 類別變成抽象的。我們也要把 `Animal` 類別裡面的 `image`、`food` 與 `habitat` 屬性，以及 `makeNoise` 和 `eat` 函式變成抽象的。

打開你在上一章建立的 Animals 專案，接著按照下面的程式來修改 *Animals.kt* 檔案內的程式（粗體是修改的地方）：

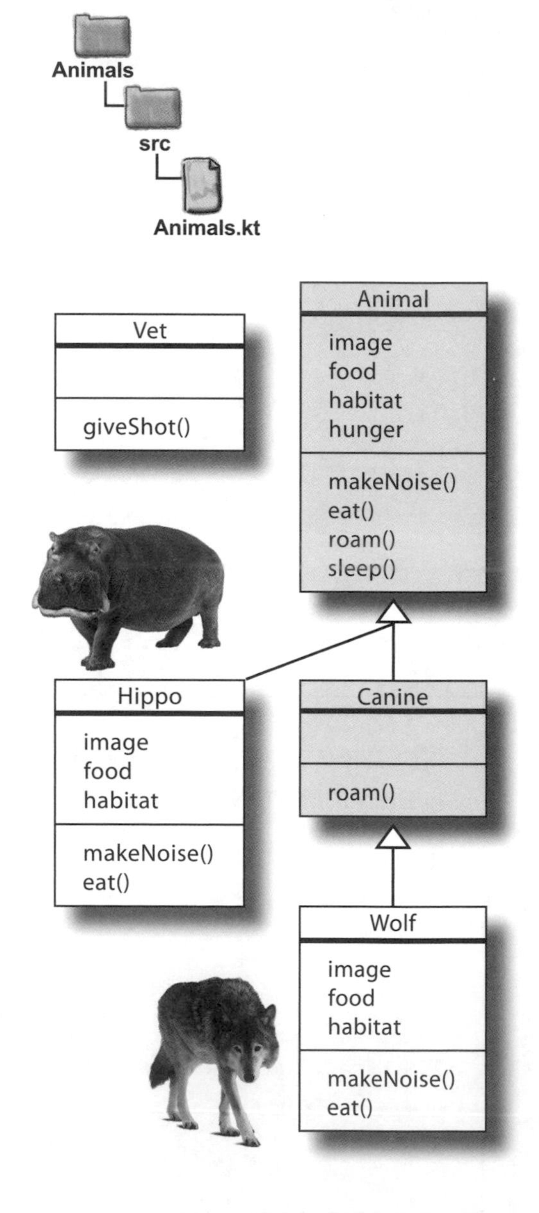

將 Animal 類別標成 abstract，而不是 open。

將這些屬性標成 abstract…

…這兩個函式也是。

```
abstract open class Animal {
    abstract open val image: String = ""
    abstract open val food: String = ""
    abstract open val habitat: String = ""
    var hunger = 10

    abstract open fun makeNoise() {
        println("The Animal is making a noise")
    }

    abstract open fun eat() {
        println("The Animal is eating")
    }

    open fun roam() {
        println("The Animal is roaming")
    }

    fun sleep() {
        println("The Animal is sleeping")
    }
}
```

（程式中的 `open`、`= ""`、`{`、`println(...)` 與 `}` 以手寫線刪除。）

下一頁還有程式。

程式還沒結束…

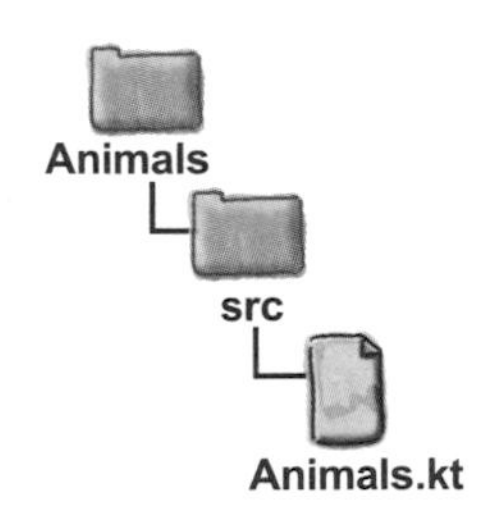


```
class Hippo : Animal() {
    override val image = "hippo.jpg"
    override val food = "grass"
    override val habitat = "water"

    override fun makeNoise() {
        println("Grunt! Grunt!")
    }

    override fun eat() {
        println("The Hippo is eating $food")
    }
}

abstract open class Canine : Animal() {
    override fun roam() {
        println("The Canine is roaming")
    }
}

class Wolf : Canine() {
    override val image = "wolf.jpg"
    override val food = "meat"
    override val habitat = "forests"

    override fun makeNoise() {
        println("Hooooowl!")
    }

    override fun eat() {
        println("The Wolf is eating $food")
    }
}
```

將 Canine 類別標為抽象（open 已被劃掉）

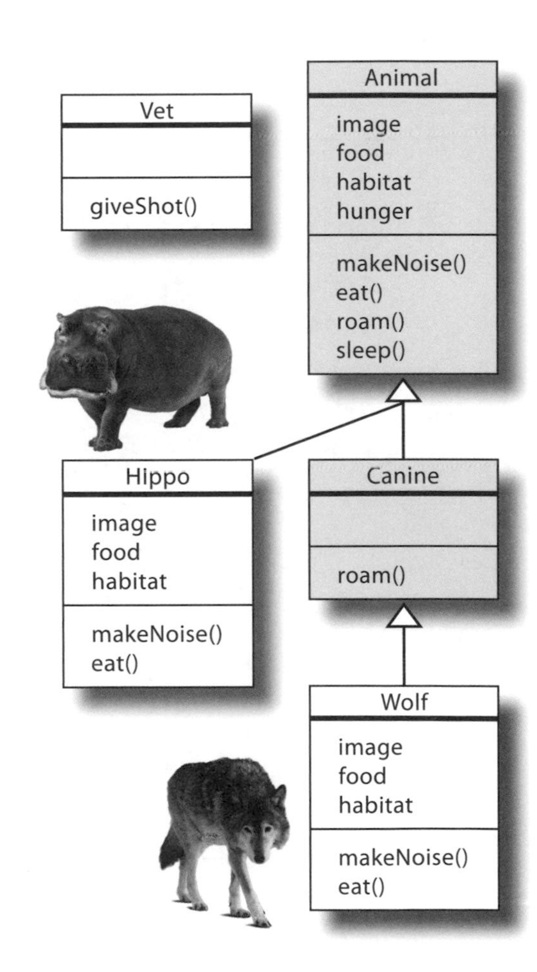

下一頁還有程式。

程式還沒結束…

```
class Vet {
    fun giveShot(animal: Animal) {
        //做一些醫療行為
        animal.makeNoise()
    }
}

fun main(args: Array<String>) {
    val animals = arrayOf(Hippo(), Wolf())
    for (item in animals) {
        item.roam()
        item.eat()
    }

    val vet = Vet()
    val wolf = Wolf()
    val hippo = Hippo()
    vet.giveShot(wolf)
    vet.giveShot(hippo)
}
```

這一頁的程式維持不變。

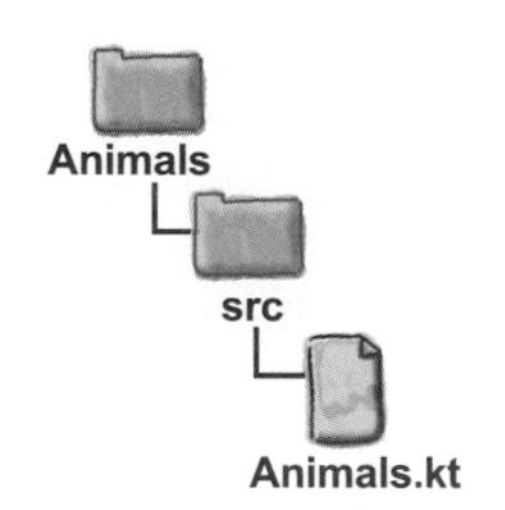

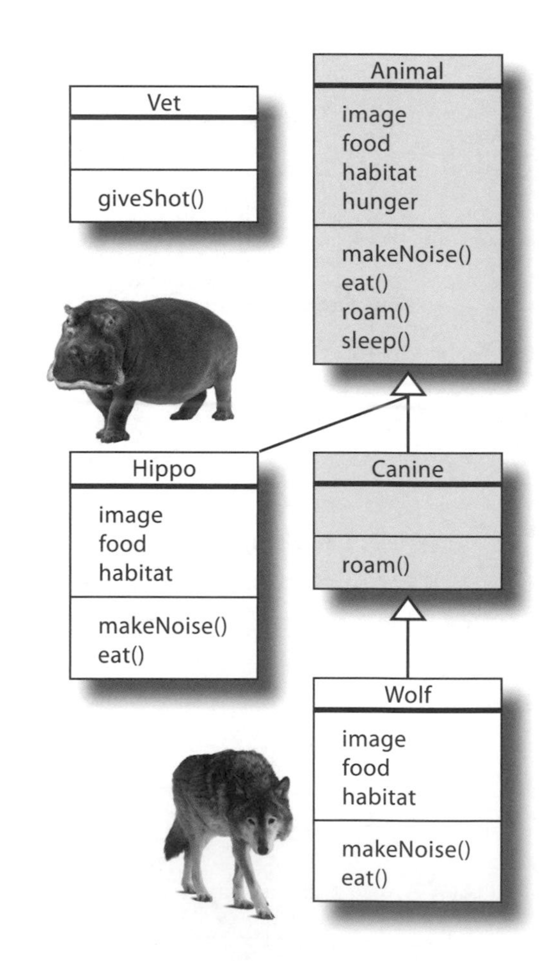

我們來測試一下程式，看看會發生什麼事。

測試

執行你的程式，跟之前一樣， IDE 的輸出視窗會輸出這些文字，但是這次我們用抽象類別來控制哪些類別可以被實例化。

```
The Animal is roaming
The Hippo is eating grass
The Canine is roaming
The Wolf is eating meat
Hooooowl!
Grunt! Grunt!
```

池畔風光

你的**任務**是把游泳池裡面的程式片段放到上面程式的空行裡面。同一個片段只能使用**一次**，而且你不需要用到所有的片段。你的**目標**是寫出符合下面這個類別階層的程式。

Appliance
pluggedIn color
consumePower()

CoffeeMaker
color coffeeLeft
consumePower() fillWithWater() makeCoffee()

（CoffeeMaker 繼承 Appliance）

```
.......... class Appliance {
    var pluggedIn = true
    .......... val color: String

    .......... fun ....................
}

class CoffeeMaker : .................... {
    ..........val color = ""
    var coffeeLeft = false

    ..........fun .................... {
        println("Consuming power")
    }

    fun fillWithWater() {
        println("Fill with water")
    }

    fun makeCoffee() {
        println("Make the coffee")
    }
}
```

提醒你，池子裡的每一個東西都只能使用一次！

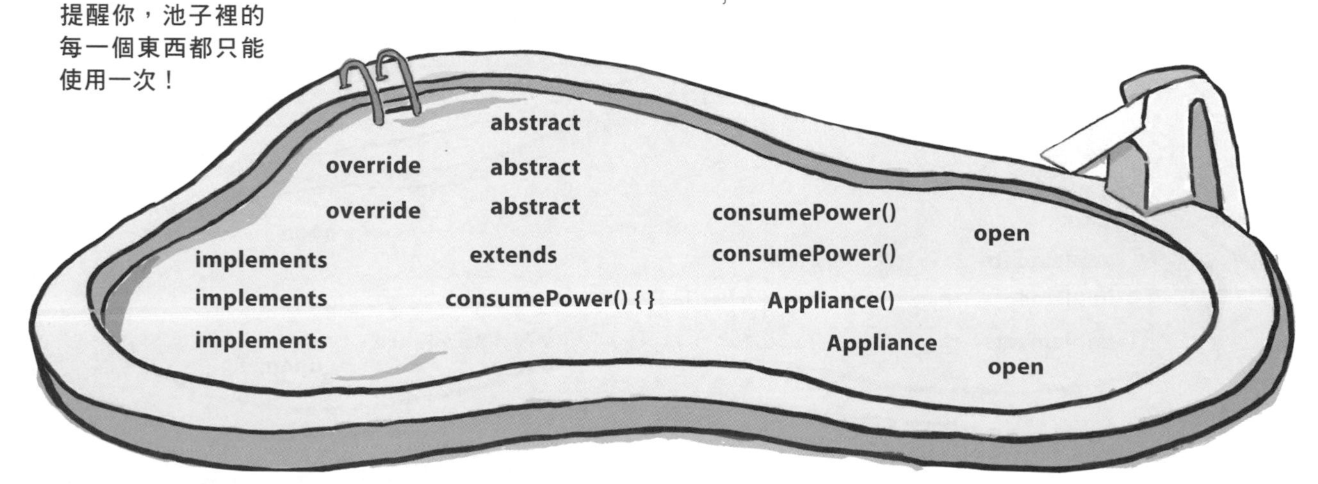

池畔風光解答

你的**任務**是把游泳池裡面的程式片段放到上面程式的空行裡面。同一個片段只能使用**一次**，而且你不需要用到所有的片段。你的**目標**是寫出符合下面這個類別階層的程式。

Appliance
pluggedIn color
consumePower()

CoffeeMaker
color coffeeLeft
consumePower() fillWithWater() makeCoffee()

將 Appliance 類別、color 屬性與 consumePower() 標成抽象。

```
abstract class Appliance {
    var pluggedIn = true
    abstract val color: String

    abstract fun consumePower()
}
```

CoffeeMaker 繼承 Appliance。

覆寫 color 屬性。

覆寫 consumePower() 函式。

```
class CoffeeMaker : Appliance() {
    override val color = ""
    var coffeeLeft = false

    override fun consumePower() {
        println("Consuming power")
    }

    fun fillWithWater() {
        println("Fill with water")
    }

    fun makeCoffee() {
        println("Make the coffee")
    }
}
```

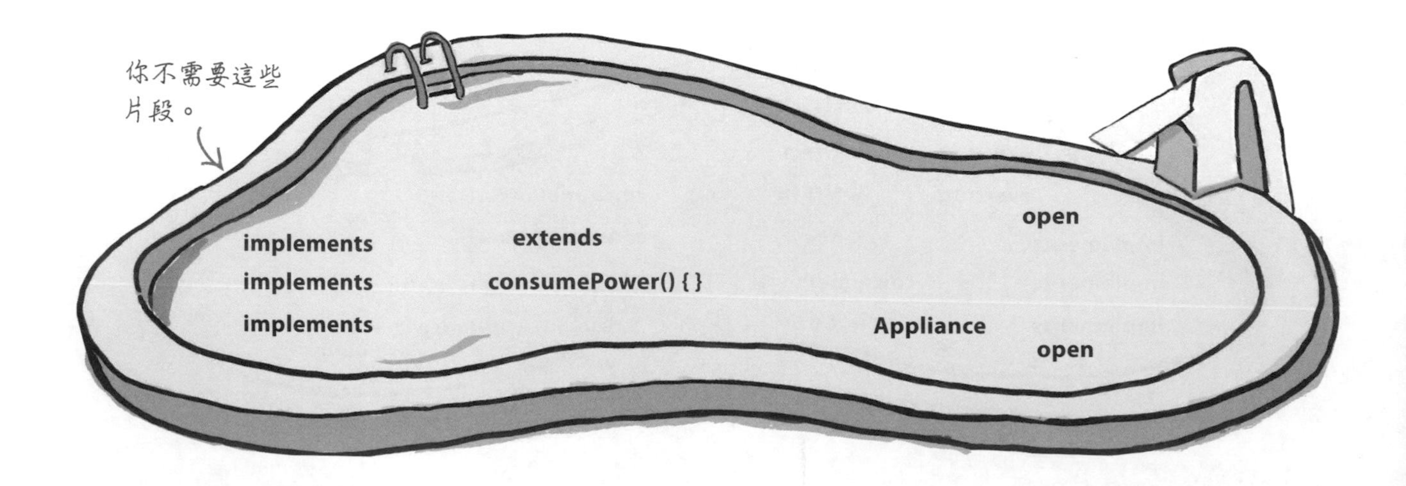

獨立的類別可以有共同的行為

到目前為止，你已經知道如何使用抽象超類別與具體子類別的組合來建立繼承階層了。這種做法可以讓你免於寫出重複的程式碼，也就是說，你可以受益於多型，寫出靈活的程式。但是，如果你想要讓一些類別共享在繼承階層中定義的某些行為，但不是全部呢？

例如，假設我們想要在動物模擬應用程式中加入一個 `Vehicle` 類別，它有一個函式：`roam`，這樣我們就可以建立 `Vehicle` 物件，在動物環境中四處移動。

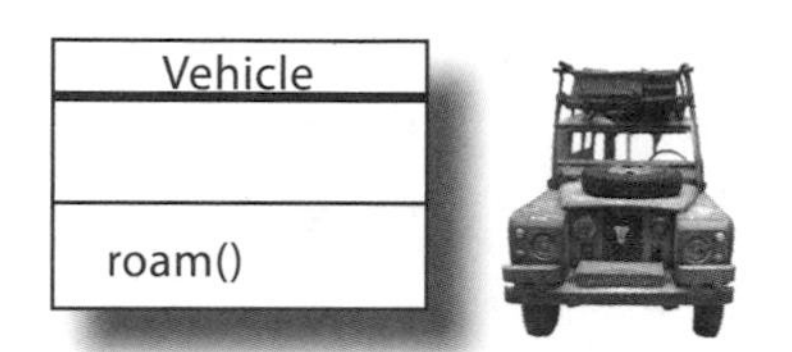

讓 `Vehicle` 類別實作 `Animal` 的 `roam` 函式是很有幫助的，因為這代表我們可以利用多型，將可以移動的物件組成一個陣列，並且對著每一個物件呼叫函式。但是 `Vehicle` 類別不屬於 `Animal` 超類別階層，因為它無法通過 IS-A 測試："a Vehicle IS-A Animal" 這句話是不合理的，"an Animal IS-A Vehicle" 也是如此。

如果兩種類別無法通過 IS-A 測試，代表它們不屬於同一個超類別階層。

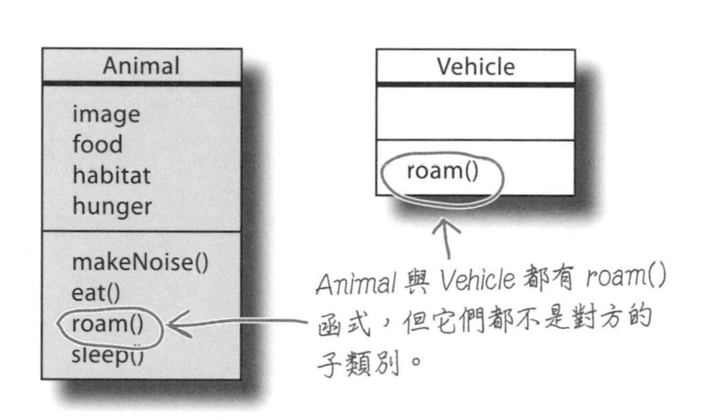

當你要讓別的類別有共同的行為時，可以用**介面**來建立這種行為的模型。那麼，什麼是介面？

介面可讓你在超類別階層<u>之外</u>定義共同的行為

介面的用途是為共同的行為定義一個協定，讓你可以受惠於多型，並且不需要依靠嚴格的繼承結構。因為介面無法實例化，它很像抽象類別，可以定義抽象或具體函式與屬性，不過它們之間有一項重要的差異：**一個類別可以實作多個介面，但只能繼承單一直系超類別**。所以，使用介面可以得到使用抽象類別的好處，但有更大的彈性。

我們來加入一個名為 `Roamable` 的介面，並且用它來定義 roam 行為，看看介面是如何運作的。我們要在 `Animal` 與 `Vehicle` 類別裡面實作這個介面。

我們先定義 `Roamable` 介面。

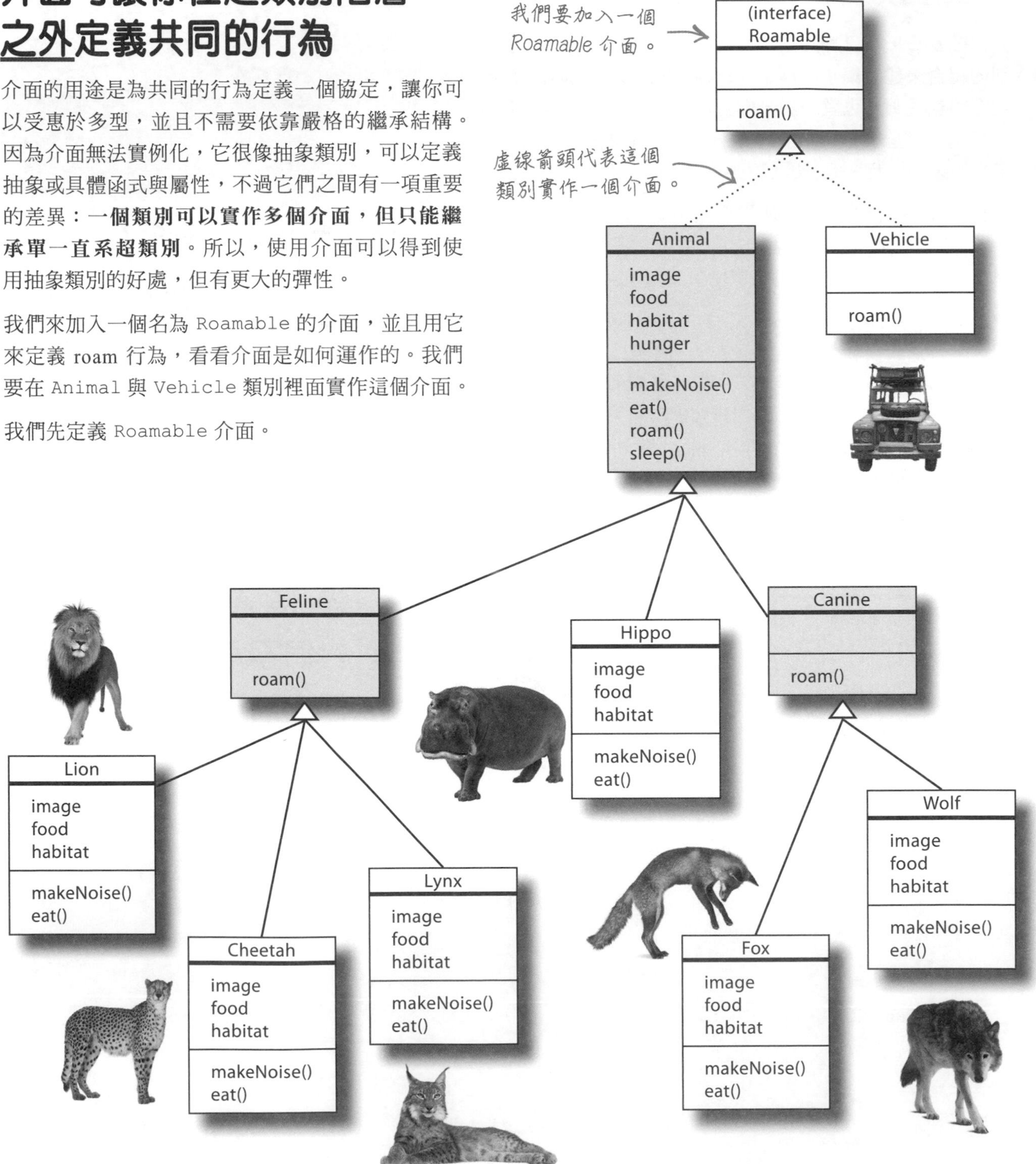

定義 Roamable 介面

我們要建立一個 Roamable 介面，並且用它來提供移動行為的協定。我們會定義一個名為 roam 的抽象函式，讓 Animal 與 Vehicle 類別實作它（稍後會展示這些類別的程式碼）。

這是我們的 Roamable 介面程式（幾頁之後會將它加入 Animals 專案）：

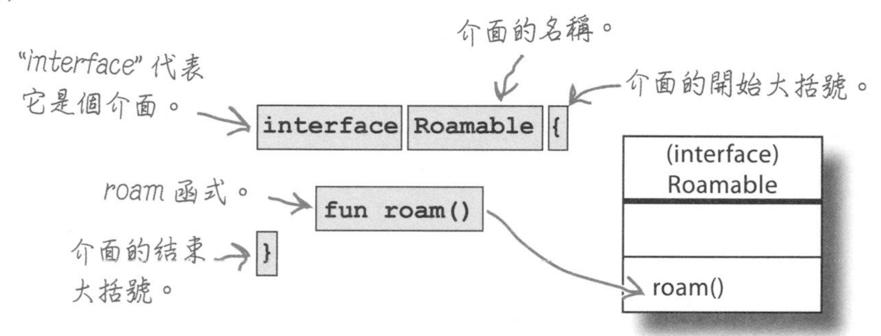

介面函式可以是抽象的或具體的

將函式加入介面的方式，就是將它們放入介面的內文（在大括號 {} 裡面）。在例子中，我們定義一個名為 roam 的抽象函式，所以程式是：

```
interface Roamable {
    fun roam()    // 這是在介面中定義抽象函式的方式。
}
```

當你在介面中加入抽象函式時，不需要像是在抽象類別加入抽象函式那樣，在函式名稱前面加上 abstract 關鍵字。使用介面時，編譯器會自動判斷沒有內文的函式必定是抽象的，所以你不需要標記它。

你也可以在介面加入具有內文的函式，來提供具體函式。例如，下面的程式提供一個 roam 函式的具體實作：

```
interface Roamable {
    fun roam() {
        println("The Roamable is roaming")    // 要將具體函式加入介面，你只要提供它的內文即可。
    }
}
```

你可以看到，在介面中定義函式的方式，與在抽象類別中定義函式的方式很像。那麼，屬性呢？

如何定義介面屬性？

要將屬性加入介面，你必須將它加入介面的內文。你只能用這種方式來定義介面屬性，因為與抽象類別不同的是，**介面不能擁有建構式**。例如，這是將名為 velocity 的抽象 Int 屬性加入 Roamable 介面的方式：

```
interface Roamable {
    val velocity: Int
}
```

與抽象函式一樣，你不需要在抽象屬性前面加上 *abstract* 關鍵字。

(interface) Roamable
velocity

與抽象類別的屬性不同的是，在介面內定義的屬性無法儲存狀態，因此無法初始化。但是，你可以定義自訂的 getter 來回傳屬性的值：

```
interface Roamable {
    val velocity: Int
        get() = 20
}
```

有人讀取屬性時，回傳 20 這個值。但是實作這個介面的任何一個類別都可以覆寫這個屬性。

另一種限制是，介面的屬性**沒有幕後屬性**。第 4 章談過，幕後屬性提供底下屬性值的參考，因此，你無法像這樣定義 setter 來更新屬性值：

```
interface Roamable {
    var velocity: Int
        get() = 20
        set(value) {
            field = value
        }
}
```

如果你試著在介面內寫這種程式，它將無法編譯。原因是你不能在介面中使用 "*field*" 關鍵字，因此你無法更改底下的屬性值。

但是，只要 setter 不試著參考屬性的幕後屬性，你就可以定義它。例如，下面的程式是有效的：

```
interface Roamable {
    var velocity: Int
        get() = 20
        set(value) {
            println("Unable to update velocity")
        }
}
```

這段程式可以編譯，因為你沒有使用 *field* 關鍵字。但是它不會更改底下的屬性值。

知道如何定義介面之後，我們來看一下如何實作它。

宣告實作介面的類別…

宣告類別實作介面的方式與宣告類別繼承超類別的方式很像，你只要在類別的首行加上一個冒號，之後再加上介面的名稱即可。例如，這是宣告 Vehicle 類別實作 Roamable 介面的方式：

```
class Vehicle : Roamable {
    ...
}
```

這就像是說 "Vehicle 類別實作 Roamable 介面"。

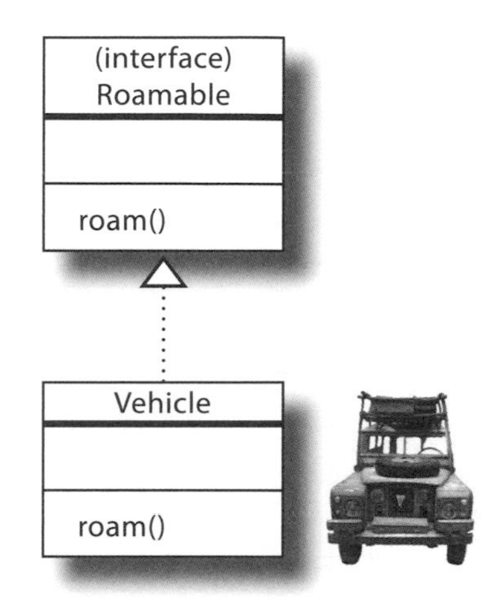

不過與宣告類別繼承超類別不同的是，你不需要在介面名稱後面加上括號。因為加上括號是為了呼叫超類別建構式，但介面沒有建構式。

…接著覆寫介面的屬性與函式

實作介面可讓類別取得介面的所有屬性與函式。你可以覆寫這些屬性與函式，做法與覆寫從超類別繼承來的屬性與函式一模一樣。例如，下面的程式覆寫來自 Roamable 介面的 roam 函式：

```
class Vehicle : Roamable {
    override fun roam() {
        println("The Vehicle is roaming")
    }
}
```

Vehicle 類別的這段程式覆寫從 Roamable 介面繼承的 roam() 函式。

如同抽象類別，實作介面的具體類別必須具體實作任何抽象屬性與函式。例如，Vehicle 類別直接實作 Roamable 介面，所以它必須實作該介面定義的所有抽象屬性與函式，程式才能編譯。但是，如果實作介面的類別是抽象的，類別可以選擇自行實作屬性與函式，或將這項工作交給它的子類別。

具體類別不能含有抽象屬性與函式，所以它們必須實作繼承來的所有抽象屬性與函式。

注意，實作介面的類別仍然可以定義它自己的屬性與函式。例如，Vehicle 類別可以定義它自己的 fuelType 屬性，而且依然可以實作 Roamable 介面。

本章稍早談過類別可以實作多個介面，我們來看一下怎麼做。

如何實作多個介面？

要宣告一個實作多個介面的類別（或介面），你要在類別首行加入每一個介面，並用逗號分隔它們。例如，假設你有兩個介面，稱為 A 與 B，這段程式宣告實作這兩個介面的類別 X：

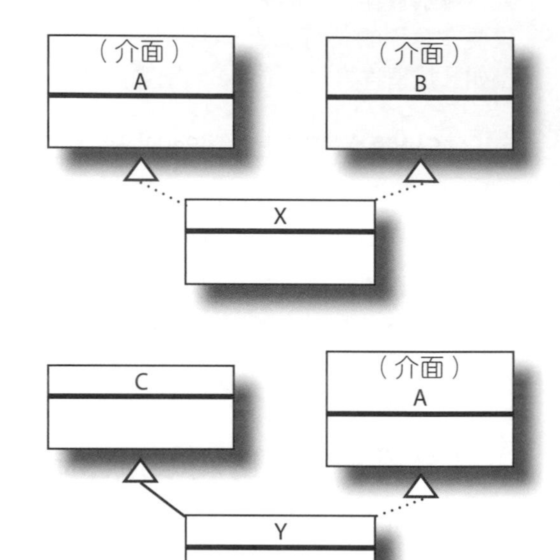


```
class X : A, B {
    ...
}
```

類別 X 實作 A 與 B 介面。

類別也可以繼承超類別來實作一或多個介面，例如，這段程式指定類別 Y 實作介面 A 並且繼承類別 C：

```
class Y : C(), A {
    ...
}
```

類別 Y 繼承類別 C，並實作介面 A。

如果類別繼承了同一個函式或屬性的多個實作，該類別就必須提供它自己的實作，或指定它要使用哪一版的函式或屬性。例如，如果 A 與 B 介面都有具體函式 myFunction，而 X 類別實作這兩個介面，X 類別必須提供 myFunction 的實作，讓編譯器知道如何處理這個函式被呼叫時的情況：

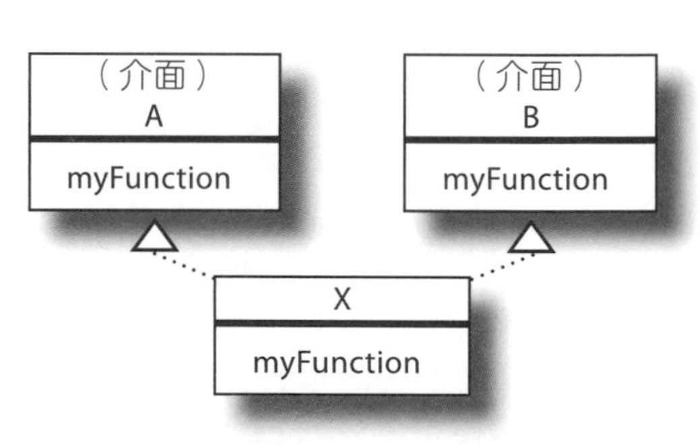


```
interface A {
    fun myFunction() { println("from A") }
}

interface B {
    fun myFunction() { println("from B") }
}

class X : A, B {
    override fun myFunction() {
        super<A>.myFunction()
        super<B>.myFunction()
        //類別 X 自己的其他程式碼
    }
}
```

super<A> 代表名為 A 的超類別（或介面），所以 super<A>.myFunction() 會呼叫 A 定義的 myFunction 版本。

這段程式會呼叫 A 定義的 myFunction 版本，接著呼叫在 B 定義的版本，接著執行類別 X 自己的程式碼。

如何知道究竟要製作類別、子類別、抽象類別，或介面？

無法確定你究竟要建立類別、抽象類別，還是介面嗎？
這些小提示或許可以幫助你：

- 當你的新類別無法通過針對任何其他型態的 IS-A 測試時，將它做成沒有超類別的類別。
- 當你需要某個類別更具體的版本，或需要覆寫或加入新行為時，將它做成繼承超類別的子類別。
- 當你想要為一群子類別定義一個模板時，將它做成抽象類別。當你想要確保沒有人可以製作某種型態的物件時，將類別做成抽象的。
- 當你想要定義共同行為，或其他類別可以扮演的角色，無論那些類別在繼承樹的哪裡時，製作介面。

Roses are red,（玫瑰是紅的）
Violets are blue,（紫羅蘭是藍的）
Inherit from one,（繼承一個）
But implement two.（但實作兩個）
Kotlin 類別只能有一個父代（超類別），那個父類別定義了你是誰。但你可以實作多個介面，那些介面定義了你可以扮演的角色。

知道如何定義與實作介面之後，我們來修改 Animals 專案的程式。

沒有蠢問題

問：介面有沒有命名規則？

答：沒有任何規則，但因為介面指定行為，大家經常使用 *-ible* 或 *-able* 結尾的單字來指出它做什麼事，而不是它是什麼。

問：為什麼介面與抽象類別不需要標記為 open？

答：介面與抽象類別原本就是為了被實作或繼承而存在的，編譯器知道這件事，所以在幕後，每一個介面與抽象類別都是 open 的，即使它沒有被如此標記。

問：你說我們可以覆寫介面定義的任何屬性與函式，你的意思其實是：我們可以覆寫它的抽象屬性與函式吧？

答：不，繼承介面時，你可以覆寫它的任何屬性與函式。所以即使介面的函式有具體實作，你仍然可以覆寫它。

問：介面可以繼承超類別嗎？

答：不行，但是它可以實作一或多個介面。

問：我何時該定義函式的具體實作，何時該讓它是抽象的？

答：如果你覺得具體實作可以幫助任何一個繼承它的類別，通常就可以提供具體實作。

如果你無法想出有益的實作，通常就要讓它是抽象的，如此一來，你就可以強迫具體子類別提供它們自己的實作。

更改 Animals 專案

我們要在專案中加入 Roamable 介面與 Vehicle 類別。Vehicle 類別將實作 Roamable 介面，Animal 抽象類別也是如此。

修改你的 *Animals.kt* 檔案，讓它的內容與下面的程式相符（粗體代表修改的地方）：

加入 Roamable 介面，它裡面有個抽象函式 roam()。

Animal 類別需實作 Roamable 介面。

覆寫 Roamable 介面的 roam() 函式。

```
interface Roamable {
    fun roam()
}

abstract class Animal : Roamable {
    abstract val image: String
    abstract val food: String
    abstract val habitat: String
    var hunger = 10

    abstract fun makeNoise()

    abstract fun eat()

    override fun roam() {
        println("The Animal is roaming")
    }

    fun sleep() {
        println("The Animal is sleeping")
    }
}
```

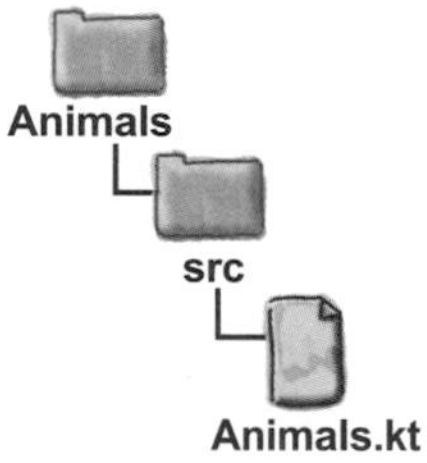

Animals
src
Animals.kt

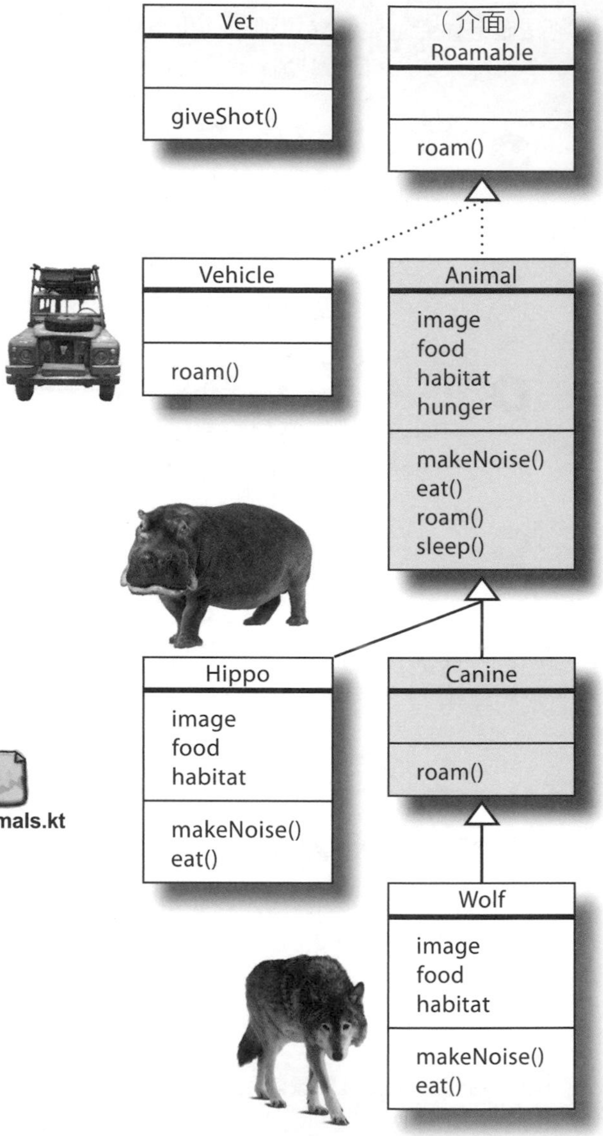

Vet: giveShot()

（介面）Roamable: roam()

Vehicle: roam()

Animal: image, food, habitat, hunger; makeNoise(), eat(), roam(), sleep()

Hippo: image, food, habitat; makeNoise(), eat()

Canine: roam()

Wolf: image, food, habitat; makeNoise(), eat()

下一頁還有程式。

程式還沒結束…

```
class Hippo : Animal() {
    override val image = "hippo.jpg"
    override val food = "grass"
    override val habitat = "water"

    override fun makeNoise() {
        println("Grunt! Grunt!")
    }

    override fun eat() {
        println("The Hippo is eating $food")
    }
}

abstract class Canine : Animal() {
    override fun roam() {
        println("The Canine is roaming")
    }
}

class Wolf : Canine() {
    override val image = "wolf.jpg"
    override val food = "meat"
    override val habitat = "forests"

    override fun makeNoise() {
        println("Hooooowl!")
    }

    override fun eat() {
        println("The Wolf is eating $food")
    }
}
```

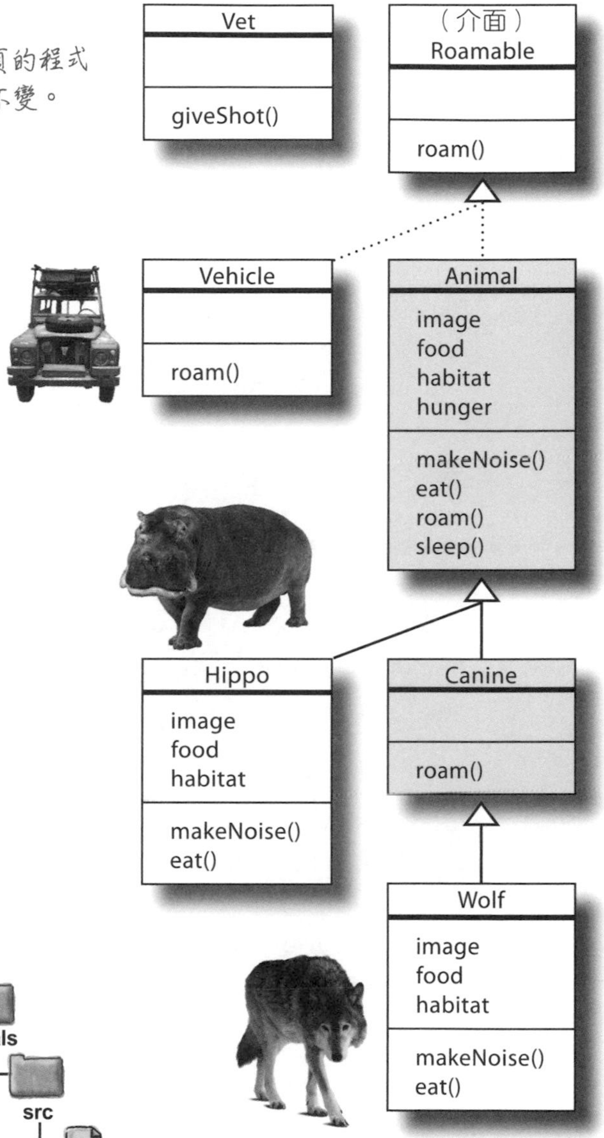

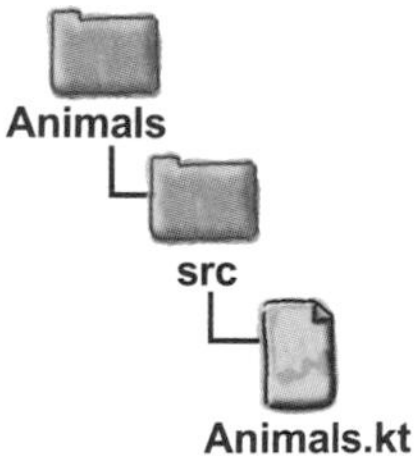

這一頁的程式維持不變。

Vet
giveShot()

（介面）
Roamable
roam()

Vehicle
roam()

Animal
image
food
habitat
hunger
makeNoise()
eat()
roam()
sleep()

Hippo
image
food
habitat
makeNoise()
eat()

Canine
roam()

Wolf
image
food
habitat
makeNoise()
eat()

Animals
src
Animals.kt

下一頁還有程式。

程式還沒結束…

```
class Vehicle : Roamable {   ← 加入 Vehicle 類別。
    override fun roam() {
        println("The Vehicle is roaming")
    }
}

class Vet {
    fun giveShot(animal: Animal) {
        //做一些醫療行為
        animal.makeNoise()
    }
}

fun main(args: Array<String>) {
    val animals = arrayOf(Hippo(), Wolf())
    for (item in animals) {
        item.roam()
        item.eat()
    }

    val vet = Vet()
    val wolf = Wolf()
    val hippo = Hippo()
    vet.giveShot(wolf)
    vet.giveShot(hippo)
}
```

Animals
src
Animals.kt

Vet: giveShot()
（介面）Roamable: roam()
Vehicle: roam()
Animal: image, food, habitat, hunger; makeNoise(), eat(), roam(), sleep()
Hippo: image, food, habitat; makeNoise(), eat()
Canine: roam()
Wolf: image, food, habitat; makeNoise(), eat()

我們來測試一下程式，看看會發生什麼事情。

測試

執行你的程式，與之前一樣，IDE 的輸出視窗會印出一些文字，但是現在 Animal 類別使用 Roamable 介面來實作它的 roam 行為了。

我們仍然需要在 main 函式中使用 Vehicle 物件，但是在那之前，先做一下接下來的練習。

```
The Animal is roaming
The Hippo is eating grass
The Canine is roaming
The Wolf is eating meat
Hooooowl!
Grunt! Grunt!
```

左邊有一些類別圖。你的任務是將它們轉換成有效的 Kotlin 宣告程式。我們已經幫你完成第一個練習了。

類別圖：

1

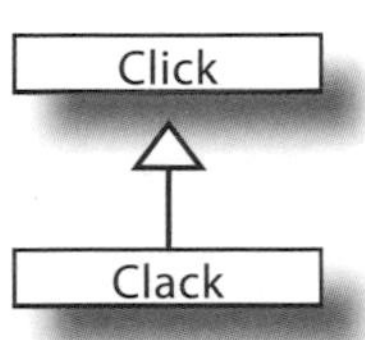

2

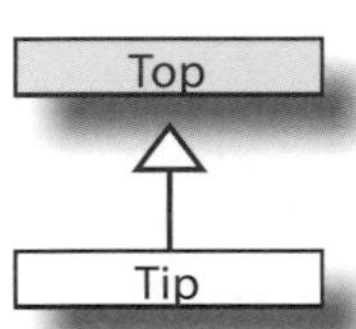

3

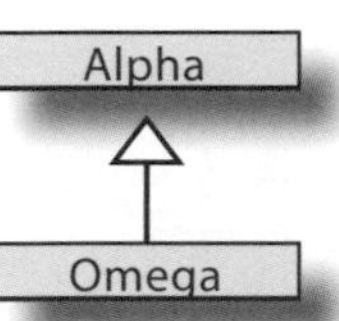

4

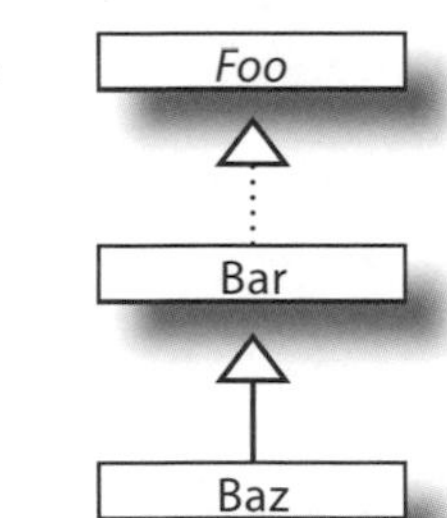

5

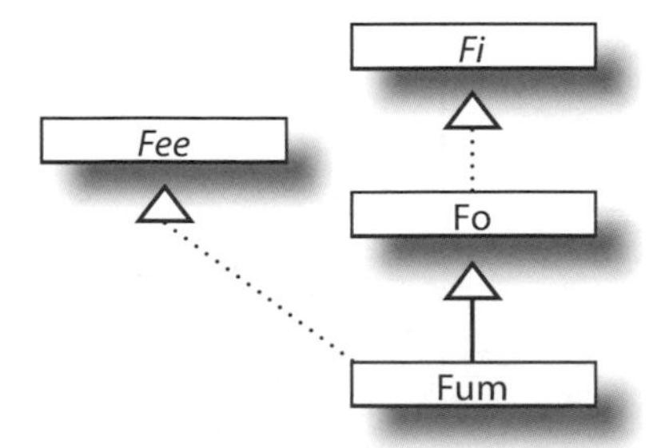

宣告程式：

1

```
open class Click { }
class Clack : Click() { }
```

2

3

4

5

重點：

繼承

實作

Clack 類別

Clack 抽象類別

Clack 介面

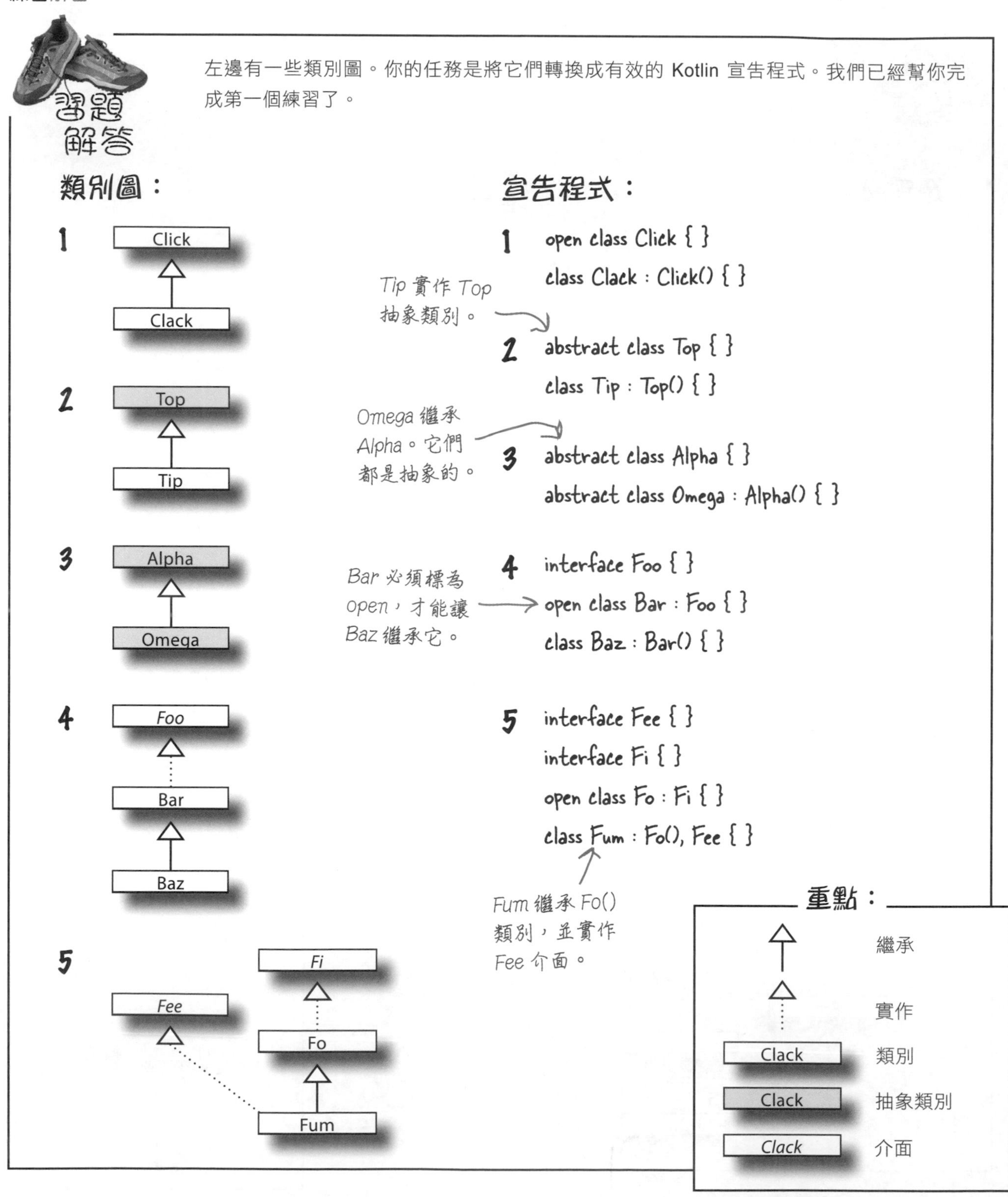
習題
解答
左邊有一些類別圖。你的任務是將它們轉換成有效的 Kotlin 宣告程式。我們已經幫你完成第一個練習了。
類別圖：
1
Click
Clack
2
Top
Tip
3
Alpha
Omega
4
Foo
Bar
Baz
5
Fi
Fee
Fo
Fum
宣告程式：
1
open class Click { }
class Clack : Click() { }
Tip 實作 Top 抽象類別。
2
abstract class Top { }
class Tip : Top() { }
Omega 繼承 Alpha。它們都是抽象的。
3
abstract class Alpha { }
abstract class Omega : Alpha() { }
Bar 必須標為 open，才能讓 Baz 繼承它。
4
interface Foo { }
open class Bar : Foo { }
class Baz : Bar() { }
5
interface Fee { }
interface Fi { }
open class Fo : Fi { }
class Fum : Fo(), Fee { }
Fum 繼承 Fo() 類別，並實作 Fee 介面。
重點：
繼承
實作
Clack
類別
Clack
抽象類別
Clack
介面

介面可讓你使用多型

你已經知道使用介面可讓程式受惠於多型了。例如，你可以利用多型，用 Roamable 物件建立一個陣列，接著呼叫各個物件的 roam 函式：

這一行建立 Roamable 物件的陣列。

```
val roamables = arrayOf(Hippo(), Wolf(), Vehicle())
for (item in roamables) {
    item.roam()
}
```

因為 roamables 陣列保存 Roamable 物件，所以 item 變數的型態是 Roamable。

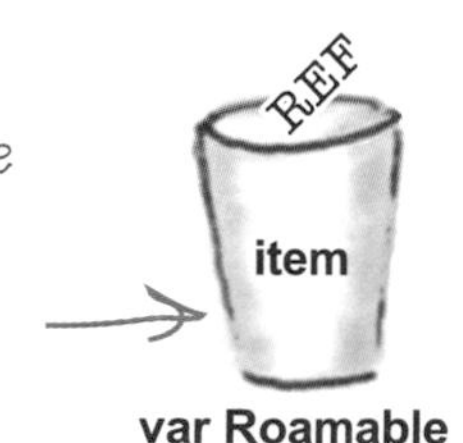

但是，如果你想要使用的不是只有 Roamable 介面定義的函式與屬性呢？如果你也想要呼叫各個 Animal 的 makeNoise 函式呢？你不能直接使用：

```
item.makeNoise()
```

因為 item 是 Roamable 型態的變數，所以它不認識 makeNoise 函式。

藉著確定物件的型態，來使用非共同的行為

在使用變數的型態沒有定義的行為之前，你可以先使用 **is** 運算子來確定底下的物件的型態，如果底下的物件具備適當的型態，編譯器就可以讓你使用那個型態可用的行為。例如，下面的程式會檢查 Animal 變數引用的物件是不是 Wolf，如果是，就呼叫 eat 函式：

```
val animal: Animal = Wolf()
if (animal is Wolf) {
    animal.eat()
}
```

編譯器知道物件是 Wolf，所以呼叫它的 eat() 函式。

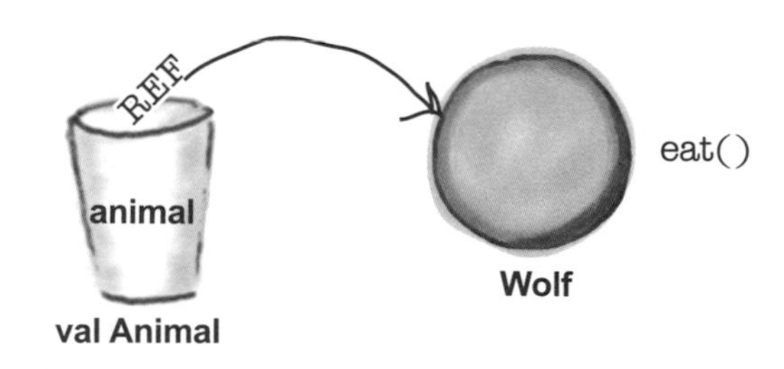

在上面的程式中，編譯器知道底下的物件是 Wolf，所以執行 Wolf 專屬的程式都是安全的，所以，如果我們想要呼叫 Roamables 陣列內的每一個 Animal 物件的 eat 函式，可以：

```
val roamables = arrayOf(Hippo(), Wolf(), Vehicle())
for (item in roamables) {
    item.roam()
    if (item is Animal) {
        item.eat()
    }
}
```

如果 item 是 Animal，編譯器知道它可以呼叫 item 的 eat() 函式。

使用 is 運算子來檢查底下的物件是不是指定的型態（或它的子型態）。

你可以在各種情況下使用 is 運算子，我們來看其他的情況。

應該在哪裡使用 is 運算子？

這是 is 運算子一些常見的用法：

當成 if 的條件式

如你所知，你可以將 is 運算子當成 if 的條件式來使用。例如，在下面的程式中，當 animal 變數保存 Wolf 物件的參考時，變數 str 會被設為 "Wolf" String，否則設為 "not Wolf"：

```
val str = if (animal is Wolf) "Wolf" else "not Wolf"
```

注意，底下的物件必須屬於指定的型態，否則程式無法編譯。例如，你無法測試 *Animal* 是否保存 *Int* 的參考，因為 *Animal* 與 *Int* 是不相容的型態。

在條件式裡面與 && 和 || 一起使用

你可以用 && 與 || 來製作更複雜的條件式。例如，下面的程式會測試 Roamable 變數是否存有 Animal 物件的參考，若是，它會進一步測試 Animal 的 hunger 屬性是否小於 5：

```
if (roamable is Animal && roamable.hunger < 5) {
    //處理飢餓動物的程式碼
}
```

if 條件式的右側部分只在 *roamable* 是 *Animal* 時執行，以讀取它的 *hunger* 屬性。

你也可以使用 !is 來測試物件是否不屬於特定型態。例如，下面的程式就像是說"如果 roamable 變數保存的不是 Animal 的參考，或者，如果 Animal 的 hunger 屬性大於或等於 5"：

```
if (roamable !is Animal || x.hunger >= 5) {
    //處理非動物，或不餓的動物的程式
}
```

請記得，|| 條件式的右側部分只在左側是 *false* 時執行，因此，右側部分只在 *roamable* 是 *Animal* 時執行。

在 while 迴圈內

如果你想要在 while 迴圈的條件式使用 is，可以這樣子寫：

```
while (animal is Wolf) {
    //當動物是狼時執行的程式
}
```

在上面的例子中，程式會在 animal 變數保存 Wolf 物件的參考時持續執行迴圈。

你也可以和 **when** 一起使用 is 運算子。我們來看看它是什麼，以及如何使用它們。

使用 when 來用一個變數與許多選項進行比較

當你想要用一個變數與一組不同的選項進行比較時，可以使用 when 陳述式。它就像使用一連串的 if/else 運算式，但比較緊湊且容易瞭解。

這是 when 陳述式的樣子：

```
when (x) {
    0 -> println("x is zero")
    1, 2 -> println("x is 1 or 2")
    else -> {
        println("x is neither 0, 1 nor 2")
        println("x is some other value")
    }
}
```

檢查變數 x 的值。

當 x 是 0 時，執行這段程式。

當 x 是 1 或 2 時，執行這段程式。

when 陳述式可以使用 else 子句。

當 x 是其他值時，執行這段程式。

上面的程式先接收變數 x，接著用它的值來與各種選項做比較。這就像是說："當 *x* 是 0 時，印出 "x is zero"，當 *x* 是 1 或 2 時，印出 "x is 1 or 2"，否則印出其他的文字"。

如果你想要根據底下的物件的型態來執行不同的程式，可以在 when 陳述式裡面使用 is 運算子。例如，下面的程式使用 is 運算子來檢查 roamable 變數參考的物件的型態。當型態是 Wolf 時，它會執行 Wolf 專屬的程式，當型態是 Hippo 時，它會執行 Hippo 專屬的程式，當型態是其他的 Animal 時（不是 Wolf 或 Hippo），它會執行其他的程式：

```
when (roamable) {
    is Wolf -> {
    //Wolf 專屬的程式
    }
    is Hippo -> {
        //Hippo 專屬的程式
    }
    is Animal -> {
        //當 roamable 是其他的 Animal 時執行的程式
    }
}
```

檢查 roamable 的值。

這段程式只在 roamable 是非 Wolf 或 Hippo 的 Animal 型態時執行。

將 when 當成運算式來使用

你也可以將 when 當成運算式來使用，也就是說，你可以用它來回傳一個值。例如，下面的程式使用 when 運算式來將一個值指派給一個變數：

```
var y = when (x) {
    0 -> true
    else -> false
}
```

當你這樣子使用 when 運算式時，必須處理被你檢查的變數可能保存的每一個值，通常會使用 else 子句。

is 運算子通常會執行智慧轉型

在大部分的情況下，is 運算子都會執行**智慧轉型**（**smart cast**）。轉型就是編譯器將某個變數視為與它的宣告型態不同的型態，而智慧轉型就是編譯器自動為你執行轉型。例如，下面的程式使用 is 運算子來將 item 變數智慧轉型成 Wolf，因此在 if 條件式的內文中，編譯器會將 item 變數視為 Wolf：

```
if (item is Wolf) {
    item.eat()
    item.makeNoise()
    //其他 Wolf 專屬的程式碼
}
```

在這段程式區塊中，item 被智慧轉型成 Wolf。

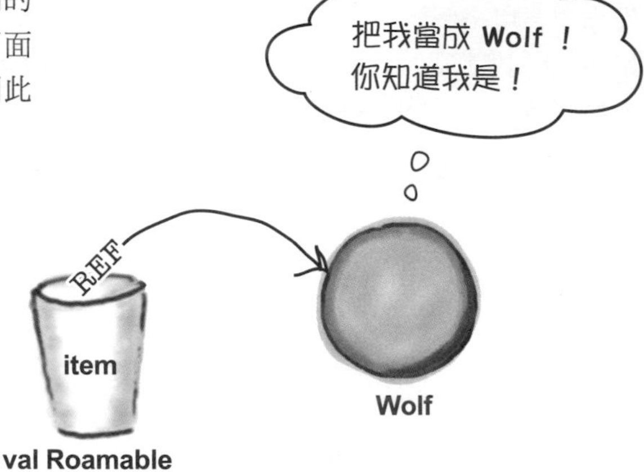

當編譯器可以保證，從確認物件的型態之後，到物件被使用之間，變數不會改變時，is 運算子就會執行智慧轉型。例如，在上面的程式中，編譯器知道從使用 is 運算子到呼叫 Wolf 專屬函式之間，item 變數都不會被指派不同型態的變數參考。

但是有時智慧轉型不會發生。例如，is 運算子不會將類別內的 var 屬性智慧轉型，因為編譯器無法保證其他的程式不會偷偷更改屬性。所以下面的程式無法編譯，因為編譯器無法將 r 變數智慧轉型成 Wolf：

你不需要強記無法智慧轉型的所有情況。

當你試著不當地使用智慧轉型時，編譯器就會告訴你了。

```
class MyRoamable {
    var r: Roamable = Wolf()

    fun myFunction() {
        if (r is Wolf) {
            r.eat()
        }
    }
}
```

編譯器無法將 Roamable 型態的屬性 r 轉型成 Wolf。因為編譯器無法保證從確定它的型態到使用它之間，別的程式不會更改它。因此這段程式無法編譯。

你該怎麼處理這種情況？

使用 as 來執行明確轉型

如果你想要使用底下物件的行為，但是編譯器無法執行智慧轉型，你可以將物件明確地轉型成適當的型態。

假設你想要確保 `Roamable` 型態的變數 `r` 保存 `Wolf` 物件的參考，而且想要使用該物件的 `Wolf` 專屬行為，你可以使用 **as** 運算子來複製 `Roamable` 變數保存的參考，並將它指派給新的 `Wolf` 變數，再藉由 `Wolf` 變數來使用 `Wolf` 的行為：

```
var wolf = r as Wolf
wolf.eat()
```

這段程式將物件明確地轉型成 *Wolf*，因此你可以呼叫它的 *Wolf* 函式。

請注意，`wolf` 與 `r` 變數**都保存同一個 `Wolf` 物件的參考**。但是 `r` 變數只知道那個物件實作了 `Roamable` 介面，`wolf` 變數卻知道那個物件實際上是 `Wolf`，所以它可以將那個物件視為它的真實身分 `Wolf`：

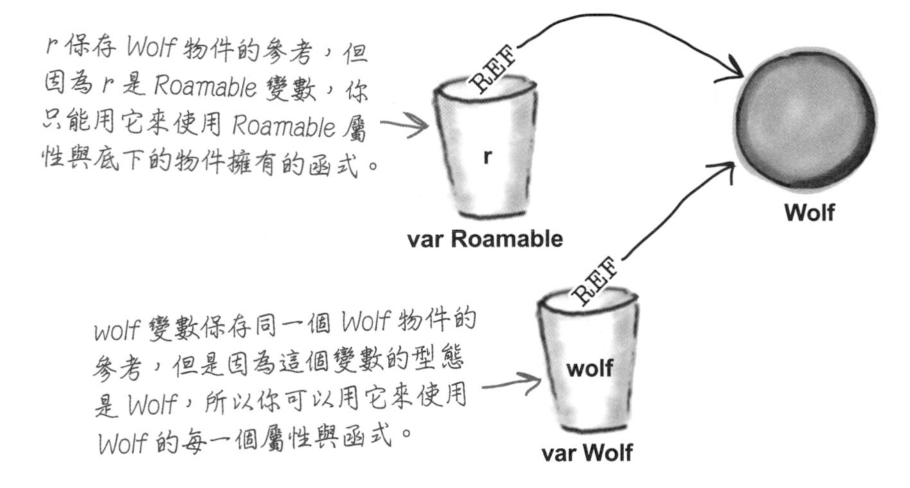

如果你不確定底下的物件是不是 `Wolf`，可以使用 `is` 運算子來檢查，再進行轉型，就像這樣：

```
if (r is Wolf) {
    val wolf = r as Wolf
    wolf.eat()
}
```

如果 *r* 是 *Wolf*，將它轉型成 *Wolf*，並呼叫它的 *eat()* 函式。

知道轉型（還有智慧轉型）如何運作之後，我們要修改 Animals 專案了。

更改 Animals 專案

我們修改了 main 函式的程式，加入一個 Roamable 物件陣列。按照下面的程式來修改你的 *Animals.kt* 裡面的函式（粗體代表修改的地方）：

我們只修改 main 函式的程式。

```
...
fun main(args: Array<String>) {
    val animals = arrayOf(Hippo(), Wolf())
    for (item in animals) {
        item.roam()
        item.eat()
    }

    val vet = Vet()
    val wolf = Wolf()
    val hippo = Hippo()
    vet.giveShot(wolf)
    vet.giveShot(hippo)

    val roamables = arrayOf(Hippo(), Wolf(), Vehicle())
    for (item in roamables) {
        item.roam()
        if (item is Animal) {
            item.eat()
        }
    }
}
```

建立一個 Roamables 組成的陣列。

呼叫陣列內的各個 Animal 的 eat() 函式。

Animals
src
Animals.kt

Vet
giveShot()

（介面）Roamable
roam()

Vehicle
roam()

Animal
image food habitat hunger
makeNoise() eat() roam() sleep()

Hippo
image food habitat
makeNoise() eat()

Canine
roam()

Wolf
image food habitat
makeNoise() eat()

修改程式之後，我們來執行它吧！

測試

執行你的程式，程式會在遍歷 roamables 陣列時，呼叫每一個項目的 roam 函式，但是底下的物件是 Animal 時，才會呼叫 eat 函式。

```
The Animal is roaming
The Hippo is eating grass
The Canine is roaming
The Wolf is eating meat
Hooooowl!
Grunt! Grunt!
The Animal is roaming
The Hippo is eating grass
The Canine is roaming
The Wolf is eating meat
The Vehicle is roaming
```

我是編譯器

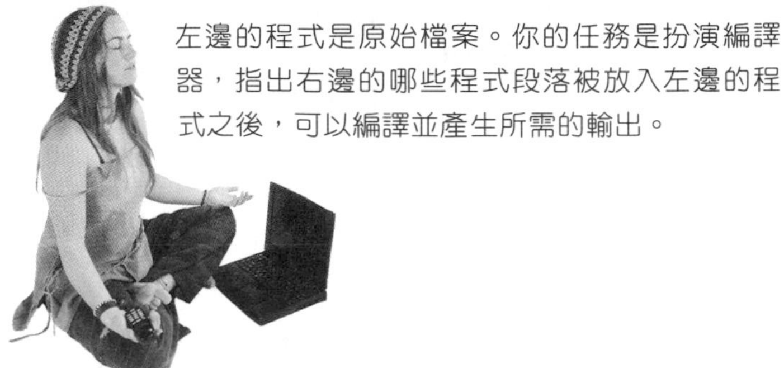

左邊的程式是原始檔案。你的任務是扮演編譯器，指出右邊的哪些程式段落被放入左邊的程式之後，可以編譯並產生所需的輸出。

```
interface Flyable {
    val x: String

    fun fly() {
        println("$x is flying")
    }
}

class Bird : Flyable {
    override val x = "Bird"
}

class Plane : Flyable {
    override val x = "Plane"
}

class Superhero : Flyable {
    override val x = "Superhero"
}

fun main(args: Array<String>) {
    val f = arrayOf(Bird(), Plane(), Superhero())
    var x = 0
    while (x in 0..2) {
        [                    ]

        x++
    }
}
```

將每個程式段落放在這裡。

輸出：

程式必須產生這個輸出。

Plane is flying
Superhero is flying

這些是程式段落。

1
```
when (f[x]) {
    is Bird -> {
        x++
        f[x].fly()
    }
    is Plane, is Superhero ->
                    f[x].fly()
}
```

2
```
if (x is Plane || x is Superhero) {
    f[x].fly()
}
```

3
```
when (f[x]) {
    Plane, Superhero -> f[x].fly()
}
```

4
```
val y = when (f[x]) {
    is Bird -> false
    else -> true
}
if (y) {f[x].fly()}
```

我是編譯器解答

左邊的程式是原始檔案。你的任務是扮演編譯器，指出右邊的哪些程式段落被放入左邊的程式之後，可以編譯並產生所需的輸出。

輸出：

Plane is flying
Superhero is flying

```
interface Flyable {
    val x: String

    fun fly() {
        println("$x is flying")
    }
}

class Bird : Flyable {
    override val x = "Bird"
}

class Plane : Flyable {
    override val x = "Plane"
}

class Superhero : Flyable {
    override val x = "Superhero"
}

fun main(args: Array<String>) {
    val f = arrayOf(Bird(), Plane(), Superhero())
    var x = 0
    while (x in 0..2) {
        [                    ]
        x++
    }
}
```

1

```
when (f[x]) {
    is Bird -> {
        x++
        f[x].fly()
    }
    is Plane, is Superhero ->
                    f[x].fly()
}
```

這段程式可以編譯，並產生正確的輸出。

這段無法編譯，因為 x 是 Int，不可能是 Plane 或 Superhero。

2

```
if (x is Plane || x is Superhero) {
    f[x].fly()
}
```

這段無法編譯，因為它必須使用 is 運算子來確定 f[x] 的型態。

3

```
when (f[x]) {
    Plane, Superhero -> f[x].fly()
}
```

4

```
val y = when (f[x]) {
    is Bird -> false
    else -> true
}
if (y) {f[x].fly()}
```

這段程式可以編譯，並且產生正確的輸出。

你的 Kotlin 工具箱

讀完第 6 章之後，你已經將抽象類別與介面加入工具箱了。

你可以從 https://tinyurl.com/HFKotlin 下載本章的完整程式碼。

重點提示

- 抽象類別無法實例化。它可以容納抽象與非抽象屬性及函式。
- 含有抽象屬性或函式的類別都必須宣告為抽象。
- 非抽象的類別稱為具體。
- 你要藉著覆寫抽象屬性與函式來實作它們。
- 任何具體子類別都必須覆寫所有抽象屬性與函式。
- 介面可讓你在超類別階層之外定義共同的行為，讓獨立的類別仍然可以受惠於多型。
- 介面可以擁有抽象或非抽象函式。
- 介面的屬性可以是抽象的，或者擁有 getter 與 setter。它們不能被初始化，而且不能存取幕後屬性。
- 一個類別可以實作多個介面。
- 如果子類別繼承名為 `A` 的超類別（或實作介面），你可以用這段程式：

  ```
  super<A>.myFunction
  ```

  來呼叫 A 定義的 `myFunction` 實作。
- 如果變數保存物件的參考，你可以用 `is` 運算子來確定底下物件的型態。
- `is` 運算子會在編譯器可以保證底下的物件從確定型態到被使用之間不會改變時，執行智慧轉型。
- `as` 運算子可讓你執行明確轉型。
- `when` 運算式可讓你拿一個變數與一組不同的選項進行比較。

7 資料類別

處理資料

沒有人想要浪費生命重新發明輪子。

大部分的應用程式都有一些主要用來儲存資料的類別，它們可以讓你的程式設計生涯更輕鬆，因此 Kotlin 開發人員提出**資料類別**的概念。在這一章，我們要學習如何用資料類別寫出意想不到的**簡明**程式。你將瞭解資料類別的**工具函式**，並探索如何**將資料物件解構成它的元件**。在過程中，你會學到如何用**預設的參數值**來讓程式更靈活，我們也會介紹 **Any**，它是所有超類別之母。

== 會呼叫一個名為 equals 的函式

你已經知道 == 運算子可用來檢查相等與否了。在幕後，每當你使用 == 運算子時，它都會呼叫一個名為 equals 的函式。每個物件都有 equals 函式，這個函式的實作決定了 == 運算子究竟如何動作。

在預設情況下，equals 函式會檢查兩個變數是否保存同一個物件的參考，來決定它們是否相同。

為了瞭解它的運作方式，假設我們有兩個 Wolf 變數，稱為 w1 與 w2。如果 w1 與 w2 保存同一個 Wolf 物件的參考，用 == 運算子來比較它們的結果將是 true：

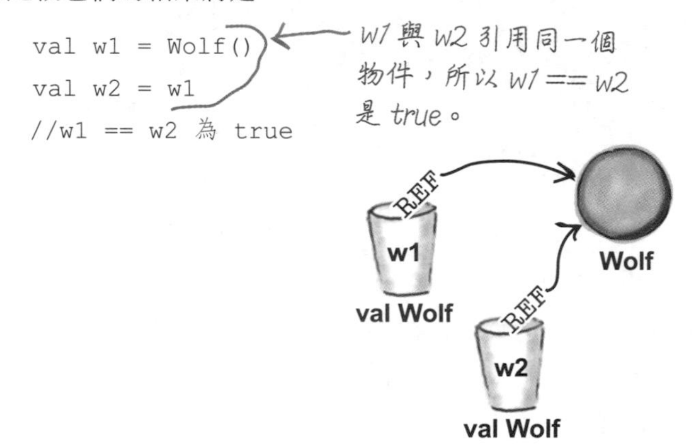

但是，如果 w1 與 w2 保存不同 Wolf 物件的參考，用 == 運算子來比較它們的結果將是 false，即使那兩個物件存有一模一樣的屬性值。

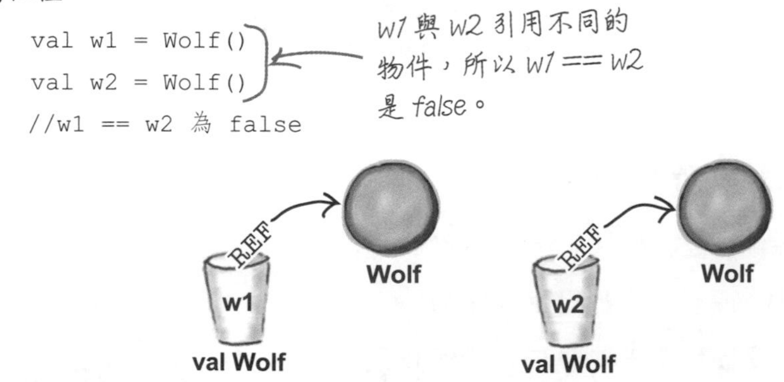

如前所述，你建立的每一個物件都會自動擁有 equals 函式。但是這個函式是從哪裡來的？

equals 是從名為 Any 的超類別繼承的

每一個物件都有名為 equals 的函式，因為它的類別從名為 **Any** 的類別繼承那個函式。類別 Any 是一切類別之母：萬物的終極超類別。你定義的每一個類別都是 Any 的子類別，即使你沒有這樣子指定。所以當你這樣子編寫 myClass 類別時：

```
class MyClass {
    ...
}
```

每一個類別都是 Any 類別的子類別，並且繼承它的行為。每一個類別都 IS-A Any 型態，即使你沒有指定如此。

在幕後，編譯器會自動把它變成：

```
class MyClass : Any() {
    ...
}
```

編譯器會私下讓每個類別都是 Any 的子類別。

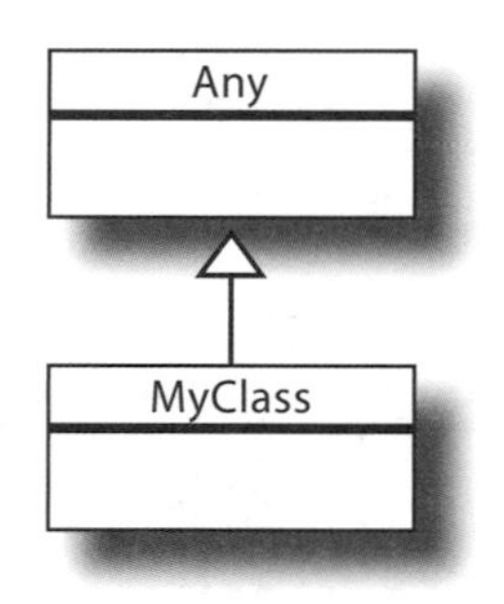

成為 Any 的重要性

讓 Any 成為終極超類別有兩個主要的好處：

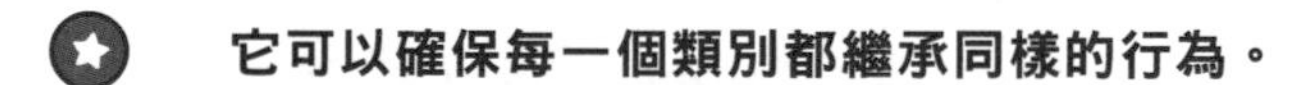

- **它可以確保每一個類別都繼承同樣的行為。**

  Any 類別定義系統需要的重要行為，因為每一個類別都是 Any 的子類別，你建立的每一個物件都會繼承這個行為。例如，Any 類別定義了 equals 函式，所以每一個物件都會自動繼承這個函式。

- **它代表你可以對任何物件使用多型。**

  每一個類別都是 Any 的子類別，所以你建立的每一個物件的終極超型態都是 Any。這代表你可以建立一個使用 Any 參數或回傳 Any 型態的函式，讓它可以處理所有型態的物件。這也代表你可以建立多型陣列來保存任何型態的物件，例如：

```
val myArray = arrayOf(Car(), Guitar(), Giraffe())
```

編譯器發現陣列內的每一個物件都有共同的超型態 Any，所以它建立一個型態為 Array<Any> 的陣列。

我們來仔細看一下從 Any 類別繼承的共同行為。

Any 定義的共同行為

Any 類別定義了一些讓每一個類別繼承的函式。下面是我們最在乎的函式，以及它的預設行為範例：

Any
equals()
hashCode()
toString()
...

YourClassHere

equals(any: Any): Boolean

告訴你兩個物件是不是“相等的”。在預設情況下，如果你用它來測試同一個物件，它會回傳 true，如果你用它來測試不同的物件，它會回傳 false。每當你使用 == 運算子時，都會在幕後回呼 equals。

```
val w1 = Wolf()
val w2 = Wolf()
println(w1.equals(w2))
```

false

equals 回傳 false，因為 w1 與 w2 保存不同物件的參考。

```
val w1 = Wolf()
val w2 = w1
println(w1.equals(w2))
```

true

equals 回傳 true，因為 w1 與 w2 保存同一個物件的參考。它就像測試是否 w1 == w2。

hashCode(): Int

回傳物件的雜湊碼（hash code）。雜湊碼通常被用來有效率地儲存與取出資料結構的值。

```
val w = Wolf()
println(w.hashCode())
```

523429237 ← 這是 w 的雜湊碼。

toString(): String

回傳代表物件的 String 訊息。在預設情況下，它包含類別的名稱，以及一個我們不太在乎的數字。

```
val w = Wolf()
println(w.toString())
```

Wolf@1f32e575

在預設情況下，equals 函式會檢查兩個物件私底下是不是同一個物件。

equals 函式定義 == 運算子的行為。

Any 類別為上面的每一個函式提供預設的實作，讓每一個類別繼承。但是，如果你想要改變這些函式的預設行為，也可以覆寫它們。

我們也有可能想要用 equals 來檢查兩個物件是不是<u>等效的</u>

有時你可能想要改變 equals 函式的實作，來改變 == 運算子的行為。

例如，假設你有一個名為 Recipe 的類別，可用來建立保存食譜資料的物件。在這種情況下，你可能會認為，當兩個 Recipe 物件保存同一個食譜的資料時，它們就是相等的（或等效的）。所以如果你用這段程式定義 Recipe 類別，讓它有兩個屬性，title 與 isVegetarian：

```
class Recipe(val title: String, val isVegetarian: Boolean) {
}
```

Recipe
title isVegetarian

或許你希望用 == 運算子來比較 title 與 isVegetarian 屬性一致的兩個 Recipe 物件時，可以得到 true 的結果：

```
val r1 = Recipe("Chicken Bhuna", false)
val r2 = Recipe("Chicken Bhuna", false)
```

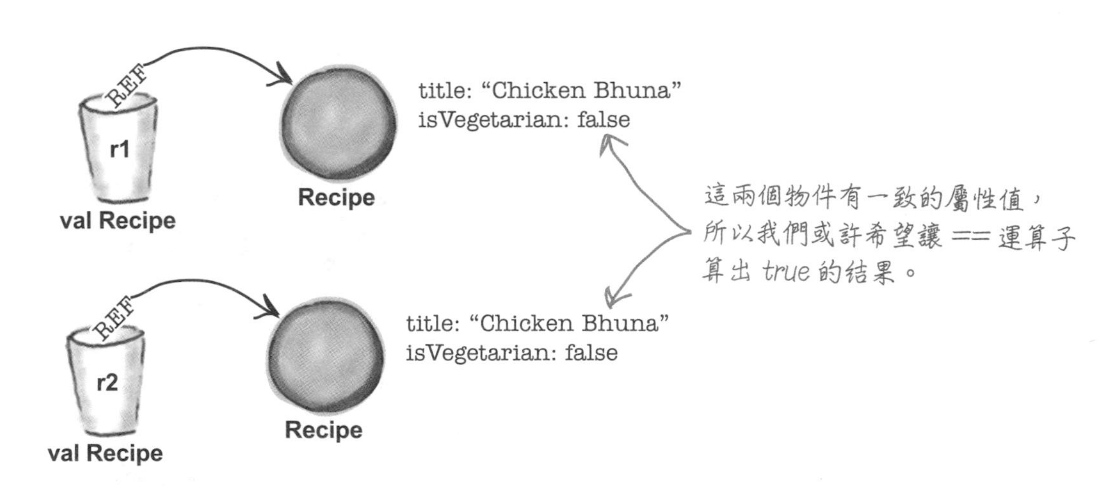

雖然你可以編寫額外的程式來覆寫 equals 函式，藉以改變 == 運算子的行為，但是 Kotlin 開發者提供更好的做法：他們提出**資料類別**的概念。我們來瞭解一下它是什麼，以及如何建立它。

資料類別可讓你建立資料物件

資料類別可以建立主要用來儲存資料的物件。它有一些幫助你處理資料的功能，例如 equals 函式的新實作，可用來檢查兩個資料物件是否保存同樣的屬性值，原因是，當兩個物件儲存相同的資料時，它們就可以視為相等。

定義資料類別的方式，是在一般的類別定義前面加上 **data** 關鍵字。例如，下面的程式將之前建立的 Recipe 類別改成資料類別：

開頭的 data 會將一般的類別變成資料類別。

```
data class Recipe(val title: String, val isVegetarian: Boolean) {
}
```

(Data) Recipe
title isVegetarian

如何用資料類別建立物件？

用資料類別來建立物件的方式與用一般類別來建立物件一樣，你要呼叫它的建構式。例如，下面的程式建立一個新的 Recipe 資料物件，並且將它指派給名為 r1 的新變數：

```
val r1 = Recipe("Chicken Bhuna", false)
```

資料類別會自動覆寫它們的 equals 函式，將 == 運算子的行為改成**根據各個物件的屬性值來檢查物件是否相等**。例如，如果你建立兩個 Recipe 物件，並且用它們來保存一致的屬性值，用 == 運算子來比較這兩個物件會得到 *true*，因為它們保存相同的資料：

```
val r1 = Recipe("Chicken Bhuna", false)
val r2 = Recipe("Chicken Bhuna", false)
//r1 == r2 是 true
```

r1 與 r2 被視為"相等"，因為這兩個 Recipe 物件保存同樣的資料。

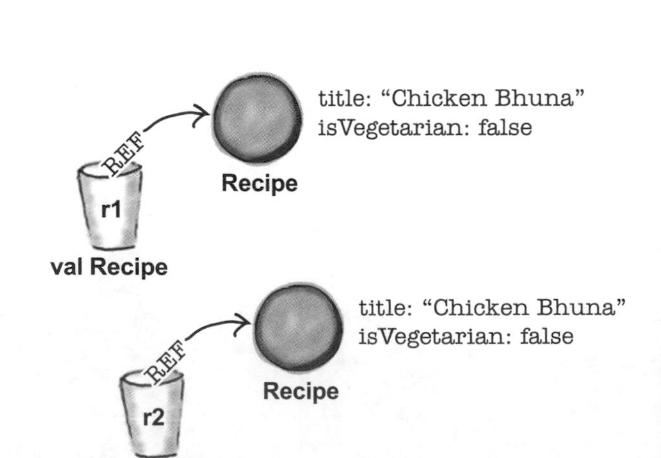

資料類別除了重新實作它從 Any 超類別繼承來的 equals 之外，也覆寫 hashCode 與 toString 函式。我們來看一下如何實作它們。

資料類別會覆寫它們繼承的行為

資料類別希望讓它的物件善於處理資料，所以自動覆寫它從 Any 超類別繼承的 equals、hashCode 與 toString 函式。

當不同的資料物件擁有相同的屬性值時，它們就會被視為相等。

equals 函式會比較屬性值

當你定義資料類別之後，它的 equals 函式（因而也是 == 運算子）同樣會在測試相同的物件時回傳 true。但是如果在建構式定義的屬性有一致的值，它也會回傳 true：

```
val r1 = Recipe("Chicken Bhuna", false)
val r2 = Recipe("Chicken Bhuna", false)
println(r1.equals(r2))
```

```
true
```

相等的物件會回傳相同的 hashCode 值

如果兩個資料物件被視為相等（換句話說，它們有一致的屬性值），執行這兩個物件的 hashCode 函式會得到同樣的值：

```
val r1 = Recipe("Chicken Bhuna", false)
val r2 = Recipe("Chicken Bhuna", false)
println(r1.hashCode())
println(r2.hashCode())
```

```
241131113
241131113
```

你可以把雜湊碼當成桶子上的標籤。系統會把它認為相等的物件放入同一個桶子，之後用雜湊碼來尋找它們。出於系統的需求，相等的物件必須有相同的雜湊碼，第 9 章會更深入說明這件事。

toString 會回傳各個屬性的值

最後，toString 函式已經不是回傳類別名稱加上數字了。它會回傳一個實用的 String，裡面有資料類別建構式定義的各個屬性的值：

```
val r1 = Recipe("Chicken Bhuna", false)
println(r1.toString())
```

```
Recipe(title=Chicken Bhuna, isVegetarian=false)
```

資料類別除了覆寫它從 Any 超類別繼承的函式之外，也提供額外的功能來協助你更高效地處理資料，例如複製資料物件。我們來看看這是怎麼做到的。

用 copy 函式來複製資料物件

如果你想要建立資料物件的新副本，更改它的一些屬性，但維持其餘的不變，可以使用 **copy** 函式。當你使用它時，要對著想要複製的物件呼叫這個函式，傳入你想要更改的屬性以及它們的新值。

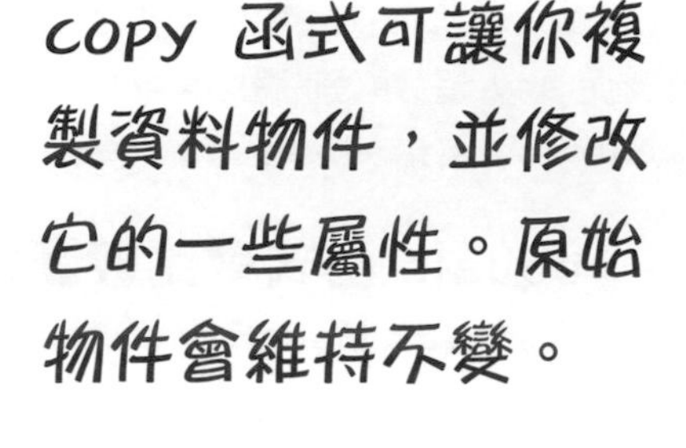

假如你有個名為 r1 的 Recipe 物件，它是這樣定義的：

```
val r1 = Recipe("Thai Curry", false)
```

如果你想要建立這個 Recipe 物件的副本，並且將它的 isVegetarian 屬性改成 true，可以這樣子使用 copy 函式：

```
val r1 = Recipe("Thai Curry", false)
val r2 = r1.copy(isVegetarian = true)
```

這會複製 *r1* 的物件，把 *isVegetarian* 屬性的值改成 *true*。

REF r1 val Recipe → Recipe title: "Thai Curry" isVegetarian: false

REF r2 val Recipe → Recipe title: "Thai Curry" isVegetarian: true

這就像是說“製作 *r1* 物件的副本，將它的 *isVegetarian* 屬性值改成 *true*，並將新物件指派給名為 *r2* 的變數”。它會建立物件的新副本，並保持原始物件不變。

除了 copy 函式之外，資料類別也提供一組函式來讓你將資料物件拆成它的元件屬性值，這個程序稱為**解構**。我們來看一下怎麼做。

資料類別定義 componentN 函式…

當你定義資料類別之後，編譯器會自動加入一組函式，讓你可以換一種方式來存取它的物件的屬性值。它們稱為 `componentN` 函式，N 代表你想要取得的屬性的號碼（按照宣告的順序）。

為了展示 `componentN` 函式如何運作，假設你有這個 `Recipe` 物件：

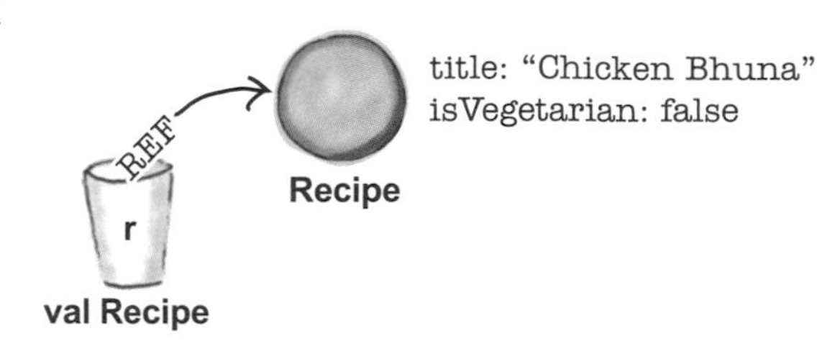


```
val r = Recipe("Chicken Bhuna", false)
```

如果你想要取得這個物件的第一個屬性（它的 `title` 屬性）的值，可以這樣呼叫物件的 `component1()` 函式：

```
val title = r.component1()
```

component1() 回傳資料類別建構式定義的第一個屬性保存的參考。

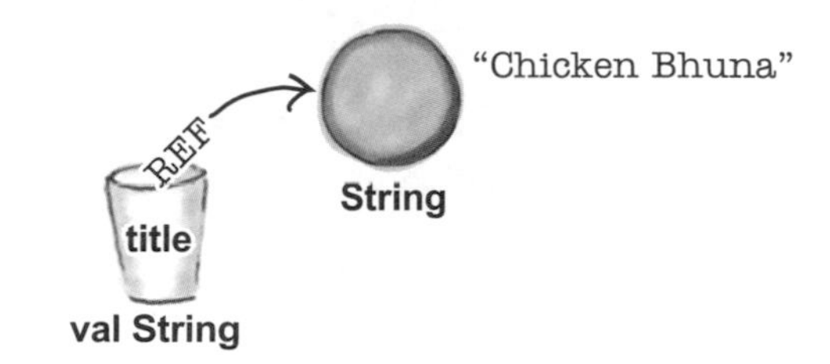

它做的事情與這段程式一樣：

```
val title = r.title
```

但是它比較泛用。那麼，為什麼讓資料類別擁有泛用的 `ComponentN` 函式很有幫助？

…來讓你解構資料物件

解構資料物件就是將它拆成它的元件。

泛用的 `componentN` 函式的好處在於，它可以讓你快速地將資料物件拆成它的元件屬性值，或解構它。

例如，假設你想要取得 `Recipe` 物件的屬性值，並將各個屬性值指派給個別的變數。你不需要明確地依序處理各個屬性：

```
val title = r.title
val vegetarian = r.isVegetarian
```

只要使用這段程式就可以了：

```
val (title, vegetarian) = r
```

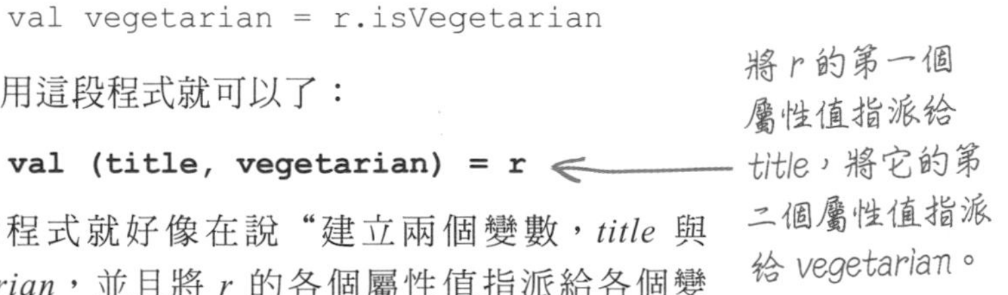

上面的程式就好像在說"建立兩個變數，*title* 與 *vegetarian*，並且將 *r* 的各個屬性值指派給各個變數"。它做的事情與這段程式一樣：

```
val title = r.component1()
val vegetarian = r.component2()
```

但是更簡明。

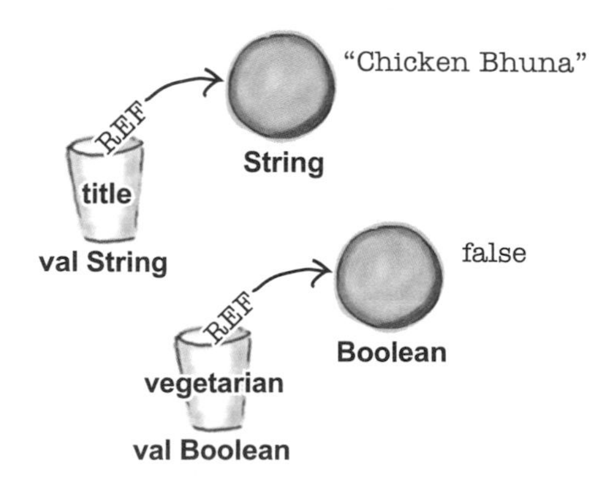

=== 運算子絕對可以確定兩個變數是否引用同一個物件

如果你想要檢查兩個變數是否引用同一個物件，無論它們的型態為何，就要使用 === 運算子，而不是 ==，因為當（而且唯有如此）兩個變數保存同一個物件的參考時，=== 運算子一定會算出 true。例如，當你有兩個變數 x 與 y，且這段程式：

```
x === y
```

產生 true 時，你就知道 x 與 y 變數必定引用同一個物件：

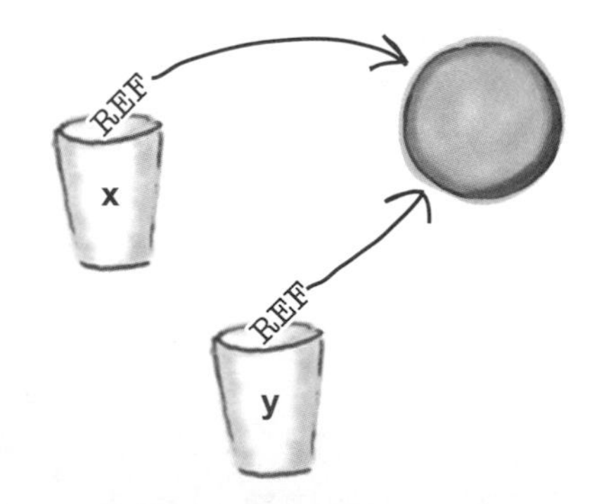

== 檢查物件是否相等。

=== 檢查物件是否一致。

與 == 運算子不同的是，=== 運算子的行為與 equals 函式無關。無論類別的型態是什麼，=== 運算子一定會這樣子運作。

知道如何建立與使用資料類別之後，我們來幫 Recipe 程式建立一個專案。

建立 Recipes 專案

建立在 JVM 運行的 Kotlin 專案，將專案命名為 “Recipes”。接著建立一個名為 *Recipes.kt* 的 Kotlin 檔案，做法是點選 *src* 資料夾，按下 File 選單並選擇 New → Kotlin File/Class。在彈出視窗中，將檔名設為 “Recipes”，再將 Kind 設為 File。

我們在專案加入一個名為 Recipe 的類別，並且建立一些 Recipe 資料物件。程式如下，據此修改你的 *Recipes.kt*：

因為資料類別沒有內文，我們省略 {}。

```
data class Recipe(val title: String, val isVegetarian: Boolean)

fun main(args: Array<String>) {
    val r1 = Recipe("Thai Curry", false)
    val r2 = Recipe("Thai Curry", false)
    val r3 = r1.copy(title = "Chicken Bhuna")
    println("r1 hash code: ${r1.hashCode()}")
    println("r2 hash code: ${r2.hashCode()}")
    println("r3 hash code: ${r3.hashCode()}")
    println("r1 toString: ${r1.toString()}")
    println("r1 == r2? ${r1 == r2}")
    println("r1 === r2? ${r1 === r2}")
    println("r1 == r3? ${r1 == r3}")
    val (title, vegetarian) = r1
    println("title is $title and vegetarian is $vegetarian")
}
```

建立 r1 的副本，修改它的 title 屬性。

解構 r1。

(Data)
Recipe

title
isVegetarian

Recipes
src
Recipes.kt

測試

當你執行程式時，IDE 的輸出視窗會顯示這些文字：

```
r1 hash code: -135497891
r2 hash code: -135497891
r3 hash code: 241131113
r1 toString: Recipe(title=Thai Curry, isVegetarian=false)
r1 == r2? true
r1 === r2? false
r1 == r3? false
title is Thai Curry and vegetarian is false
```

r1 == r2 是 true，因為它們的物件的值是相符的。由於它們引用不同的物件，所以 r1 === r2 是 false。

問：你說每一種類別都是 Any 的子類別，但我原本以為每一種類別都只能有一個直系超類別？

答：在幕後，Any 類別位於每一個超類別階層的頂端，所以你建立的每一個類別都是 Any 的直接或間接子類別。這代表每一個類別都 IS-A Any 型態，並且繼承它定義的函式：equals、hashCode 與 toString。

問：瞭解。你說資料類別自動覆寫這些函式？

答：是的。當你定義資料類別時，編譯器會私下覆寫該類別繼承的 equals、hashCode 與 toString 函式，讓它們更適用於保存資料的物件。

問：我可以不建立資料類別，但覆寫這些函式嗎？

答：可以，做法與你覆寫任何其他類別的函式一樣：在類別的內文中，提供函式的實作。

問：我需要遵守什麼規則嗎？

答：重點在於，當你覆寫 equals 函式時，也要覆寫 hashCode 函式。

如果兩個物件被視為相等，它們就**必須**有相同的雜湊碼。有些集合使用雜湊碼來高效地儲存物件，有些系統則認為如果兩個物件是相等的，它們也會有相同的雜湊碼。第 9 章會更深入說明這件事。

問：這聽起來好複雜。

答：建立資料類別當然比較簡單，而且使用資料類別，代表程式碼將會更簡明。但是如果你想要自己覆寫 equals、hashCode 與 toString 函式，你可以讓 IDE 為你產生大部分的程式碼。

要讓 IDE 產生 equals、hashCode 或 toString 函式的實作，你要先編寫基本的類別定義，包括每一個屬性。接著，把你的文字游標移到類別裡面，前往 Code 選單，選擇 Generate 選項。最後，選擇你想要產生程式碼的函式。

問：我發現你在建構式中，只使用 val 來定義資料類別屬性。我可以用 var 來定義它們嗎？

答：可以，但我們強烈鼓勵你只建立 val 屬性，來讓資料類別是不可變的。如此一來，一旦資料物件被建立之後，它就無法被修改了，所以你不需要擔心別的程式碼改變它的任何屬性。有些資料結構也要求只能有 val 屬性。

問：為什麼資料類別有 copy 函式？

答：資料類別通常是用 val 屬性來定義的，所以它們是不可變的。copy 函式很適合用來取代可修改的資料物件，因為它可以讓你用不一樣的屬性值輕鬆地建立另一個版本的物件。

問：我可以將資料類別宣告為抽象，或 open 嗎？

答：不行。資料類別不能宣告成抽象或 open，所以你不能將資料類別當成超類別來使用。但是資料類別可以實作介面，而且從 Kotlin 1.1 開始，它們也可以繼承其他的類別。

下面有一段簡短的 Kotlin 程式。其中有一段程式不見了。你的任務是將左邊的候選程式放入上面的方塊，並指出執行的結果。每一行輸出都會用到，其中幾行輸出會被使用多次。請將候選程式段落連到它的輸出。

連連看

```
data class Movie(val title: String, val year: String)

class Song(val title: String, val artist: String)

fun main(args: Array<String>) {
    var m1 = Movie("Black Panther", "2018")
    var m2 = Movie("Jurassic World", "2015")
    var m3 = Movie("Jurassic World", "2015")
    var s1 = Song("Love Cats", "The Cure")
    var s2 = Song("Wild Horses", "The Rolling Stones")
    var s3 = Song("Love Cats", "The Cure")
    [                                        ]
}
```

將候選程式放在這裡。

候選程式：

每一段候選程式都有一個它可能產生的輸出，找出它們。

```
println(m2 == m3)
```

```
println(s1 == s3)
```

```
var m4 = m1.copy()
println(m1 == m4)
```

```
var m5 = m1.copy()
println(m1 === m5)
```

```
var m6 = m2
m2 = m3
println(m3 == m6)
```

可能的輸出：

```
true
```

```
false
```

下面有一段簡短的 Kotlin 程式。其中有一段程式不見了。你的任務是將左邊的候選程式放入上面的方塊，並指出執行的結果。每一行輸出都會用到，其中幾行輸出會被使用多次。請將候選程式段落連到它的輸出。

連連看解答

```
data class Movie(val title: String, val year: String)

class Song(val title: String, val artist: String)

fun main(args: Array<String>) {
    var m1 = Movie("Black Panther", "2018")
    var m2 = Movie("Jurassic World", "2015")
    var m3 = Movie("Jurassic World", "2015")
    var s1 = Song("Love Cats", "The Cure")
    var s2 = Song("Wild Horses", "The Rolling Stones")
    var s3 = Song("Love Cats", "The Cure")
    [                                            ]
}
```

將候選程式放在這裡。

候選程式：

m2 == m3 是 true，因為 m1 與 m2 是資料物件。

```
println(m2 == m3)
```
→ true

```
println(s1 == s3)
```
→ false

m4 與 m1 的屬性值相符，所以 m1 == m4 是 true。

```
var m4 = m1.copy()
println(m1 == m4)
```
→ true

m1 與 m5 是不同的物件，所以 m1 === m5 是 false。

```
var m5 = m1.copy()
println(m1 === m5)
```
→ false

```
var m6 = m2
m2 = m3
println(m3 == m6)
```
→ true

可能的輸出：

```
true
```

```
false
```

生成的函式只使用在建構式內定義的屬性

到目前為止，你已經知道如何定義資料類別，以及將屬性加入它的建構式了。例如，下面的程式定義一個名為 Recipe 的資料類別，它有名為 title 與 isVegetarian 的屬性：

```
data class Recipe(val title: String, val isVegetarian: Boolean) {
}
```

(Data)
Recipe
title
isVegetarian

如同任何其他類別，你也可以在資料類別的內文加入屬性與函式。但是問題來了。

當編譯器為資料類別的函式產生實作時，例如覆寫 equals 函式與建立 copy 函式時，**它只納入在主建構式定義的屬性**。所以，當你藉著在資料類別的內文中定義屬性來加入它們時，它們不會被加入任何生成的函式。

例如，假如你在 Recipe 資料類別的內文加入新的 mainIngredient 屬性：

```
data class Recipe(val title: String, val isVegetarian: Boolean) {
    var mainIngredient = ""
}
```

(Data)
Recipe
title
isVegetarian
mainIngredient

因為 mainIngredient 屬性是在類別的內文定義的，不是在建構式裡面，所以 equals 之類的函式會忽略它。這意味著，當你這樣建立兩個 Recipe 物件時：

```
val r1 = Recipe("Thai curry", false)
r1.mainIngredient = "Chicken"
val r2 = Recipe("Thai curry", false)
r2.mainIngredient = "Duck"
println(r1 == r2)  //結果是 true
```

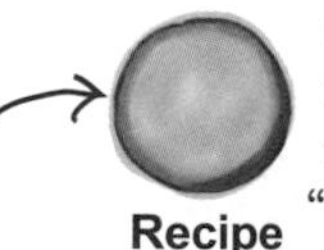

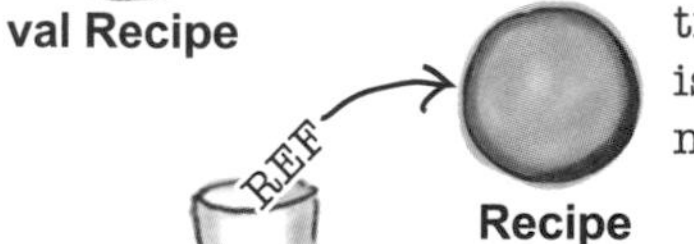

r1 == r2 是 true，因為 r1 與 r2 有相符的 title 與 isVegetarian 屬性。== 運算子會忽略 mainIngredient 屬性，因為它不是在建構式定義的。

== 運算子只查看 title 與 isVegetarian 屬性來判斷兩個物件是否相等，因為只有這些屬性是在資料類別建構式定義的。如果這兩個物件的 mainIngredient 屬性值不同（就像上例），equals 在檢查物件是否相等時，不會查看這個屬性。

但是你該如何把資料類別的多個屬性加入資料類別生成的函式？

將許多屬性初始化會產生笨重的程式碼

如你所知，如果你要讓屬性被資料類別生成的函式納入，就要在類別的主建構式定義它。但如果你有許多這種屬性，你的程式碼很快就會變得十分笨重。每當你建立新物件時，你就要為它的每一個屬性設定一個值，所以如果你的 Recipe 資料類別長這樣：

```
data class Recipe(val title: String,
                  val mainIngredient: String,
                  val isVegetarian: Boolean,
                  val difficulty: String) {
}
```

(Data)
Recipe

title
mainIngredient
isVegetarian
difficulty

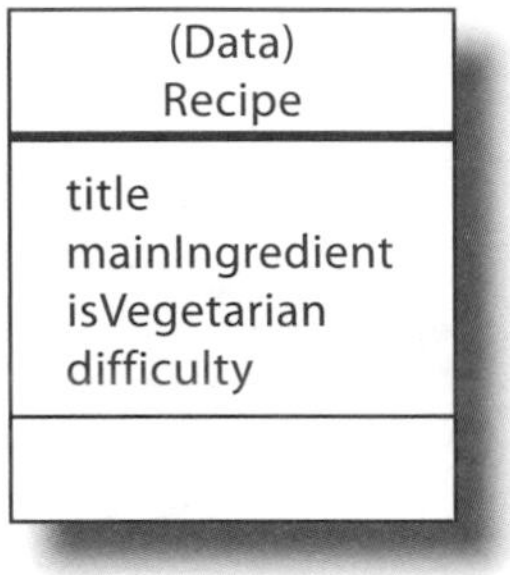

建立 Recipe 物件的程式碼會變成：

```
val r = Recipe("Thai curry", "Chicken",  false, "Easy")
```

如果資料類別只有少量的屬性，情況不會太糟，但想像一下，每當你建立新物件時，就必須指定 10 個、20 個，甚至 *50* 個屬性是什麼情形！你的程式碼很快就會變得難以管理。

你該怎麼處理這種情況？

每一個資料類別都必須有個主建構式，它至少必須定義一個參數。每一個參數的前面都必須有 val 或 var。

預設參數值是你救星！

如果你的建構式定義太多屬性，你可以在建構式裡面，為一或多個屬性定義式指定預設值或運算式。例如，下面是在 Recipe 類別建構式裡面，指派預設值給 isVegetarian 與 difficulty 屬性的做法：

```
data class Recipe(val title: String,
                  val mainIngredient: String,
                  val isVegetarian: Boolean = false,
                  val difficulty: String = "Easy") {
}
```

isVegetarian 的預設值是 false。

difficulty 的預設值是 "Easy"。

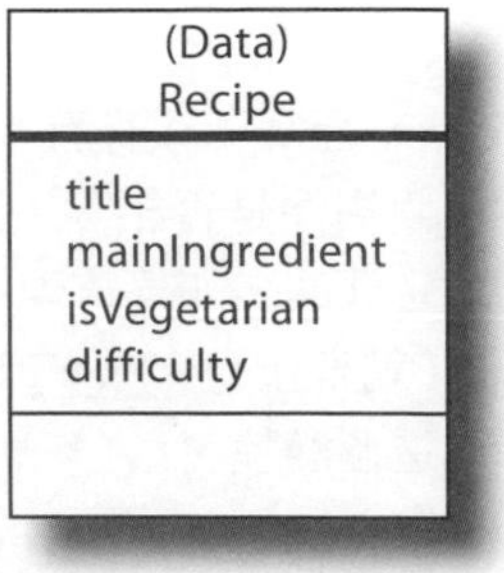

(Data)
Recipe

title
mainIngredient
isVegetarian
difficulty

我們來看看這會如何影響 Recipe 物件的建立。

如何使用建構式的預設值？

當建構式使用預設值時，你可以用兩種方式呼叫它：按照宣告的順序傳值，以及使用具名（named）引數。我們來看看這兩種做法。

1. 按照宣告的順序傳值

這種做法與你用過的一樣，只不過你不需要傳值給已經有預設值的引數。

例如，假設我們想要建立一個非素食且容易製作的 Spaghetti Bolognese Recipe 物件。我們可以用這段程式，指定前兩個屬性來建立這個物件：

```
val r = Recipe("Spaghetti Bolognese", "Beef")
```

我們沒有指定 isVegetarian 與 difficulty 屬性的值，所以物件會使用它的預設值。

title: "Spaghetti Bolognese"
mainIngredient: "Beef"
isVegetarian: false
difficulty: "Easy"

REF
r
Recipe
val Recipe

上面的程式會將 "Spaghetti Bolognese" 與 "Beef" 指派給 title 與 mainIngredient 屬性，並且讓其餘的屬性使用在建構式內指定的預設值。

如果你不想要使用預設值，也可以用這種做法來覆寫屬性值。例如，如果你想要幫素食版的 Spaghetti Bolognese 建立一個 Recipe 物件，可以這樣子寫：

```
val r = Recipe("Spaghetti Bolognese", "Tofu", true)
```

將 isVegetarian 的值設成 true，並使用 difficulty 屬性的預設值。

title: "Spaghetti Bolognese"
mainIngredient: "Tofu"
isVegetarian: true
difficulty: "Easy"

REF
r
Recipe
val Recipe

它將 Recipe 建構式定義的前三個屬性分別設成 "Spaghetti Bolognese"、"Tofu" 與 *true*，並且讓最後的 difficulty 屬性使用預設值 "Easy"。

注意，採取這種做法時，你必須按照屬性的宣告順序傳值。比方說，如果你想要改寫 isVegetarian 屬性後面的 difficulty 屬性的值，就不能省略 isVegetarian 的值。例如，這段程式是無效的：

```
val r = Recipe("Spaghetti Bolognese", "Beef", "Moderate")
```

這段程式無法編譯，因為編譯器認為第三個引數是布林。

知道按照順序傳值的做法之後，我們來看一下如何使用具名引數。

2. 使用具名引數

你可以用具名引數來呼叫建構式，藉以明確地指出哪個屬性使用哪個值，而不需要按照屬性的定義順序。

假設跟之前一樣，你想要指定 `title` 與 `mainIngredient` 屬性的值來建立一個 Spaghetti Bolognese `Recipe` 物件，你可以使用具名引數來完成這件事：

你必須傳值給每一個沒有指派預設值的引數，否則程式無法編譯。

```
val r = Recipe(title = "Spaghetti Bolognese",
               mainIngredient = "Beef")
```

指定各個引數的名稱，以及它的值。

上面的程式會將 “Spaghetti Bolognese” 與 “Beef” 指派給 `title` 與 `mainIngredient` 屬性，接著讓其餘的屬性使用在建構式內指定的預設值。

注意，因為我們使用具名引數，所以不需要按照固定的順序來指定引數。例如，這段程式做的事情與上面的程式一樣，也是有效的：

```
val r = Recipe(mainIngredient = "Beef",
               title = "Spaghetti Bolognese")
```

使用具名引數時，不需要按照固定的賦值順序。

使用具名引數最大的好處是，你只要指定沒有預設值的引數，或是想要覆寫預設值的引數就可以了。例如，如果你想要覆寫 `difficulty` 屬性的值，可以這樣寫：

```
val r = Recipe(title = "Spaghetti Bolognese",
               mainIngredient = "Beef",
               difficulty = "Moderate")
```

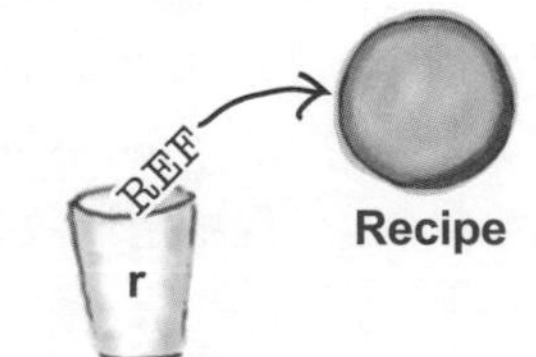

並非只有資料類別的建構式可以使用預設參數值與具名引數，你也可以在一般的類別建構式或函式使用它們。我們會在介紹副建構式之後，告訴你如何讓函式使用預設值。

副建構式

如同 Java 等其他語言，Kotlin 的類別可讓你定義一或多個**副建構式**。副建構式是額外的建構式，可讓你傳入不同的參數組合來建立物件。但是，因為使用預設的參數值很靈活，所以通常你不需要使用它們。

雖然副建構式在 Kotlin 小鎮比較冷門，但我們認為應該讓你稍微認識它，知道它長怎樣。

這個 Mushroom 類別定義兩個建構式，包括在類別首行定義的主建構式，以及在類別內文定義的副建構式：

主建構式。

```
class Mushroom(val size: Int, val isMagic: Boolean) {
    constructor(isMagic_param: Boolean) : this(0, isMagic_param) {
        //當副建構式被呼叫時執行的程式
    }
}
```

副建構式。

每一個副建構式的前面都要用 constructor 關鍵字，加上一組用來呼叫它的參數。所以在上面的例子中，這段程式：

```
constructor(isMagic_param: Boolean)
```

會建立一個具有布林參數的副建構式。

如果類別有主建構式，每一個副建構式都必須委託它。例如，下面的建構式呼叫 Mushroom 類別主建構式（使用 this 關鍵字），傳遞 0 給 size 屬性，以及 isMagic_param 的值給 isMagic 參數。

呼叫目前類別的主建構式。它傳遞 0 給 size 參數，isMagic_param 的值給 isMagic 參數。

```
constructor(isMagic_param: Boolean) : this(0, isMagic_param)
```

你可以在副建構式的內文中，定義副建構式被呼叫時應該執行的程式碼：

```
constructor(isMagic_param: Boolean) : this(0, isMagic_param) {
    //當副建構式被呼叫時執行的程式
}
```

最後，定義副建構式之後，你可以這樣子使用它來建立物件：

```
val m = Mushroom(true)
```

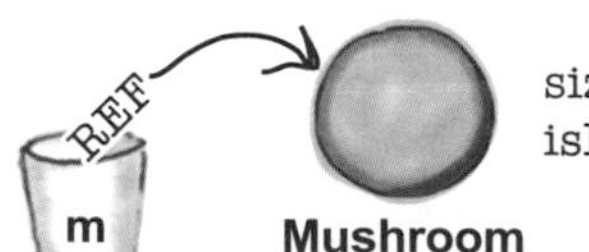

函式也可以使用預設值

假設我們有個名為 findRecipes 的函式，它用一組規則來搜尋食譜：

```
fun findRecipes(title: String,
                ingredient: String,
                isVegetarian: Boolean,
                difficulty: String) : Array<Recipe> {
    //尋找食譜的程式
}
```

每當我們呼叫這個函式時，就必須傳遞全部的四個參數的值，才能讓程式編譯：

```
val recipes = findRecipes("Thai curry", "", false, "")
```

我們也可以讓函式更靈活，幫每一個參數指定一個預設值，如此一來，我們就不需要為了讓程式可以編譯而傳遞全部的四個值，只要傳遞想要覆寫的就可以了：

這個函式與上面的一樣，但是這一次，我們幫每個參數設定一個預設值。

```
fun findRecipes(title: String = "",
                ingredient: String = "",
                isVegetarian: Boolean = false,
                difficulty: String = "") : Array<Recipe> {
    //尋找食譜的程式
}
```

所以，如果我們想要將 “Thai curry” 傳給 title 參數，並且接受其餘參數的預設值，可以：

```
val recipes = findRecipes("Thai curry")
```

它們都呼叫 findRecipes 函式，讓 title 引數使用 "Thai curry" 值。

如果我們想要用具名引數來傳遞參數值，可以改用這段程式：

```
val recipes = findRecipes(title = "Thai curry")
```

使用預設值，代表你可以寫出更靈活的函式。但是有時你想要做的事情是**多載**函式來寫出新版的函式。

多載函式

你可以使用**函式多載**寫出多個名稱相同，但是引數列相異的函式。

假如你有個名為 addNumbers 函式：

```
fun addNumbers(a: Int, b: Int) : Int {
    return a + b
}
```

這個函式有兩個 Int 引數，所以你只能傳遞 Int 值給它。如果你要用它來將兩個 Double 相加，就要將那兩個值轉換成 Int，再將它們傳入函式。

但是，你可以用接收 Double 的版本來多載這個函式，讓呼叫方更輕鬆：

```
fun addNumbers(a: Double, b: Double) : Double {
    return a + b
}
```

這是同一個函式的多載版本，它使用 Double 而不是 Int。

這代表當你用這段程式來呼叫 addNumbers 函式時：

```
addNumbers(2, 5)
```

系統會發現參數 2 與 5 是 Int，並呼叫 Int 版的函式。但是，如果你這樣呼叫 addNumbers 函式：

```
addNumbers(1.6, 7.3)
```

系統會改成呼叫 Double 版的函式，因為兩個參數都是 Double。

多載函式是使用不同引數的另一個函式，它只是剛好使用同一個函式名稱。多載函式與被覆寫的函式是不一樣的。

做函式多載時，該做與不該做的事情：

- **回傳型態可能不同。**

  只要引數列是不同的，你可以自由地改變多載函式的回傳型態。

- **你不能只改變回傳型態。**

  如果只有回傳型態不同，它就不是有效的多載，編譯器會假設你想要覆寫函式。而且除非回傳型態是超類別的回傳型態的子型態，否則這種做法是不合法的。雖然你可以將回傳型態改成任何東西，但是若要多載函式，你就**必須**更改引數列。

我們來更改 Recipes 專案

知道如何使用預設參數值與多載函式之後，我們來修改 Recipes 專案的程式。

按照下面的程式來修改你的 *Recipes.kt* 檔案內的程式（粗體是修改的地方）：

```
data class Recipe(val title: String,
                  val mainIngredient: String,
                  val isVegetarian: Boolean = false,
                  val difficulty: String = "Easy") {
}

class Mushroom(val size: Int, val isMagic: Boolean) {
    constructor(isMagic_param: Boolean) : this(0, isMagic_param) {
        //當副建構式被呼叫時執行的程式
    }
}

fun findRecipes(title: String = "",
                ingredient: String = "",
                isVegetarian: Boolean = false,
                difficulty: String = "") : Array<Recipe> {
    //尋找食譜的程式
    return arrayOf(Recipe(title, ingredient, isVegetarian, difficulty))
}

fun addNumbers(a: Int, b: Int) : Int {
    return a + b
}

fun addNumbers(a: Double, b: Double) : Double {
    return a + b
}
```

加入新的 mainIngredient 與 difficulty 屬性。

設定 isVegetarian 與 difficulty 屬性的預設值。

這個類別有副建構式，所以你可以觀察它的運作方式。

這個函式使用預設參數值。

這些是多載的函式。

(Data) Recipe
title mainIngredient isVegetarian difficulty

Mushroom
size isMagic

Recipes
src
Recipes.kt

程式還沒結束…

我們已經修改 Recipe 主建構式了，所以必須修改呼叫它的方式，才能讓程式可以編譯。

```
fun main(args: Array<String>) {
    val r1 = Recipe("Thai Curry", "Chicken" false)
    val r2 = Recipe(title = "Thai Curry", mainIngredient = "Chicken" false)
    val r3 = r1.copy(title = "Chicken Bhuna")
    println("r1 hash code: ${r1.hashCode()}")
    println("r2 hash code: ${r2.hashCode()}")
    println("r3 hash code: ${r3.hashCode()}")
    println("r1 toString: ${r1.toString()}")
    println("r1 == r2? ${r1 == r2}")
    println("r1 === r2? ${r1 === r2}")
    println("r1 == r3? ${r1 == r3}")
    val (title, mainIngredient, vegetarian, difficulty) = r1
    println("title is $title and vegetarian is $vegetarian")

    val m1 = Mushroom(6, false)
    println("m1 size is ${m1.size} and isMagic is ${m1.isMagic}")
    val m2 = Mushroom(true)
    println("m2 size is ${m2.size} and isMagic is ${m2.isMagic}")

    println(addNumbers(2, 5))
    println(addNumbers(1.6, 7.3))
}
```

在解構 r1 時加入 Recipe 的新屬性。

呼叫 Mushroom 的主建構式來建立它。

呼叫 Mushroom 的副建構式來建立它。

呼叫 Int 版的 addNumbers。

呼叫 Double 版的 addNumbers。

Recipes
src
Recipes.kt

測試

當你執行程式時，會在 IDE 的輸出視窗看到下面的文字：

r1 hash code: 295805076
r2 hash code: 295805076
r3 hash code: 1459025056
r1 toString: Recipe(title=Thai Curry, mainIngredient=Chicken, isVegetarian=false, difficulty=Easy)
r1 == r2? true
r1 === r2? false
r1 == r3? false
title is Thai Curry and vegetarian is false
m1 size is 6 and isMagic is false
m2 size is 0 and isMagic is true
7
8.9

問：**資料類別可以擁有函式嗎？**

答：可以。定義資料類別函式的方式與定義非資料類別的函式一樣：將它們加入類別內文。

問：**預設參數值看起來真的很靈活。**

答：的確如此！你可以在類別建構式（包括資料類別的建構式）與函式裡面使用它們，甚至可以將運算式當成預設參數值。這代表你可以寫出既靈活又簡明的程式。

問：**你說預設參數值已經排除大部分使用副建構式的需求了，有沒有什麼情況需要使用它們？**

答：最常見的情況是當你需要在擁有多個建構式的框架（例如 Android）中擴展類別時。

你可以在 Kotlin 的線上文件中找到更多使用副建構式的資訊：

https://kotlinlang.org/docs/reference/classes.html

問：**我想要讓 Java 程式員使用我的 Kotlin 類別，但 Java 沒有預設參數值的概念。我一樣可以在 Kotlin 類別裡面使用預設參數值嗎？**

答：可以。大部分使用副建構式的需求了，在 Java 呼叫 Kotlin 建構式或函式時，你只要用 Java 程式設定每一個參數的值就可以了，即使它有預設參數值。

如果你想要在 Java 大量呼叫 Kotlin 建構式或函式，也可以使用 **`@JvmOverloads`** 來加註每一個使用預設參數值的函式或建構式。這個註解會讓編譯器自動建立可讓 Java 輕鬆呼叫的多載版本。

這是用 `@JvmOverloads` 來加註函式的例子：

```
@JvmOverloads fun myFun(str:String = ""){
    //函式的程式碼
}
```

這個例子用它來加註一個有主建構式的類別：

```
class Foo @JvmOverloads constructor(i:Int = 0){
    //類別的程式碼
}
```

注意，使用 `@JvmOverloads` 來加註主建構式時，你也必須在建構式前面加上 `constructor` 關鍵字。雖然在多數情況下，這個關鍵字是選用的。

我是編譯器

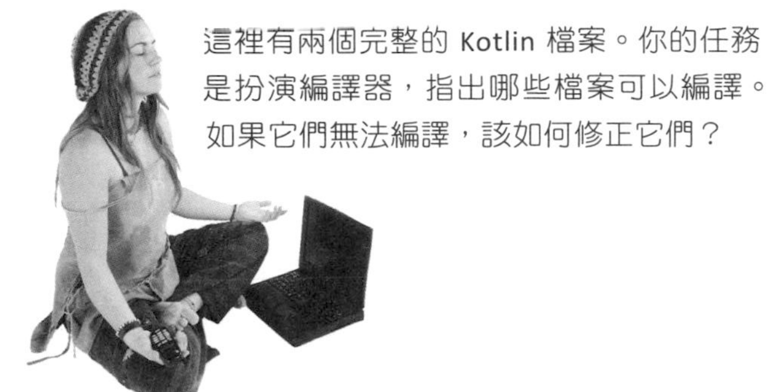

這裡有兩個完整的 Kotlin 檔案。你的任務是扮演編譯器，指出哪些檔案可以編譯。如果它們無法編譯，該如何修正它們？

```
data class Student(val firstName: String, val lastName: String,
                   val house: String, val year: Int = 1)

fun main(args: Array<String>) {
    val s1 = Student("Ron", "Weasley", "Gryffindor")
    val s2 = Student("Draco", "Malfoy", house = "Slytherin")
    val s3 = s1.copy(firstName = "Fred", year = 3)
    val s4 = s3.copy(firstName = "George")

    val array = arrayOf(s1, s2, s3, s4)
    for ((firstName, lastName, house, year) in array) {
        println("$firstName $lastName is in $house year $year")
    }
}
```

```
data class Student(val firstName: String, val lastName: String,
                   val house: String, val year: Int = 1)

fun main(args: Array<String>) {
    val s1 = Student("Ron", "Weasley", "Gryffindor")
    val s2 = Student(lastName = "Malfoy", firstName = "Draco", year = 1)
    val s3 = s1.copy(firstName = "Fred")
    s3.year = 3
    val s4 = s3.copy(firstName = "George")

    val array = arrayOf(s1, s2, s3, s4)
    for (s in array) {
        println("${s.firstName} ${s.lastName} is in ${s.house} year ${s.year}")
    }
}
```

我是編譯器解答

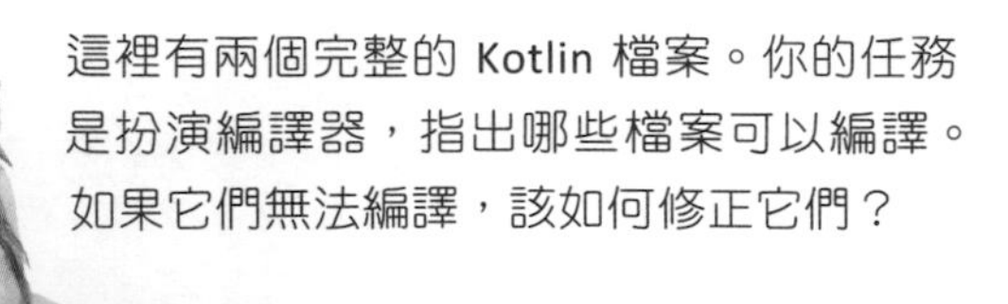

這裡有兩個完整的 Kotlin 檔案。你的任務是扮演編譯器，指出哪些檔案可以編譯。如果它們無法編譯，該如何修正它們？

```
data class Student(val firstName: String, val lastName: String,
                   val house: String, val year: Int = 1)

fun main(args: Array<String>) {
    val s1 = Student("Ron", "Weasley", "Gryffindor")
    val s2 = Student("Draco", "Malfoy", house = "Slytherin")
    val s3 = s1.copy(firstName = "Fred", year = 3)
    val s4 = s3.copy(firstName = "George")

    val array = arrayOf(s1, s2, s3, s4)
    for ((firstName, lastName, house, year) in array) {
        println("$firstName $lastName is in $house year $year")
    }
}
```

這段程式可以編譯，並且成功執行。它會印出每位 Student 的 firstName、lastName、house 與 year 屬性值。

這段程式會在陣列中解構每一個 Student 物件。

```
data class Student(val firstName: String, val lastName: String,
                   val house: String, val year: Int = 1)

fun main(args: Array<String>) {
    val s1 = Student("Ron", "Weasley", "Gryffindor")
    val s2 = Student(lastName = "Malfoy", firstName = "Draco", year = 1, house = "Slytherin")
    val s3 = s1.copy(firstName = "Fred", year = 3)
    s3.year = 3
    val s4 = s3.copy(firstName = "George")

    val array = arrayOf(s1, s2, s3, s4)
    for (s in array) {
        println("${s.firstName} ${s.lastName} is in ${s.house} year ${s.year}")
    }
}
```

這段程式無法編譯，因為你必須指定 s2 的 house 屬性的值，而且因為 year 是用 val 定義的，你只能在初始化的時候設定它的值。

你的 Kotlin 工具箱

讀完第 7 章之後，你已經將資料類別與預設參數值加入工具箱了。

你可以從 https://tinyurl.com/HFKotlin 下載本章的完整程式碼。

重點提示

- == 運算子的行為是由 equals 函式的實作決定的。
- 每一個類別都從 Any 類別繼承 equals、hashCode 與 toString 函式，因為每一個類別都是 Any 的子類別。這些函式都可被覆寫。
- equals 函式告訴你兩個物件是否可視為"相等"。在預設情況下，當你用它來測試相同的物件時，它會回傳 true，測試不同的物件則回傳 false。
- === 運算子可檢查兩個變數是否私下參考同一個物件，無論物件的型態如何。
- 資料類別可讓你建立用來儲存資料的物件。它會自動覆寫 equals、hashCode 與 toString 函式，並加入 copy 與 componentN 函式。
- 資料類別的 equals 函式可以查看各個物件的屬性值，來確定它們是否相等。如果兩個物件存有相同的資料，equals 函式會回傳 true。
- copy函式可讓你建立資料物件的新副本，並修改它的一些屬性。原始物件會維持不變。
- componentN 函式可讓你將資料物件解構成它們的元件屬性值。
- 資料類別會考慮它的主建構式裡面定義的屬性來產生它的函式。
- 建構式與函式都可以使用預設的參數值。你可以在呼叫建構式或函式時，按照參數的宣告順序傳遞參數值，或使用具名引數。
- 類別可以擁有副建構式。
- 多載函式是剛好使用同一個函式名稱的另一個函式。多載函式必須使用不同的引數，但可以使用不同的回傳型態。

資料類別的規則

* 必須有主建構式。
* 副建構式必須定義一或多個參數。
* 每一個參數都必須標為 val 或 var。
* 資料類別不能 open，或者是抽象的。

8 null 與例外

安然無恙

每個人都想要寫出安全的程式。

好消息是，Kotlin 在設計上充分考慮程式的安全性。我們會先告訴你 Kotlin 如何使用 **nullable 型態**，讓你在 *Kotlin* 小鎮裡面幾乎不會遇到 *NullPointerException*。你將學到如何發出安全呼叫，以及如何使用 Kotlin 的 **Elvis** 運算子來防止你被例外嚇得目瞪口呆。瞭解 null 之後，我們會告訴你如何像專家一樣**丟出與捕捉例外**。

如何將變數保存的物件參考移除？

如你所知，你可以這樣定義一個新的 Wolf 變數，並將一個 Wolf 物件的參考指派給它：

```
var w = Wolf()
```

編譯器看到你將一個 Wolf 物件指派給 w 變數後，判斷變數的型態必定是 Wolf：

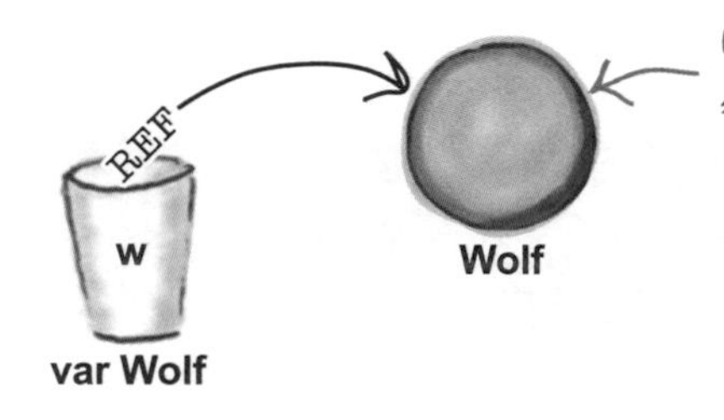

當編譯器知道變數的型態之後，它會確保它只能保存 Wolf 物件的參考，包括 Wolf 的任何子型態。所以，如果變數是用 var 定義的，你可以更改它的值，讓它保存完全不同的 Wolf 物件的參考，例如：

```
w = Wolf()
```

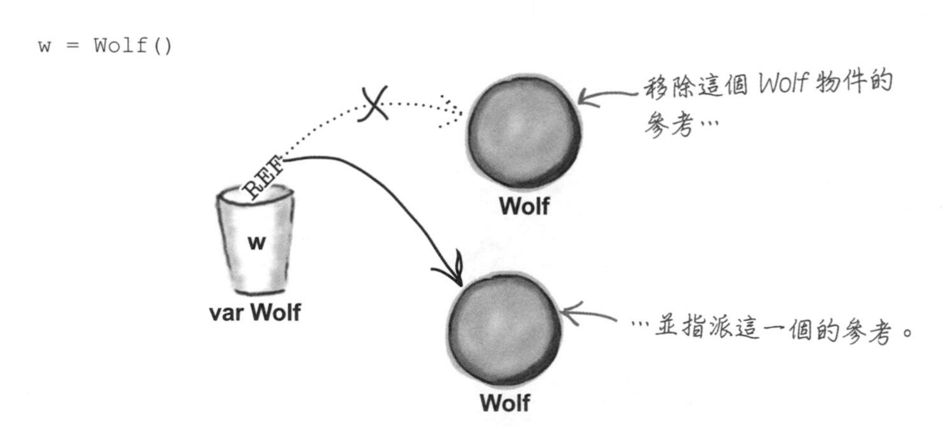

但是，如果你想要改成讓變數保存完全沒有物件的參考呢？
當變數已經存有物件的參考時，如何將參考移除？

用 null 來移除物件參考

如果你想要移除變數保存的物件參考，可以將它設為 **null** 值：

```
w = null
```

null 值代表變數沒有參考物件，該變數仍然存在，但它沒有指向任何東西。

但是問題來了。在預設情況下，*Kotlin* 的型態不接受 *null* 值。**如果你想要讓變數保存 null 值，就必須將它的型態宣告成 nullable。**

null 的意義

將變數設為 null 就像把遙控器的功能拿掉，雖然你仍然握有遙控器（變數），但它無法控制任何電視（物件）。

null 參考會用一些位元代表 "null"，但我們不知道也不需要在乎那些位元是什麼。系統會自動幫我們處理這件事。

為什麼有 nullable 型態？

nullable 型態就是可以設為 null 值的型態。與其他程式語言不同的是，Kotlin 會追蹤可以成為 null 的值，來防止你對它們執行無效的動作。在 Java 等其他語言中，對 null 值執行無效動作經常會造成執行期問題，在你最不希望發生問題的時刻讓應用程式崩潰。但是，這種問題幾乎不會在 Kotlin 中發生，因為它聰明地使用 nullable 型態。

當你在 Java 中，試著對 null 值執行無效的操作時，你就會遇到龐大醜陋的 NullPointerException。exception（例外）是一種警告，告訴你剛才發生了一件異常糟糕的事情。本章稍後會詳細介紹例外。

宣告 nullable 型態的方式是在型態的結尾加上一個問號（?）。例如，要建立 nullable Wolf 變數，並將 Wolf 物件指派給它，可以這樣做：

```
var w: Wolf? = Wolf()
```

w 是個 Wolf?，這代表它可以保存 Wolf 物件的參考，以及 null。

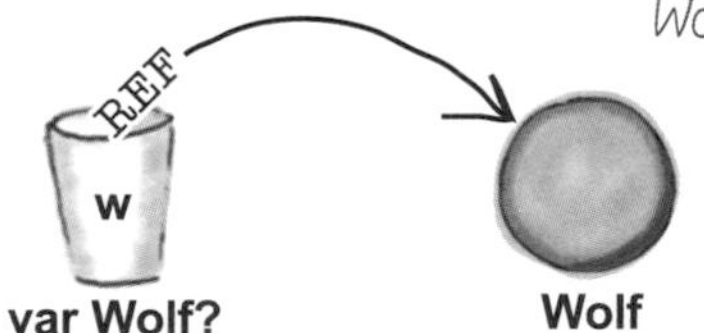

如果你想要移除變數的 Wolf 參考，可以：

```
w = null
```

將 w 設成 null 會移除 Wolf 物件的參考。

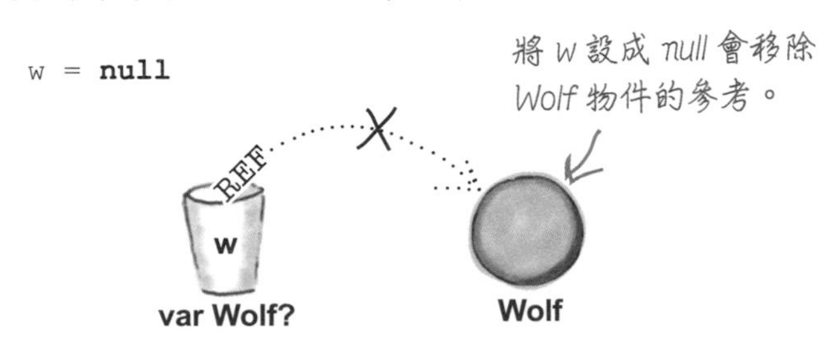

nullable 型態可以保存 null 值或它的基本型態。例如，Duck? 變數可接受 Duck 物件與 null。

那麼，你可以在哪裡使用 nullable 型態？

只要是可以使用非 nullable 型態的地方，就可以使用 nullable 型態

你可以在你定義的每一種型態後面加上 ?，將它變成該型態的 nullable 版本。
只要是可以使用非 nullable 型態的地方，就可以使用 nullable 型態：

- **在定義變數與屬性時。**

  每一個變數或屬性都可以成為 nullable，但你必須宣告它的型態並加上 ?，來明確地定義它。編譯器無法判斷型態何時是 nullable，所以它內定建立非 nullable 型態。如果你想要建立名為 str 的 nullable String 變數，並且用 "Pizza" 值將它實例化，就要用 String? 型態宣告它：

```
var str: String? = "Pizza"
```

  注意，你可以用 null 來將變數與屬性實例化。例如，下面的程式可以編譯，並印出文字 "null"：

```
var str: String? = null
println(str)
```

  這段程式與 var str: String? = "" 不一樣。"" 是一個不包含任何字元的 String 物件，但 null 不是 String 物件。

- **在定義參數時。**

  你可以把任何函式或建構式參數型態宣告為 nullable。例如，下面的程式定義一個名為 printInt 的函式，並且讓它接收 Int?（nullable Int）型態的參數：

```
fun printInt(x: Int?) {
    println(x)
}
```

  如果你定義的函式（或建構式）有 nullable 參數，當你呼叫它時，你仍然必須提供那個參數的值，即使值是 null。如同非 nullable 參數型態，你不能省略未被指派預設值的參數。

- **在定義函式回傳型態時。**

  函式可以使用 nullable 回傳型態。例如，下面的函式使用 Long? 回傳型態：

```
fun result() : Long? {
    //計算並回傳 Long? 的程式
}
```

  這個函式必須回傳 Long 或 null 值。

你也可以建立 nullable 型態陣列。我們來看一下怎麼做。

如何建立 nullable 型態的陣列？

nullable 型態的陣列，就是裡面的項目是 nullable 的陣列。例如，下面的程式建立一個名為 myArray，保存 String?（nullable 的 Strings）的陣列：

```
var myArray: Array<String?> = arrayOf("Hi", "Hello")
```

Array<String?> 可以保存 String 與 null。

但是，如果你在將陣列初始化時，使用一或多個 null 項目，編譯器可以判斷該陣列應保存 nullable 型態。所以，當編譯器看到這段程式時：

```
var myArray = arrayOf("Hi", "Hello", null)
```

它發現這個陣列可以保存 String 與 null 的組合，因而推斷陣列的型態應該是 Array<String?>：

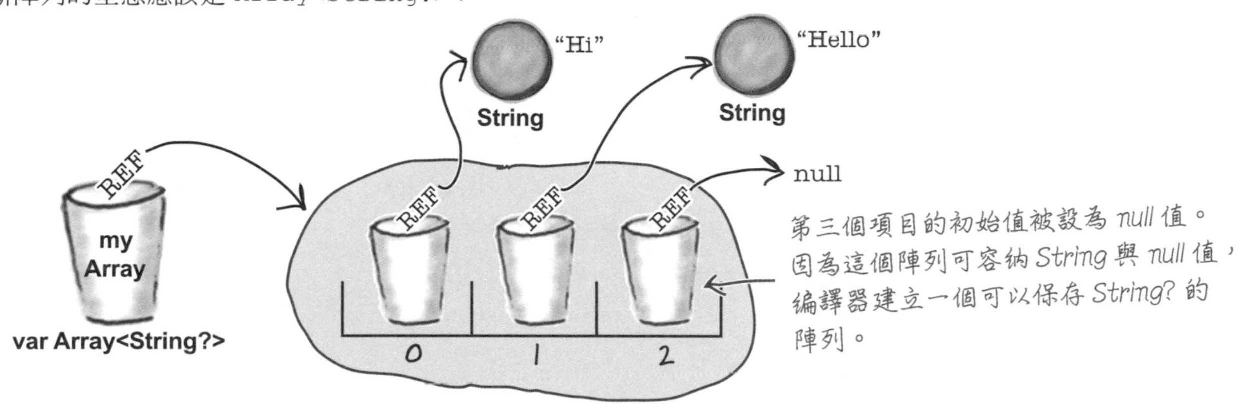

知道如何定義 nullable 型態之後，我們來看看如何引用它的物件的函式與屬性。

問：將變數的初始值設為 null 值，交給編譯器判斷變數的型態，會發生什麼事？例如：

```
var x = null
```

答：編譯器會看到這個變數必須能夠保存 null 值，但因為它不知道變數還需要保存哪種其他的物件，所以會建立一個只能保存 null 值的變數，這種變數可能不是你要的，所以當你將變數的初始值設為 null 時，務必指定它的型態。

問：你在上一章說過，每一個物件都是 Any 的子類別。Any 型態的變數可以保存 null 值嗎？

答：不行，如果你想要讓一個變數保存任何型態的物件與 null 值，它的型態必須是 Any?。例如：

```
var z: Any?
```

如何使用 nullable 型態的函式與屬性？

假如你有一個變數，它的型態是 nullable，而且你想要使用它的物件的屬性與函式。你不能對著 null 值發出函式呼叫或引用它的屬性，因為它沒有保存物件。為了防止你執行任何無效的操作，編譯器堅持你必須先確定變數不是 null，才能使用任何函式或屬性。

假如你有個 `Wolf?` 變數，而且已經被指派新物件 `Wolf` 的參考了：

```
var w: Wolf? = Wolf()
```

為了使用物件的函式與屬性，你要先確定變數值不是 `null`。其中一種做法是在 `if` 裡面檢查變數的值。例如，下面的程式先確定 `w` 的值不是 `null`，再呼叫物件的 `eat` 函式：

```
if (w != null) {
    w.eat()
}
```

編譯器知道 w 不是 null，所以你可以呼叫 eat() 函式。

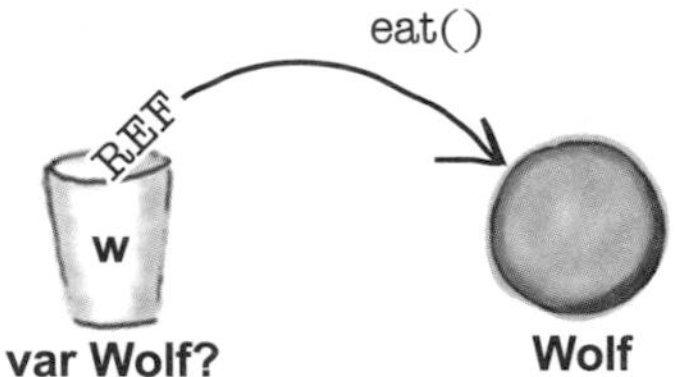

你可以用這種做法來寫出更複雜的條件。例如，下面的程式先確定 `w` 變數的值不是 `null`，而且它的 `hunger` 屬性小於 `5`，再呼叫它的 `eat` 函式：

```
if (w != null && w.hunger < 5) {
    w.eat()
}
```

&& 的右邊只會在它的左邊是 true 時執行，所以編譯器知道 w 不可能是 null，允許你呼叫 w.hunger。

例如，如果你在類別裡面用 `var` 來定義 `w` 屬性，從檢查它不是 null 值之後，到使用它之前，它有可能被設成 null 值，因此這段程式無法編譯：

```
class MyWolf {
    var w: Wolf? = Wolf()

    fun myFunction() {
        if (w != null){
            w.eat()
        }
    }
}
```

這段程式無法編譯，因為編譯器無法保證從確認 w 屬性不是 null 之後，到使用它之前，它不會被修改。

幸運的是，有一種更安全的做法可以避免這種問題。

用安全呼叫來保證安全

使用 nullable 型態的屬性與函式的另一種做法是使用**安全呼叫**。安全呼叫可讓你用一行程式來使用函式與屬性，不需要執行個別的 null 檢查。

?. 是安全呼叫運算子。它可讓你安全地使用 nullable 型態的函式與屬性。

想像你有一個 Wolf? 屬性（與之前一樣），它保存一個 Wolf 物件的參考：

```
var w: Wolf? = Wolf()
```

你可以對 Wolf 的 eat 函式發出安全呼叫如下：

```
w?.eat()
```

?. 代表只在 w 不是 null 時呼叫 eat()。

它只會在 w 不是 null 時呼叫 Wolf 的 eat 函式。這就像是說 "如果 *w* 不是 null，呼叫 *eat*"。

類似的情況，下面的程式對 w 的 hunger 屬性發出安全呼叫：

```
w?.hunger
```

如果 w 不是 null，這個運算式會回傳 hunger 屬性值的參考。但是，如果 w 是 null，整個運算式就會產生 null。我們可能會遇到兩種情況：

A 情況 A：w 不是 null。
w 變數保存 Wolf 物件的參考，它的 hunger 屬性值是 10。w?.hunger 會產生 10。

```
w?.hunger
//回傳 10
```

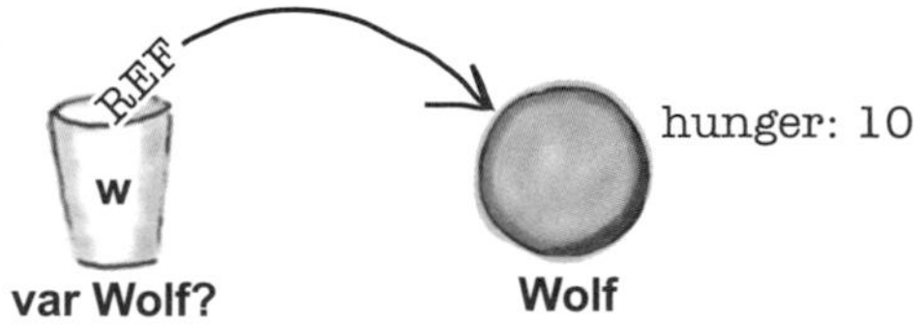

B 情況 B：w 是 null。
w 變數保存 null 值，不是 Wolf，所以整個運算式回傳 null。

```
w?.hunger
//回傳 null
```

你可以串接安全呼叫式

安全呼叫的另一個好處是，你可以將它們串接起來，變成既強大且簡明的運算式。

假如你有一個名為 MyWolf 的類別，它有一個名為 w 的 Wolf? 屬性。這個類別的定義是：

```
class MyWolf {
    var w: Wolf? = Wolf()
}
```

假設你也有一個名為 myWolf 的 MyWolf? 變數：

```
var myWolf: MyWolf? = MyWolf()
```

如果你想要取得 myWolf 變數的 Wolf 的 hunger 屬性的值，可以這樣寫：

```
myWolf?.w?.hunger
```

如果 myWolf 不是 null，而且 w 不是 null，取得 hunger。否則，使用 null。

這就像是說"如果 *myWolf* 或 *w* 是 null，回傳 null 值。否則，回傳 *w* 的 *hunger* 屬性的值"。若（且唯若）myWolf 與 w 都不是 null，這個運算式會回傳 hunger 屬性的值。如果 myWolf 或 w 是 null，整個運算式會回傳 null。

執行安全呼叫鏈時，發生什麼事？

我們來細部瞭解當系統執行安全呼叫鏈時發生什麼事：

```
myWolf?.w?.hunger
```

1 系統先確定 myWolf 不是 null。

如果 myWolf 是 null，整個運算式會回傳 null。如果 myWolf 不是 null（就像這個例子），系統繼續執行下個部分的運算式。

myWolf?.w?.hunger

故事還沒結束…

2 接著系統確定 myWolf 的 w 屬性不是 null。

如果 myWolf 不是 null，系統繼續處理運算式的下一個部分，w? 部分。

如果 w 是 null，整個運算式會產生 null。如果 w 不是 null，就像這個例子，系統處理運算式的下一個部分。

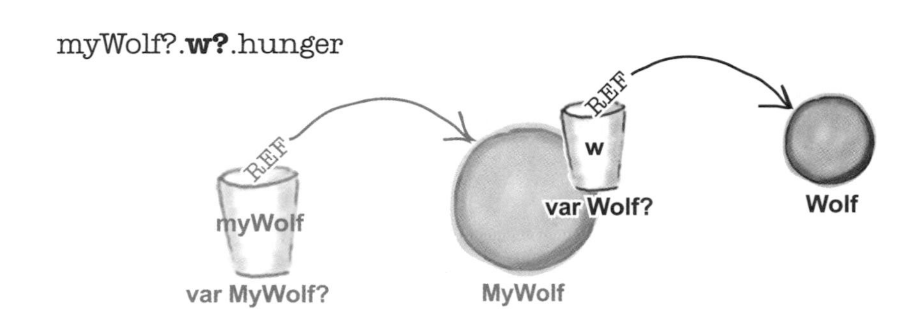

3 如果 w 不是 null，就回傳 w 的 hunger 屬性的值。

只要 myWolf 變數與 w 屬性都不是 null，運算式就回傳 w 的 hunger 屬性的值。在這個例子中，運算式回傳 10。

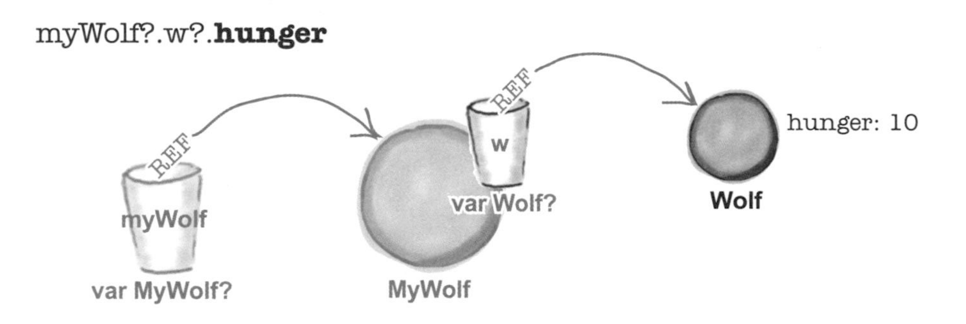

你可以看到，你可以將安全呼叫串接起來，變成簡明、強大且安全的運算式。但故事還沒有結束。

你可以用安全呼叫式來賦值…

你可能已經猜到了，你可以用安全呼叫式來對變數或屬性賦值。假設有一個名為 w 的 Wolf? 變數，你可以這樣子將它的 hunger 屬性的值指派給新變數 x：

```
var x = w?.hunger
```

這就像是說"如果 *w* 是 null，將 *x* 設為 null，否則將 *x* 設為 *w* 的 *hunger* 屬性的值"。因為運算式：

```
w?.hunger
```

可能算出 Int 或 null 值，編譯器判斷 x 的型態必定是 Int?。

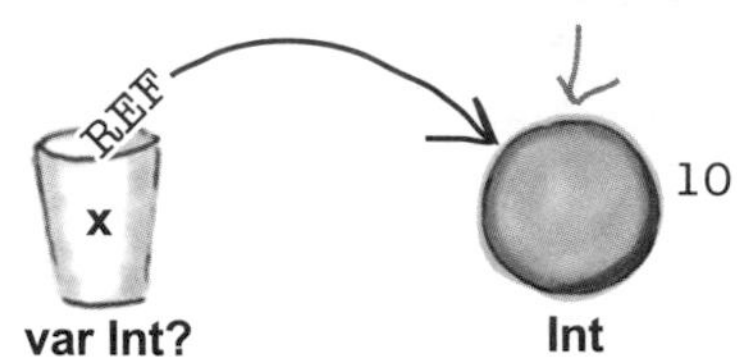

…以及賦值給安全呼叫式

你也可以在變數或屬性賦值式的左邊使用安全呼叫式。

假設你要在 w 不是 null 時，將 w 的 hunger 屬性設成 6。你可以使用這段程式：

```
w?.hunger = 6
```

這段程式會檢查 w 的值，如果它不是 null，就將 6 這個值指派給 hunger 屬性。但是，如果 w 是 null，程式就不做事。

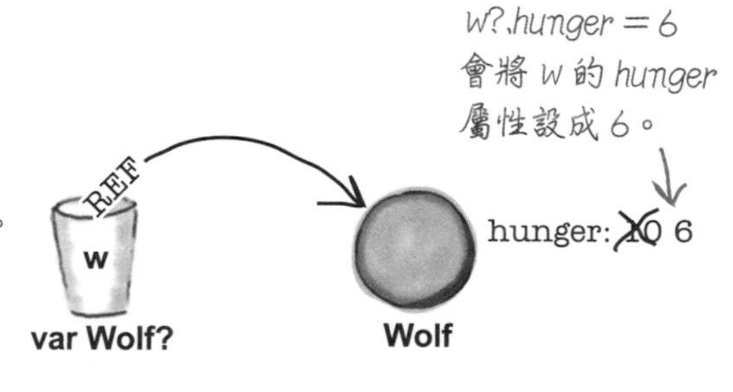

你也可以使用安全呼叫鏈。例如，下面的程式在 myWolf 與 w 都不是 null 時，才會對 hunger 屬性賦值：

```
myWolf?.w?.hunger = 2
```

這就像是說"如果 *myWolf* 不是 null，而且 *myWolf* 的 *w* 屬性值不是 null，就將 2 這個值指派給 *w* 的 *hunger* 屬性"：

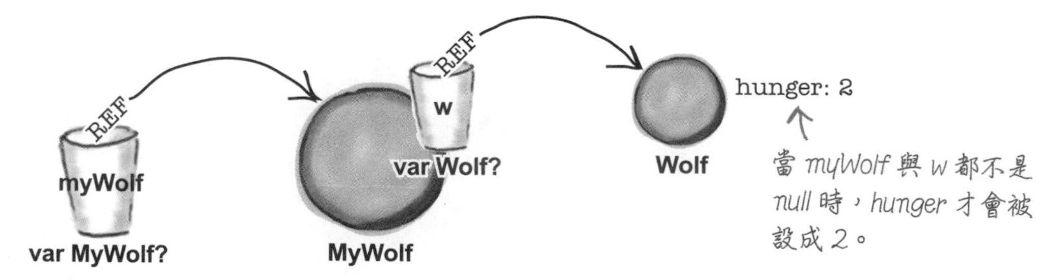

知道如何對 nullable 型態發出安全呼叫之後，做一下接下來的練習。

我是編譯器

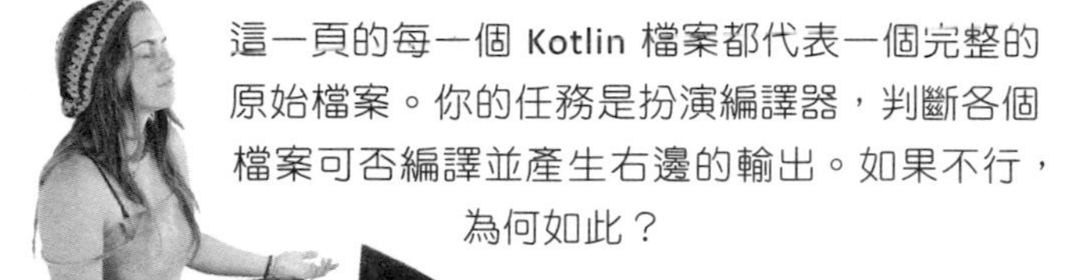

這一頁的每一個 Kotlin 檔案都代表一個完整的原始檔案。你的任務是扮演編譯器，判斷各個檔案可否編譯並產生右邊的輸出。如果不行，為何如此？

這是想要產生的輸出。

Misty: Meow!

Socks: Meow!

A

```
class Cat(var name: String? = "") {
    fun Meow() { println("Meow!") }
}

fun main(args: Array<String>) {
    var myCats = arrayOf(Cat("Misty"),
                         null,
                         Cat("Socks"))
    for (cat in myCats) {
        if (cat != null) {
            print("${cat.name}: ")
            cat.Meow()
        }
    }
}
```

B

```
class Cat(var name: String? = null) {
    fun Meow() { println("Meow!") }
}

fun main(args: Array<String>) {
    var myCats = arrayOf(Cat("Misty"),
                         Cat(null),
                         Cat("Socks"))
    for (cat in myCats) {
        print("${cat.name}: ")
        cat.Meow()
    }
}
```

C

```
class Cat(var name: String? = null) {
    fun Meow() { println("Meow!") }
}

fun main(args: Array<String>) {
    var myCats = arrayOf(Cat("Misty"),
                         null,
                         Cat("Socks"))
    for (cat in myCats) {
        print("${cat?.name}: ")
        cat?.Meow()
    }
}
```

D

```
class Cat(var name: String = "") {
    fun Meow() { println("Meow!") }
}

fun main(args: Array<String>) {
    var myCats = arrayOf(Cat("Misty"),
                         Cat(null),
                         Cat("Socks"))
    for (cat in myCats) {
        if (cat != null) {
            print("${cat?.name}: ")
            cat?.Meow()
        }
    }
}
```

我是編譯器解答

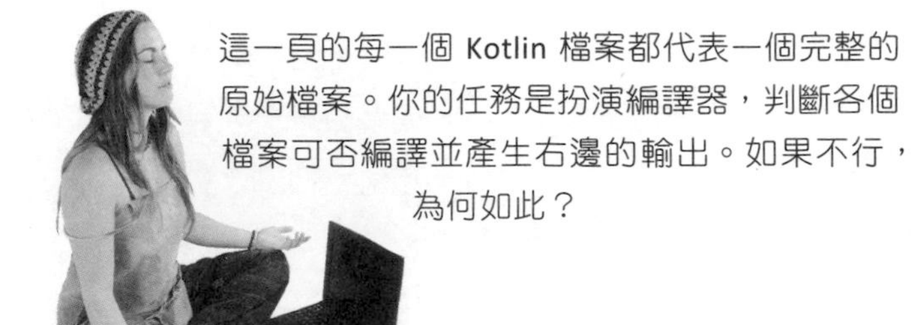

這一頁的每一個 Kotlin 檔案都代表一個完整的原始檔案。你的任務是扮演編譯器，判斷各個檔案可否編譯並產生右邊的輸出。如果不行，為何如此？

這是想要產生的輸出。

Misty: Meow!
Socks: Meow!

A

```
class Cat(var name: String? = "") {
    fun Meow() { println("Meow!") }
}

fun main(args: Array<String>) {
    var myCats = arrayOf(Cat("Misty"),
                         null,
                         Cat("Socks"))
    for (cat in myCats) {
        if (cat != null) {
            print("${cat.name}: ")
            cat.Meow()
        }
    }
}
```

這段程式可以編譯並產生正確的輸出。

B

```
class Cat(var name: String? = null) {
    fun Meow() { println("Meow!") }
}

fun main(args: Array<String>) {
    var myCats = arrayOf(Cat("Misty"),
                         Cat(null),
                         Cat("Socks"))
    for (cat in myCats) {
        print("${cat.name}: ")
        cat.Meow()
    }
}
```

這段程式可以編譯，但是輸出是錯誤的（第二隻 name 為 null 的 Cat 也會 Meow）。

C

```
class Cat(var name: String? = null) {
    fun Meow() { println("Meow!") }
}

fun main(args: Array<String>) {
    var myCats = arrayOf(Cat("Misty"),
                         null,
                         Cat("Socks"))
    for (cat in myCats) {
        print("${cat?.name}: ")
        cat?.Meow()
    }
}
```

這段程式可以編譯，但是輸出是錯誤的（會將 myCats 陣列的第 2 個項目印出，顯示 null）。

D

```
class Cat(var name: String = "") {
    fun Meow() { println("Meow!") }
}

fun main(args: Array<String>) {
    var myCats = arrayOf(Cat("Misty"),
                         Cat(null),
                         Cat("Socks"))
    for (cat in myCats) {
        if (cat != null) {
            print("${cat?.name}: ")
            cat?.Meow()
        }
    }
}
```

這段程式無法編譯，因為 Cat 不能使用 null 名稱。

使用 let 在值不是 null 時執行程式

當你使用 nullable 型態時，可能想要在（而且唯有在）特定值不是 null 時執行程式。例如，假設有一個名為 w 的 Wolf? 變數，你可能想要在 w 不是 null 時，印出 w 的 hunger 屬性的值。

執行這種任務的其中一種方式，就是使用這段程式：

```
if (w != null ) {
    println(w.hunger)
}
```

但是如果編譯器無法保證從確認 w 變數不是 null 開始，到使用它之前，它絕對不會改變，這段程式就無法編譯。

←如果 w 在類別中定義一個 var 屬性，而且你想要在個別的函式中使用它的 hunger 屬性時，就會發生這種情況。這種情況與本章稍早介紹安全呼叫的需求時談到的情況一樣。

另一種做法無論如何都可以動作：

```
w?.let {
    println(it.hunger)
}
```

←如果 w 不是 null，**我們就**（**let**'s）印出**它的**（**It**s）hunger。

這就像是說“如果 *w* 不是 *null*，我們（let's）就印出它的 *hunger*”。我們來看一下它的動作。

?.let 可讓你為一個非 null 的值執行程式。

這段程式結合 **let** 關鍵字與安全呼叫運算子 ?.，告訴編譯器你想要在它處理的值不是 null 時執行一些動作。所以這段程式：

```
w?.let {
    //執行一些工作
}
```

只會在 w 不是 null 時執行內文的程式碼。

當你確定值不是 null 時，可以在 let 的內文使用 **it** 來引用它。所在上述的範例中，it 引用非 nullable 版的 w 變數，可讓你直接讀取它的 hunger 屬性：

```
w?.let {
    println(it.hunger)
}
```

←你可以用“it”來直接使用 Wolf 的函式與屬性。

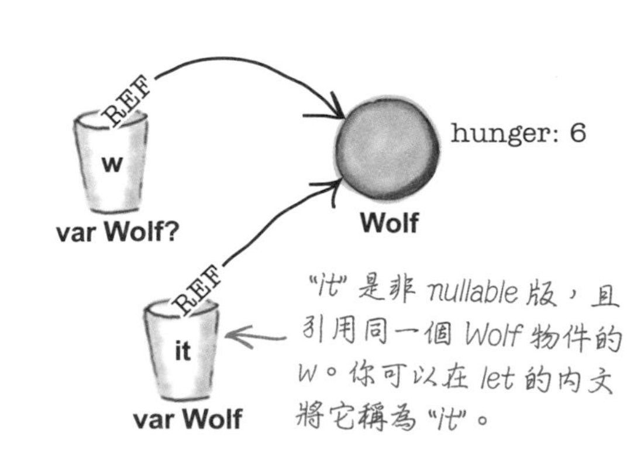

我們來看一下最適合使用 let 的時機。

用 let 來處理陣列項目

你也可以用 let 來使用非 null 的陣列項目來執行一些動作。例如，下面的程式會遍歷一個 String? 陣列，並且印出每一個非 null 的項目：

```
var array = arrayOf("Hi", "Hello", null)
for (item in array) {
    item?.let {
        println(it)   ← 這一行只回傳陣列的非 null 項目。
    }
}
```

使用 let 來簡化運算式

當你想要用函式的回傳值執行一些動作，但它有可能是 null 時，非常適合使用 let。

假如你有一個名為 getAlphaWolf 的函式，它的回傳型態是 Wolf?：

```
fun getAlphaWolf() : Wolf? {
    return Wolf()
}
```

如果你想要取得函式的回傳值的參考，並且在它不是 null 時呼叫它的 eat 函式，可以使用這段程式來做這件事（在多數情況下）：

```
var alpha = getAlphaWolf()
if (alpha != null) {
    alpha.eat()
}
```

但是當你使用 let 來改寫程式時，就不需要建立一個變數來保存函式的回傳值了：

```
getAlphaWolf()?.let {   ← 使用 let 比較簡明。它也比較安全，
    it.eat()              所以你可以在任何情況下使用它。
}
```

這就像是說“取得 alpha Wolf，如果它不是 null，就讓（let）它 eat”。

照過來！

你必須使用大括號來代表 let 的內文。

如果你省略 { }，程式將無法編譯。

與其使用 if 運算式…

在處理 nullable 型態時，有時你可能想要使用 `if` 運算式來用另一個值取代 `null`。

假如你有一個名為 `w` 的 `Wolf?` 變數，而且你想要用一個運算式，在 `w` 不是 `null` 時回傳 `w` 的 `hunger` 屬性的值，但是當 `w` 是 `null` 時，就回傳預設值 `-1`。在多數情況下，這個運算式是可以動作的：

```
if (w != null) w.hunger else -1
```

但是與之前一樣，如果編譯器無法保證從確認 `w` 變數非 null 開始，到使用它之前，它絕對不會改變，編譯器就會認定它是不安全的，程式將無法編譯。

幸運的是，你可以採取另一種做法：使用 **Elvis（貓王）運算子**。

[編輯：貓王？開什麼玩笑！改掉！]

…不如使用更安全的 Elvis 運算子

Elvis 運算子 **?:** 是 `if` 運算式的安全替代方案。它之所以叫做 Elvis 運算子，是因為當你將它順時針旋轉 90 度時，它長得有點像貓王。

這是使用 Elvis 運算子的運算式：

```
w?.hunger ?: -1
```

Elvis 運算子會先檢查它的左邊的值，在這個例子，它是：

```
w?.hunger
```

如果這個值不是 `null`，Elvis 運算子會回傳它。但是，如果左邊的值是 `null`，Elvis 運算子會回傳它的右邊的值（在這個例子是 -1）。所以這段程式

```
w?.hunger ?: -1
```

就像在說“如果 *w* 不是 null，而且它的 `hunger` 屬性不是 null，就回傳 *hunger* 屬性的值，否則回傳 -1”。它做的事情與這段程式一樣：

```
if (w?.hunger != null) w.hunger else -1
```

但是因為它是比較安全的替代方案，你可以在任何地方使用它。

在之前的幾頁中，你已經知道如何以安全呼叫來使用 nullable 型態的屬性與函式，以及如何使用 `let` 和 Elvis 運算子來取代 `if` 陳述式與運算式了。接下來，我們還有最後一種檢查 `null` 值的做法：**非 null 斷言（not-null assertion）運算子**。

Elvis 運算子 ?: 是安全版的 if 運算式。如果它左邊的值不是 null，它會回傳那個值。否則，它會回傳右邊的值。

!! 運算子會故意丟出 NullPointerException

非 null 斷言運算子 !! 處理 null 的方式與前面幾頁的做法不一樣，它不是處理每一個 null 值來確保程式的安全，而是在某個東西是 null 時，故意丟出 NullPointerException。

假設你有一個名為 w 的 Wolf? 變數，而且想要在 w 和它的 hunger 屬性不是 null 時，將 hunger 的值指派給新變數 x，用非 null 斷言來做這件事的方式是：

```
var x = w!!.hunger
```

← 在這裡，!! 斷言 w 不是 null。

如果 w 與 hunger 都不是 null，hunger 屬性的值就會被指派給 x。但是如果 w 或 hunger 是 null，它會丟出 NullPointerException，IDE 的輸出視窗會顯示一個訊息，而且應用程式會停止運行。

在輸出視窗顯示的訊息中，NullPointerException 會顯示 stack trace（堆疊追蹤），可讓你找到造成這件事的非 null 斷言。例如，你可以從下面的輸出看到，NullPointerException 是從 *App.kt* 檔案的第 45 行的 main 函式丟出來的：

這是 NullPointerException，它顯示 stack trace 來告訴你它發生的地方。

```
Exception in thread "main" kotlin.KotlinNullPointerException
        at AppKt.main(App.kt:45)
```

← 例外在第 45 行發生。

此外，下面的輸出告訴你 NullPointerException 是從 *App.kt* 檔案的第 98 行的 MyWolf 類別的 myFunction 函式丟出來的。這個函式是 main 函式在同一個檔案的第 67 行呼叫的：

```
Exception in thread "main" kotlin.KotlinNullPointerException
        at MyWolf.myFunction(App.kt:98)
        at AppKt.main(App.kt:67)
```

所以非 null 斷言很適合用來測試假設，因為它們可讓你找到問題點。

雖然如你所見，Kotlin 編譯器盡心盡力地確保程式碼跑起來沒有問題，但有時知道如何丟出例外，以及處理例外的情況也是很有幫助的。接下來我們會先展示處理 null 值的新專案的完整程式碼，再介紹例外。

建立 Null Values 專案

建立在 JVM 運行的 Kotlin 專案，將專案命名為 “Null Values”。接著建立名為 *App.kt* 的 Kotlin 檔案，做法是點選 *src* 資料夾，按下 File 選單，並選擇 New → Kotlin File/Class。在提示視窗將檔名設為 “App”，再將 Kind 設為 File。

我們要在專案中加入各種類別與函式，以及一個使用它們的 `main` 函式，讓你探索 null 值的作用。程式如下，依此修改你的 *App.kt*：

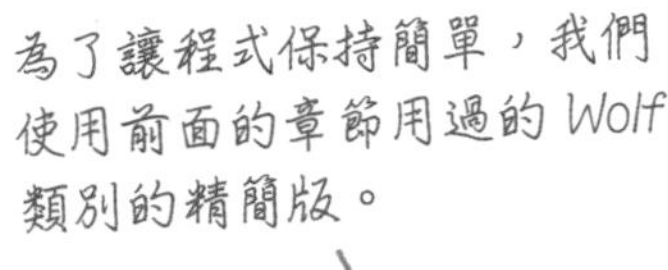

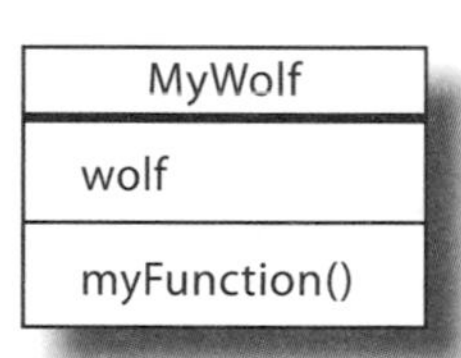

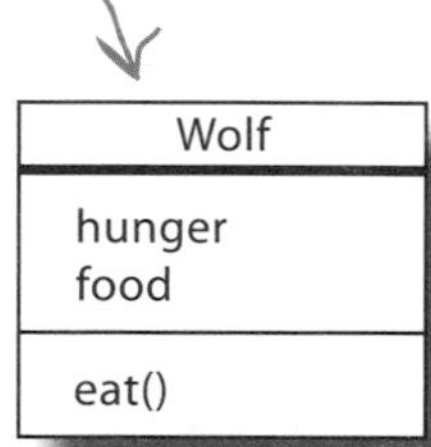

建立 Wolf 類別。

```
class Wolf {
    var hunger = 10
    val food = "meat"

    fun eat() {
        println("The Wolf is eating $food")
    }
}
```

建立 MyWolf 類別。

```
class MyWolf {
    var wolf: Wolf? = Wolf()

    fun myFunction() {
        wolf?.eat()
    }
}
```

建立 getAlphaWolf 函式。

```
fun getAlphaWolf() : Wolf? {
    return Wolf()
}
```

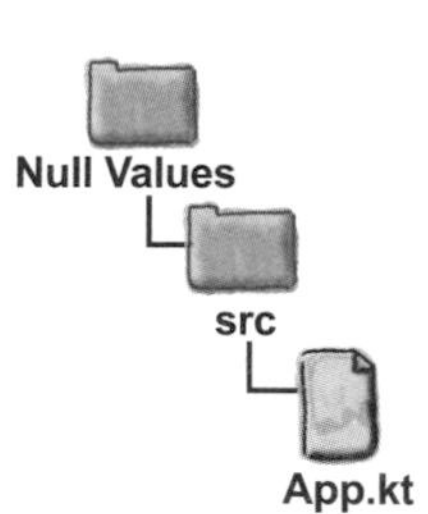

下一頁還有程式。

程式還沒結束⋯

```
fun main(args: Array<String>) {
    var w: Wolf? = Wolf()

    if (w != null) {
        w.eat()
    }

    var x = w?.hunger
    println("The value of x is $x")

    var y = w?.hunger ?: -1
    println("The value of y is $y")

    var myWolf = MyWolf()
    myWolf?.wolf?.hunger = 8
    println("The value of myWolf?.wolf?.hunger is ${myWolf?.wolf?.hunger}")

    var myArray = arrayOf("Hi", "Hello", null)
    for (item in myArray) {
        item?.let { println(it) }
    }

    getAlphaWolf()?.let { it.eat() }

    w = null
    var z = w!!.hunger
}
```

使用 Elvis 運算子，在 w 不是 null 時，將 y 設成 hunger 的值。如果 w 是 null，將 y 設成 -1。

這會印出陣列中的非 null 項目。

這會在 w 是 null 時丟出 NullPointerException。

MyWolf
wolf
myFunction()

Wolf
hunger food
eat()

Null Values
src
App.kt

測試

當我們執行程式時， IDE 的輸出視窗會顯示下面的文字：

```
The Wolf is eating meat
The value of x is 10
The value of y is 10
The value of myWolf?.wolf?.hunger is 8
Hi
Hello
The Wolf is eating meat
Exception in thread "main" kotlin.KotlinNullPointerException
        at AppKt.main(App.kt:55)
```

池畔風光

你的**任務**是把游泳池裡面的程式片段放到上面程式的空行裡面。同一個片段**只能**使用一次，而且並非所有的片段都會被用到。你的**目標**是建立名為 Duck 與 MyDucks 的兩個類別。MyDucks 裡面有 nullable Duck 的陣列、讓每一隻 Duck 呱呱叫的函式，以及回傳所有 Duck 的總身高的函式。

```
class Duck(val height: ........ = null) {
    fun quack() {
        println("Quack! Quack!")
    }
}

class MyDucks(var myDucks: Array<..........>) {
    fun quack() {
        for (duck in myDucks) {
            ......................{
                ..........quack()
            }
        }
    }

    fun totalDuckHeight(): Int {
        var h:.......... = ..........
        for (duck in myDucks) {
            h ......duck......height ........ 0
        }
        return h
    }
}
```

提醒你，池子裡的每一個東西都只能使用一次！

duck
Int?
Int
.
+=
0
.
it
Int?
Duck
?
else
duck
=
?.
null
?:
?.
Duck?
Int
make
let

池畔風光解答

你的**任務**是把游泳池裡面的程式片段放到上面程式的空行裡面。同一個片段**只能**使用一次，而且並非所有的片段都會被用到。你的**目標**是建立名為 Duck 與 MyDucks 的兩個類別。MyDucks 裡面有 **nullable** Duck 的陣列、讓每一隻 Duck 呱呱叫的函式，以及回傳所有 Duck 的總身高的函式。

這是 Int?，不是 Int，因為它必須接收 null 值。

```
class Duck(val height: Int? = null) {
    fun quack() {
        println("Quack! Quack!")
    }
}

class MyDucks(var myDucks: Array<Duck?>) {
    fun quack() {
        for (duck in myDucks) {
            duck?.let {
                it.quack()
            }
        }
    }

    fun totalDuckHeight(): Int {
        var h: Int = 0
        for (duck in myDucks) {
            h += duck?.height ?: 0
        }
        return h
    }
}
```

myDucks 是 nullable Duck 陣列。

我們在這裡使用 let 來讓每隻鴨子 (duck) 呱呱叫 (quack)，但我們也可以改用 duck?.quack()。

totalDuckHeight() 回傳一個 Int，所以 h 必須是 Int，不是 Int?。

如果 duck 與它的 height 不是 null，就將 h 加上 duck 的 height。否則，將 h 加 0。

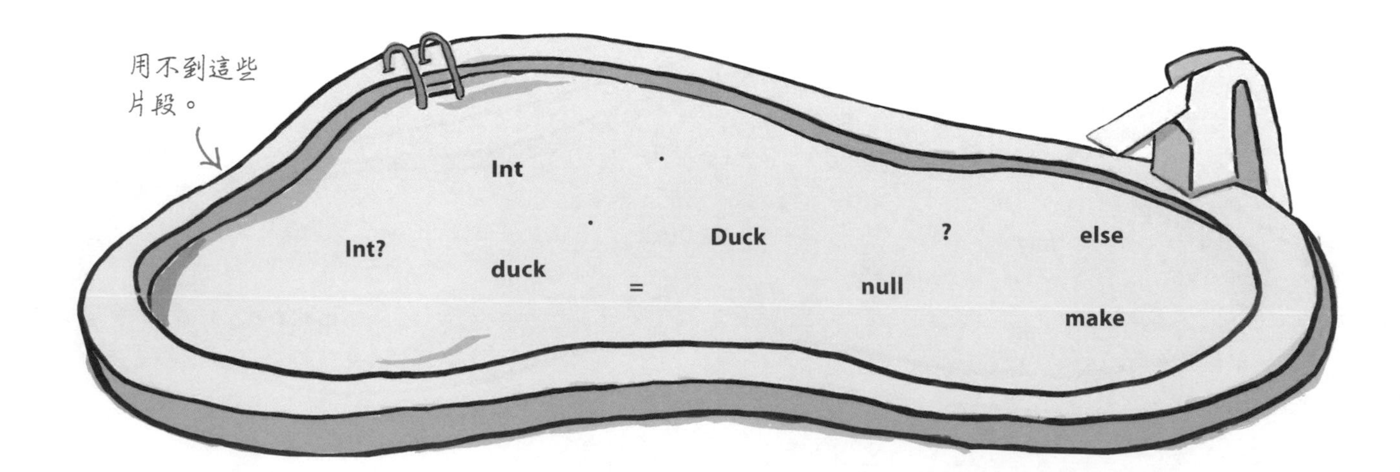

例外是在例外的情況下丟出的

之前說過，例外是在執行期跳出的警告，用來提示例外的情況。它是讓程式表明“出問題了，我故障了”的機制。

例如，假設你有一個名為 myFunction 的函式，可將 String 參數轉換成 Int，並印出它：

```
fun myFunction(str: String) {
    val x = str.toInt()
    println(x)
    println("myFunction has ended")
}
```

如果你傳遞 “5” 這種 String 給 myFunction，程式會成功地將 String 轉成 Int，並印出 5 這個值，以及文字 “myFunction has ended”。但是，如果你傳遞一個無法轉換成 Int 的 String 給函式，例如 “I am a name, not a number”，程式就會停止運行，並顯示這種例外訊息：

哎呀！

```
Exception in thread "main" java.lang.NumberFormatException: For input string: "I am a name, not a number"
        at java.lang.NumberFormatException.forInputString(NumberFormatException.java:65)
        at java.lang.Integer.parseInt(Integer.java:580)
        at java.lang.Integer.parseInt(Integer.java:615)
        at AppKt.myFunction(App.kt:119)
        at AppKt.main(App.kt:3)
```

例外的 stack trace 提到 Java，這是因為我們在 JVM 上執行程式。

你可以捕捉被丟出的例外

當例外被丟出時，你可以用兩種方式處理它：

- **放著例外不管。**

  這會在輸出視窗顯示一個訊息，並停止你的應用程式（就像上面那樣）。

- **捕捉例外並處理它。**

  如果你知道有幾行程式可能在執行時導致例外，或許可以預作準備，修復讓例外出現的原因。

你已經知道放著例外不管時的情況了，我們來看一下怎麼捕捉它們。

用 try/catch 來捕捉例外

要捕捉例外，你可以把危險的程式碼包在 **try/catch** 區塊裡面，try/catch 區塊可告知編譯器：你已經知道你要執行的程式可能發生例外，而且你已經做好處理它的準備了。編譯器不在乎你如何處理它，它只在乎你表示你會處理它。

這是 try/catch 區塊的長相：

```
fun myFunction(str: String) {

    try {
        val x = str.toInt()
        println(x)
    } catch (e: NumberFormatException) {
        println("Bummer")
    }

    println("myFunction has ended")
}
```

這是 try… （指向 try）

…而這是 catch。（指向 catch）

try/catch 區塊的 **try** 裡面是可能產生例外的危險程式。在上面的範例中，就是這段程式：

```
try {
    val x = str.toInt()
    println(x)
}
```

catch 部分指定你想要捕捉的例外，以及你想要在抓到它時執行的程式碼。所以，如果危險的程式丟出 NumberFormatException，我們會捕捉它，並印出提示訊息：

```
catch (e: NumberFormatException) {
    println("Bummer")
}
```

這一行只會在抓到例外時執行。

接著系統會執行 catch 區塊後面的所有程式，在這個例子是這段程式：

```
println("myFunction has ended")
```

用 finally 來處理無論如何都要做的事情

如果無論有沒有例外你都必須執行一段重要的善後程式，你可以把它放在 **finally** 區塊裡面。finally 區塊是選用的，但一旦你使用它，它無論如何都會執行。

為了瞭解它如何運作，假設你想要烘焙某樣食物，而且可能出錯。

你先打開烤箱。

如果你想要烘焙的東西成功了，**你就必須關掉烤箱**。

如果你嘗試的東西完全失敗了，你**也必須關掉烤箱**。

無論如何，你都必須關掉烤箱，所以關掉烤箱的程式屬於 finally 區塊。

```
try {
    turnOvenOn()
    x.bake()
} catch (e: BakingException) {
    println("Baking experiment failed")
} finally {
    turnOvenOff()
}
```

我們**絕對**會呼叫 turnOvenOff()，所以它屬於 finally 區塊。

如果沒有 finally，你就要在 try 與 catch 裡面呼叫 turnOvenOff 函式，因為**你無論如何都必須關掉烤箱**。finally 區塊可讓你把重要的善後程式放在一個地方，而不是這樣子重複使用它：

```
try {
    turnOvenOn()
    x.bake()
    turnOvenOff()
} catch (e: BakingException) {
    println("Baking experiment failed")
    turnOvenOff()
}
```

try/catch/finally 流程控制

★ 如果 try 區塊失敗了（有例外）：

流程會立刻移到 catch 區塊。完成 catch 區塊後，執行 finally 區塊。完成 finally 區塊後，繼續執行其餘的程式。

★ 如果 try 區塊成功了（沒有例外）：

流程跳過 catch 區塊，執行 finally 區塊。完成 finally 區塊後，繼續執行其餘的程式。

★ 如果 try 或 catch 有 return 陳述式，finally 仍然會執行：

流程跳到 finally 區塊，接著回到 return。

例外是 Exception 型態的物件

每一個例外都是 Exception 型態的物件，Exception 是所有例外的超類別，所以每一種例外都繼承它。例如，在 JVM 的每一個例外都有一個 printStackTrace 函式，你可以這樣子用它來印出例外的 stack trace：

```
try {
    //做危險的事情
} catch (e: Exception) {
    e.printStackTrace()
    //得到例外時執行的其他程式
}
```

在 JVM 上運行的所有例外都可以使用 printStackTrace() 函式。如果你無法從例外恢復，可以使用 printStackTrace() 來追蹤問題的原因。

例外有許多不同的類型，每一種都是 Exception 的子型態。其中，最常見（或著名）的有：

- **NullPointerException**
  當你試著對 null 值執行運算時丟出。如你所見，NullPointerExceptions 在 Kotlin 小鎮幾乎絕跡了。

- **ClassCastException**
  當你試著將物件轉型成不正確的型態時丟出，例如將 Wolf 轉型成 Tree。

- **IllegalArgumentException**
  你可以在有人傳遞非法的引數時丟出它。

- **IllegalStateException**
  當物件有無效的狀態時使用。

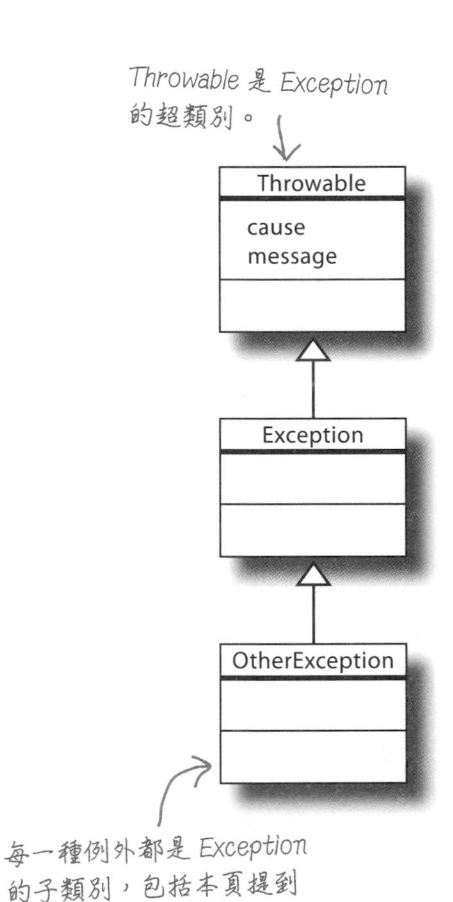

你也可以繼承 Exception 來建立自己的例外類別。例如，下面的程式定義一個名為 AnimalException 的新例外型態:

```
class AnimalException : Exception() { }
```

如果你想要在自己的程式裡面刻意丟出例外，就很適合定義自己的例外型態。我們先稍微介紹別的東西，再回來看看怎麼做這件事。

安全轉型探究

第 6 章談過，在大部分的情況下，每當你使用 is 運算子時，編譯器就會執行智慧轉型。例如，在下面的程式中，編譯器會檢查 r 變數是否保存 Wolf 物件，因此它可以執行智慧轉型，將變數從 Roamable 變成 Wolf：

```
val r: Roamable = Wolf()
if (r is Wolf) {
    r.eat()   ← 在此，r 已經被智慧轉型成 Wolf 了。
}
```

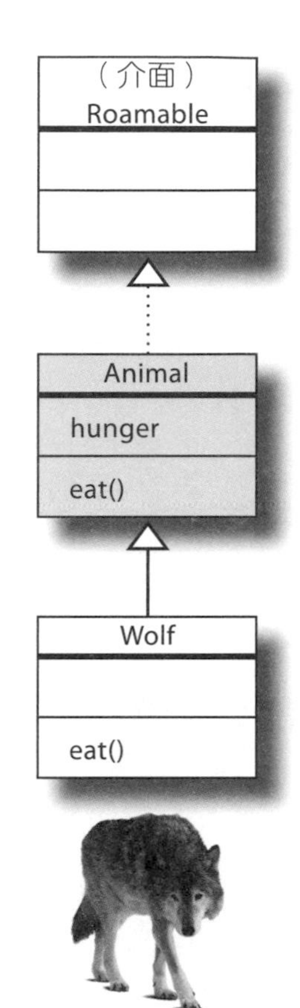

有時編譯器無法執行智慧轉型，因為變數可能會在你檢查它的型態之後，到你使用它之前改變。例如，下面的程式無法編譯，因為編譯器無法確定 r 屬性被檢查之後，仍然可以維持 Wolf：

```
class MyRoamable {
    var r: Roamable = Wolf()

    fun myFunction() {
        if (r is Wolf) {
            r.eat()   ← 這無法編譯，因為編譯器無法保證
        }               r 仍然保存 Wolf 物件的參考。
    }
}
```

第 6 章談過，你可以使用 as 關鍵字來將 r 明確地轉型成 Wolf：

```
if (r is Wolf) {
    val wolf = r as Wolf   ← 這可以編譯，但如果 r 不再保存
    wolf.eat()               Wolf 物件的參考，你會在執行期
}                            得到例外。
```

但是如果你在檢查 r 的型態與將它轉型期間，將 r 設成另一種型態的值，系統就會丟出 ClassCastException。

比較安全的做法是使用 **as?** 運算子來執行**安全轉型**，像這樣：

```
val wolf = r as? Wolf
```

如此一來，當 r 保存 Wolf 型態的物件時，它會將 r 轉型成 Wolf，否則回傳 null。這可以防止你在錯誤地假設變數型態時，得到 ClassCastException。

你可以用 as? 來執行安全的明確轉型。如果轉型失敗，它會回傳 null。

如何刻意丟出例外？

有時在你自己的程式裡面刻意地丟出例外是很有幫助的。例如，如果你有一個名為 setWorkRatePercentage 的函式，你可能想要在有人試著設定小於0 或大於100 的百分比時丟出 IllegalArgumentException。這樣做可以強迫呼叫方處理問題，而不是只依靠函式來決定該做什麼。

你可以使用 **throw** 關鍵字來丟出例外。例如，你可以這樣讓 setWorkRatePercentage 函式丟出 IllegalArgumentException：

```
fun setWorkRatePercentage(x: Int) {
    if (x !in 0..100) {
        throw IllegalArgumentException("Percentage not in range 0..100: $x")
    }
    //當引數無效時做其他事情
}
```

這會在 x 不在 0..100 之內時丟出 IllegalArgumentException。

接著這樣子捕捉例外：

```
try {
    setWorkRatePercentage(110)
} catch(e: IllegalArgumentException) {
    //處理例外的程式
}
```

setWorkRatePercentage() 函式不允許任何人以 110% 的效率工作，所以呼叫方必須處理這個問題。

例外規則

★ 你不能在沒有 try 的情況下，使用 catch 或 finally。

```
callRiskyCode()
catch (e: BadException) { }
```

沒有 try，所以不合法。

★ 你不能在 try 與 catch 之間，或 catch 與 finally 之間放入程式。

```
try { callRiskyCode() }
x = 7
catch (e: BadException) { }
```

你不能將程式放在 try 與 catch 之間，所以不合法。

★ try 的後面必須有 catch 或 finally。

```
try { callRiskyCode() }
finally { }
```

雖然沒有 catch，但因為有 finally，所以合法。

★ 一個 try 可以有多個 catch 區塊。

```
try { callRiskyCode() }
catch (e: BadException) { }
catch (e: ScaryException) { }
```

因為 try 可以有多個 catch，所以合法。

try 與 catch 都是運算式

與 Java 等其他語言不同的是，try 與 throw 都是運算式，所以它們可以回傳值。

如何將 try 當成運算式？

try 的回傳值可以是 try 裡面的最後一個運算式，或是 catch 裡面的最後一個運算式（如果有 finally 區塊，它不會影響回傳值）。例如，參考這段程式：

```
val result = try { str.toInt() } catch (e: Exception) { null }
```

這就像是說"試著將 str.toInt() 指派給 result，如果不行，將結果設成 null"。

這段程式建立一個名為 result，型態為 Int? 的變數。try 區塊試著將名為 str 的 String 變數的值轉換成 Int。如果它成功了，就將 Int 值指派給 result。但是，如果 try 區塊失敗了，它會變成將 null 指派給 result。

如何將 throw 當成運算式來使用？

throw 也是運算式，所以舉例來說，你可以一起使用它與 Elvis 運算子：

```
val h = w?.hunger ?: throw AnimalException()
```

如果 w 與 hunger 都不是 null，上面的程式會將 w 的 hunger 屬性的值指派給新變數 h。但是，如果 w 或 hunger 是 null，它會丟出 AnimalException。

沒有蠢問題

問：你說可以在運算式中使用 throw，你的意思是 throw 有型態嗎？它是什麼？

答：throw 有個回傳型態 **Nothing**。這是一種沒有值的特殊型態，所以 Nothing? 型態的變數只能保存 null 值。例如，下面的程式會建立一個名為 x，型態為 Nothing? 的變數，它只能是 null：

```
var x = null
```

問：我懂了。Nothing 是一種沒有值的型態。在什麼情況下會用到這種型態？

答：你也可以用 Nothing 來代表永遠到達不了的程式碼位置。例如，你可以將永遠不會回傳值的函式的回傳型態設成它：

```
fun fail(): Nothing {
    throw BadException()
}
```

編譯器知道 fail() 被呼叫之後，程式碼會停止執行。

問：在 Java 中，我們必須宣告方法何時丟出例外。

答：是的，但是在 Kotlin 不需要如此。Kotlin 不區分 checked 與 unchecked 例外。

削尖你的鉛筆

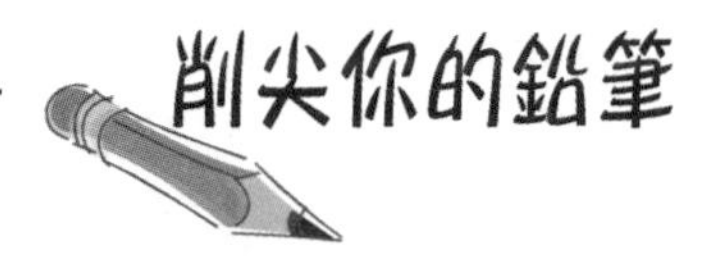

看一下左邊的程式。你認為它執行之後會產生什麼輸出？如果將第 2 行改成下面這段程式，你認為它的輸出是？：

```
val test: String = "Yes"
```

在右邊的空格裡面寫上你的答案。

```
fun main(args: Array<String>) {
    val test: String = "No"

    try {
        println("Start try")
        riskyCode(test)
        println("End try")
    } catch (e: BadException) {
        println("Bad Exception")
    } finally {
        println("Finally")
    }

    println("End of main")
}

class BadException : Exception()

fun riskyCode(test: String) {
    println("Start risky code")

    if (test == "Yes") {
        throw BadException()
    }

    println("End risky code")
}
```

當 test = "No" 時的輸出

當 test = "Yes" 時的輸出

答案在第 248 頁。

程式碼磁貼

在冰箱上有一些 Kotlin 程式被弄亂了。看看你可不可以重組程式，讓 myFunction 函式在收到 String "Yes" 時印出文字 "thaws"，並且在收到 String "No" 時印出文字 "throws"。

將磁貼放入這裡。

```
}

fun riskyCode(test:String) {
```

```
print("h")
```

```
} finally {
```

```
class BadException : Exception()

fun myFunction(test: String) {
```

```
if (test == "Yes") {
```

```
throw BadException()
```

```
print("w")
```

```
riskyCode(test)
```

```
print("t")
```

```
try {
```

```
print("a")
```

```
}
```

```
print("s")
```

```
print("o")
```

```
print("r")
```

```
}
```

```
} catch (e: BadException) {
```

```
}
```

答案在第 249 頁。

削尖你的鉛筆 解答

看一下左邊的程式。你認為它執行之後會產生什麼輸出？如果將第 2 行改成下面這段程式，你認為它的輸出是？：

```
val test: String = "Yes"
```

在右邊的空格裡面寫上你的答案。

```
fun main(args: Array<String>) {
    val test: String = "No"

    try {
        println("Start try")
        riskyCode(test)
        println("End try")
    } catch (e: BadException) {
        println("Bad Exception")
    } finally {
        println("Finally")
    }

    println("End of main")
}

class BadException : Exception()

fun riskyCode(test: String) {
    println("Start risky code")

    if (test == "Yes") {
        throw BadException()
    }

    println("End risky code")
}
```

當 test = "No" 時的輸出

Start try
Start risky code
End risky code
End try
Finally
End of main

當 test = "Yes" 時的輸出

Start try
Start risky code
Bad Exception
Finally
End of main

程式碼磁貼解答

在冰箱上有一些 Kotlin 程式被弄亂了。看看你可不可以重組程式，讓 myFunction 函式在收到 String “Yes” 時印出文字 “thaws”，並且在收到 String “No” 時印出文字 “throws”。

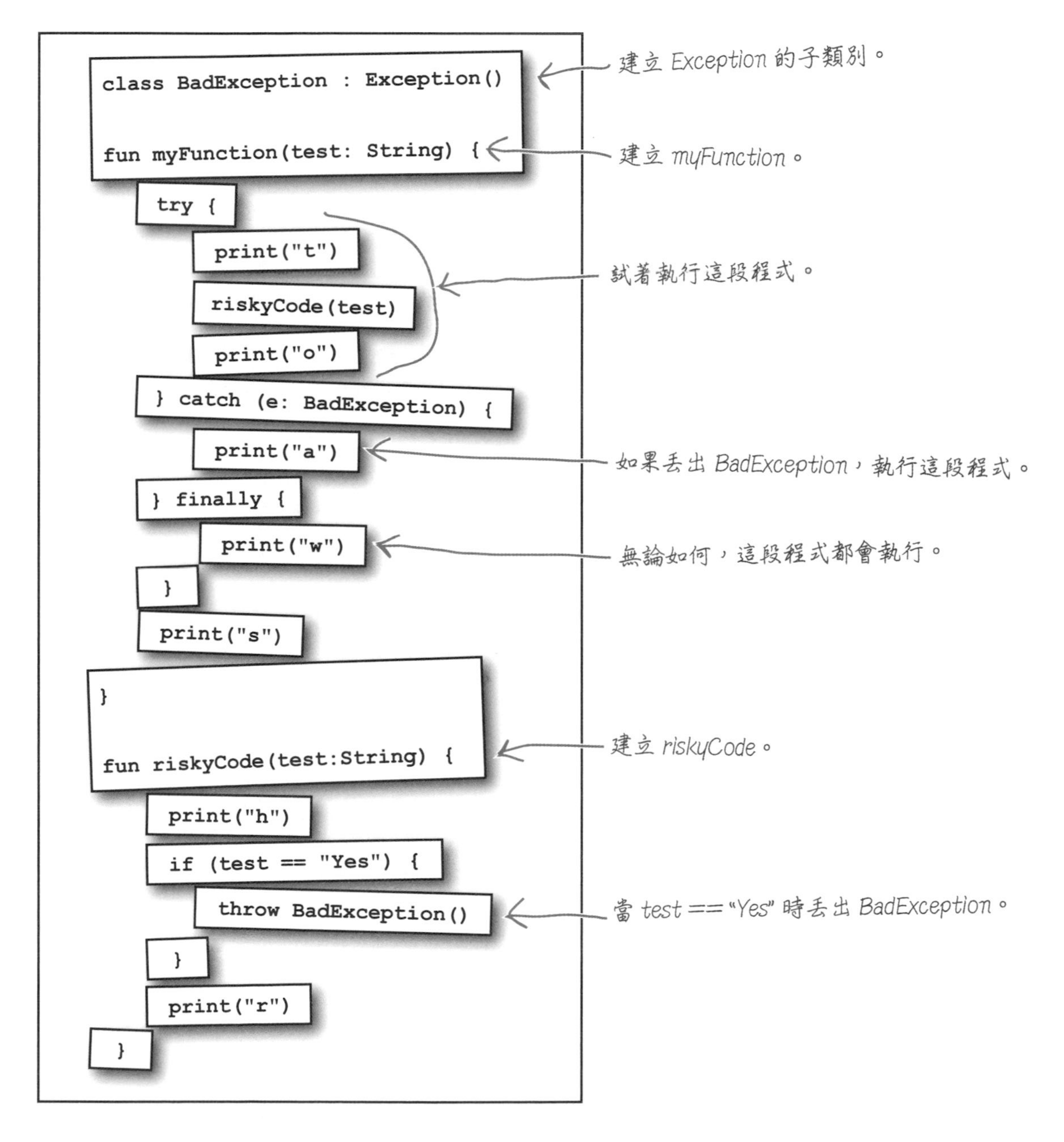

你的 Kotlin 工具箱

讀完第 8 章之後，你已經將 null 與例外加入工具箱了。

你可以從 https://tinyurl.com/HFKotlin 下載本章的完整程式碼。

重點提示

- `null` 值代表該變數未保存物件參考。該變數是存在的，只是它沒有參考任何東西。
- nullable 型態可以保存 null 值與它的基本型態。在型態定義的後面加上 `?` 即可將它定義成 nullable。
- 要使用 nullable 變數的屬性與函式，你必須先確定它不是 `null`。
- 如果編譯器無法保證變數在被確認不是 `null` 之後，到被使用之前不會變成 `null`，你必須用安全呼叫運算子（`?.`）來使用屬性與函式。
- 你可以把安全呼叫串接起來。
- 如果你要在值不是（而且唯有不是）`null` 時執行一段程式碼，使用 `?.let`。
- Elvis 運算子（`?:`）是 `if` 運算式的安全替代方案。
- 非 null 斷言運算子（`!!`）會在斷言的對象是 `null` 時丟出 `NullPointerException`。
- 例外是在例外的情況下出現的警告。它是 `Exception` 型態的物件。
- 使用 `throw` 來丟出例外。
- 使用 `try/catch/finally` 來補捉例外。
- `try` 與 `throw` 是運算式。
- 使用安全轉型（`as?`）來避免得到 `ClassCastException`。

9 集合

井然有序

想要比陣列更靈活的東西嗎？

Kotlin 有許多實用的**集合**，可以讓你更靈活且更精密地**儲存與管理物件群組**。想要在可調整大小的串列中，持續加入東西嗎？想要排序、隨機排列，或反向排列它的內容嗎？想要用名稱找東西嗎？或者，你想要在彈指間，讓重複的東西灰飛煙滅？如果你想要以上的功能，或是其他的功能，請見本章分曉…

陣列的用途很多…

到目前為止，每當我們想要在一個地方保存許多物件的參考時，都會使用陣列。陣列可以快速地建立，而且有許多實用的功能。以下是你可以用陣列來做的事情（根據其項目的型態）：

製作陣列：

```
var array = arrayOf(1, 3, 2)
```

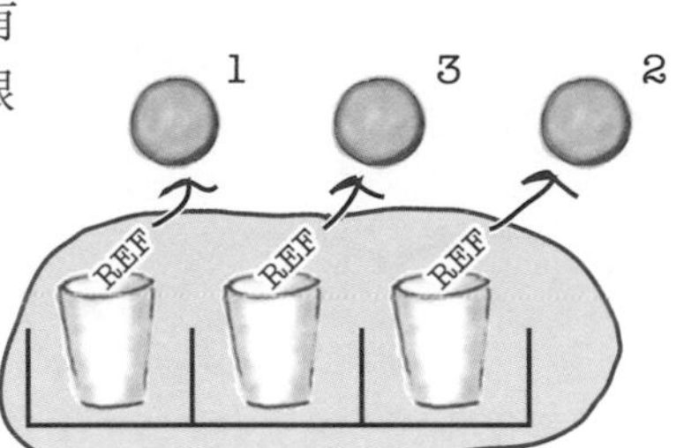

製作陣列，並且將初始值設為 null：

```
var nullArray: Array<String?> = arrayOfNulls(2)
```

建立大小為 2 的陣列，並且將它的初始值設為 *null*。這就像是說：*arrayOf(null, null)*

取得陣列的大小：

```
val size = array.size
```

陣列有三個項目的空間，所以它的大小是 3。

將陣列項目反向排列：

```
array.reverse()
```

將陣列項目的排列順序反過來。

確認它有沒有保存某個東西：

```
val isIn = array.contains(1)
```

陣列裡面有 1，所以它回傳 *true*。

計算項目的總和（如果它們是數值）：

```
val sum = array.sum()
```

這會回傳 6，因為 2 + 3 + 1 = 6。

計算項目的平均值（如果它們是數值）：

```
val average = array.average()
```

這會回傳 *Double*—在這個例子中，(2 + 3 + 1)/3 = 2.0。

找出最小或最大的項目（適用於數值、String、Char 與 Boolean）：

```
array.min()
array.max()
```

min() 會回傳 1，因為這是陣列內的最小值。
max() 會回傳 3，因為它是最大值。

按照自然順序排序陣列（適用於數值、String、Char 與 Boolean）：

```
array.sort()
```

改變陣列項目的順序，讓它們從最小值排到最大值，或從 *false* 排到 *true*。

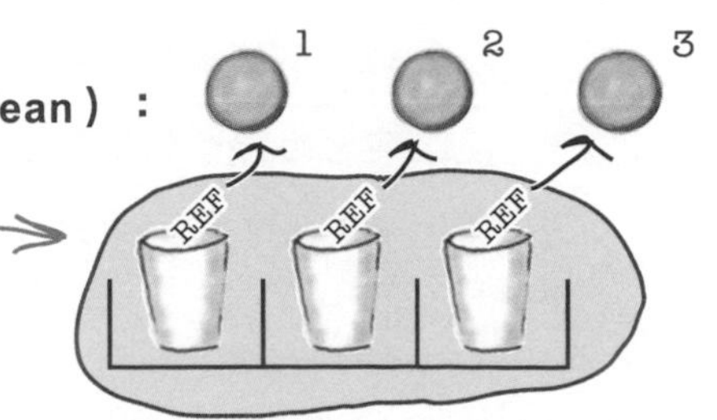

但是陣列不是完美的。

... 但是陣列無法處理一些事情

雖然陣列可讓你執行許多實用的操作，但是它有兩項重大的缺陷。

你無法改變陣列的大小

當你建立陣列時，編譯器會根據它初始化時的項目數量來判斷它的大小。從此之後，它的大小就固定了。如果你想要加入新項目，陣列不會變大，如果你想要移除項目，它也不會縮小。

陣列是可變的，所以它們可能被更改

另一個限制是，當你建立陣列之後，你無法防止它被修改。如果你用這段程式建立一個陣列：

```
val myArray = arrayOf(1, 2, 3)
```

沒有任何手段可以防止陣列被修改，就像這樣：

```
myArray[0] = 6
```

如果你的程式希望陣列維持不變，這種情況可能會成為 bug 的根源。

那有什麼替代方案可用？

問：**我不能將陣列項目設成 null 來將它移出陣列嗎？**

答：當你建立一個保存 nullable 型態的陣列時，可以用這段程式將它的一或多個項目設成 null：

```
val a: Array<Int?> = arrayOf(1, 2, 3)
a[2] = null
```

但是這不會改變陣列的大小。在上面的例子中，陣列的大小還是 3，即使它的一個項目已經被設成 null 了。

問：**我難道不能建立一個大小不同的陣列副本嗎？**

答：可以，陣列甚至有一個 plus 函式可以輕鬆執行這項工作，plus 可複製陣列，並在它後面加上一個新項目。但是這不會改變原始陣列的大小。

問：**這是個問題嗎？**

答：是，你需要編寫額外的程式，而且如果有其他變數保存舊版陣列的參考，可能會造成 bug。

但是，陣列有許多很好的替代品，我們繼續看下去。

若有疑問，請洽詢程式庫

Kotlin 附帶上百種預先建立的類別與函式，可讓你在程式中使用。你已經看過其中一些成員了，例如 `String` 與 `Any`。對我們而言，好消息是 **Kotlin Standard Library**（**Kotlin 標準程式庫**）有許多類別提供了很棒的陣列替代方案。

在 Kotlin 標準程式庫中，類別與函式都被分成**程式包**（**package**）。每一個類別都屬於一個程式包，而且每一個程式包都有一個名稱。*kotlin* 程式包保存核心的函式與型態，而 *kotlin.math* 程式包保存數學函式與常數。

我們目前最有興趣的程式包是 *kotlin.collections*。這個程式包裡面有許多可將物件分成**集合**的類別。我們來看一下主要的集合型態。

標準程式庫

你可以在下列網址找到 Kotlin 標準程式庫的內容：

https://kotlinlang.org/api/latest/jvm/stdlib/index.html

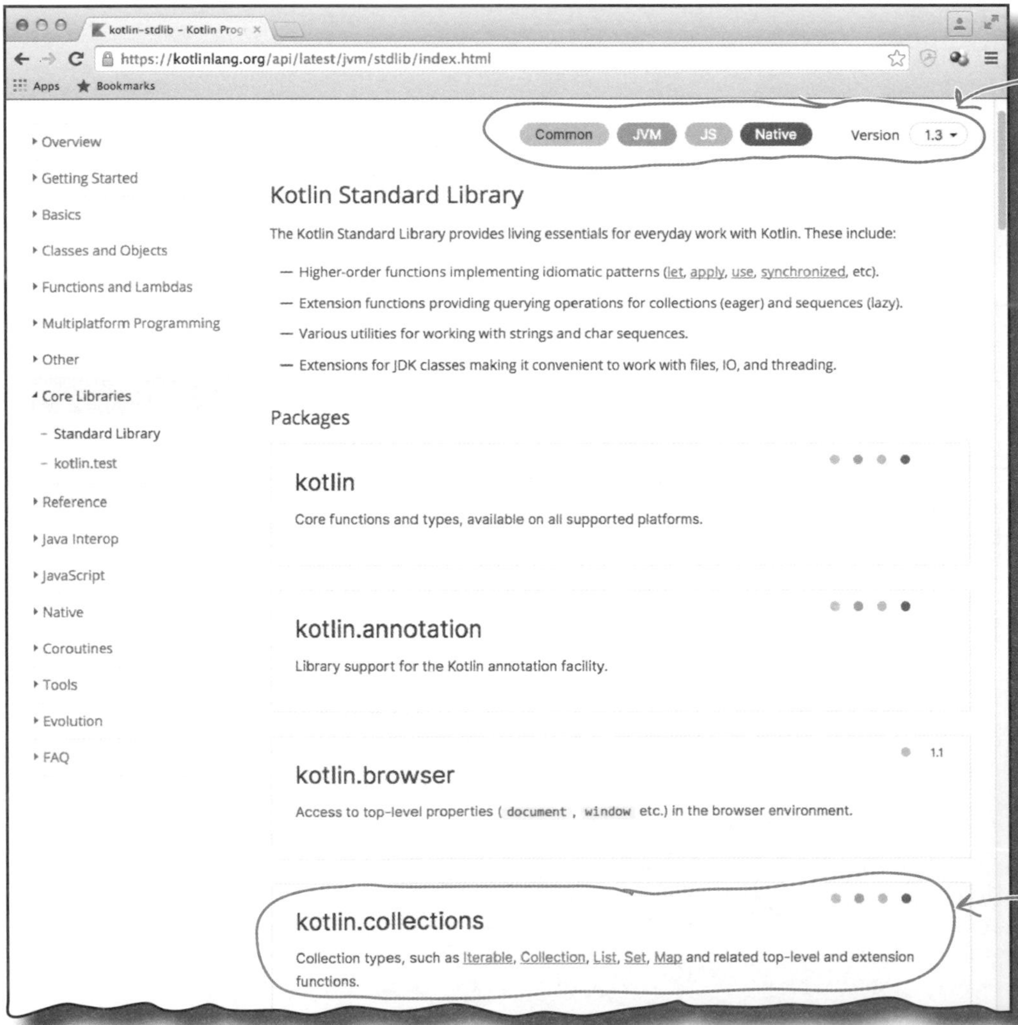

你可以用這些過濾器來顯示與特定平台或 Kotlin 版本有關的集合。

這是 Kotlin 標準程式庫裡面的 kotlin.collections 程式包。

List、Set 與 Map

Kotlin 有三種主要的集合型態——**List**、**Set** 與 **Map**，它們有各自的特殊用途：

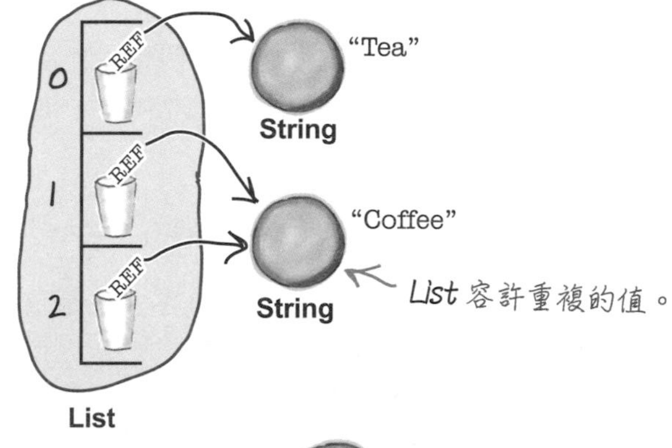

List - 當順序很重要時

List 知道且在乎索引的位置。它知道哪個東西在 List 的哪裡，也可以讓多個元素參考同一個物件。

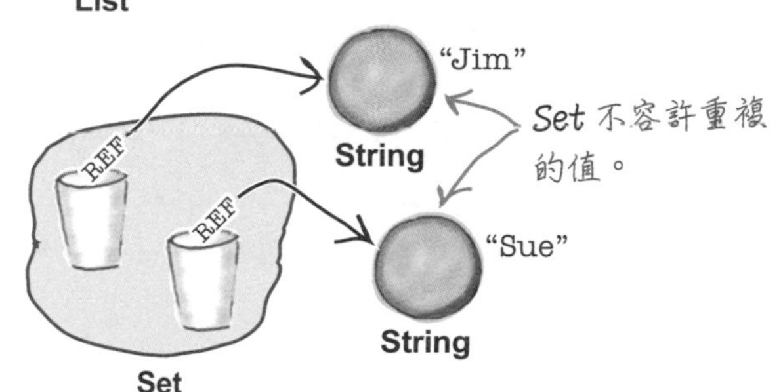

Set - 當獨特性很重要時

Set 不允許重複，而且不在乎它保存的值的順序。你絕對不能用多個元素參考同一個物件，或者用多個元素參考兩個被視為相等的物件。

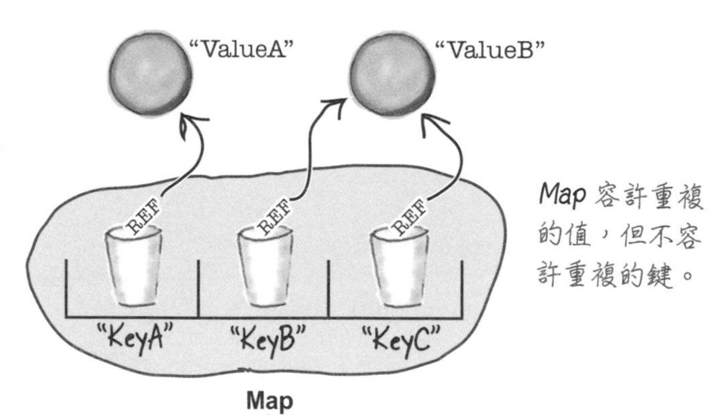

Map - 當用鍵來找東西很重要時

Map 使用鍵 / 值。它知道特定鍵的值是什麼。你可以用兩個鍵參考同一個物件，但不能使用重複的鍵。雖然鍵通常是 String 名稱（因此，譬如說，你可以製作名稱 / 值屬性串列），但鍵可以是任何物件。

Map 容許重複的值，但不容許重複的鍵。

簡單的 List、Set 與 Map 都是不可變的，也就是說，你不能將集合初始化之後加入或移除項目。如果你想要加入或移除項目，Kotlin 有可變的子型態：**MutableList**、**MutableSet** 與 **MutableMap**。所以，如果你想要得到 List 的所有好處，而且想要更新它的內容，那就使用 MutableList。

知道 Kotlin 的三種主要的集合之後，我們來看看如何使用它們。我們先從 List 看起。

神奇的 List...

建立 **List** 的方式與建立陣列很像：你要呼叫 **listOf** 函式，並傳入你想要設定的 List 初始值。例如，這段程式建立一個 List，用三個 String 來設定它的初始值，並且將它指派給新變數 shopping：

```
val shopping = listOf("Tea", "Eggs", "Milk")
```

這段程式建立一個 List，並且在裡面放入 String 值 "Tea"、"Eggs" 與 "Milk"。

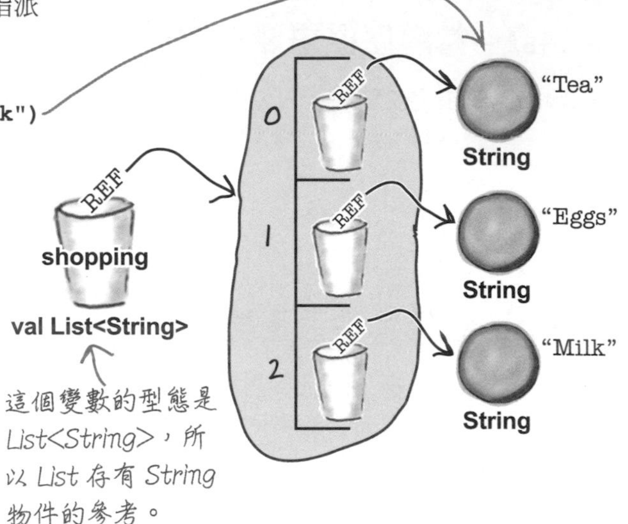

編譯器會查看你在建立 List 時，傳給它的各個值的型態，來判斷 List 容納的物件型態。例如，上面的 List 是用三個 String 來初始化的，所以編譯器會建立 List<String> 型態的 List。你可以也這樣明確地定義 List 的型態：

```
val shopping: List<String>
shopping = listOf("Tea", "Eggs", "Milk")
```

... 與如何使用它們

建立 List 之後，你可以用 **get** 函式來使用它容納的項目。例如，下面的程式會確定 List 的大小大於 0，接著印出索引為 0 的項目：

```
if (shopping.size > 0) {
    println(shopping.get(0))
    //印出 "Tea"
}
```

你應該先檢查 List 的大小，因為 get() 會在收到無效的索引時，丟出 ArrayIndexOutOfBoundsException。

你可以這樣遍歷 List 裡面的所有項目：

```
for (item in shopping) println (item)
```

也可以確定 List 裡面有沒有特定物件的參考，並且取得它的索引：

```
if (shopping.contains("Milk")) {
    println(shopping.indexOf("Milk"))
    //印出 2
}
```

你可以看到，使用 List 很像使用陣列。但是，它們之間最大的差異在於，List 是不可變的一你無法更改它儲存的任何參考。

List 與其他集合可以保存任何型態的物件的參考：String、Int、Duck、Pizza 等等。

建立 MutableList...

如果你希望 List 的值是可以更改的，就要使用 **MutableList**。定義 MutableList 的方式與定義 List 一樣，只不過這次你要改用 **mutableListOf** 函式：

```
val mShopping = mutableListOf("Tea", "Eggs")
```

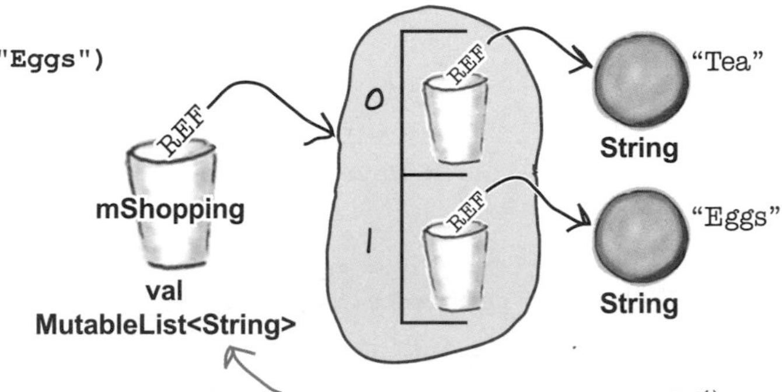

MutableList 是 List 的子型態，所以你可以對 MutableList 呼叫 List 的同一組函式。但是，它們之間最大的差異是，MutableLists 有一些額外的函式可用來加入或移除值，或更改及重新安排既有的值。

... 並且對它加入值

你可以用 **add** 函式來將新值加入 MutableList。如果你想要在 MutableList 的結尾加入新值，可以將那個值當成唯一的引數傳給 add。例如，這段程式將 "Milk" 加入 mShopping 的結尾：

```
mShopping.add("Milk")
```

這會增加 MutableList 的大小，所以現在它保存三個值，而不是兩個。

如果你想要在特定索引插入一個值，可以將索引值與值一起傳給 add 函式。如果你想要將 "Milk" 插入索引 1，而不是將它加到 MutableList 的結尾，可以這樣做：

```
mShopping.add(1, "Milk")
```

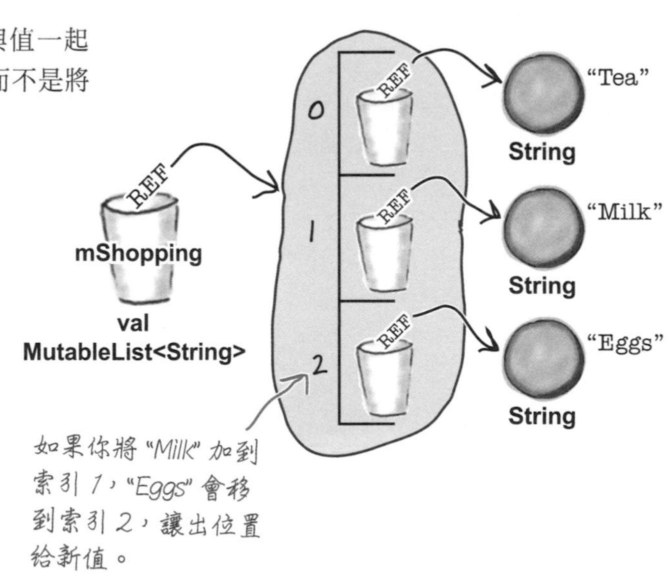

用這種方式將值插入特定索引，可以強制其他的值讓出位置。在這個例子中，"Eggs" 值會從索引 1 移到索引 2，讓 "Milk" 可被插入索引 1。

除了在 MutableList 加入值之外，你也可以移除值或替換值。我們來看一下怎麼做。

你可以移除值…

你可以用兩種方式將 MutableList 的值移除。

第一種方式是呼叫 **remove** 函式，並傳入你想要移除的值。例如，下面的程式先確定 mShopping 有沒有 String "Milk"，再移除它：

```
if (mShopping.contains("Milk")) {
    mShopping.remove("Milk")
}
```

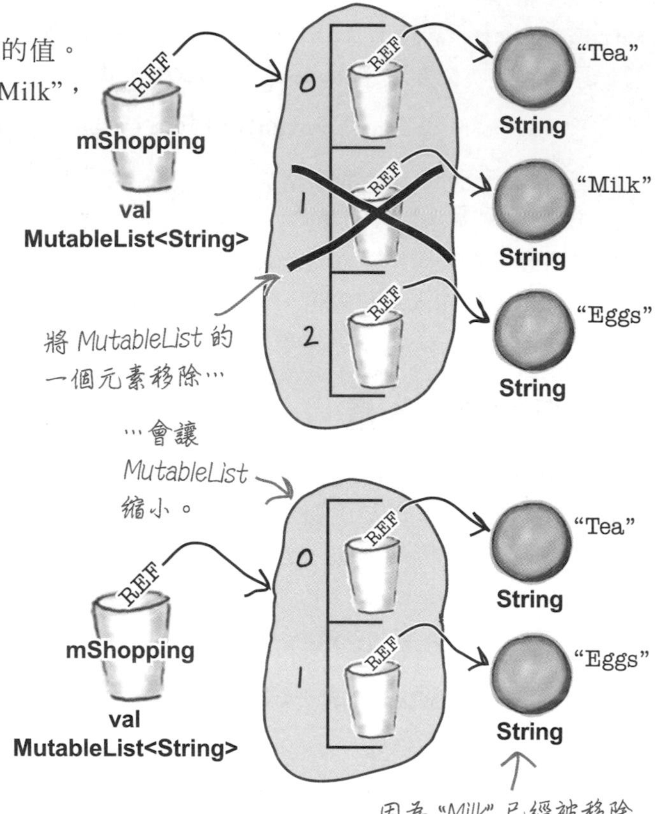

第二種方式是使用 **removeAt** 函式來移除特定索引的值。例如，下面的程式先確定 mShopping 的大小大於 1，再移除索引 1 的值：

```
if (mShopping.size > 1) {
    mShopping.removeAt(1)
}
```

無論你採取哪種做法，將 MutableList 的值移除都會讓它變小。

…以及將某個值換成別的

如果你想要修改 MutableList，將某個索引的值換成另一個，可以用 **set** 函式來做這件事。例如，下面的程式將索引 0 的 "Tea" 值換成 "Coffee"：

```
if (mShopping.size > 0) {
    mShopping.set(0, "Coffee")
}
```

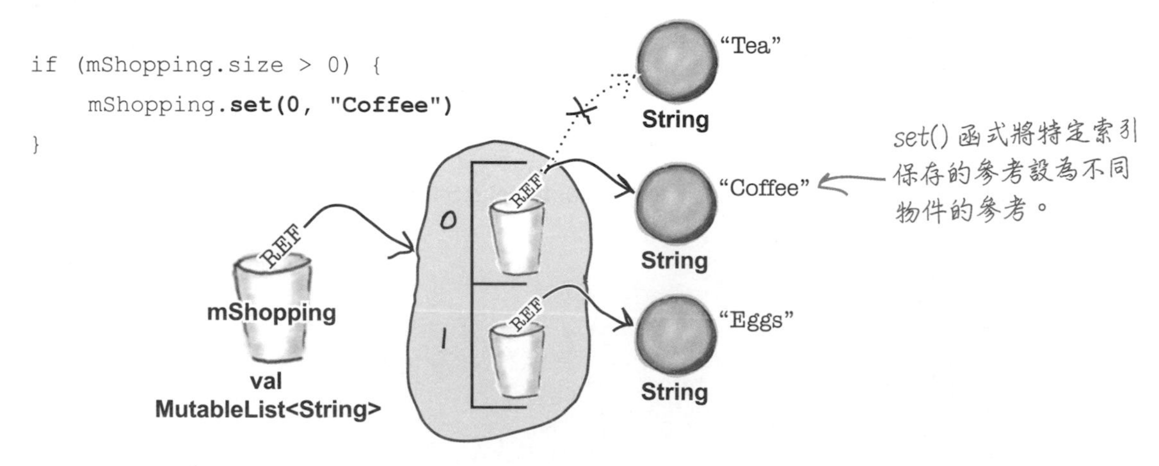

你可以更改順序，以及進行大規模更改…

MutableList 也有一些函式可以用來改變項目的保存順序。例如，你可以用 **sort** 函式來以自然順序排序 MutableList，或是用 **reverse** 來將它反向排序：

```
mShopping.sort()
mShopping.reverse()
```

這兩行以相反的順序排列 *MutableList*。

或使用 **shuffle** 函式來隨機排序：

```
mShopping.shuffle()
```

此外還有一些實用的函式可以對 MutableList 進行大規模更改。例如，你可以用 **addAll** 函式來加入另一個集合的所有項目。比如說，下面的程式將 "Cookies" 與 "Sugar" 加入 mShopping：

```
val toAdd = listOf("Cookies", "Sugar")
mShopping.addAll(toAdd)
```

removeAll 函式可以移除用另一個集合指定的項目：

```
val toRemove = listOf("Milk", "Sugar")
mShopping.removeAll(toRemove)
```

retainAll 函式可以保留用另一個集合指定的所有項目，並移除所有其他的項目：

```
val toRetain = listOf("Milk", "Sugar")
mShopping.retainAll(toRetain)
```

你也可以用 **clear** 函式來移除所有項目：

```
mShopping.clear()
```

這會將 *mShopping* 清空，讓它的大小變成 *0*。

… 或製作整個 MutableList 的副本

有時你可以用 **toList** 來製作 List 或 MutableList 的副本，藉此儲存它的狀態快照。例如，下面的程式複製 mShopping，並將副本指派給新變數 shoppingSnapshot：

```
val shoppingCopy = mShopping.toList()
```

toList 函式回傳 List，不是 MutableList，所以 shoppingCopy 是無法修改的。你還可以用 **sorted**（回傳一個排序過的 List）、**reversed**（回傳一個將值反向排序的 List），以及 **shuffled**（回傳一個值被隨機排序的 List）等實用的函式來複製 MutableList。

MutableList 也有 *toMutableList()* 函式，它會回傳新 *MutableList* 副本。

問：什麼是程式包？

答：程式包是一組類別與函式，它有幾項好用的原因。

首先，它可以協助我們組織專案或程式庫。我們可以根據特定的功能，將類別放入不同的程式包，而不是將所有類別都放在同一個地方。

其次，它們提供名稱範圍，也就是說，它們可以讓許多人用同一個名稱編寫不同的類別，只要他們將那些類別放在不同的程式包即可。

附錄 iii 會詳細介紹如何將程式碼組織成不同的程式包。

問：在 Java，我必須匯入想要使用的每一個程式包，包括 collections。在 Kotlin 也要如此嗎？

答：Kotlin 會自動從 Kotlin 標準程式庫匯入許多程式包，包括 *kotlin.collections*。不過有時你也要明確地匯入程式包，附錄 iii 會詳細說明。

建立 Collections 專案

學會 List 與 MutableList 之後，我們來建立一個使用它們的專案。

建立在 JVM 運行的 Kotlin 專案，將專案命名為 "Collections"。接著建立名為 *Collections.kt* 的 Kotlin 檔案，做法是點選 *src* 資料夾，按下 File 選單並選擇 New → Kotlin File/Class。將檔名設為 "Collections"，再將 Kind 設為 File。

接下來，將這些程式加入 *Collections.kt*：

```
fun main(args: Array<String>) {
    val mShoppingList = mutableListOf("Tea", "Eggs", "Milk")
    println("mShoppingList original: $mShoppingList")
    val extraShopping = listOf("Cookies", "Sugar", "Eggs")
    mShoppingList.addAll(extraShopping)
    println("mShoppingList items added: $mShoppingList")
    if (mShoppingList.contains("Tea")) {
        mShoppingList.set(mShoppingList.indexOf("Tea"), "Coffee")
    }
    mShoppingList.sort()
    println("mShoppingList sorted: $mShoppingList")
    mShoppingList.reverse()
    println("mShoppingList reversed: $mShoppingList")
}
```

Collections
src
Collections.kt

測試

當我們執行程式時，IDE 的輸出視窗會顯示下面的文字：

```
mShoppingList original: [Tea, Eggs, Milk]
mShoppingList items added: [Tea, Eggs, Milk, Cookies, Sugar, Eggs]
mShoppingList sorted: [Coffee, Cookies, Eggs, Eggs, Milk, Sugar]
mShoppingList reversed: [Sugar, Milk, Eggs, Eggs, Cookies, Coffee]
```

列印 List 或 MutableList 時，程式會按照索引的順序，將方括號內的每一個項目印出。

做一下接下來的練習。

程式碼磁貼

有人用冰箱磁貼寫出一個可以產生右邊的輸出的 main 函式，很不幸，一陣怪風將磁貼吹亂了。試試看你能不能重組這個函式。

函式必須產生這個輸出。

[Zero, Two, Four, Six]
[Two, Four, Six, Eight]
[Two, Four, Six, Eight, Ten]
[Two, Four, Six, Eight, Ten]

在這裡寫程式。

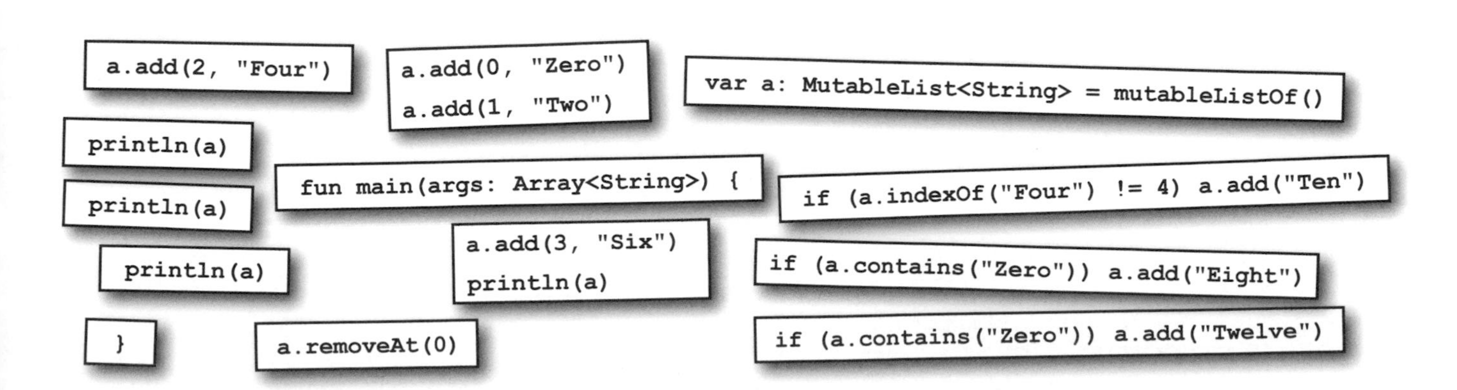

程式碼磁貼解答

有人用冰箱磁貼寫出一個可以產生右邊的輸出的 main 函式，很不幸，一陣怪風將磁貼吹亂了。試試看你能不能重組這個函式。

```
[Zero, Two, Four, Six]
[Two, Four, Six, Eight]
[Two, Four, Six, Eight, Ten]
[Two, Four, Six, Eight, Ten]
```

```
fun main(args: Array<String>) {
    var a: MutableList<String> = mutableListOf()
    a.add(0, "Zero")
    a.add(1, "Two")
    a.add(2, "Four")
    a.add(3, "Six")
    println(a)
    if (a.contains("Zero")) a.add("Eight")
    a.removeAt(0)
    println(a)
    if (a.indexOf("Four") != 4) a.add("Ten")
    println(a)
    if (a.contains("Zero")) a.add("Twelve")
    println(a)
}
```

List 允許重複值

前面談到，List 或 MutableList 比陣列還要有彈性。與陣列不同的是，你可以明確地選擇集合究竟是不可變的，或是可以被加入、移除與更改值。

但 List（或 MutableList）也有不太管用的時候。

想像你要安排一場飯局，必須先知道參加的人數才能訂位。你可以用 List 來做這件事，但有一個問題：**List 可以保存重複值**。例如，你可能會建立一個朋友 List，但其中有些朋友是重複的：

```
val friendList = listOf("Jim",
                        "Sue",
                        "Sue",
                        "Nick",
                        "Nick")
```

這裡有三個朋友，他們的名字是 Jim、Sue 與 Nick，但是 Sue 與 Nick 各出現兩次。

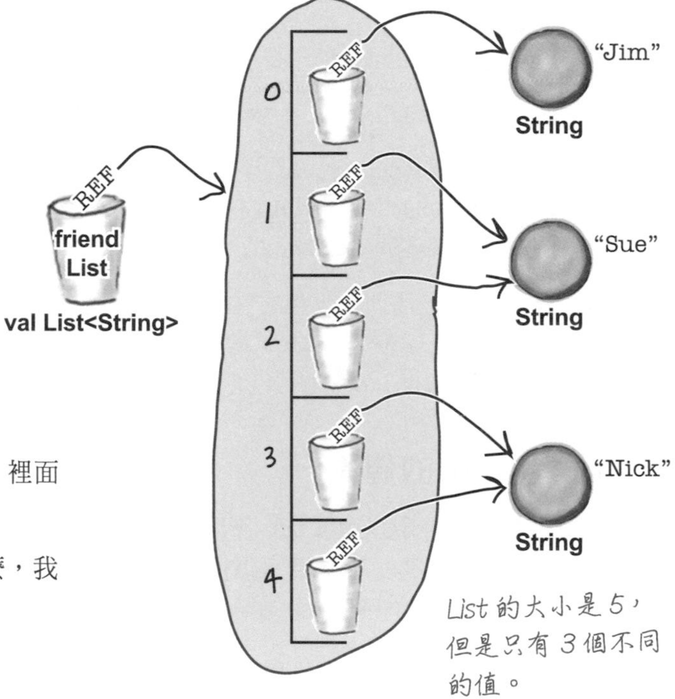

但是，如果你想要知道 List 裡面有多少位不同的朋友，你不能直接用這段程式：

```
friendList.size
```

來得知應該訂多少人的位置。size 屬性只知道 List 裡面有五個項目，不在乎其中兩個項目是重複的。

在這種情況下，我們需要不能有重複值的集合。那麼，我們該使用哪一種集合？

在本章稍早，我們介紹了 Kotlin 的各種集合類型。你認為哪一種集合最適合這種情況？

....

如何建立 Set？

如果你需要不允許重複的集合，可以使用 **Set**，它是無序的、沒有重複值的集合。

你可以呼叫 **setOf** 函式，並傳入 Set 的初始值來建立 Set。例如，下面的程式建立一個 Set，為它設定三個初始 String，並且將它指派給 friendSet 變數：

```
val friendSet = setOf("Jim", "Sue", "Nick")
```

這段程式建立一個 Set，裡面有三個 String 值。

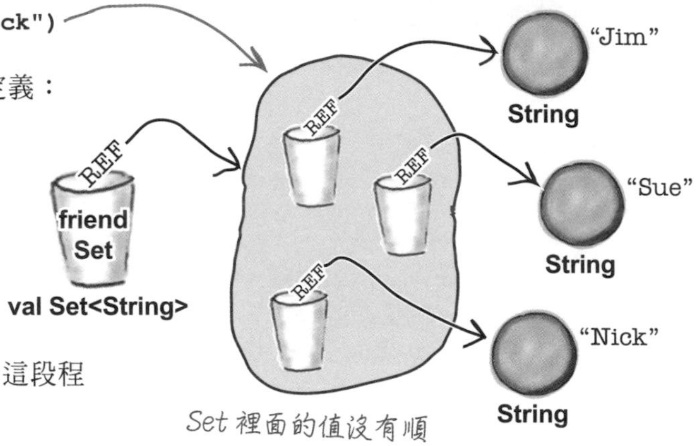

Set 裡面的值沒有順序，且不能重複。

Set 不能保存重複值，所以如果你試著用這種程式來定義：

```
val friendSet = setOf("Jim",
                      "Sue",
                      "Sue",
                      "Nick",
                      "Nick")
```

Set 會忽略重複的 "Sue" 與 "Nick" 值。與之前一樣，這段程式建立一個保存三個不同 String 的 Set。

編譯器會查看 Set 被建立時收到的值來判斷它的型態。例如，上面的程式用 String 值來將 Set 初始化，所以編譯器會建立一個型態為 Set<String> 的 Set。

如何使用 Set 的值？

Set 的值是無序的，所以與 List 不同的是，它沒有取得特定索引值的函式。但是，你仍然可以使用 contains 函式來檢查 Set 有沒有特定值，例如：

```
val isFredGoing = friendSet.contains("Fred")
```

如果 friendSet 有 "Fred" 值，它會回傳 true，如果沒有，則回傳 false。

你也可以這樣子遍歷 Set：

```
for (item in friendSet) println(item)
```

Set 是不可變的，所以你無法加入值，或移除既有的值。要做這種事情的話，你必須改用 MutableSet。但是在說明如何建立與使用它們之前，我們要先回答一個重要的問題：**Set 究竟是如何判斷值是不是重複的？**

與 List 不同的是，Set 是無序的，而且不能有重複值。

Set 如何檢查重複？

為了回答這個問題，我們來瞭解一下，Set 會執行哪些步驟來判斷一個值有沒有重複。

1 Set 取得物件的雜湊碼，並且拿它與已經在 Set 內的物件的雜湊碼做比較。

為了讓存取速度更快，Set 使用雜湊碼來儲存它的元素。它在儲存元素的 “桶子” 上面，將雜湊碼當成標籤來使用，所以，比如說，雜湊碼是 742 的所有物件都會被存放在貼著 742 標籤的桶子內。

如果新值在 Set 裡面沒有相符的雜湊碼，Set 就假設它不是重複的，並加入新值。但是，如果 Set 有相符的雜湊碼，它就會執行額外的測試，進入第 2 步驟。

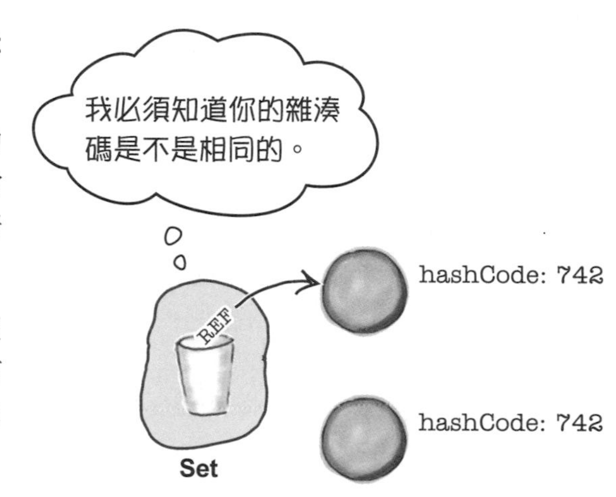

2 Set 使用 === 運算子，拿新值與每一個有同樣雜湊碼的物件做比較。

第 7 章談過，=== 運算子的用途是檢查兩個參考是否指向同一個物件。所以當 Set 使用 === 來比較雜湊碼相同的物件之後得到 true 時，它就知道新值是重複的，因而拒絕它。但是，如果 === 回傳 false，Set 會進入第 3 步驟。

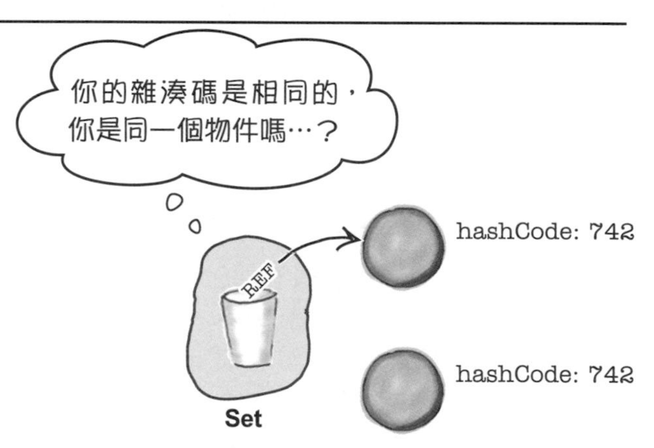

3 Set 使用 == 運算子，拿新值與雜湊碼相符的每一個物件做比較。

== 運算子會呼叫值的 equals 函式。如果它回傳 true，Set 會將新值視為重複的，並拒絕它。但是，如果 == 運算子回傳 false，Set 假設新值不重複，並加入它。

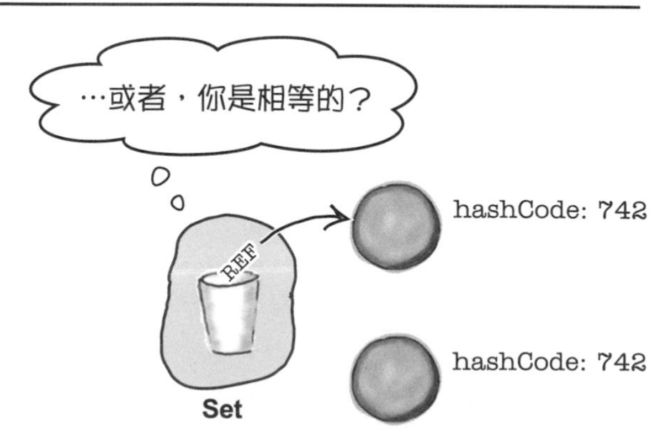

所以 Set 在兩種情況下會將一個值視為重複的：當值是相同的物件時，或者，當值等於它已經有的值時。我們來進一步研究。

雜湊碼與相等

你在第 7 章學過，=== 運算子檢查兩個參考是不是指向同一個物件，而 == 運算子檢查參考所指的物件是否可視為相等。但是，Set 在確認兩個物件的雜湊碼相符時，才會使用這些運算子。也就是說，**相等的物件必須有相符的雜湊碼**，Set 才能正確運作。

我們來看看 === 與 == 運算子的動作。

使用 === 運算子來測試相等性

如果你有兩個參考指向同一個物件，對它們呼叫 hashCode 函式會得到相同的結果。如果你沒有覆寫 hashCode 函式，預設的行為（從 Any 超類別繼承來的）是每一個物件都會取得不一樣的雜湊碼。

執行下面的程式時，Set 發現 a 與 b 的雜湊碼相同，並且參考同一個物件，所以加入一個值：

```
val a = "Sue"
val b = a
val set = setOf(a, b)
```

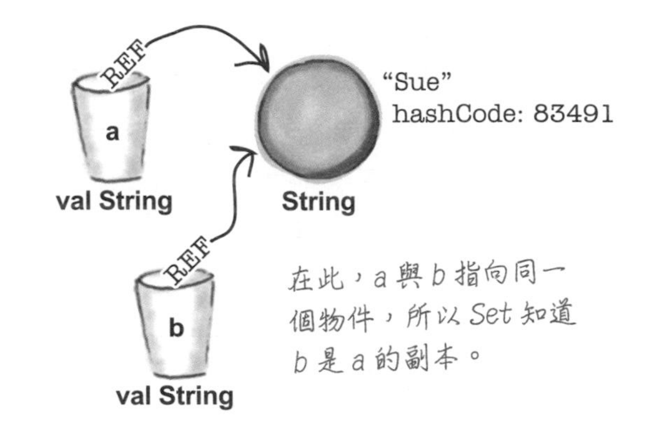

使用 == 運算子來測試相等性

如果你希望 Set 將兩個不同的 Recipe 視為相等或等效，你可以採取兩種做法：讓 Recipe 成為資料類別，或覆寫它從 Any 繼承的 hashCode 與 equals 函式。讓 Recipe 成為資料類別是最簡單的方式，因為它會自動覆寫這兩個函式。

如前所述，它的預設行為（來自 Any）是讓每一個物件有一個唯一的雜湊碼。所以你必須覆寫 hashCode，以確保兩個等效的物件回傳相同的雜湊碼。但是你也必須覆寫 equals，讓 == 在比較屬性值相符的物件時回傳 true。

在下面的例子中，如果 Recipe 是資料類別，有一個值會被加入 Set：

```
val a = Recipe("Thai Curry")
val b = Recipe("Thai Curry")
val set = setOf(a, b)
```

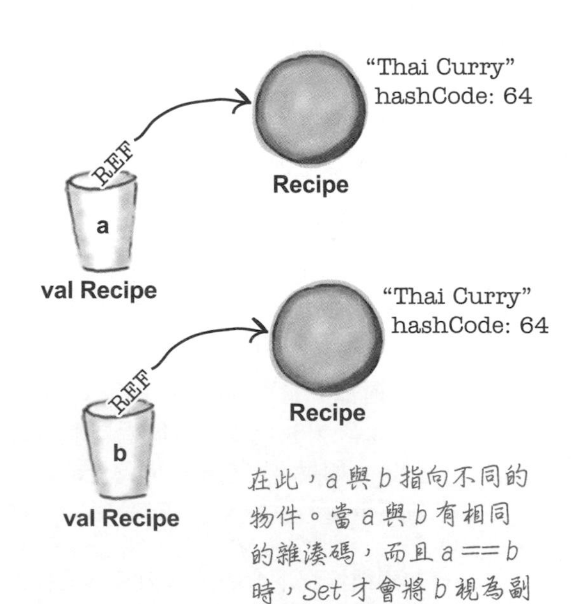

覆寫 hashCode 與 equals 的規則

當你在類別裡面親自覆寫 hashCode 與 equals 函式，而不是使用資料類別時，你必須遵守一些規則，不遵守它們的話，Kotlin 世界就會崩潰，因為 Set 之類的東西將無法正確運作，所以務必遵守它們。

規則如下：

- 如果兩個物件是相等的，它們必須有相符的雜湊碼。
- 如果兩個物件是相等的，對它們呼叫 equals 都必須得到 true。換句話說，若 (a.equals(b))，則 (b.equals(a))。
- 雜湊碼相同的兩個物件不一定是相等的。但是如果它們是相等的，它們就必須有相同的雜湊碼。
- 所以，如果你覆寫 equals，你就必須覆寫 hashCode。
- hashCode 函式的預設行為是為各個物件產生唯一的整數。所以如果你沒有在非資料類別裡面覆寫 hashCode，那個型態的任何兩個物件都不會被視為相等。
- equals 函式的內定行為是做 === 比較，測試雙方是否指向同一個物件。所以如果你沒有在非資料類別中覆寫 equals，就不會有任何兩個物件被視為相等，因為指向不同物件的參考一定含有不同的位元型樣（bit pattern）。

a.equals(b) 必定代表
a.hashCode() == b.hashCode()

但是 a.hashCode() == b.hashCode()
不一定代表 a.equals(b)

問：為什麼不同的物件可能有相同的雜湊碼？

答：如前所述，為了讓存取速度更快，Set 使用雜湊碼來儲存元素。當你在 Set 裡面尋找某個物件時，它不需要從頭開始查看每一個物件是否相符，而是將雜湊碼當成儲存元素的“桶子”的標籤。所以當你說“我想要在 Set 裡面找到看起來像這個東西的物件…”時，Set 會從你提供的物件取得雜湊碼，接著直接查看貼著那個雜湊碼的桶子。

雖然上述的故事不完整，但是已經足以讓你有效地使用 Set，並瞭解事情的來龍去脈了。

重點在於，物件不一定要相等才能有相同的雜湊碼，因為 hashCode 函式使用的“雜湊演算法”可能會剛好讓多個物件有相同的值。沒錯！這代表 Set 的同一個桶子裡面可能有多個物件（因為每一個桶子都使用一個不同的雜湊碼），但是這不會引來世界末日，或許這代表 Set 的效率會稍微降低，或是在桶子內裝了大量的元素，但如果 Set 發現同一個雜湊碼桶子裡有多個物件，它會直接使用 === 與 == 運算子來找出完美的匹配。換句話說，雜湊碼是用來縮小搜尋範圍的機制，但是要找到完全相符的東西，Set 仍然必須檢查那個桶子裡面的所有物件（裝著有同樣的雜湊碼的所有物件的桶子），看看裡面有沒有相符的物件。

如何使用 MutableSet？

認識 Set 之後，我們來看一下 **MutableSet**。MutableSet 是 Set 的子型態，但它有額外的函式可用來加入與移除值。

你可以使用 **mutableSetOf** 來定義 MutableSet：

```
val mFriendSet = mutableSetOf("Jim", "Sue")
```

它用兩個 String 來將 MutableSet 初始化，所以編譯器判斷你想要建立 MutableSet<String> 型態的 MutableSet。

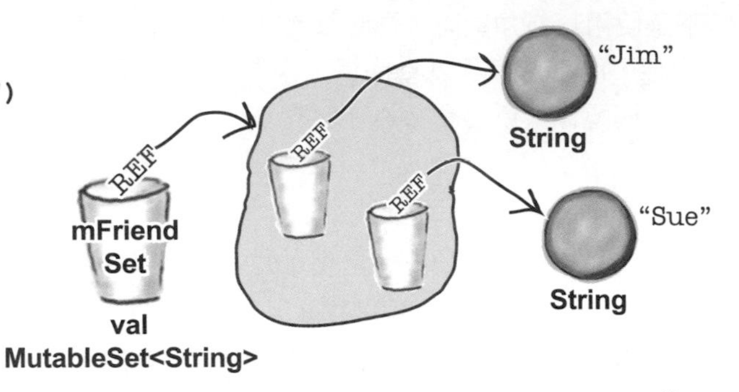

你要用 **add** 函式來將新值加入 MutableSet。例如，下面的程式將 "Nick" 加入 mFriendSet：

```
mFriendSet.add("Nick")
```

add 函式會檢查它收到的物件是不是已經在 MutableSet 裡面了。如果它找到重複的值，就回傳 false。但是，如果值不重複，它就會被加入 MutableSet（大小加 1），而且函式會回傳 true 來代表操作成功。

你要用 remove 函式將 MutableSet 的值移除。例如，下面的程式會將 mFriendSet 的 "Nick" 移除：

```
mFriendSet.remove("Nick")
```

如果 MutableSet 裡面有 "Nick"，函式會移除它並回傳 true。但是如果裡面沒有相符的物件，函式只會回傳 false。

你也可以使用 **addAll**、**removeAll** 與 **retainAll** 函式來對 MutableSet 執行大規模變更，如同操作 MutableList 的方式。 例如，addAll 函式可將另一個集合內的所有項目加入 MutableSet，所以你可以用下面的程式來將 "Joe" 與 "Mia" 加入 mFriendSet：

```
val toAdd = setOf("Joe", "Mia")
mFriendSet.addAll(toAdd)
```

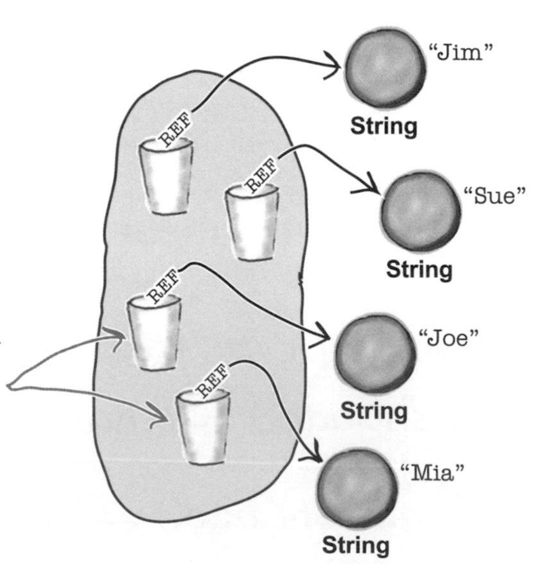

如同 MutableList，你也可以使用 **clear** 函式將 MutableSet 的所有項目移除：

```
mFriendSet.clear()
```

你可以複製 MutableSet

你也可以製作 MutableSet 的快照，就像 MutableList 一樣。例如，你可以使用 **toSet** 函式來取得 mFriendSet 的不可變副本，並將副本指派給新變數 friendSetCopy：

```
val friendSetCopy = mFriendSet.toSet()
```

你也可以使用 **toList**，將 Set 或 MutableSet 複製到新的 List 物件裡面：

```
val friendList = mFriendSet.toList()
```

如果你有一個 MutableList 或 List，你可以用 **toSet** 將它複製到 Set 裡面：

MutableSet 也有 toMutableSet() 函式（可將它複製到新的 MutableSet），以及 toMutableList()（可將它複製到新的 MutableList）。

```
val shoppingSet = mShopping.toSet()
```

如果你想要對某個集合執行一項操作，但是它提供的做法很沒有效率，或許將它複製到另一種型態可讓工作更輕鬆。例如，要檢查 List 有沒有重複的值，你可以將 List 複製到 Set，再檢查各個集合的 size。下面的程式使用這項技術來檢查 mShopping（它是 MutableList）有沒有重複：

這會建立 Set 版本的 mShopping，並取得它的大小。

```
if (mShopping.size > mShopping.toSet().size) {
    //mShopping 有重複的值
}
```

如果 mShopping 有重複，它的大小會比複製到 Set 的版本還要大，因為將 MutableList 轉換成 Set 之後，重複的值會被移除。

這是 List。它有三個元素，所以它的大小是 3。

0 REF "Tea" String
1 REF
2 REF "Coffee" String

當 List 複製到 Set 時，重複的 "Coffee" 值會被移除。Set 的大小是 2。

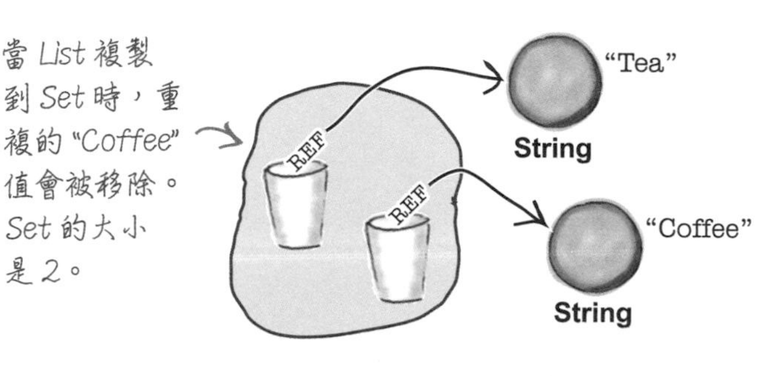

修改 Collections 專案

認識 Set 與 MutableSet 之後，我們來讓 Collections 專案使用它們。

按照下面的程式修改你的 *Collections.kt*（粗體是修改的部分）：

```
fun main(args: Array<String>) {
    val var mShoppingList = mutableListOf("Tea", "Eggs", "Milk")
    println("mShoppingList original: $mShoppingList")
    val extraShopping = listOf("Cookies", "Sugar", "Eggs")
    mShoppingList.addAll(extraShopping)
    println("mShoppingList items added: $mShoppingList")
    if (mShoppingList.contains("Tea")) {
        mShoppingList.set(mShoppingList.indexOf("Tea"), "Coffee")
    }
    mShoppingList.sort()
    println("mShoppingList sorted: $mShoppingList")
    mShoppingList.reverse()
    println("mShoppingList reversed: $mShoppingList")

    val mShoppingSet = mShoppingList.toMutableSet()
    println("mShoppingSet: $mShoppingSet")
    val moreShopping = setOf("Chives", "Spinach", "Milk")
    mShoppingSet.addAll(moreShopping)
    println("mShoppingSet items added: $mShoppingSet")
    mShoppingList = mShoppingSet.toMutableList()
    println("mShoppingList new version: $mShoppingList")
}
```

將 mShoppingList 改成 var，這樣稍後才可以將它換成另一個 MutableList<String>。

加入這段程式。

Collections
src
Collections.kt

我們來執行一下程式。

測試

當我們執行程式時， IDE 的輸出視窗會顯示下面的文字：

```
mShoppingList original: [Tea, Eggs, Milk]
mShoppingList items added: [Tea, Eggs, Milk, Cookies, Sugar, Eggs]
mShoppingList sorted: [Coffee, Cookies, Eggs, Eggs, Milk, Sugar]
mShoppingList reversed: [Sugar, Milk, Eggs, Eggs, Cookies, Coffee]
mShoppingSet: [Sugar, Milk, Eggs, Cookies, Coffee]
mShoppingSet items added: [Sugar, Milk, Eggs, Cookies, Coffee, Chives, Spinach]
mShoppingList new version: [Sugar, Milk, Eggs, Cookies, Coffee, Chives, Spinach]
```

在列印 Set 或 MutableSet 時，方括號裡面的每一個項目都會被印出。

問：你說我可以建立 Set 的 List 副本，以及 List 的 Set 副本。我可以對陣列做類似的事情嗎？

答：可以。陣列提供許多函式，可將它複製到新的集合：toList()、toMutableList()、toSet() 與 toMutableSet()。所以下面的程式會建立一個 Int 陣列，接著將它複製到 Set<Int> 裡面：

```
val a = arrayOf(1, 2, 3)
val s = a.toSet()
```

類似的情況，List 與 Set（MutableList 與 MutableSet 也一樣）有 toTypedArray() 函式可將集合複製到適當型態的新陣列。所以這段程式：

```
val s = setOf(1, 2, 3)
val a = s.toTypedArray()
```

會建立 Array<Int> 型態的陣列。

問：我可以排序 Set 嗎？

答：不行，Set 是無序集合，所以你不能直接排序它。但是你可以使用它的 toList() 函式來將 Set 複製到 List，再排序 List。

問：我可以使用 == 運算子來比較兩個 Set 的內容嗎？

答：可以。假如你有兩個 Set，a 與 b。如果 a 與 b 裡面有相同的值，a == b 會回傳 true，例如：

```
val a = setOf(1, 2, 3)
val b = setOf(3, 2, 1)
//a == b 是 true
```

但是如果兩個 set 有不同的值，結果將是 false。

問：好聰明！如果其中一個 Set 是 MutableSet 呢？我要先將它複製到 Set 嗎？

答：你不需要將 MutableSet 複製到 Set 就可以使用 == 了。在上面的例子中，a == b 回傳 true：

```
val a = setOf(1, 2, 3)
val b = mutableSetOf(3, 2, 1)
```

問：瞭解。== 也可以用來比較 List 嗎？

答：可以，你可以用 == 來比較兩個 List 的內容。如果那兩個 List 的相同索引有相同值，你會得到 true，如果那兩個 List 保存不同的值，或是用不同的順序保存相同的值，你會得到 false。所以在下面的例子中，a == b 回傳 true：

```
val a = listOf(1, 2, 3)
val b = listOf(1, 2, 3)
```

我是 Set

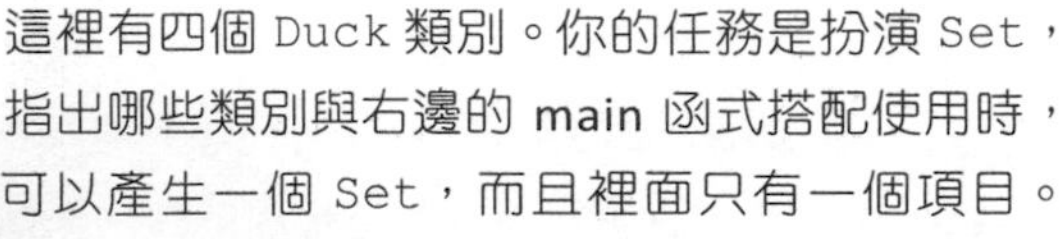

這裡有四個 Duck 類別。你的任務是扮演 Set，指出哪些類別與右邊的 main 函式搭配使用時，可以產生一個 Set，而且裡面只有一個項目。有 Duck 破壞 hashCode() 與 equals() 規則嗎？如果有，它是怎樣破壞的？

這是 main 函式。

```
fun main(args: Array<String>) {
    val set = setOf(Duck(), Duck(17))
    println(set)
}
```

A

```
class Duck(val size: Int = 17) {
    override fun equals(other: Any?): Boolean {
        if (this === other) return true
        if (other is Duck && size == other.size) return true
        return false
    }

    override fun hashCode(): Int {
        return size
    }
}
```

B

```
class Duck(val size: Int = 17) {
    override fun equals(other: Any?): Boolean {
        return false
    }

    override fun hashCode(): Int {
        return 7
    }
}
```

C

```
data class Duck(val size: Int = 18)
```

D

```
class Duck(val size: Int = 17) {
    override fun equals(other: Any?): Boolean {
        return true
    }

    override fun hashCode(): Int {
        return (Math.random() * 100).toInt()
    }
}
```

答案在第 274 頁。

有四位朋友各自為他們的寵物製作一個 List。List 裡面的每一個項目都代表一隻寵物。這裡有四個 List：

```
val petsLiam = listOf("Cat", "Dog", "Fish", "Fish")
val petsSophia = listOf("Cat", "Owl")
val petsNoah = listOf("Dog", "Dove", "Dog", "Dove")
val petsEmily = listOf("Hedgehog")
```

在下面寫一段程式來建立名為 pets 的新集合，來容納每一隻寵物。

....

....

....

....

....

如何使用 pets 集合來取得寵物總數？

....

寫一段程式來印出有多少寵物種類。

....

....

如何用英文字母順序來列出寵物的種類？

....

....

....

答案在第 275 頁。

我是 Set 解答

這裡有四個 Duck 類別。你的任務是扮演 Set，指出哪些類別與右邊的 main 函式搭配使用時，可以產生一個 Set，而且裡面只有一個項目。有 Duck 破 壞 hashCode() 與 equals() 規則嗎？如果有，它是怎樣破壞的？

這是 main 函式。

```
fun main(args: Array<String>) {
    val set = setOf(Duck(), Duck(17))
    println(set)
}
```

A

```
class Duck(val size: Int = 17) {
    override fun equals(other: Any?): Boolean {
        if (this === other) return true
        if (other is Duck && size == other.size) return true
        return false
    }

    override fun hashCode(): Int {
        return size
    }
}
```

這段程式遵守 hashCode() 與 equals() 的規則。Set 發現第二個 Duck 是重複的，所以 main 函式建立一個含有單一項目的 Set。

B

```
class Duck(val size: Int = 17) {
    override fun equals(other: Any?): Boolean {
        return false
    }

    override fun hashCode(): Int {
        return 7
    }
}
```

這會產生有兩個項目的 Set。這個類別破壞 hashCode() 與 equals() 的規則，因為 equals() 一定會回傳 false，即使你用它來比較一個物件還有它自己。

C

```
data class Duck(val size: Int = 18)
```

這段程式遵守規則，但是會產生有兩個項目的 Set。

D

```
class Duck(val size: Int = 17) {
    override fun equals(other: Any?): Boolean {
        return true
    }

    override fun hashCode(): Int {
        return (Math.random() * 100).toInt()
    }
}
```

這會產生有兩個項目的 Set。這個類別破壞規則，因為 hashCode() 回傳一個隨機數字。規則說，相等的物件應該有相同的雜湊碼。

削尖你的鉛筆 解答

有四位朋友各自為他們的寵物製作一個 List。List 裡面的每一個項目都代表一隻寵物。這裡有四個 List：

```
val petsLiam = listOf("Cat", "Dog", "Fish", "Fish")
val petsSophia = listOf("Cat", "Owl")
val petsNoah = listOf("Dog", "Dove", "Dog", "Dove")
val petsEmily = listOf("Hedgehog")
```

在下面寫一段程式來建立名為 pets 的新集合，來容納每一隻寵物。

如果你的答案看起來不一樣，不用擔心，有很多寫法都可以產生相同的結果。

```
var pets: MutableList<String> = mutableListOf()
pets.addAll(petsLiam)
pets.addAll(petsSophia)
pets.addAll(petsNoah)
pets.addAll(petsEmily)
```

如何使用 pets 集合來取得寵物總數？

```
pets.size
```

寫一段程式來印出有多少寵物種類。

```
val petSet = pets.toMutableSet()
println(petSet.size)
```

如何用英文字母順序來列出寵物的種類？

```
val petList = petSet.toMutableList()
petList.sort()
println(petList)
```

該讓 Map 亮相了

List 與 Set 確實很棒，但我們還要介紹一種集合：**Map**。Map 這種集合的動作很像屬性串列。當你傳遞一個鍵給 Map 時，它會回傳那個鍵的值。鍵通常是 String，但你也可以使用任何型態的物件。

Map 裡面的每一個項目其實都是兩個物件——一個**鍵**與一個**值**。每一個鍵都有一個相關值。值可以重複，但鍵不能重複。

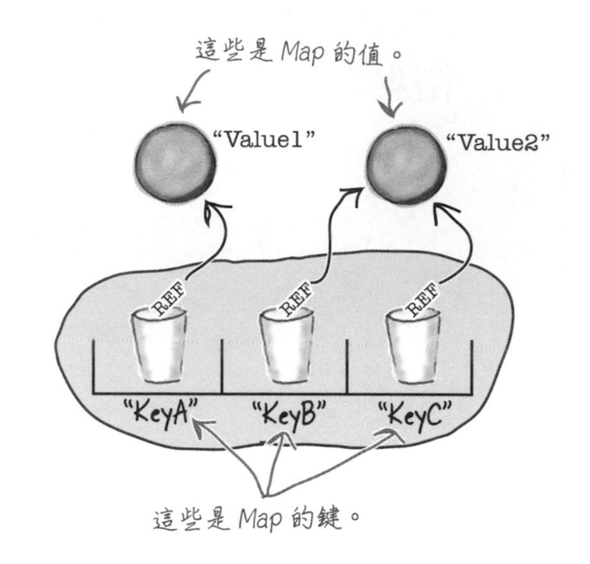

如何建立 Map？

建立 Map 的方式是呼叫 **mapOf** 函式，傳入你想要用來將 Map 初始化的鍵 / 值。例如，下面的程式建立一個有三個項目的 Map。它的鍵是 String（"Recipe1"、"Recipe2" 與 "Recipe3"），值是 Recipe 物件：

```
val r1 = Recipe("Chicken Soup")
val r2 = Recipe("Quinoa Salad")
val r3 = Recipe("Thai Curry")

val recipeMap = mapOf("Recipe1" to r1, "Recipe2" to r2, "Recipe3" to r3)
```

每一個項目都是 "鍵 to 值" 這種形式，鍵通常是 String，就像這個例子。

你可能已經猜到了，編譯器會查看初始化時使用的項目來判斷鍵 / 值的型態。例如，上面的 Map 是用 String 鍵與 Recipe 值來初始化的，所以編譯器會建立一個 Map<String, Recipe> 型態的 Map。你也可以像這樣明確地定義 Map 的型態：

```
val recipeMap: Map<String, Recipe>
```

一般來說，Map 的型態是這種形式：

```
Map<key_type, value_type>
```

知道如何建立 Map 之後，我們來看看如何使用它。

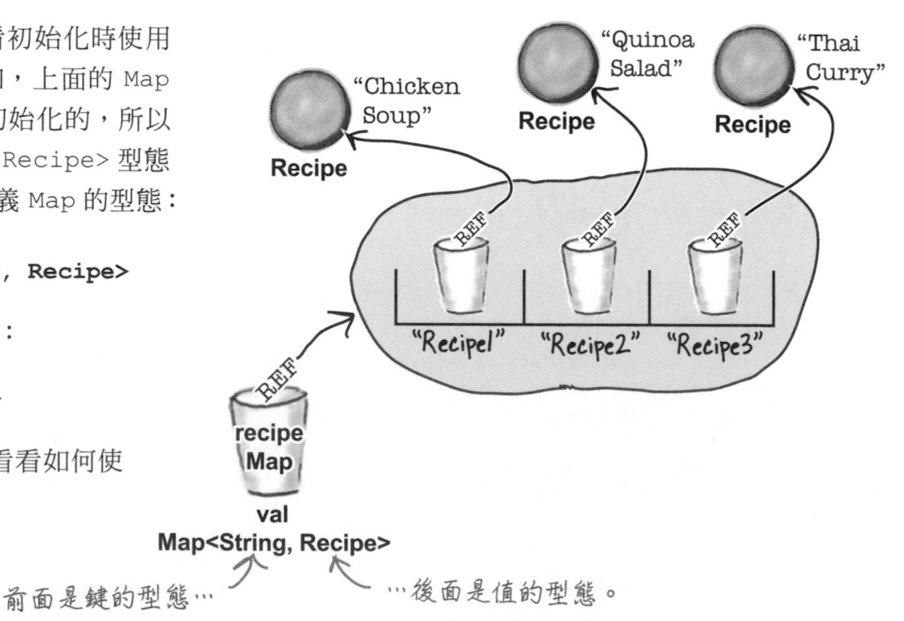

如何使用 Map？

你可以對 Map 做三件事：檢查它有沒有特定的鍵或值、取得特定鍵的值，或遍歷 Map 的項目。

你可以使用 Map 的 **containsKey** 與 **containsValue** 函式來檢查它有沒有特定的鍵或值。例如，下面的程式檢查名為 recipeMap 的 Map 裡面有沒有鍵 "Recipe1"：

```
recipeMap.containsKey("Recipe1")
```

你可以用 containsValue 來檢查 recipeMap 有沒有 Chicken Soup 的 Recipe：

```
val recipeToCheck = Recipe("Chicken Soup")
if (recipeMap.containsValue(recipeToCheck)) {
    //當 Map 有這個值時執行的程式
}
```

在這裡，我們假設 Recipe 是個資料類別，所以 Map 可以知道兩個 Recipe 物件是否相等。

你可以用 **get** 與 **getValue** 函式來取得特定鍵的值。當特定鍵不存在時，get 會回傳 null 值，而 getValue 會丟出例外。例如，這是使用 getValue 函式來取得 "Recipe1" 鍵的相關物件 Recipe 的做法：

```
if (recipeMap.containsKey("Recipe1")) {
    val recipe = recipeMap.getValue("Recipe1")
    //使用 Recipe 物件的程式
}
```

如果 recipeMap 沒有 "Recipe1" 鍵，這一行會丟出例外。

你也可以遍歷 Map 的項目。例如，你可以使用 for 迴圈來印出 recipeMap 裡面的每一對鍵 / 值：

```
for ((key, value) in recipeMap) {
    println("Key is $key, value is $value")
}
```

Map 是不可變的，所以你無法加入或移除鍵 / 值，或更改特定鍵保存的值。你必須改用 MutableMap 才能執行這種操作。我們來看一下如何使用它們。

建立 MutableMap

定義 **MutableMap** 的方式很像定義 Map，只是你要使用 **mutableMapOf** 函式，而不是 mapOf。例如，與之前一樣，下面的程式建立內含三個項目的 MutableMap：

```
val r1 = Recipe("Chicken Soup")
val r2 = Recipe("Quinoa Salad")

val mRecipeMap = mutableMapOf("Recipe1" to r1, "Recipe2" to r2)
```

這個 MutableMap 是用 String 鍵與 Recipe 值來初始化的，所以編譯器判斷它必定是 MutableMap<String, Recipe> 型態的 MutableMap。

MutableMap 是 Map 的子型態，所以你可以對著 MutableMap 呼叫與 Map 一樣的函式。但是 MutableMap 有一些其他的函式可用來加入、移除與更改鍵 / 值。

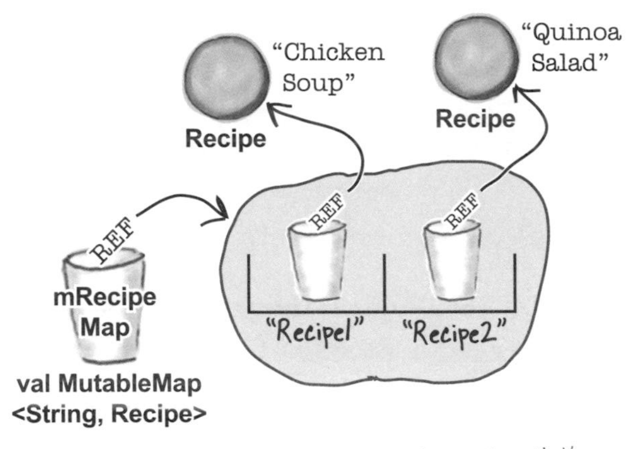

將項目放入 MutableMap

你可以用 **put** 函式將項目放入 MutableMap。例如，下面的程式將鍵 "Recipe3" 放入 mRecipeMap，並且將 Thai Curry 的 Recipe 物件指派給它：

```
val r3 = Recipe("Thai Curry")
mRecipeMap.put("Recipe3", r3)
```

先指定鍵，再指定值。

如果 MutableMap 已經有特定鍵了，put 函式會替換那個鍵的值，並回傳原始值。

你可以使用 **putAll** 函式，一次將許多鍵 / 值放入 MutableMap。它有一個引數一包含你想要加入的項目的 Map。例如，下面的程式將 Jambalaya 與 Sausage Rolls Recipe 物件加入名為 recipesToAdd 的 Map，接著將那些項目放入 mRecipeMap：

```
val r4 = Recipe("Jambalaya")
val r5 = Recipe("Sausage Rolls")
val recipesToAdd = mapOf("Recipe4" to r4, "Recipe5" to r5)
mRecipeMap.putAll(recipesToAdd)
```

我們接著來看如何移除值。

你可以將 MutableMap 的項目移除

你可以用 **remove** 函式將 MutableMap 的項目移除。這個函式是多載的，所以你可以用兩種方式呼叫它。

第一種方式是向 remove 傳入你想要移除的鍵。例如，下面的程式將 mRecipeMap 裡面，鍵為 "Recipe2" 的項目移除：

```
mRecipeMap.remove("Recipe2")
```

移除鍵為 "Recipe2" 的項目。

第二種方式是將鍵的名稱與值傳給 remove 函式。此時，這個函式只移除同時符合鍵與值的項目。所以，下面的程式只移除鍵為 "Recipe2"，而且值為 Quinoa Salad Recipe 物件的項目：

```
val recipeToRemove = Recipe("Quinoa Salad")
mRecipeMap.remove("Recipe2", recipeToRemove)
```

移除鍵為 "Recipe2" 而且值為 Quinoa Salad Recipe 物件的項目。

無論你使用哪一種做法，移除 MutableMap 的項目都會減少它的大小。

最後，跟 MutableLists 與 MutableSets 一樣，你可以使用 **clear** 函式來移除 MutableMap 的每一個項目：

```
mRecipeMap.clear()
```

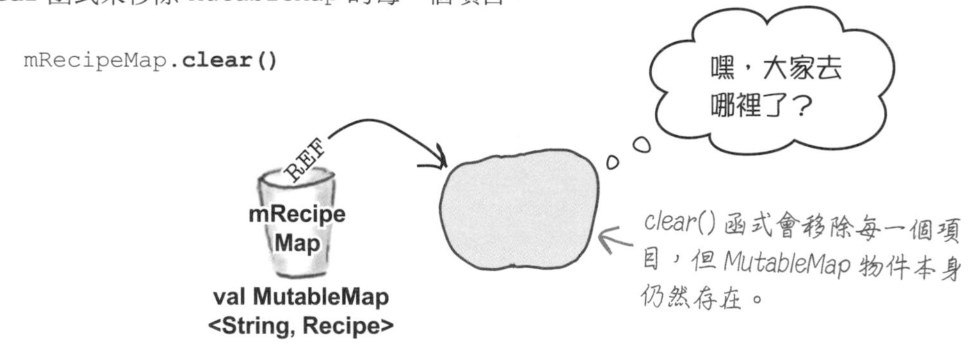

知道如何更改 MutableMap 之後，我們來看一下如何取得副本。

你可以複製 Map 與 MutableMap

如同你看過的其他集合種類，你可以製作 MutableMap 的快照。例如，你可以使用 **toMap** 函式來取得唯讀的 mRecipeMap 副本，並將副本指派給新變數：

```
val recipeMapCopy = mRecipeMap.toMap()
```

你也可以使用 **toList** 將 Map 或 MutableMap 複製到新的 List 物件裡面，其中包含所有的鍵 / 值：

MutableMap 也有 toMutableMap() 與 toMutableList() 函式。

```
val RecipeList = mRecipeMap.toList()
```

你也可以使用 Map 的 **entries** 屬性來取得鍵 / 值。當你使用 Map 的 entries 屬性時，它會回傳 Set；當你使用 MutableMap 的 entries 屬性時，則回傳 MutableSet。例如，下面的程式用 MutableSet 型態來回傳 mRecipeMap 的鍵 / 值：

```
val recipeEntries = mRecipeMap.entries
```

注意，entries、keys 與 values 屬性是 Map 或 MutableMap 的實際內容。它們不是副本。如果你使用 MutableMap，這些屬性是可以更改的。

另一種實用的屬性是 **Keys**（以 Set 或 MutableSet 的形式回傳 Map 的鍵）與 **values**（回傳 Map 的值的集合）。

```
if (mRecipeMap.size > mRecipeMap.values.toSet().size) {
    println("mRecipeMap contains duplicates values")
}
```

這是因為這段程式：

```
mRecipeMap.values.toSet()
```

會將 Map 的值複製到 Set，移除任何重複值。

知道如何使用 Map 與 MutableMap 之後，我們在 Collections 專案中加入一些程式。

Collections 專案的完整程式

按照下面的程式修改你的 *Collections.kt*（粗體是修改的部分）：

```
data class Recipe(var name: String)   ← 加入 Recipe 資料類別。

fun main(args: Array<String>) {
    var mShoppingList = mutableListOf("Tea", "Eggs", "Milk")
    println("mShoppingList original: $mShoppingList")
    val extraShopping = listOf("Cookies", "Sugar", "Eggs")
    mShoppingList.addAll(extraShopping)
    println("mShoppingList items added: $mShoppingList")
    if (mShoppingList.contains("Tea")) {
        mShoppingList.set(mShoppingList.indexOf("Tea"), "Coffee")
    }
    mShoppingList.sort()
    println("mShoppingList sorted: $mShoppingList")
    mShoppingList.reverse()
    println("mShoppingList reversed: $mShoppingList")

    val mShoppingSet = mShoppingList.toMutableSet()
    println("mShoppingSet: $mShoppingSet")
    val moreShopping = setOf("Chives", "Spinach", "Milk")
    mShoppingSet.addAll(moreShopping)
    println("mShoppingSet items added: $mShoppingSet")
    mShoppingList = mShoppingSet.toMutableList()
    println("mShoppingList new version: $mShoppingList")

    val r1 = Recipe("Chicken Soup")
    val r2 = Recipe("Quinoa Salad")
    val r3 = Recipe("Thai Curry")
    val r4 = Recipe("Jambalaya")
    val r5 = Recipe("Sausage Rolls")
    val mRecipeMap = mutableMapOf("Recipe1" to r1, "Recipe2" to r2, "Recipe3" to r3)
    println("mRecipeMap original: $mRecipeMap")
    val recipesToAdd = mapOf("Recipe4" to r4, "Recipe5" to r5)
    mRecipeMap.putAll(recipesToAdd)
    println("mRecipeMap updated: $mRecipeMap")
    if (mRecipeMap.containsKey("Recipe1")) {
        println("Recipe1 is: ${mRecipeMap.getValue("Recipe1")}")
    }
}
```

加入這段程式。

Collections / src / Collections.kt

我們來執行一下程式。

測試

當我們執行程式時， IDE 的輸出視窗會顯示下面的文字：

```
mShoppingList original: [Tea, Eggs, Milk]
mShoppingList items added: [Tea, Eggs, Milk, Cookies, Sugar, Eggs]
mShoppingList sorted: [Coffee, Cookies, Eggs, Eggs, Milk, Sugar]
mShoppingList reversed: [Sugar, Milk, Eggs, Eggs, Cookies, Coffee]
mShoppingSet: [Sugar, Milk, Eggs, Cookies, Coffee]
mShoppingSet items added: [Sugar, Milk, Eggs, Cookies, Coffee, Chives, Spinach]
mShoppingList new version: [Sugar, Milk, Eggs, Cookies, Coffee, Chives, Spinach]
mRecipeMap original: {Recipe1=Recipe(name=Chicken Soup), Recipe2=Recipe(name=Quinoa Salad),
    Recipe3=Recipe(name=Thai Curry)}
mRecipeMap updated: {Recipe1=Recipe(name=Chicken Soup), Recipe2=Recipe(name=Quinoa Salad),
    Recipe3=Recipe(name=Thai Curry), Recipe4=Recipe(name=Jambalaya),
    Recipe5=Recipe(name=Sausage Rolls)}
Recipe1 is: Recipe(name=Chicken Soup)
```

← 印出 Map 或 MutableMap 時，會在大括號裡面印出每一對鍵 / 值。

問：**為什麼 Kotlin 的集合有可變及不可變的版本？為什麼不提供可變版本就好？**

答：因為它要讓你明確地決定集合究竟是可變的，還是不可變的。這代表如果你不想要讓集合被更改，你就可以防止這件事的發生。

問：**我不能用 val 與 var 來做這件事嗎？**

答：不行。val 與 var 的用途，是指定變數保存的參考在初始化之後可不可以更換。當你用 val 變數來保存可變集合的參考時，那個集合仍然可被更改。val 只代表該變數永遠參考該集合。

問：**我可以幫可變集合建立不可更改的版本嗎？**

答：假如你有一個 Int 的 MutableSet，並將它指派給變數 x：

```
val x = mutableSetOf(1, 2)
```

你可以把 x 指派給名為 y 的 Set 變數：

```
val y: Set<Int> = x
```

因為 y 是 Set 變數，它無法更改底層的物件，除非你先將它轉換成 MutableSet。

問：**這與使用 toSet 不一樣嗎？**

答：是的，toSet 做的事情是複製集合，所以原始集合被改變的地方不會反映在副本上。

問：**我可以用 Kotlin 明確地建立和使用 Java 集合嗎？**

答：可以。Kotlin 有許多函式可讓你明確地建立 Java 集合。例如，你可以用 arrayListOf 函式來建立 ArrayList，也可以用 hashMapOf 函式來建立 HashMap。但是這些函式做出來的物件是可變的。

我們建議你使用本章介紹的 Kotlin 集合，除非你有很好的理由不這麼做。

池畔風光

你的**任務**是把游泳池裡面的程式片段放到上面程式的空行裡面。同一個片段**只能**使用一次，而且並非所有的片段都會被用到。你的**目標**是將名為 glossary 的 Map 的項目印出來，展示你學過的集合型態的定義。

```
fun main(args: Array<String>) {
    val term1 = "Array"
    val term2 = "List"
    val term3 = "Map"
    val term4 = ...............
    val term5 = "MutableMap"
    val term6 = "MutableSet"
    val term7 = "Set"

    val def1 = "Holds values in no particular order."
    val def2 = "Holds key/value pairs."
    val def3 = "Holds values in a sequence."
    val def4 = "Can be updated."
    val def5 = "Can't be updated."
    val def6 = "Can be resized."
    val def7 = "Can't be resized."

    val glossary = .........(........ to "$def3 $def4 $def6",
            ........ to "$def1 $def5 $def7",
            ........ to "$def3 $def4 $def7",
            ........ to "$def2 $def4 $def6",
            ........ to "$def3 $def5 $def7",
            ........ to "$def1 $def4 $def6",
            ........ to "$def2 $def5 $def7")
    for ((key, value) in glossary) println("$key: $value")
}
```

提醒你，池子裡的每一個東西都只能使用一次！

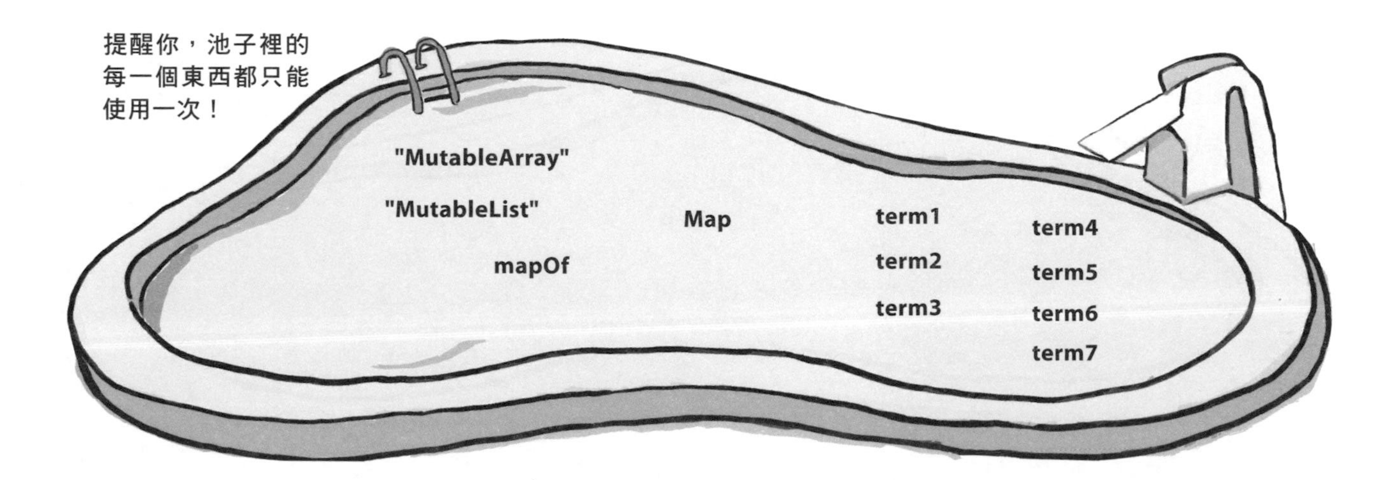

池畔風光解答

你的**任務**是把游泳池裡面的程式片段放到上面程式的空行裡面。同一個片段**只能**使用一次，而且並非所有的片段都會被用到。你的**目標**是將名為 glossary 的 Map 的項目印出來，展示你學過的集合型態的定義。

```
fun main(args: Array<String>) {
    val term1 = "Array"
    val term2 = "List"
    val term3 = "Map"
    val term4 = "MutableList"
    val term5 = "MutableMap"
    val term6 = "MutableSet"
    val term7 = "Set"

    val def1 = "Holds values in no particular order."
    val def2 = "Holds key/value pairs."
    val def3 = "Holds values in a sequence."
    val def4 = "Can be updated."
    val def5 = "Can't be updated."
    val def6 = "Can be resized."
    val def7 = "Can't be resized."

    val glossary = mapOf ( term4 to "$def3 $def4 $def6",
            term7 to "$def1 $def5 $def7",
            term1 to "$def3 $def4 $def7",
            term5 to "$def2 $def4 $def6",
            term2 to "$def3 $def5 $def7",
            term6 to "$def1 $def4 $def6",
            term3 to "$def2 $def5 $def7")
    for ((key, value) in glossary) println("$key: $value")
}
```

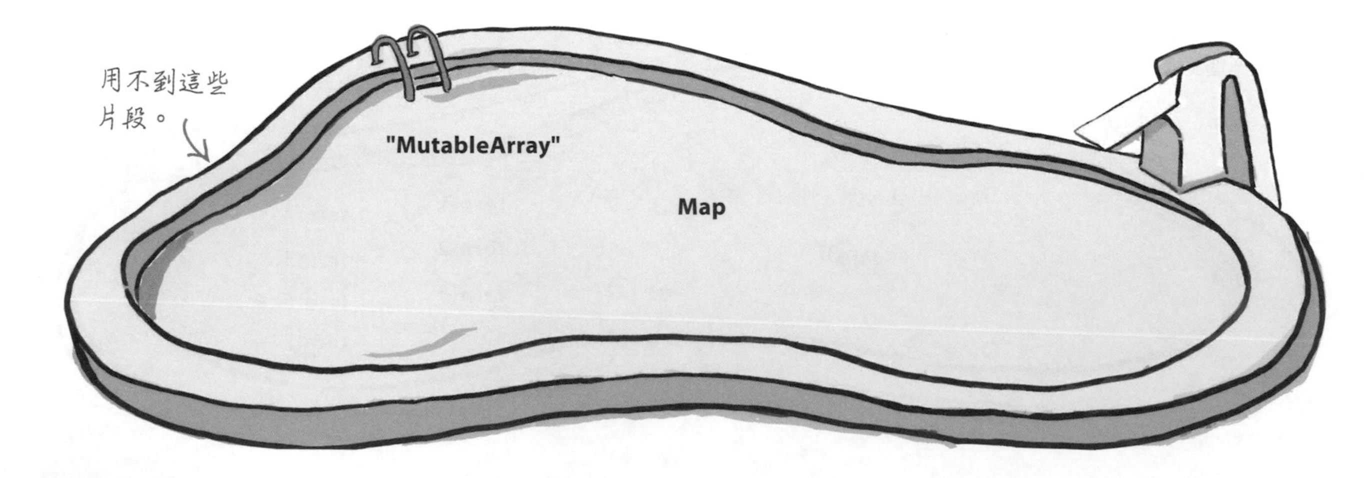

連連看

下面有一段簡短的 Kotlin 程式。其中有一段程式不見了。你的任務是將左邊的候選程式放入上面的方塊，並指出執行的結果。有些輸出是用不到的，有些輸出可能會使用多次。請將候選程式段落連到它的輸出。

將候選程式放在這裡。

每一段候選程式都有一個它可能產生的輸出，找出它們。

```
fun main(args: Array<String>) {
    val mList = mutableListOf("Football", "Baseball", "Basketball")
    
    
    
}
```

候選程式：

```
mList.sort()
println(mList)
```

```
val mMap = mutableMapOf("0" to "Netball")
var x = 0
for (item in mList) {
    mMap.put(x.toString(), item)
}
println(mMap.values)
```

```
mList.addAll(mList)
mList.reverse()
val set = mList.toSet()
println(set)
```

```
mList.sort()
mList.reverse()
println(mList)
```

可能的輸出：

```
[Netball]
```

```
[Baseball, Basketball, Football]
```

```
[Basketball]
```

```
[Football, Basketball, Baseball]
```

```
{Basketball}
```

```
[Basketball, Baseball, Football]
```

```
{Netball}
```

```
[Football]
```

```
{Basketball, Baseball, Football}
```

```
[Football, Baseball, Basketball]
```

下面有一段簡短的 Kotlin 程式。其中有一段程式不見了。你的任務是將左邊的候選程式放入上面的方塊，並指出執行的結果。有些輸出是用不到的，有些輸出可能會使用多次。請將候選程式段落連到它的輸出。

連連看解答

將候選程式放在這裡。

```
fun main(args: Array<String>) {
    val mList = mutableListOf("Football", "Baseball", "Basketball")
    [                                                              ]
}
```

候選程式：

```
mList.sort()
println(mList)
```

```
val mMap = mutableMapOf("0" to "Netball")
var x = 0
for (item in mList) {
    mMap.put(x.toString(), item)
}
println(mMap.values)
```

```
mList.addAll(mList)
mList.reverse()
val set = mList.toSet()
println(set)
```

```
mList.sort()
mList.reverse()
println(mList)
```

可能的輸出：

```
[Netball]
[Baseball, Basketball, Football]
[Basketball]
[Football, Basketball, Baseball]
{Basketball}
[Basketball, Baseball, Football]
{Netball}
[Football]
{Basketball, Baseball, Football}
[Football, Baseball, Basketball]
```

連線：
- mList.sort() / println(mList) → [Baseball, Basketball, Football]
- val mMap = ... println(mMap.values) → [Basketball]
- mList.addAll(mList) ... println(set) → [Basketball, Baseball, Football]
- mList.sort() / mList.reverse() / println(mList) → [Football, Basketball, Baseball]

你的 Kotlin 工具箱

讀完第 9 章之後，你已經將集合加入工具箱了。

你可以從 https://tinyurl.com/HFKotlin 下載本章的完整程式碼。

重點提示

- 用 arrayOfNulls 函式來建立初始值為 null 的陣列。
- 實用的陣列函式有：sort、reverse、contains、min、max、sum、average。
- Kotlin 標準程式庫有許多程式包，裡面有許多預建類別與函式。
- List 是知道與在乎索引位置的集合。它可以容納重複的值。
- Set 是無序集合，不允許重複值。
- Map 是使用鍵 / 值的集合。它可以容納重複的值，但不能有重複的鍵。
- List、Set 與 Map 是不可變的。MutableList、MutableSet與MutableMap 是這些集合的可變子型態。
- 用 listOf 函式來建立 List。
- 用 mutableListOf 來建立 MutableList。
- 用 setOf 函式來建立 Set。
- 用 mutableSetOf 來建立 MutableSet。
- Set 在檢查重複時，會先確定雜湊碼是否相符，再使用 === 與 == 運算子來檢查參考或物件是否相等。
- 使用 mapOf 函式，並傳入鍵 / 值來建立 Map。
- 使用 mutableMapOf 來建立 MutableMap。

10 泛型

見果知因

大家都喜歡一致的程式。

若要寫出一致的、不容易出問題的程式，**泛型**是可行的方式之一。這一章要介紹 **Kotlin 的集合類別**如何**使用泛型**來防止你將 Cabbage 放入 List<Seagull>。你將知道何時及如何**編寫你自己的泛型類別、介面與函式**，以及如何**將泛型型態限制為特定的子型態**。最後，你會知道**如何使用協變與反變**，**親自**控制泛型型態的行為。

集合使用泛型

上一章說過，當你明確地宣告集合的型態時，必須指定你想要使用哪一種集合，以及它的元素是什麼型態。例如，下面的程式定義一個變數，它可以保存 `String` 的 `MutableList` 的參考：

```
val x: MutableList<String>
```

元素型態是在角括號（<>）裡面定義的，這代表它使用了**泛型**。泛型可讓你寫出型態安全的程式，它可以防止你把 `Volkswagen` 汽車放入 `Duck` 串列，因為編譯器知道，只有 `Duck` 物件可以放入 `MutableList<Duck>`，這意味著它可以在編譯期抓到更多問題。

如果沒有泛型，物件會以 Duck、Fish、Guitar 與 Car 物件的參考的形式進入串列…

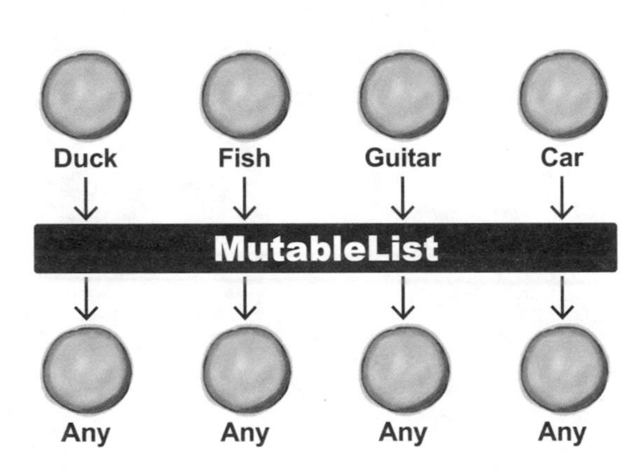

如果沒有泛型，你就無法宣告 *MutableList* 應該容納哪種型態的物件。

…並且以 Any 型態的參考出來。

使用泛型的話，物件只能以 Duck 物件的參考進入串列…

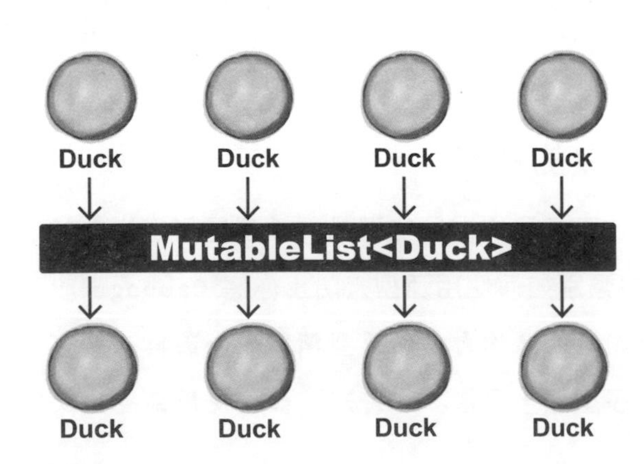

使用泛型，你可以確保集合只容納正確型態的物件。你不需要擔心有人把 *Pumpkin* 放入 *MutableList<Duck>*，或你取出來的東西不是 *Duck*。

…並且以 Duck 物件的參考出來。

MutableList 是怎麼定義的？

我們來看一下線上文件，瞭解 MutableList 是怎麼定義的，以及它如何使用泛型。我們考慮的地方主要有兩個：介面宣告，以及如何定義 add 函式。

瞭解集合文件（或者，“E” 是什麼意思？）

這是簡化版的 MutableList 定義：

MutableList 繼承 List 與 MutableCollection 介面。你為 MutableList 指定的型態（“E” 的值）會被自動當成 List 與 MutableCollection 的型態來使用。

“E” 代表你在宣告 MutableList 時，真正使用的型態。

```
interface MutableList<E> : List<E>, MutableCollection<E> {

    fun add(index: Int, element: E): Unit

    //其他程式

}
```

“E” 決定了你允許別人將哪種東西放入 MutableList。

MutableList 用 “E” 來代表你希望集合保存與回傳的元素型態。當你在文件中看到 “E” 時，可以在心裡執行尋找 / 取代，將它換成你希望串列保存的型態。

例如，MutableList<String> 代表你要在每一個使用 “E” 的函式或變數宣告式中，將 “E” 換成 “String”。而 MutableList<Duck> 代表所有的 “E” 都要換成 “Duck”。

我們來進一步研究。

問：所以 **MutableList** 不是類別？

答：不是，它是介面。當你用 mutableListOf 函式來建立 MutableList 時，系統會建立這個介面的實作。但是，當你使用它時，只要知道它有 MutableList 介面定義的所有屬性與函式就可以了。

同時使用型態參數與 MutableList

當你寫出這段程式時：

```
val x: MutableList<String>
```

它代表 MutableList：

```
interface MutableList<E> : List<E>, MutableCollection<E> {

    fun add(index: Int, element: E): Unit

    //其他程式
}
```

會被編譯器當成：

```
interface MutableList<String> : List<String>, MutableCollection<String> {

    fun add(index: Int, element: String): Unit

    //其他程式
}
```

換句話說，"E" 會被換成你定義 MutableList 時使用的實際型態（也稱為型態參數）。這就是 add 函式只讓你加入與 "E" 型態相容的物件的原因。所以當你製作 MutableList<String> 時，add 函式即可讓你加入 String。而且當你製作型態為 Duck 的 MutableList 時，add 函式即可讓你加入 Duck。

可以用泛型類別或介面來做的事情

以下是當你使用具有泛型型態的類別或介面時，可以做的主要事項：

建立泛型化類別的實例。

當你建立 MutableList 這類的集合時，必須告訴它你想要讓它保存的物件型態，或讓編譯器判斷它。

```
val duckList: MutableList<Duck>
duckList = mutableListOf(Duck("Donald"), Duck("Daisy"), Duck("Daffy"))

val list = mutableListOf("Fee", "Fi", "Fum")
```

建立接收泛型型態的函式。

你可以藉著指定型態來建立具有泛型參數的函式，就像你指定任何其他參數一樣：

```
fun quack(ducks: MutableList<Duck>) {
    //讓 Duck 呱呱叫的程式
}
```

建立回傳泛型型態的函式。

函式也可以回傳泛型型態。例如，下面的程式可以回傳 Duck 的 MutableList：

```
fun getDucks(breed: String): MutableList<Duck> {
    //取得特定品種的 Duck 的程式
}
```

但是我們還有好幾個關於泛型的問題需要回答，例如，如何定義自己的泛型類別與介面？以及，多型如何與泛型型態合作？當你試著將 MutableList<Dog> 指派給 MutableList<Animal> 時，會發生什麼事情？

為了回答上述的問題以及其他問題，我們要建立一個應用程式，並且在裡面使用泛型。

這就是我們要做的事情

我們要建立一個處理寵物的應用程式。我們將會建立一些寵物，為它們舉辦寵物競賽，並建立販售特定寵物類型的寵物零售商。而且，因為我們使用泛型，所以我們要確保寵物競賽與零售商都只處理特定類型的寵物。

這是我們即將執行的步驟：

1. **建立寵物階層。**

   我們要用三種類型的寵物：貓、狗、魚，來建立寵物階層。

2. **建立 Contest 類別。**

   我們要用 `Contest` 類別來建立各種寵物的競賽。我們會用它來管理參賽者的分數，以確定獲勝者。而且，因為我們想要限制各種競賽只能讓特定寵物種類參加，我們會用泛型來定義 `Contest`。

3. **建立 Retailer 階層。**

   我們會建立 `Retailer`，以及這個介面的具體實作，稱為 `CatRetailer`、`DogRetailer` 與 `FishRetailer`。我們會用泛型來確保各種 `Retailer` 只販售特定寵物種類，避免你向 `FishRetailer` 買到 `Cat`。

4. **建立 Vet 類別。**

   最後，我們要建立一個 `Vet` 類別，幫每一個競賽指派一位獸醫。我們會用泛型來定義 `Vet` 類別，以反映每位 `Vet` 擅長治療的 `Pet` 類型

我們先來建立寵物類別階層。

建立 Pet 類別階層

我們的 pet 類別階層包含四種類別：抽象的 Pet 類別，以及具體的子類別 Cat、Dog 與 Fish。我們在 Pet 類別裡面加入 name 屬性，讓具體子類別繼承。

之所以將 Pet 做成抽象，是因為我們只想要讓人們做出 Pet 的子型態的物件，例如 Cat 或 Dog，第 6 章介紹過，將類別設定為抽象可以防止它被實例化。

這是類別階層：

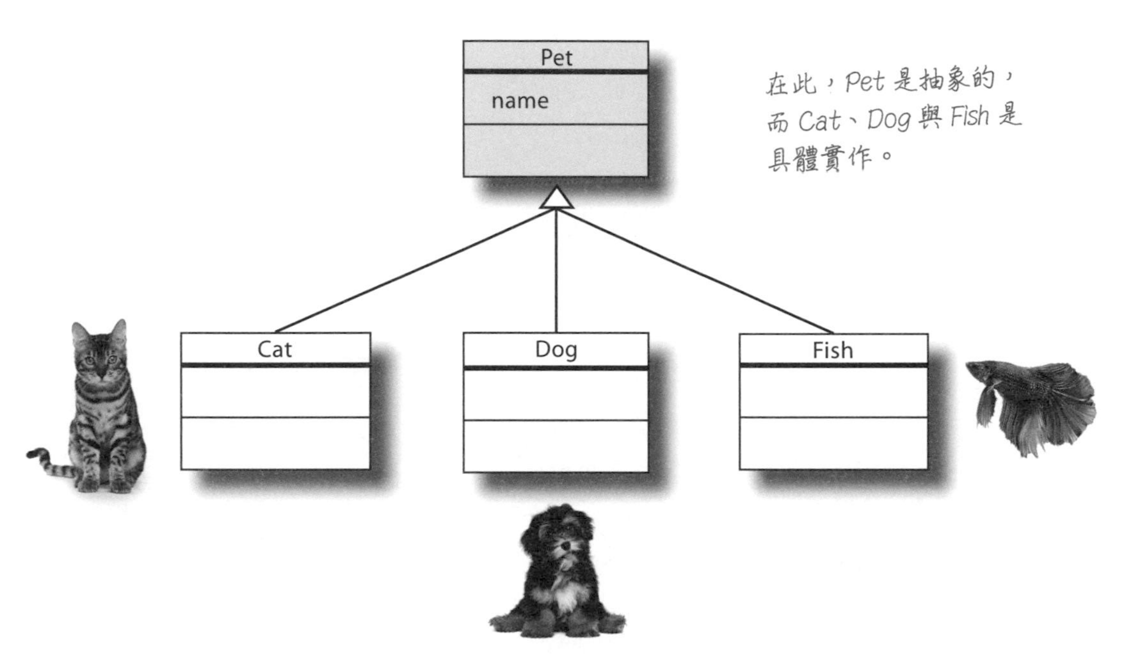

在此，Pet 是抽象的，而 Cat、Dog 與 Fish 是具體實作。

這個類別階層的程式是：

```
abstract class Pet(var name: String)

class Cat(name: String) : Pet(name)

class Dog(name: String) : Pet(name)

class Fish(name: String) : Pet(name)
```

Pet 的每一種子型態都有 name（從 Pet 繼承的），它是在類別建構式裡面設定的。

接下來，我們要建立 Contest 類別，以保存各種寵物專屬的競賽。

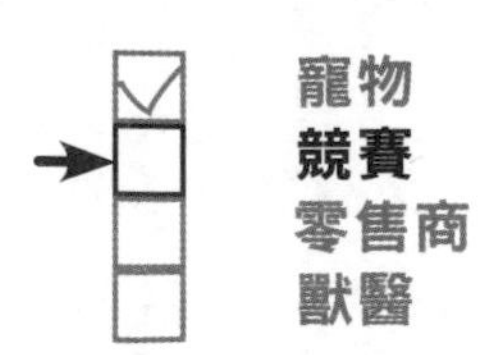

定義 Contest 類別

我們使用 Contest 類別來管理寵物競賽，並決定獲勝者。這個類別有一個屬性，scores，以及兩個函式，addScore 與 getWinners。

我們希望將各個競賽限制成只讓特定寵物類型參加。例如，貓類競賽只能讓貓參賽，魚類競賽只能讓魚參賽。我們用泛型來實施這條規則。

用泛型型態來宣告 Contest

為了讓類別使用泛型型態，你要將型態名稱放入類別名稱後面的角括號。在這裡，我們用 “T” 來代表泛型型態。你可以將 “T” 視為各個 Contest 將要處理的實際型態的替身。

程式如下：

```
class Contest<T> {
    //其他程式
}
```

類別名稱後面的 <T> 告訴編譯器 T 是個泛型型態。

Contest<T>

你可以將泛型型態名稱改為任何合法的識別符號，但是一般習慣（你也應該遵守）使用 “T”。但是在編寫集合類別或介面時，大家習慣使用 “E”（代表 “Element”），或者，當集合是 map 時，使用 “K” 與 “V”（代表 “Key” 與 “Value”）。

你可以將 T 限制為特定的超型態

在上面的例子中，你可以在實例化時，將 T 換成任何實際型態。但是，你也可以對 T 施加限制，指定它是某種型態。例如，下面的程式告訴編譯器，T 必須是 Pet 型態：

```
class Contest<T: Pet> {
    //其他程式
}
```

T 是必須為 Pet，或它的子型態的泛型型態。

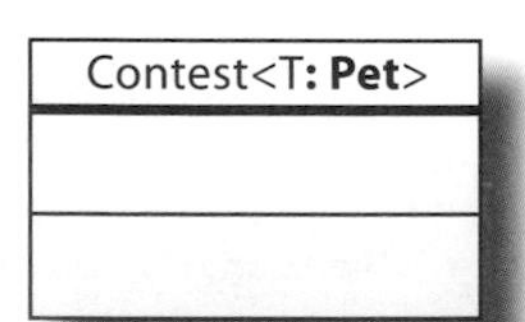

所以，上面的程式代表你建立了處理 Cat、Fish 或 Pet，但不處理 Bicycle 或 Begonia 的 Contest。

接下來，我們將 scores 屬性加入 Contest 類別。

加入 scores 屬性

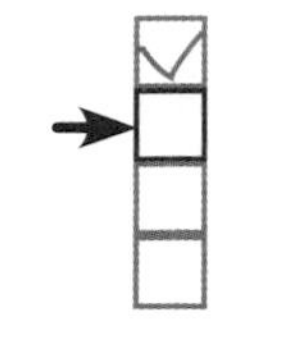

我們要用 scores 屬性來追蹤每位參賽者得到幾分，因此我們使用 MutableMap，將參賽者當成鍵，將它們的分數當成值。因為各位參賽者都是型態 T 的物件，而且它們的分數都是 Int，所以 scores 屬性的型態是 MutableMap<T, Int>。如果我們建立一個處理 Cat 參賽者的 Contest<Cat>，scores 屬性的型態將變成 MutableMap<Cat, Int>，但是如果我們建立一個 Contest<Pet> 物件，scores 型態會自動變成 MutableMap<Pet, Int>。

這是修改後的 Contest 類別程式：

```
class Contest<T: Pet> {
    val scores: MutableMap<T, Int> = mutableMapOf()
    //其他程式
}
```

這會定義 T 鍵、Int 值的 MutableMap，其中的 T 是 Contest 處理的 Pet 泛型型態。

Contest<T: Pet>
scores

加入 scores 屬性之後，我們要加入 addScore 與 getWinners 函式。

建立 addScore 函式

我們希望用 addScore 函式將參賽者的分數加入 scores MutableMap。我們會用參數將參賽者與分數傳給函式，只要分數是 0 以上，函式就會用鍵 / 值的形式，將它們加入 MutableMap。

這是函式的程式：

```
class Contest<T: Pet> {
    val scores: MutableMap<T, Int> = mutableMapOf()

    fun addScore(t: T, score: Int = 0) {
        if (score >= 0) scores.put(t, score)
    }

    //其他程式
}
```

只要分數是 0 以上，就將參賽者與它的分數放入 MutableMap。

Contest<T: Pet>
scores
addScore

最後，我們來加入 getWinners 函式。

建立 getWinners 函式

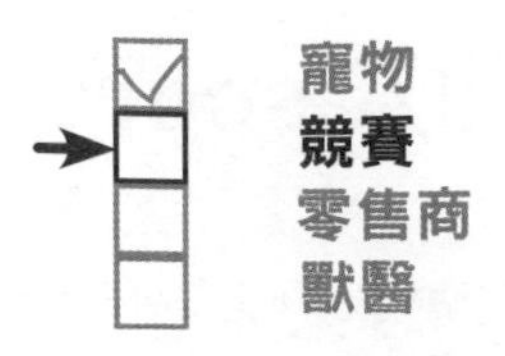

getWinners 函式必須回傳得分最高的參賽者。我們會從 scores 屬性取得最高分的值，並將得到這個分數的所有參賽者加入 MutableSet，再回傳它。因為每位參賽者都是泛型型態 T，這個函式必須回傳型態 MutableSet<T>。

這是 getWinners 函式的程式：

```
fun getWinners(): MutableSet<T> {
    val highScore = scores.values.max()
    val winners: MutableSet<T> = mutableSetOf()
    for ((t, score) in scores) {
        if (score == highScore) winners.add(t)
    }
    return winners
}
```

從 scores 取得最大值。

將最高分的每位參賽者加入 MutableSet。

回傳獲勝者的 MutableSet。

Contest<T: Pet>
scores
addScore **getWinners**

這是完整的 Contest 類別：

```
class Contest<T: Pet> {
    val scores: MutableMap<T, Int> = mutableMapOf()

    fun addScore(t: T, score: Int = 0) {
        if (score >= 0) scores.put(t, score)
    }

    fun getWinners(): MutableSet<T> {
        val highScore = scores.values.max()
        val winners: MutableSet<T> = mutableSetOf()
        for ((t, score) in scores) {
            if (score == highScore) winners.add(t)
        }
        return winners
    }
}
```

幾頁之後，我們會將這個類別加入新應用程式。

寫好 Contest 類別之後，我們用它來建立一些物件。

建立一些 Contest 物件

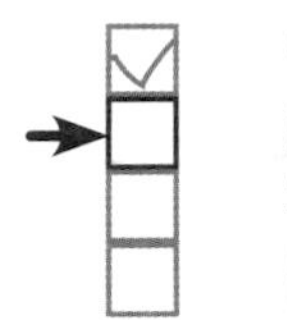

要建立 Contest 物件，你要指定它應該處理的物件型態，並且呼叫它的建構式。例如，下面的程式建立一個名為 catContest 的 Contest<Cat> 物件，可處理 Cat 物件：

```
val catContest = Contest<Cat>()
```

建立一個接收 Cat 的 Contest。

這代表你可以將 Cat 物件加入它的 scores 屬性，並使用它的 getWinners 函式來回傳 Cat 的 MutableSet：

```
catContest.addScore(Cat("Fuzz Lightyear"), 50)
catContest.addScore(Cat("Katsu"), 45)
val topCat = catContest.getWinners().first()
```

getWinners() 回傳 MutableSet<Cat>，因為我們已經指定 catContest 必須處理 Cat。

因為 Contest 使用泛型，編譯器可以防止你對它傳入任何非 Cat 參考。例如，下面的程式是無法編譯的：

```
catContest.addScore(Dog("Fido"), 23)
```

編譯器會防止你將非 Cat 加入 Contest<Cat>，所以這段程式無法編譯。

但是，Contest<Pet> 可以接收任何型態的 Pet，就像這樣：

```
val petContest = Contest<Pet>()
petContest.addScore(Cat("Fuzz Lightyear"), 50)
petContest.addScore(Fish("Finny McGraw"), 56)
```

因為 Contest<Pet> 處理 Pet，參賽者可以是 Pet 的任何子型態。

編譯器可以判斷泛型型態

有時編譯器可以從一些資訊判斷泛型型態。比如說，如果你建立一個 Contest<Dog> 型態的物件，編譯器會自動判斷你傳給它的任何 Contest 物件都是 Contest<Dog>（除非你用其他方式告訴它）。例如，下面的程式建立一個 Contest<Dog> 物件，並將它指派給 dogContest：

```
val dogContest: Contest<Dog>
dogContest = Contest()
```

這裡使用 Contest() 而不是 Contest<Dog>()，因為編譯器可以從變數型態判斷物件型態。

可行的話，編譯器也可以從建構式參數判斷泛型型態。例如，如果我們在 Contest 類別的主建構式使用泛型型態參數：

```
class Contest<T: Pet>(t: T) {...}
```

編譯器可以判斷下面的程式建立一個 Contest<Fish>：

```
val contest = Contest(Fish("Finny McGraw"))
```

這與使用 Contest<Fish>(Fish("Finny McGraw")) 來建立 Contest 一樣。你可以省略 <Fish>，因為編譯器可以從建構式引數判斷它。

泛型函式探究

到目前為止，你已經知道如何在類別定義式中，定義使用泛型型態的函式了。但是如果你想要在類別外面定義泛型型態的函式呢？或者，如果你想要讓類別裡面的函式使用未被納入類別定義的泛型型態呢？

如果你想要定義一個有自己的泛型型態的函式，可以在定義函式時，宣告泛型型態。例如，下面的程式定義一個名為 `listPet`，有泛型型態 `T`，並且限制為 `Pet` 型態的函式。這個函式接收 `T` 參數，並且回傳 `MutableList<T>` 物件的參考：

要讓函式宣告它自己的泛型型態，在函式名稱**前面**使用 <T: Pet>。

```
fun <T: Pet> listPet(t: T): MutableList<T> {
    println("Create and return MutableList")
    return mutableListOf(t)
}
```

注意，當你用這種方式來宣告泛型型態時，必須在函式名稱前面，用角括號來宣告型態，例如：

```
fun <T: Pet> listPet...
```

要呼叫這個函式，你必須指定函式應該處理的物件的型態。例如，下面的程式呼叫 `listPet` 函式，並使用角括號來指示我們要用它來處理 `Cat` 物件：

```
val catList = listPet<Cat>(Cat("Zazzles"))
```

但是，如果編譯器可以從函式的引數判斷泛型型態，你也可以省略它。例如，下面的程式是合法的，因為編譯器可以判斷 `listPet` 函式被用來處理 `Cat`：

```
val catList = listPet(Cat("Zazzles"))
```

這兩個函式呼叫式做同一件事，因為編譯器可以判斷你想要讓函式處理 Cat。

建立泛型物件

知道如何建立使用泛型的類別之後，我們要將它加入新的應用程式。

建立一個在 JVM 運行的 Kotlin 專案，將專案命名為 "Generics"。接著建立名為 *Pets.kt* 的 Kotlin 檔案，做法是點選 *src* 資料夾，按下 File 選單並選擇 New → Kotlin File/Class。將檔名設為 "Pets"，再將 Kind 設為 File。

接著，將你的 *Pets.kt* 改為下列程式：

```
abstract class Pet(var name: String)

class Cat(name: String) : Pet(name)

class Dog(name: String) : Pet(name)

class Fish(name: String) : Pet(name)

class Contest<T: Pet> {
    val scores: MutableMap<T, Int> = mutableMapOf()

    fun addScore(t: T, score: Int = 0) {
        if (score >= 0) scores.put(t, score)
    }

    fun getWinners(): MutableSet<T> {
        val winners: MutableSet<T> = mutableSetOf()
        val highScore = scores.values.max()
        for ((t, score) in scores) {
            if (score == highScore) winners.add(t)
        }
        return winners
    }
}
```

加入 Pet 階層。

加入 Contest 類別。

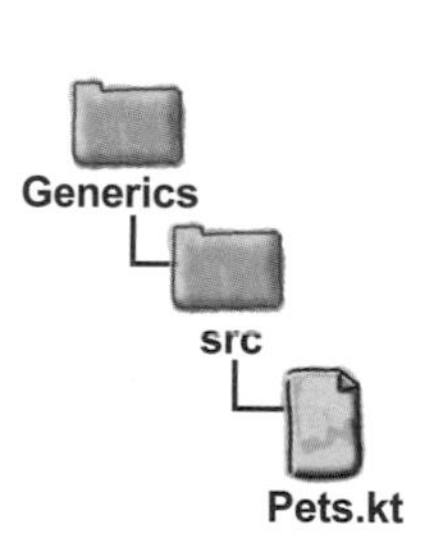

下一頁還有程式。

程式還沒結束…

寵物
競賽
零售商
獸醫

Generics
src
Pets.kt

```
fun main(args: Array<String>) {
    val catFuzz = Cat("Fuzz Lightyear")
    val catKatsu = Cat("Katsu")
    val fishFinny = Fish("Finny McGraw")

    val catContest = Contest<Cat>()
    catContest.addScore(catFuzz, 50)
    catContest.addScore(catKatsu, 45)
    val topCat = catContest.getWinners().first()
    println("Cat contest winner is ${topCat.name}")

    val petContest = Contest<Pet>()
    petContest.addScore(catFuzz, 50)
    petContest.addScore(fishFinny, 56)
    val topPet = petContest.getWinners().first()
    println("Pet contest winner is ${topPet.name}")
}
```

建立兩個 Cat 與一個 Fish。

舉辦 Cat Contest（只限 Cat 參加）

舉辦可讓所有 Pet 種類參加的 Pet Contest。

測試

當我們執行程式時， IDE 的輸出視窗會顯示下面的文字：

```
Cat contest winner is Fuzz Lightyear
Pet contest winner is Finny McGraw
```

做一下接下來的練習，我們將會繼續介紹 Retailer 階層。

問：**泛型型態可為 nullable 嗎？**

答：可以。如果你有一個回傳泛型型態的函式，並且想要讓該型態是 nullable 的，你只要在泛型回傳型態後面加上一個 ? 就可以了，像這樣：

```
class MyClass<T> {
    fun myFun(): T?
}
```

問：**類別可以有多個泛型型態嗎？**

答：可以。你可以在角括號裡面定義多個泛型型態，並且用逗號分隔它們。如果你想要使用 K 與 V 泛型型態來定義一個名為 MyMap 的類別，可以用這段程式定義它：

```
class MyMap<K, V> {
    //在這裡寫程式
}
```

池畔風光

你的**任務**是把游泳池裡面的程式片段放到上面程式的空行裡面。同一個片段**只能**使用一次，可能有些程式片段不會被用到。你的**目標**是建立一個名為 PetOwner，接收泛型 Pet 型態的類別，接著用它來建立一個新的 PetOwner<Cat>，來保存兩個 Cat 物件的參考。

```
class PetOwner ............{
    val pets = mutableListOf(.....)

    fun add(.........) {
        pets.add(.....)
    }

    fun remove(.........) {
        pets.remove(.....)
    }
}

fun main(args: Array<String>) {
    val catFuzz = Cat("Fuzz Lightyear")
    val catKatsu = Cat("Katsu")
    val fishFinny = Fish("Finny McGraw")
    val catOwner = PetOwner ..............................
    catOwner.add(catKatsu)
}
```

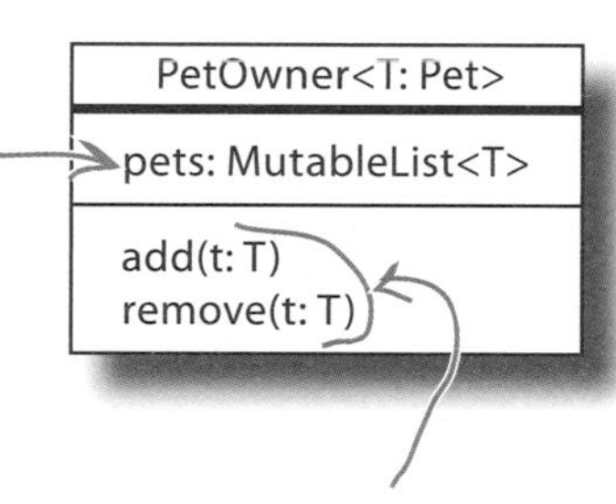

pets 保存每一個 pet 的參考。它會用你傳給 PetOwner 建構式的值來初始化。

add 與 remove 函式是用來更改 pets 屬性的。add 函式的功能是加入一個參考，remove 函式則是移除參考。

提醒你，池子裡的每一個東西都只能使用一次！

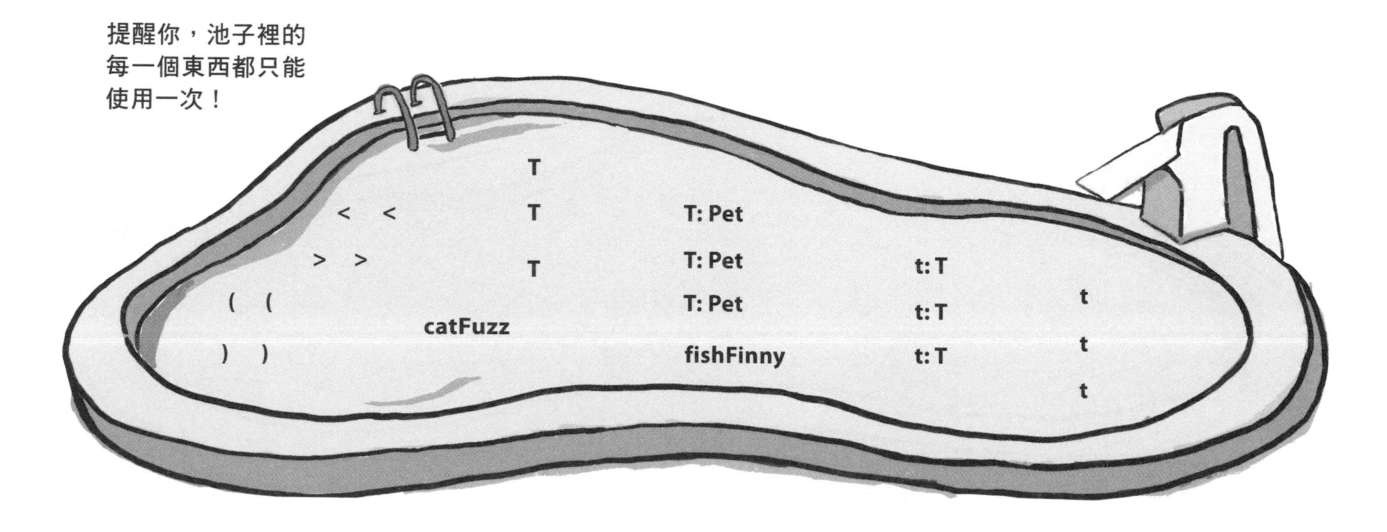

池畔風光解答

你的**任務**是把游泳池裡面的程式片段放到上面程式的空行裡面。同一個片段**只能**使用一次，可能有些程式片段不會被用到。你的**目標**是建立一個名為 PetOwner，接收泛型 Pet 型態的類別，接著用它來建立一個新的 PetOwner<Cat>，來保存兩個 Cat 物件的參考。

指定泛型型態。

建構式。

```
class PetOwner <T: Pet>(t: T) {
    val pets = mutableListOf(t)

    fun add(t: T) {
        pets.add(t)
    }

    fun remove(t: T) {
        pets.remove(t)
    }
}

fun main(args: Array<String>) {
    val catFuzz = Cat("Fuzz Lightyear")
    val catKatsu = Cat("Katsu")
    val fishFinny = Fish("Finny McGraw")
    val catOwner = PetOwner(catFuzz)
    catOwner.add(catKatsu)
}
```

這會建立 MutableList<T>。

加入／移除 T 值。

建立 PetOwner<Cat>，並且用 catFuzz 的參考將 pets 初始化。

PetOwner<T: Pet>
pets: MutableList<T>
add(t: T) remove(t: T)

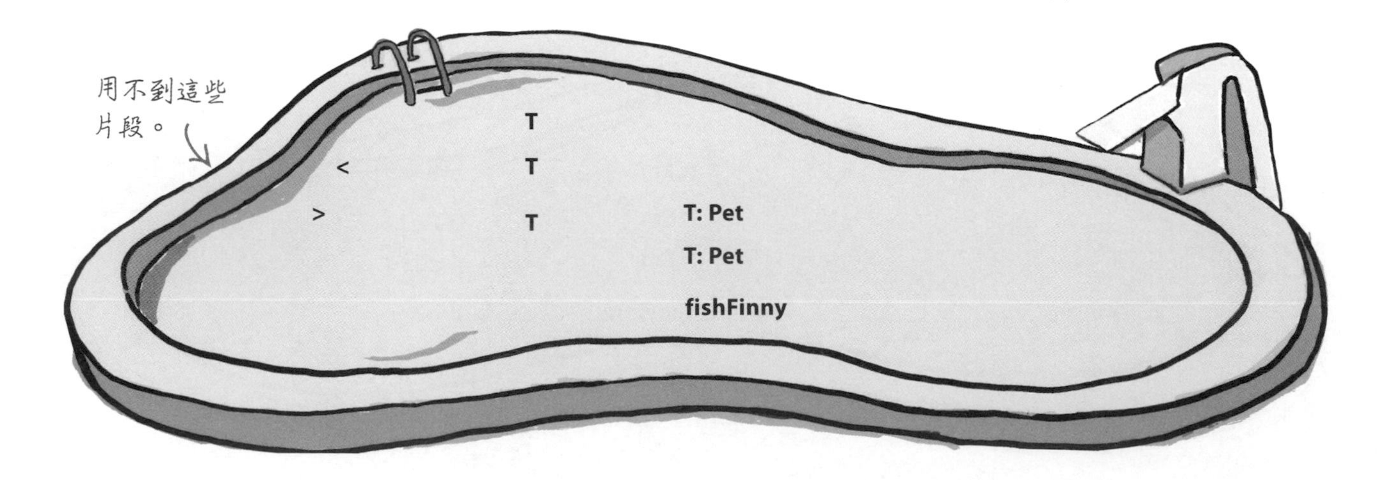

寵物
競賽
零售商
獸醫

Retailer 階層

我們接下來要用之前建立的 Pet 類別來定義零售商階層，讓它們可以銷售各種寵物。為此，我們定義一個 Retailer 介面，在裡面加入 sell 函式，並且建立三個實作這個介面的具體類別，它們分別是 CatRetailer、DogRetailer 與 FishRetailer。

各個型態的零售商都只能銷售特定型態的物件。例如，CatRetailer 只能銷售 Cat，DogRetailer 只能銷售 Dog。為了做到這一點，我們用泛型來指定各個類別處理的物件型態。我們將泛型型態 T 加入 Retailer 介面，並指定 sell 函式必須回傳這個型態的物件。因為 CatRetailer、DogRetailer 與 FishRetailer 類別都實作這個介面，它們都必須將泛型型態 T 換成它們“真正”處理的物件型態。

問：**為什麼你不使用 PetRetailer 具體類別？**

答：在真實世界中，的確會有販售各種 Pet 的 PetRetailer。但是在這裡，我們想要區分各種型態的 Retailer，來教你更重要的泛型細節。

這是我們即將使用的類別階層：

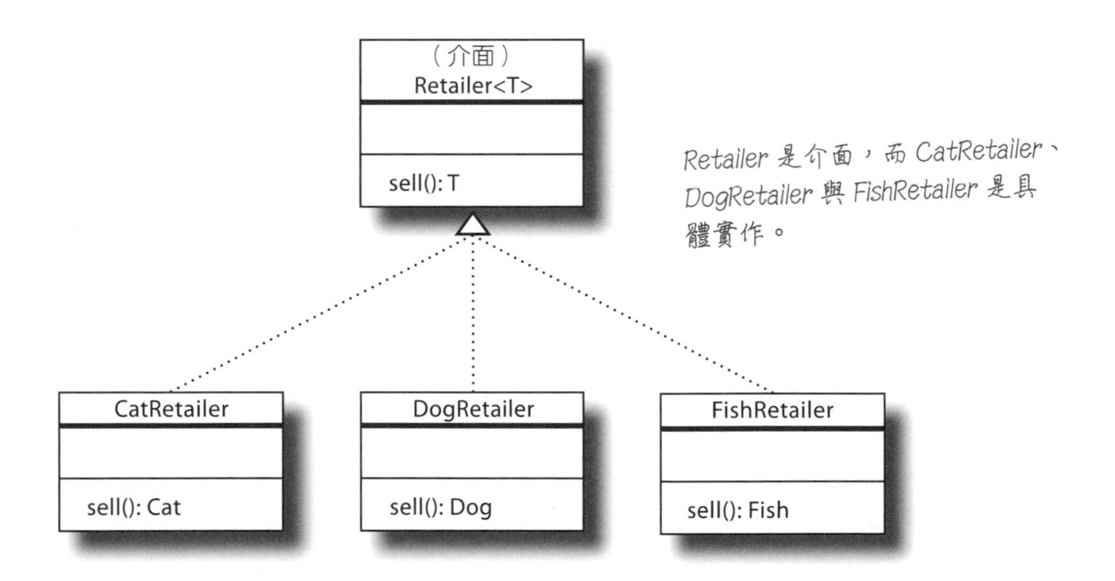

完成類別階層之後，我們為它編寫程式，先從 Retailer 介面寫起。

定義 Retailer 介面

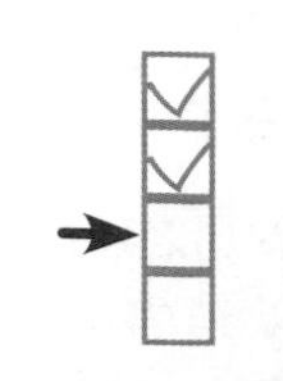

我們必須指出 Retailer 介面使用泛型型態 T，並且將它設成 sell 函式的回傳型態。

這是介面的程式：

```
interface Retailer<T> {
    fun sell(): T
}
```

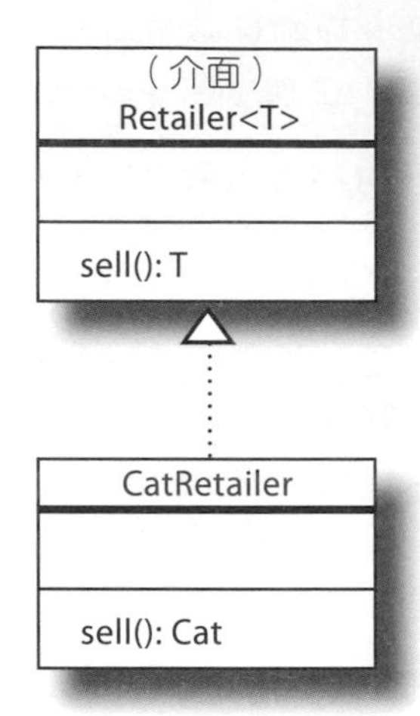

CatRetailer、DogRetailer 與 FishRetailer 類別必須實作 Retailer 介面，指定各個類別處理的物件型態。例如，CatRetailer 類別只處理 Cat，所以我們用這段程式定義它：

```
class CatRetailer : Retailer<Cat> {
    override fun sell(): Cat {
        println("Sell Cat")
        return Cat("")
    }
}
```

CatRetailer 類別實作 Retailer 介面，所以它處理 Cat。這代表 sell() 函式必須回傳 Cat。

類似的情況，DogRetailer 類別處理 Dog，所以我們可以這樣定義它：

```
class DogRetailer : Retailer<Dog> {
    override fun sell(): Dog {
        println("Sell Dog")
        return Dog("")
    }
}
```

DogRetailer 將 Retailer 的泛型型態換成 Dog，所以它的 sell() 函式必須回傳 Dog。

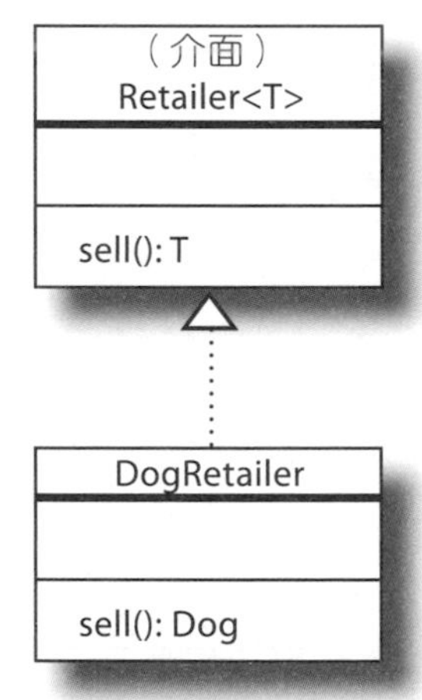

每一個 Retailer 介面的實作，都必須將介面定義的 “T” 換成真正的型態，來指定它處理的物件型態。例如，CatRetailer 實作將 “T” 換成 “Cat”，所以它的 sell 函式必須回傳 Cat。如果你試著將不是 Cat（或 Cat 的子型態）的東西設成 sell 的回傳型態，程式將無法編譯：

```
class CatRetailer : Retailer<Cat> {
    override fun sell(): Dog = Dog("")
}
```

這段程式無法編譯，因為 CatRetailer 的 sell() 函式必須回傳 Cat，但 Dog 不是 Cat 型態。

因此，使用泛型代表你可以限制類別如何使用它的型態，讓程式更一致且穩健。

寫好零售商的程式之後，我們來建立一些物件。

我們可以建立 CatRetailer、DogRetailer 與 FishRetailer 物件…

寵物
競賽
零售商
獸醫

你可能已經猜到了，你可以建立 CatRetailer、DogRetailer 或 FishRetailer 物件，並明確地宣告變數的型態，將它指派給該變數，或是讓編譯器從變數被指派的值來判斷型態。下面的程式使用這些技術來建立兩個 CatRetailer 變數，並且指派 CatRetailer 物件給它們：

```
val catRetailer1 = CatRetailer()
val catRetailer2: CatRetailer = CatRetailer()
```

…但是多型呢？

因為 CatRetailer、DogRetailer 與 FishRetailer 都實作 Retailer 介面，我們應該可以建立 Retailer 型態的變數（使用相容的型態參數），並且將它的其中一個子型態指派給它，也就是說，我們可以將 CatRetailer 物件指派給 Retailer<Cat> 變數，或是將 DogRetailer 指派給 Retailer<Dog>：

```
val dogRetailer: Retailer<Dog> = DogRetailer()
val catRetailer: Retailer<Cat> = CatRetailer()
```

這幾行是合法的，因為 DogRetailer 實作 Retailer<Dog>，而且 CatRetailer 實作 Retailer<Cat>。

但是如果我們試著將這些物件的其中一個指派給 Retailer<Pet>，程式將無法編譯：

```
val petRetailer: Retailer<Pet> = CatRetailer()
```

這段程式無法編譯，雖然 CatRetailer 是 Retailer<Cat>，且 Cat 是 Pet 的子型態。

雖然 CatRetailer 是一種 Retailer 型態，而且 Cat 是一種 Pet 型態，但目前的程式不允許我們將 Retailer<Cat> 物件指派給 Retailer<Pet> 變數。Retailer<Pet> 變數只接受 Retailer<Pet> 物件。不接受 Retailer<Cat>，也不接受 Retailer<Dog>，只接受 Retailer<Pet>。

這種行為看起來徹底違反多型。但是，好消息是，**我們可以在 Retailer 介面調整泛型型態，來控制 Retailer<Pet> 變數可以接受哪些型態的物件。**

使用 out 來讓泛型型態協變

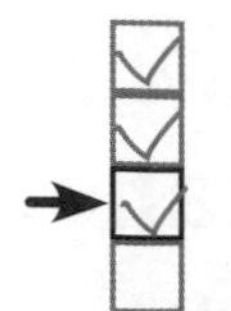

寵物
競賽
零售商
獸醫

如果你希望能夠在使用泛型超型態物件的地方使用泛型子型態物件，可以在泛型型態前面加上 **out**。在例子中，我們希望將 Retailer<Cat>（子型態）指派給 Retailer<Pet>（超型態），所以在 Retailer 介面的泛型型態 T 前面加上 out：

```
interface Retailer<out T> {
    fun sell(): T
}
```

這是 out 前綴詞。

如果泛型型態是協變的，你可以用子型態來取代超型態。

當泛型型態前面有 out 時，那個泛型型態就是**協變的（covariant）**。換句話說，它代表子型態可以取代超型態。

進行上述的修改，代表現在你可以將處理 Pet 子型態的 Retailer 物件指派給 Retailer<Pet> 變數了。例如，現在這段程式可以編譯了：

```
val petRetailer: Retailer<Pet> = CatRetailer()
```

在 Retailer 介面裡面使用 out 前綴詞之後，我們就可以將 Retailer<Cat> 指派給 Retailer<Pet> 變數了。

一般來說，如果類別有函式將泛型型態當成回傳型態，或類別有泛型型態的 val 屬性，你就可以在那個泛型型態前面加上 out。但是，如果類別有函式參數是那個泛型型態，或是有那個泛型型態的 var 屬性，你就不能使用 out。

另一種思考方式是，前面加上 out 的泛型型態只能用在 "out"（離開的）位置，例如函式回傳型態。但是，它不能用在 "in"（進入的）位置，所以函式不能接收協變型態的參數值。

集合是用協變型態定義的

out 前綴詞並非只能在你自己定義的泛型類別或介面中使用。Kotlin 的內建程式也重度使用它們，例如集合。

譬如說，List 集合是用這段程式定義的：

```
public interface List<out E> ... { ... }
```

這代表你可以將一個 Cat List 指派給一個 Pet List，程式可以編譯：

```
val catList: List<Cat> = listOf(Cat(""), Cat(""))
val petList: List<Pet> = catList
```

知道如何使用 out 來讓泛型型態協變之後，我們要將寫好的程式加入專案。

修改 Generics 專案

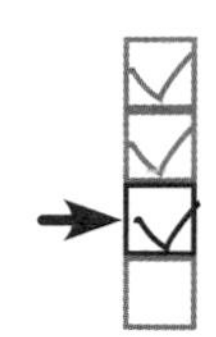

根據下面的程式來修改 Generics 專案的 *Pets.kt*（粗體代表修改處）：

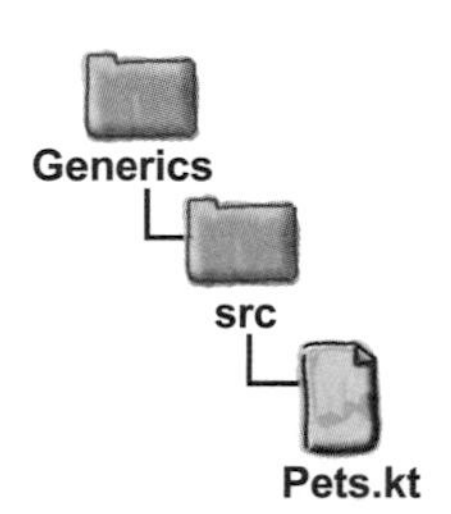


```
abstract class Pet(var name: String)
class Cat(name: String) : Pet(name)
class Dog(name: String) : Pet(name)
class Fish(name: String) : Pet(name)

class Contest<T: Pet> {
    val scores: MutableMap<T, Int> = mutableMapOf()

    fun addScore(t: T, score: Int = 0) {
        if (score >= 0) scores.put(t, score)
    }

    fun getWinners(): MutableSet<T> {
        val winners: MutableSet<T> = mutableSetOf()
        val highScore = scores.values.max()
        for ((t, score) in scores) {
            if (score == highScore) winners.add(t)
        }
        return winners
    }
}
```

加入 Retailer 介面。

```
interface Retailer<out T> {
    fun sell(): T
}

class CatRetailer : Retailer<Cat> {
    override fun sell(): Cat {
        println("Sell Cat")
        return Cat("")
    }
}

class DogRetailer : Retailer<Dog> {
    override fun sell(): Dog {
        println("Sell Dog")
        return Dog("")
    }
}
```

加入 CatRetailer 與 DogRetailer 類別。

下一頁還有程式。

程式還沒結束…

寵物
競賽
零售商
獸醫

```
class FishRetailer : Retailer<Fish> {
    override fun sell(): Fish {
        println("Sell Fish")
        return Fish("")
    }
}

fun main(args: Array<String>) {
    val catFuzz = Cat("Fuzz Lightyear")
    val catKatsu = Cat("Katsu")
    val fishFinny = Fish("Finny McGraw")

    val catContest = Contest<Cat>()
    catContest.addScore(catFuzz, 50)
    catContest.addScore(catKatsu, 45)
    val topCat = catContest.getWinners().first()
    println("Cat contest winner is ${topCat.name}")

    val petContest = Contest<Pet>()
    petContest.addScore(catFuzz, 50)
    petContest.addScore(fishFinny, 56)
    val topPet = petContest.getWinners().first()
    println("Pet contest winner is ${topPet.name}")

    val dogRetailer: Retailer<Dog> = DogRetailer()
    val catRetailer: Retailer<Cat> = CatRetailer()
    val petRetailer: Retailer<Pet> = CatRetailer()
    petRetailer.sell()
}
```

加入 FishRetailer 類別。

建立一些 Retailer 物件。

Generics
src
Pets.kt

測試

執行程式時，IDE 的輸出視窗會顯示下面的文字：

Cat contest winner is Fuzz Lightyear
Pet contest winner is Finny McGraw
Sell Cat

知道如何使用 out 來讓泛型型態協變之後，做一下接下來的練習吧！

我是編譯器

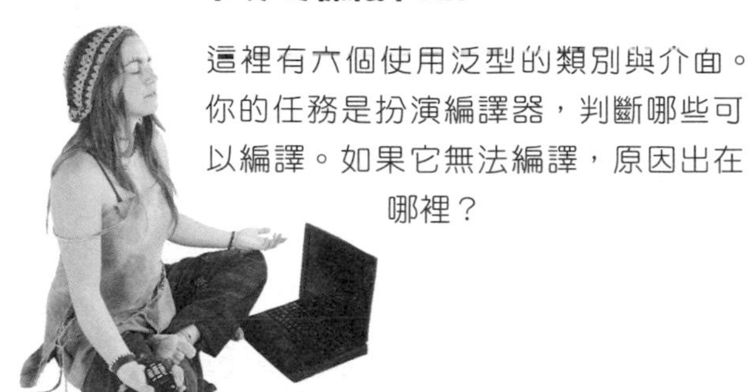

這裡有六個使用泛型的類別與介面。你的任務是扮演編譯器，判斷哪些可以編譯。如果它無法編譯，原因出在哪裡？

A

```
interface A<out T> {
    fun myFunction(t: T)
}
```

B

```
interface B<out T> {
    val x: T
    fun myFunction(): T
}
```

C

```
interface C<out T> {
    var y: T
    fun myFunction(): T
}
```

D

```
interface D<out T> {
    fun myFunction(str: String): T
}
```

E

```
abstract class E<out T>(t: T) {
    val x = t
}
```

我是編譯器解答

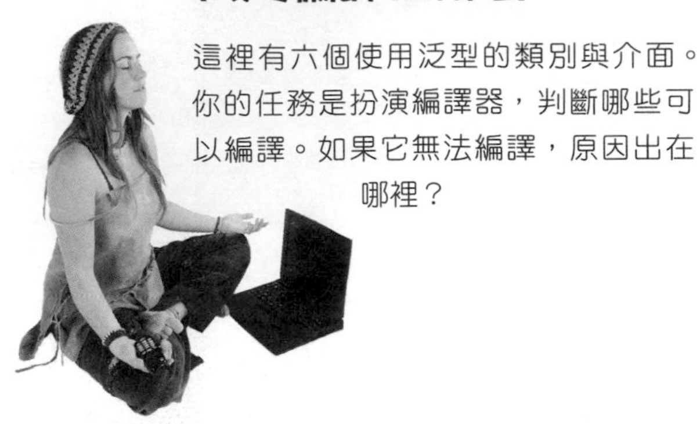

這裡有六個使用泛型的類別與介面。你的任務是扮演編譯器，判斷哪些可以編譯。如果它無法編譯，原因出在哪裡？

A

```
interface A<out T> {
    fun myFunction(t: T)
}
```

這段程式無法編譯，因為協變型態 T 不能當成函式參數來使用。

B

```
interface B<out T> {
    val x: T
    fun myFunction(): T
}
```

這段程式可以成功編譯。

C

```
interface C<out T> {
    var y: T
    fun myFunction(): T
}
```

這段程式無法編譯，因為協變型態 T 不能當成 *var* 屬性的型態來使用。

D

```
interface D<out T> {
    fun myFunction(str: String): T
}
```

這段程式可以成功編譯。

E

```
abstract class E<out T>(t: T) {
    val x = t
}
```

這段程式可以成功編譯。

我們需要 Vet 類別

本章稍早談過，我們想要幫每一場競賽指派一位獸醫，以防參賽者出現醫療緊急狀況。因為每一位獸醫擅長治療的寵物種類各不相同，我們使用泛型型態 T 來建立一個 Vet 類別，並且讓它有一個接收這個型態的引數的 treat 函式。我們也指出 T 的型態必須是 Pet，這樣你就無法做出治療 Planet 或 Broccoli 物件的 Vet 了。

這是 Vet 類別

```
class Vet<T: Pet> {
    fun treat(t: T) {
        println("Treat Pet ${t.name}")
    }
}
```

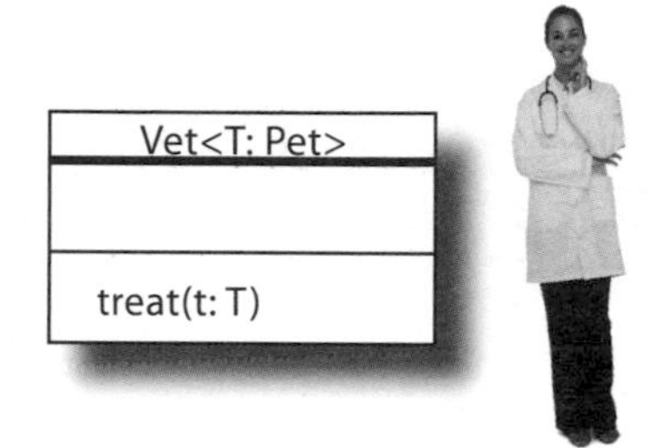

接下來修改 Contest 類別，讓它接收 Vet。

將 Vet 指派給 Contest

我們想要讓每一個 Contest 都有一個 Vet，所以在 Contest 建構式加入一個 Vet 屬性。這是修改後的 Contest 程式：

我們將 Vet<T> 加入 Contest 建構式，這樣你就無法做出沒有指定 Vet 的 Contest 了。

```
class Contest<T: Pet>(var vet: Vet<T>) {
    val scores: MutableMap<T, Int> = mutableMapOf()

    fun addScore(t: T, score: Int = 0) {
        if (score >= 0) scores.put(t, score)
    }

    fun getWinners(): MutableSet<T> {
        val winners: MutableSet<T> = mutableSetOf()
        val highScore = scores.values.max()
        for ((t, score) in scores) {
            if (score == highScore) winners.add(t)
        }
        return winners
    }
}
```

我們來建立一些 Vet 物件，並將它們指派給 Contest。

建立 Vet 物件

☑ 寵物
☑ 競賽
☑ 零售商
→ ☐ **獸醫**

我們可以像建立 Contest 物件一樣建立 Vet 物件：指定各個 Vet 物件應該處理的物件型態。例如，下面的程式建立三個物件，分別是 Vet<Cat>、Vet<Fish> 與 Vet<Pet>：

```
val catVet = Vet<Cat>()
val fishVet = Vet<Fish>()
val petVet = Vet<Pet>()
```

每一個 Vet 都可以處理特定型態的 Pet。例如，Vet<Cat> 可以處理 Cat，Vet<Pet> 可以處理 Pet，包括 Cat 與 Fish。但是，Vet<Cat> 無法處理不是 Cat 的東西，例如 Fish：

```
catVet.treat(Cat("Fuzz Lightyear"))
petVet.treat(Cat("Katsu"))
petVet.treat(Fish("Finny McGraw"))
catVet.treat(Fish("Finny McGraw"))
```

> Vet<Cat> 與 Vet<Pet> 都可處理 Cat。
> Vet<Pet> 可以處理 Fish。
> 這一行無法編譯，因為 Vet<Cat> 無法處理 Fish。

我們來看一下，傳遞 Vet 給 Contest 會發生什麼事。

傳送 Vet 給 Contest 建構式

Contest 類別有一個參數，Vet，它必須能夠處理該 Contest 負責處理 Pet 型態。這代表我們可以傳遞 Vet<Cat> 給 Contest<Cat>，以及傳遞 Vet<Pet> 給 Contest<Pet>，就像這樣：

```
val catContest = Contest<Cat>(catVet)
val petContest = Contest<Pet>(petVet)
```

但問題來了。Vet<Pet> 可以處理各種型態的 Pet，包括 Cat，但是**我們不能將 Vet<Pet> 指派給 Contest<Cat>，否則程式無法編譯**：

```
val catContest = Contest<Cat>(petVet)
```

> 即使 Vet<Pet> 可以處理 Cat，Contest<Cat> 也無法接收 Vet<Pet>，所以這一行無法編譯。

該如何處理這種情況？

使用 in 來讓泛型型態反變

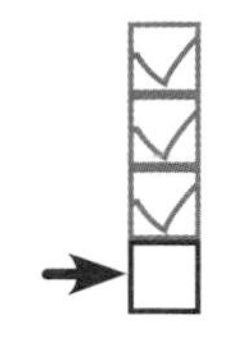

在例子中，我們希望能夠將 Pet<Vet> 取代 Contest<Cat> 傳給 Contest<Cat>。換句話說，我們希望能夠使用泛型的超型態來取代泛型的子型態。

在這種情況下，我們可以在 Vet 類別使用的泛型型態前面加上 **in**。in 是 out 的相反。out 可讓你使用泛型子型態來取代超型態（例如將 Retailer<Cat> 指派給 Retailer<Pet>），而 in 可讓你使用泛型超型態來取代子型態。所以在 Vet 類別泛型型態前面加上 in：

這是 in 前綴詞。

```
class Vet<in T: Pet> {
    fun treat(t: T) {
        println("Treat Pet ${t.name}")
    }
}
```

當泛型型態是反變的，你就可以用超型態來取代子型態。它是協變的相反。

代表我們可以用 Vet<Pet> 來取代 Vet<Cat>。現在這段程式可以編譯了：

```
val catContest = Contest<Cat>(Vet<Pet>())
```

Vet 類別裡面的 in 前綴詞代表我們現在可以使用 Vet<Pet> 來取代 Vet<Cat> 了，所以這段程式現在可以編譯。

當我們在泛型型態前面加上 in 時，那個泛型型態就是**反變的（contravariant）**。換句話說，它代表你可以用超型態來取代子型態。

一般來說，如果類別或函式將類別或介面泛型型態當成參數型態來使用，你就可以在它前面加上 in。但是，如果類別函式將那個型態當成回傳型態，或是每一個屬性都使用那個型態，無論它們是用 val 或 var 來定義的，你就不能使用 in。

換句話說，前綴 "in" 的泛型型態只能在 "in"（進入的）的位置使用，例如函式參數值。它不能在 "out"（離開的）位置使用。

Vet<Cat> 非得接收 Vet<Pet> 嗎？

在類別或介面泛型型態前面加上 in 之前，你要先考慮是否要讓泛型子型態在各種情況下都接收泛型超型態。舉例來說，它可讓你將 Vet<Pet> 物件指派給 Vet<Cat> 變數，你不一定希望看到這種事情。

```
val catVet: Vet<Cat> = Vet<Pet>()
```

這一行可以編譯，因為 Vet 類別在 T 的前面使用 in。

好消息是，當你遇到這種情況時，可以自訂泛型時反變時的情況。
我們來看一下怎麼做。

泛型型態可以區域性反變

寵物
競賽
零售商
獸醫

如你所見，在類別或介面宣告式裡面的泛型型態前面加上 in 可讓泛型型態全域性地反變。但是，你也可以將這個行為限制為特定屬性或函式。

例如，假設我們想用 Vet<Pet> 參考來取代 Vet<Cat>，但只在它被傳入 Contest<Cat> 的建構式的時候如此。我們可以移除 Vet 類別裡面的泛型型態的前綴詞，並將它加入 Contest 建構式的 vet 屬性。

當泛型型態沒有 in 或 out 前綴詞時，我們說這個型態是不變的（invariant）。不變型態只能接收特定型態的參考。

就像這樣：

移除 Vet 類別的 in 前綴詞…

```
class Vet<in T: Pet> {
    fun treat(t: T) {
        println("Treat Pet ${t.name}")
    }
}
class Contest<T: Pet>(var vet: Vet<in T>) {
    ...
}
```

…並將它加到 Contest 建構式。這代表 T 是反變的，但只在 Contest 建構式裡面。

這項改變意味著你仍然可以像這樣傳送 Vet<Pet> 給 Contest<Cat>：

```
val catContest = Contest<Cat>(Vet<Pet>())
```

這一行可編譯，因為你可以在 Contest<Cat> 建構式裡面，用 Vet<Pet> 取代 Vet<Cat>。

但是，編譯器不讓你將 Vet<Pet> 物件指派給 Vet<Cat> 變數，因為 Vet 的泛型型態不是全域性地反變：

```
val catVet: Vet<Cat> = Vet<Pet>()
```

但是，這一行無法編譯，因為你不能全域性地用 Vet<Pet> 取代 Vet<Cat>。

知道如何使用反變之後，我們將 Vet 程式加入 Generics 專案。

修改 Generics 專案

寵物
競賽
零售商
獸醫

根據下面的程式來修改 Generics 專案的 *Pets.kt*（粗體代表修改處）：

Generics
src
Pets.kt

```
abstract class Pet(var name: String)
class Cat(name: String) : Pet(name)
class Dog(name: String) : Pet(name)
class Fish(name: String) : Pet(name)

class Vet<T: Pet> {          ← 加入 Vet 類別。
    fun treat(t: T) {
        println("Treat Pet ${t.name}")
    }
}
                                     ← 為 Contest 類別加入建構式。
class Contest<T: Pet>(var vet: Vet<in T>) {
    val scores: MutableMap<T, Int> = mutableMapOf()

    fun addScore(t: T, score: Int = 0) {
        if (score >= 0) scores.put(t, score)
    }

    fun getWinners(): MutableSet<T> {
        val winners: MutableSet<T> = mutableSetOf()
        val highScore = scores.values.max()
        for ((t, score) in scores) {
            if (score == highScore) winners.add(t)
        }
        return winners
    }
}

interface Retailer<out T> {
    fun sell(): T
}

class CatRetailer : Retailer<Cat> {
    override fun sell(): Cat {
        println("Sell Cat")
        return Cat("")
    }
}
```

下一頁還有程式。→

程式還沒結束…

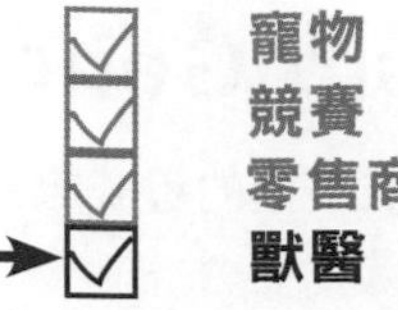


```
class DogRetailer : Retailer<Dog> {
    override fun sell(): Dog {
        println("Sell Dog")
        return Dog("")
    }
}

class FishRetailer : Retailer<Fish> {
    override fun sell(): Fish {
        println("Sell Fish")
        return Fish("")
    }
}

fun main(args: Array<String>) {
    val catFuzz = Cat("Fuzz Lightyear")
    val catKatsu = Cat("Katsu")
    val fishFinny = Fish("Finny McGraw")

    val catVet = Vet<Cat>()
    val fishVet = Vet<Fish>()
    val petVet = Vet<Pet>()

    catVet.treat(catFuzz)
    petVet.treat(catKatsu)
    petVet.treat(fishFinny)

    val catContest = Contest<Cat>(catVet)
    catContest.addScore(catFuzz, 50)
    catContest.addScore(catKatsu, 45)
    val topCat = catContest.getWinners().first()
    println("Cat contest winner is ${topCat.name}")
```

Generics
src
Pets.kt

建立一些 Vet 物件。

讓 Vet 治療一些 Pet。

將 Vet<Cat> 指派給 Contest<Cat>。

下一頁還有程式。

程式還沒結束…

寵物
競賽
零售商
獸醫

Generics
src
Pets.kt

將 Vet<Pet> 指派給 Contest<Pet>。

```
    val petContest = Contest<Pet>(petVet)
    petContest.addScore(catFuzz, 50)
    petContest.addScore(fishFinny, 56)
    val topPet = petContest.getWinners().first()
    println("Pet contest winner is ${topPet.name}")

    val fishContest = Contest<Fish>(petVet)

    val dogRetailer: Retailer<Dog> = DogRetailer()
    val catRetailer: Retailer<Cat> = CatRetailer()
    val petRetailer: Retailer<Pet> = CatRetailer()
    petRetailer.sell()
}
```

將 Vet<Pet> 指派給 Contest<Fish>。

測試

當我們執行程式時，IDE 的輸出視窗會顯示下面的文字：

```
Treat Pet Fuzz Lightyear
Treat Pet Katsu
Treat Pet Finny McGraw
Cat contest winner is Fuzz Lightyear
Pet contest winner is Finny McGraw
Sell Cat
```

問：**我不能直接將 Contest 的 vet 屬性改成 Vet<Pet> 嗎？**

答：不行，這代表 vet 屬性只能接受 Vet<Pet>。而且，雖然你可以這樣子讓 vet 屬性區域性協變：

```
var vet: Vet<out Pet>
```

但這也代表你可能會將 Vet<Fish> 指派給 Contest<Cat>，這不是件好事。

問：**Kotlin 處理泛型的做法看起來與 Java 不同，是嗎？**

答：是的。在 Java，泛型型態一定是不變的，但是你可以用萬用符號（wildcard）來迴避一些它產生的問題。但是 Kotlin 提供更精密的控制機制，可以讓泛型型態是協變的、反變的，或是不變的。

我是編譯器

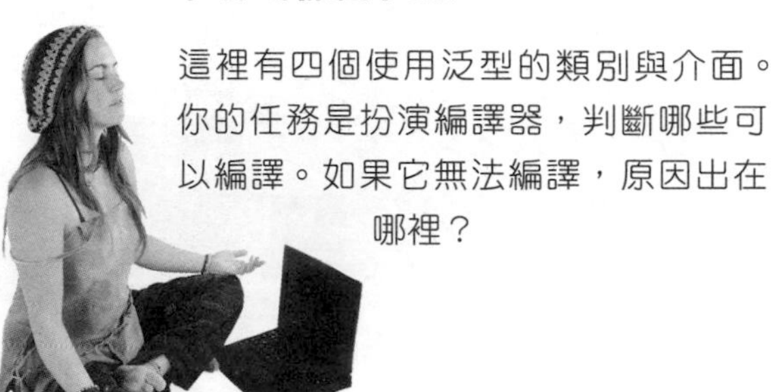

這裡有四個使用泛型的類別與介面。你的任務是扮演編譯器，判斷哪些可以編譯。如果它無法編譯，原因出在哪裡？

A

```
class A<in T>(t: T) {
    fun myFunction(t: T) { }
}
```

B

```
class B<in T>(t: T) {
    val x = t
    fun myFunction(t: T) { }
}
```

C

```
abstract class C<in T> {
    fun myFunction(): T { }
}
```

D

```
class E<in T>(t: T) {
    var y = t
    fun myFunction(t: T) { }
}
```

答案在第 322 頁。

這是完整的 Kotlin 檔案內容。但是，這段程式無法編譯。哪幾行無法編譯？你要怎樣修改類別與介面的定義，才能讓它們可以編譯？

注意：你不需要修改 main 函式。

```
//Food 型態
open class Food

class VeganFood: Food()

//Sellers
interface Seller<T>

class FoodSeller: Seller<Food>

class VeganFoodSeller: Seller<VeganFood>

//Consumers
interface Consumer<T>

class Person: Consumer<Food>

class Vegan: Consumer<VeganFood>

fun main(args: Array<String>) {
    var foodSeller: Seller<Food>
    foodSeller = FoodSeller()
    foodSeller = VeganFoodSeller()

    var veganFoodConsumer: Consumer<VeganFood>
    veganFoodConsumer = Vegan()
    veganFoodConsumer = Person()
}
```

答案在第 323 頁。

我是編譯器解答

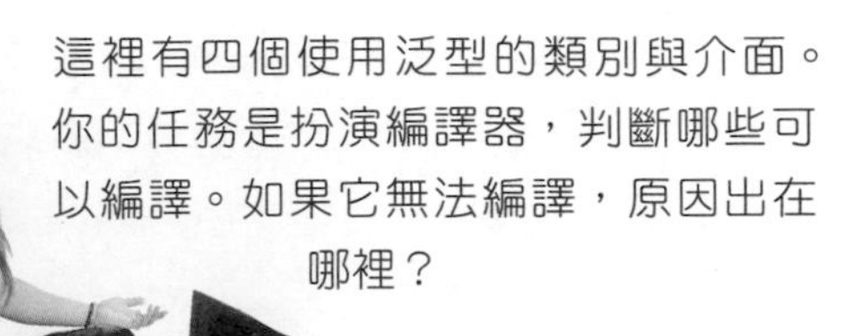

這裡有四個使用泛型的類別與介面。你的任務是扮演編譯器，判斷哪些可以編譯。如果它無法編譯，原因出在哪裡？

A

```
class A<in T>(t: T) {
    fun myFunction(t: T) { }
}
```

這段程式可以成功編譯，因為反變型態 *T* 可以當成建構式或函式的參數型態。

B

```
class B<in T>(t: T) {
    val x = t
    fun myFunction(t: T) { }
}
```

這段程式無法編譯，因為 *T* 不能當成 *val* 屬性的型態。

C

```
abstract class C<in T> {
    fun myFunction(): T { }
}
```

這段程式無法編譯，因為 *T* 不能當成函式的回傳型態。

D

```
class E<in T>(t: T) {
    var y = t
    fun myFunction(t: T) { }
}
```

這段程式無法編譯，因為 *T* 不能當成 *var* 屬性的型態。

削尖你的鉛筆 解答

這是完整的 Kotlin 檔案內容。但是，這段程式無法編譯。哪幾行無法編譯？你要怎樣修改類別與介面的定義，才能讓它們可以編譯？

提示：你不需要修改 main 函式。

```
//Food 型態
open class Food

class VeganFood: Food()

//Sellers
interface Seller<out T>

class FoodSeller: Seller<Food>

class VeganFoodSeller: Seller<VeganFood>

//Consumers
interface Consumer<in T>

class Person: Consumer<Food>

class Vegan: Consumer<VeganFood>

fun main(args: Array<String>) {
    var foodSeller: Seller<Food>
    foodSeller = FoodSeller()
    foodSeller = VeganFoodSeller()

    var veganFoodConsumer: Consumer<VeganFood>
    veganFoodConsumer = Vegan()
    veganFoodConsumer = Person()
}
```

這一行無法編譯，因為它將 Seller<VeganFood> 指派給 Seller<Food>。要讓它可以編譯，我們必須在 Seller 介面裡面的 T 前面加上 out。

這一行無法編譯，因為它將 Consumer<Food> 指派給 Consumer<VeganFood>。要讓它可以編譯，我們必須將 Consumer 介面裡面的 T 前面加上 in。

你的 Kotlin 工具箱

讀完第 10 章之後，你已經將泛型加入工具箱了。

你可以從 https://tinyurl.com/HFKotlin 下載本章的完整程式碼。

重點提示

- 泛型可讓你寫出型態安全且一致的程式。MutableList 等集合都使用泛型。
- 泛型型態是在角括號 <> 裡面定義的，例如：

```
class Contest<T>
```

- 你可以將泛型型態限制成特定的超型態，例如：

```
class Contest<T: Pet>
```

- 你可以在角括號裡面指定“真正的”型態，來建立使用泛型型態的類別實例，例如：

```
Contest<Cat>
```

- 可行的話，編譯器會判斷泛型型態。
- 你可以在類別宣告式外面定義一個使用泛型型態的函式，或使用不同泛型型態的函式，例如：

```
fun <T> listPet(): List<T>{
    ...
}
```

- 如果泛型型態只接受該特定型態的參考，它是不變的。在預設情況下，泛型型態是不變的。
- 如果你可以用子型態來取代超型態，泛型型態就是協變的。你可以在型態前面加上 out 來指定它是協變的。
- 如果你可以用超型態來取代子型態，泛型型態就是反變的。你可以在型態前面加上 in 來指定它是反變的。

11 *lambda* 與高階函式

把程式碼當成資料來處理

想要寫出更強大、更靈活的程式嗎？

若是如此，你就要使用 **lambda**。*lambda*（或 *lambda* 運算式）是可以像物件一樣到處傳遞的一段程式碼。這一章會介紹**如何定義 *lambda*、將它指派給變數**，以及**執行它的程式**。你也會學到**函式型態**，以及它們如何協助你寫出**高階函式**，將 lambda 當成它們的參數或回傳值來使用。在過程中，我們也會教你如何使用一點點**語法糖來讓你的編程生涯更甜蜜**。

lambda 簡介

你已經從本書知道如何使用 Kotlin 的內建函式，以及如何建立自己的函式了。雖然我們已經談了這麼多內容，但它們也只不過是表面而已，Kotlin 有一大堆比目前為止你看過的還要強大的函式，但是你必須先學會一件事情才能使用它們：**如何建立與使用 lambda 運算式**。

lambda 運算式，或 **lambda**，是“保存一段程式碼”的物件。你可以將 lambda 指派給變數，就像指派其他物件一樣，或將 lambda 傳給函式，讓函式執行它裡面的程式碼。也就是說，**你可以利用 lambda，將特定的行為傳給一般性的函式**。

當你處理集合時，lambda 有很大的用處。例如，*collections* 程式包有一個 `sortBy` 函式，它是排序 `MutableList` 的泛型實作，你可以傳遞一個描述規則的 lambda 給那個函式，告訴它如何排序集合。

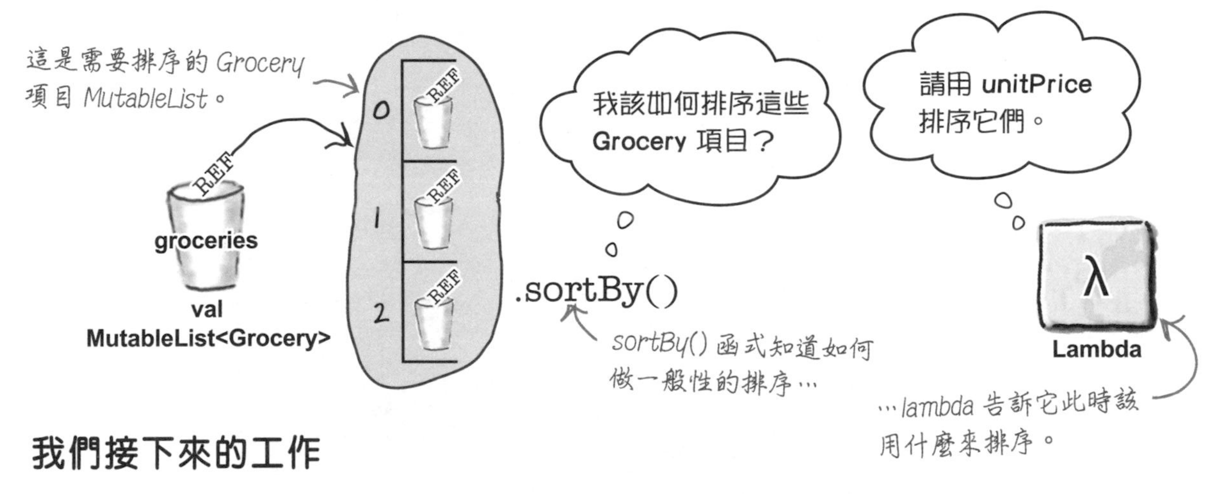

我們接下來的工作

在介紹使用 lambda 的內建函式之前，我們想要先介紹 lambda 的工作原理，所以在這一章，你會學到這些東西：

1. **定義 lambda。**
   你將會知道 lambda 的外觀、如何將它指派給變數、它的型態是什麼，以及如何呼叫它保存的程式。

2. **建立高階函式。**
   你將會知道如何建立一個帶有 lambda 參數的函式，以及如何將 lambda 當成函式的回傳值。

我們先來介紹 lambda 的外觀。

lambda 程式碼長怎樣？

我們要寫一個簡單的 lambda 來將 Int 參數值加 5。這是做這件事的 lambda：

```
{ x: Int -> x + 5 }
```

lambda 的開始括號。

lambda 的結束括號。

lambda 的參數。在此，lambda 必須接收 Int，而且這個 Int 的名稱是 x。

將參數與內文分開。

這是 lambda 的內文。在這裡，內文接收 x，加上 5，並回傳它。

lambda 是以大括號 {} 來開始與結束的。所有的 lambda 都在大括號裡面定義，所以你不能省略它們。

在大括號裡面，lambda 用 x: Int 定義一個名為 x 的 Int 參數。lambda 可以使用一個參數（就像這個例子）、多個參數，或完全不使用參數。

在參數定義的後面有 ->，它的功能是分隔參數與內文。這就像是說 "嘿，參數，做這件事！"。

最後，-> 的後面是 lambda 內文，在此是 x + 5。這是希望在執行 lambda 時執行的程式。你可以在內文加入多行程式，在內文中，最後一個求值的運算式會被當成 lambda 的回傳值。

在上面的例子中，lambda 接收 x 值，並回傳 x + 5。lambda 就像這個函式：

```
fun addFive(x: Int) = x + 5
```

只不過它沒有名稱，所以它們是匿名的。

如前所述，lambda 可以使用多個參數。例如，下面的 lambda 接收兩個 Int 參數 x 與 y，並回傳 x + y 的結果：

```
{ x: Int, y: Int -> x + y }
```

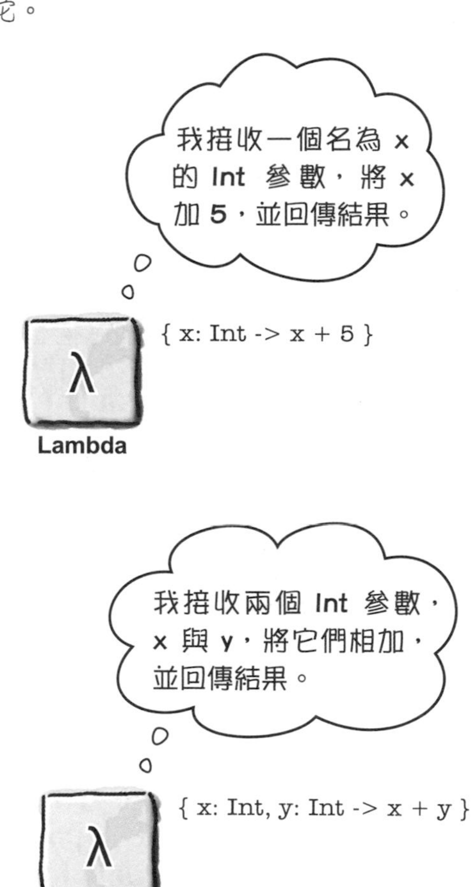

如果 lambda 沒有參數，你可以省略 ->。例如，這段程式沒有參數，只回傳 String "Pow!"：

```
{ "Pow!" }
```

這個 lambda 沒有參數，所以我們可以省略 ->。

知道 lambda 長怎樣之後，我們來看如何將它指派給變數。

你可以將 lambda 指派給變數

將 lambda 指派給變數的方式與將其他物件指派給變數一樣：先用 val 或 var 來定義變數，接著將 lambda 指派給它。例如，下面的程式將 lambda 指派給新變數 addFive：

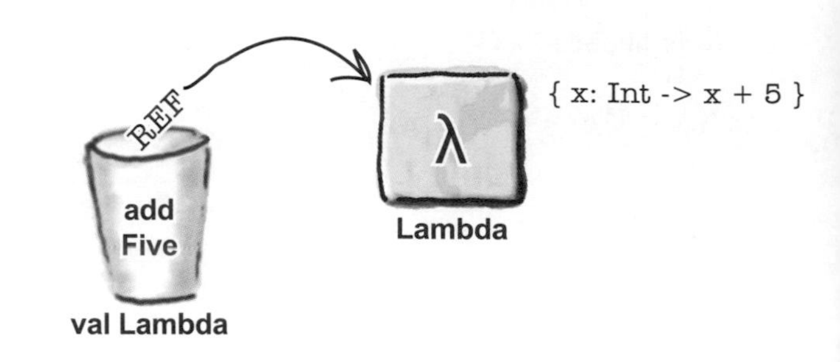


```
val addFive = { x: Int -> x + 5 }
```

我們用 val 來定義 addFive 變數，所以它無法保存其他的 lambda。如果你要更改變數，就要用 var 定義它：

```
var addFive = { x: Int -> x + 5 }
addFive = { y: Int -> 5 + y }
```

我們可以指派新 lambda 給 addFive，因為我們用 var 來定義變數。

當你將 lambda 指派給變數時，就是將一段程式指派給它，而不是程式的執行結果。你必須明確地呼叫 lambda，才能執行它裡面的程式。

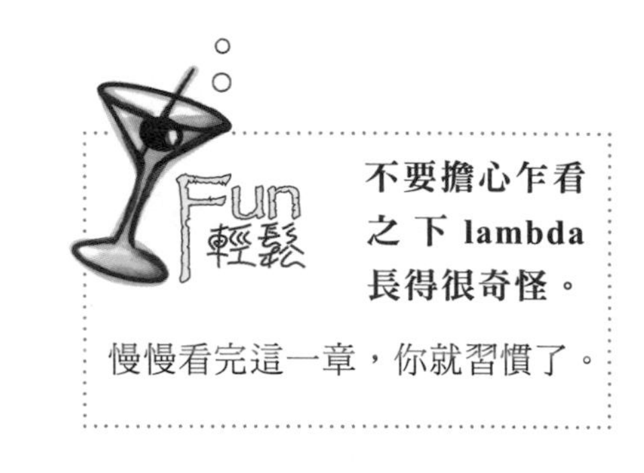

呼叫 lambda 來執行它的程式

要呼叫 lambda，你要呼叫它的 invoke 函式並傳入每一個參數的值。例如，下面的程式定義一個名為 addInts 的變數，並將一個可將兩個 Int 參數相加的 lambda 指派給它，接著呼叫 lambda，傳遞 6 與 7 給它，並將結果指派給 result 變數：

```
val addInts = { x: Int, y: Int -> x + y }
val result = addInts.invoke(6, 7)
```

你也可以用下面的簡捷方式呼叫 lambda：

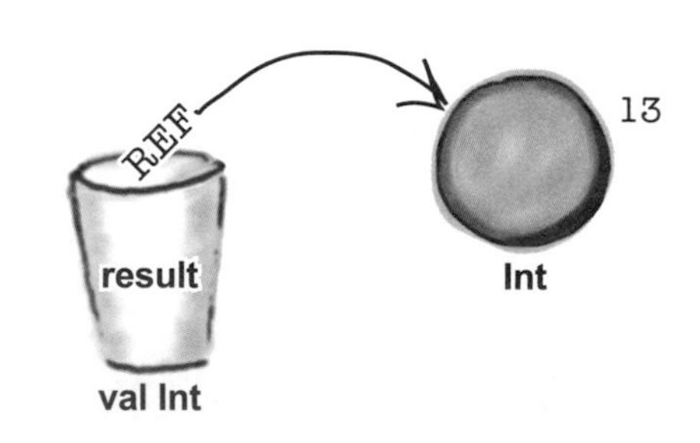


```
val result = addInts(6, 7)
```

它做的事情與這段程式一樣：

```
val result = addInts.invoke(6, 7)
```

但使用較少的程式碼。這就像是說“用參數值 6 與 7 來執行變數 *addInts* 保存的 lambda 運算式”。

我們來看一下當你呼叫 lambda 時，幕後發生什麼事。

當你呼叫 lambda 時，發生什麼事？

當你執行這段程式時：

```
val addInts = { x: Int, y: Int -> x + y }
val result = addInts(6, 7)
```

會發生這些事情：

1 **val addInts = { x: Int, y: Int -> x + y }**

用 `{ x: Int, y: Int -> x + y }` 值建立一個 lambda。並將 lambda 的參考指派給新變數 `addInts`。

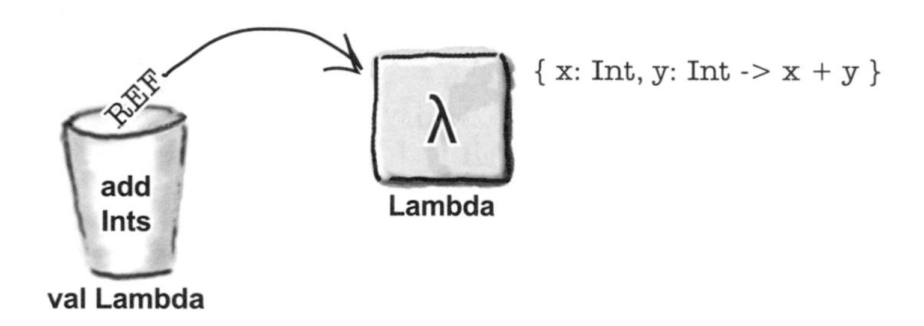

2 val result = **addInts(6, 7)**

呼叫 `addInts` 參考的 lambda，對它傳入 6 與 7，將 6 傳給 lambda 的 `x` 參數，將 7 傳給 lambda 的 `y` 參數。

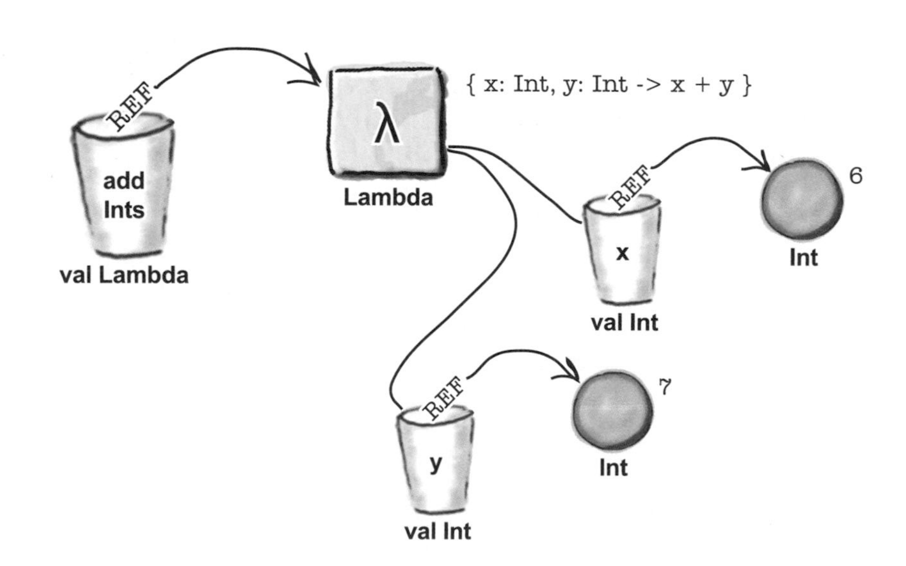

故事還沒結束…

3 val addInts = { x: Int, y: Int -> **x + y** }

執行 lambda 內文，並計算 x + y。lambda 用值 `13` 建立一個 `Int` 物件，並回傳它的參考。

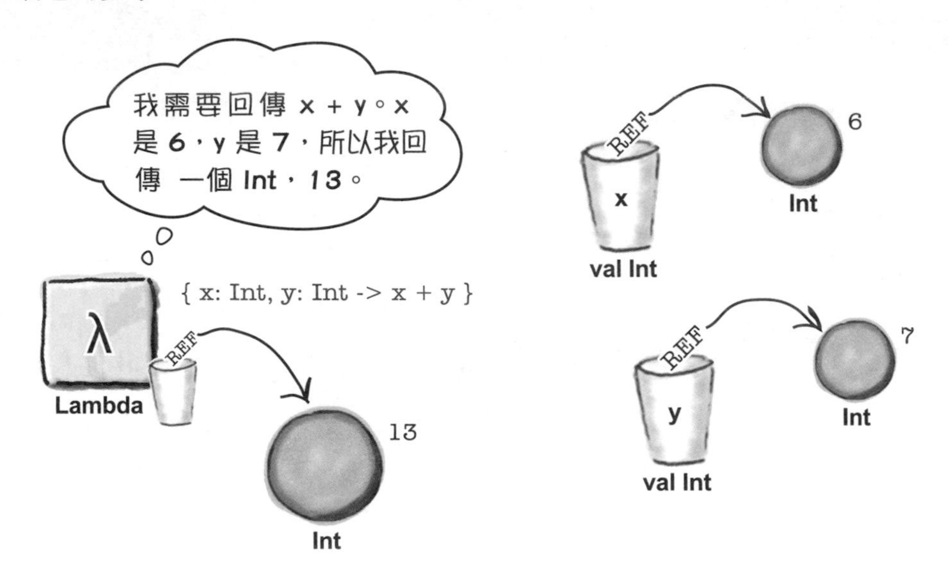

4 **val result =** addInts(6, 7)

將 lambda 回傳的值指派給 `Int` 新變數 `result`。

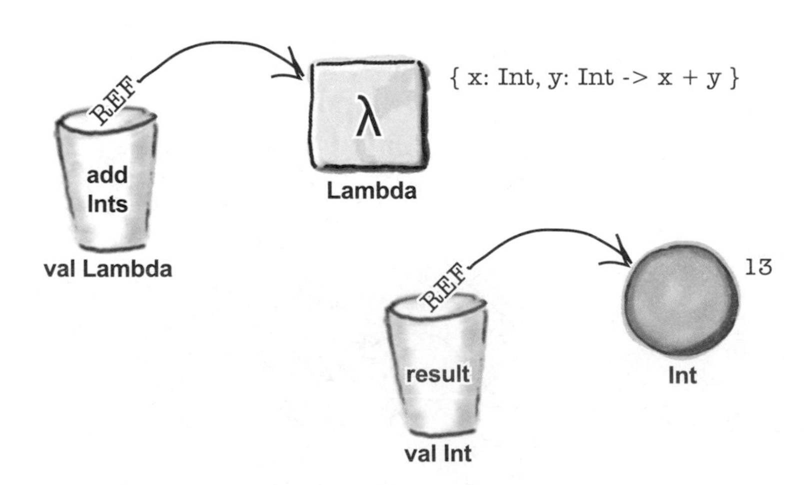

知道呼叫 lambda 會發生什麼事之後，我們來看一下 lambda 型態。

lambda 運算式是有型態的

就像任何其他物件，lambda 也有型態。但是，lambda 型態的差異在於，它代表的是 lambda 的參數與回傳值的型態，而不是 lambda 應該實作的類別名稱。

lambda 的型態也稱為函式型態。

lambda 的型態是這種形式：

```
(parameters) -> return_type
```

所以，如果你的 lambda 接收一個 Int 參數，並回傳一個 String，就像這樣：

```
val msg = { x: Int -> "The value is $x" }
```

它的型態是：

```
(Int) -> String
```

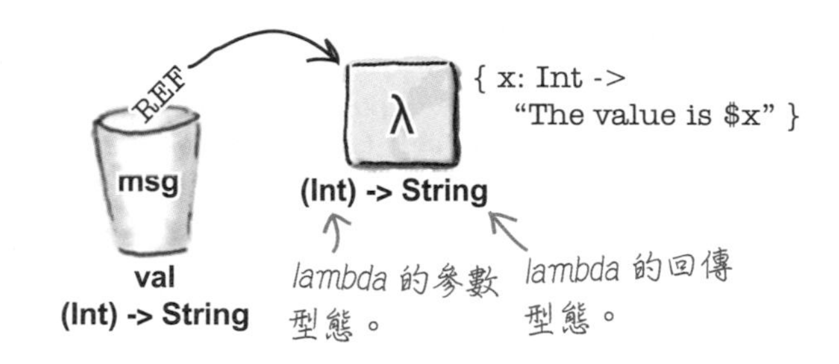

當你將 lambda 指派給變數時，編譯器會從 lambda 判斷變數的型態，就像上面的例子。但是，你也可以明確地定義變數的型態，就像任何其他型態的物件。例如，這段程式定義名為 add 的變數來保存 lambda 的參考，lambda 有兩個 Int 參數，並回傳一個 Int：

```
val add: (Int, Int) -> Int
add = { x: Int, y: Int -> x + y }
```

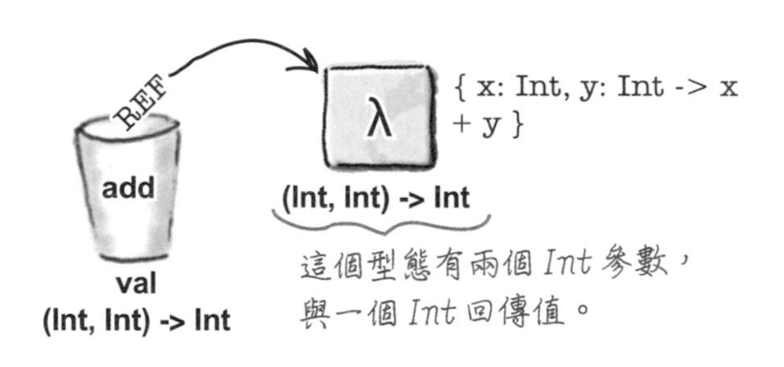

類似的情況，這段程式定義一個名為 greeting 的變數來保存 lambda 的參考，lambda 沒有參數，有一個 String 回傳值：

```
val greeting: () -> String
greeting = { "Hello!" }
```

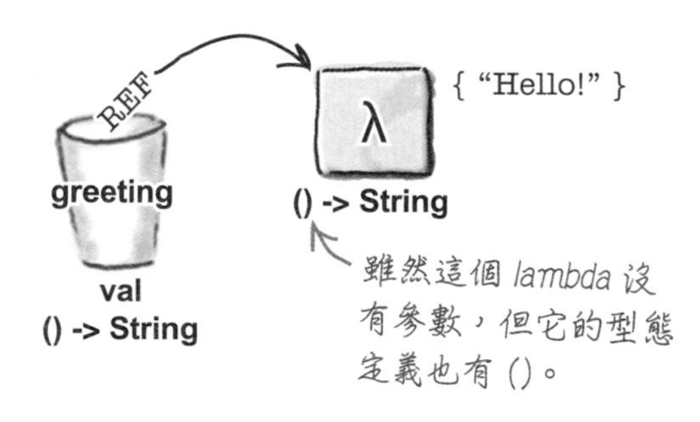

如同任何其他型態的變數宣告式，你可以用一段程式明確地宣告變數的型態，並將值指派給它。也就是說，你可以把上面的程式改寫成：

```
val greeting: () -> String = { "Hello!" }
```

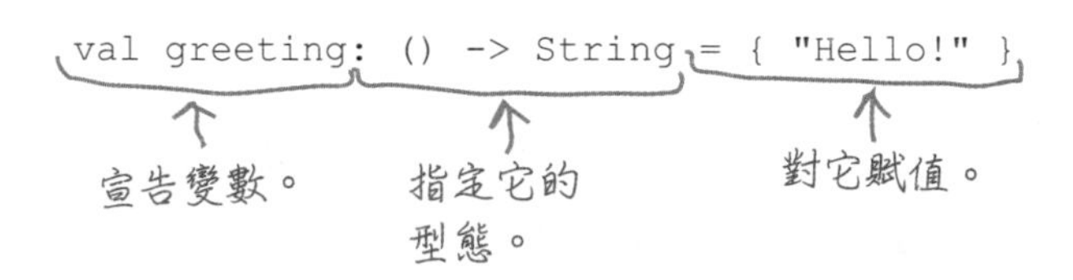

編譯器可以判斷 lambda 參數型態

當你明確地宣告變數的型態時，可以省略 lambda 的任何型態宣告，讓編譯器自行判斷。

假如你有這段程式，它將 lambda 指派給變數 addFive：

```
val addFive: (Int) -> Int = { x: Int -> x + 5 }
```

這個 lambda 將名為 Int 的 x 加 5。

編譯器可以從 addFive 的型態定義知道，它收到的任何 lambda 都必定有個 Int 參數。這代表你可以省略 lambda 參數定義式的 Int 型態宣告，因為編譯器可以判斷它的型態：

```
val addFive: (Int) -> Int = { x -> x + 5 }
```

編譯器知道 x 必定是個 Int，所以我們可以省略它的型態。

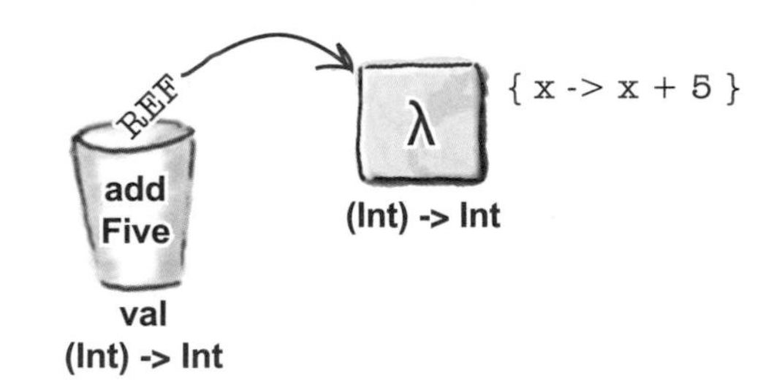

你可以將單一參數換成 it

如果你的 lambda 有一個參數，編譯器可以判斷它的型態，所以你可以省略那個參數，並且在 lambda 內文使用關鍵字 it 來引用它。

為了說明它的工作方式，與上面的例子一樣，假設有一個 lambda 被指派給一個變數：

```
val addFive: (Int) -> Int = { x -> x + 5 }
```

因為 lambda 有單一參數 x，而且編譯器可以判斷那個 x 是個 Int，所以我們可以省略 lambda 的 x 參數，像這樣將 lambda 內文的 x 換成 it：

```
val addFive: (Int) -> Int = { it + 5 }
```

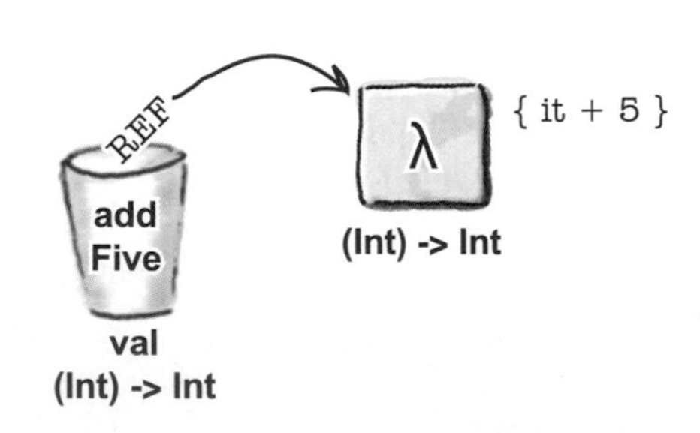

在上面的程式中，`{ it + 5 }` 相當於 `{ x -> x + 5 }`，但是它簡潔多了。

注意，你只能在編譯器可以判斷參數的型態時使用 it 語法。例如，下面的程式無法編譯，因為編譯器無法知道 it 的型態究竟是什麼：

```
val addFive = { it + 5 }
```

這段程式無法編譯，因為編譯器無法判斷它的型態。

讓變數使用型態正確的 lambda

如你所知，編譯器非常在乎變數的型態，無論是 lambda 型態，還是一般的物件型態都是如此，也就是說，編譯器只允許你將 lambda 指派給型態相容的變數。

假如你有一個保存 lambda 參考的變數 `calculation`，那個 lambda 有兩個 `Int` 參數與一個 `Int` 回傳值：

```
val calculation: (Int, Int) -> Int
```

如果你試著將型態不符合 `calculation` 的 lambda 指派給它，編譯器會很不開心。例如，下面的程式無法編譯，因為 lambda 明確地使用 `Double`：

```
calculation = { x: Double, y: Double -> x + y }
```

它無法編譯，因為 calculation 變數只接收有兩個 Int 參數與一個 Int 回傳型態的 lambda。

使用 Unit 來指出 lambda 沒有回傳值

如果你想要指明 lambda 沒有回傳值，可以將它的回傳型態宣告為 `Unit`。例如，這段程式沒有回傳值，而且當你呼叫它時，它會印出文字 “Hi!”。

```
val myLambda: () -> Unit = { println("Hi!") }
```

REF
myLambda
val
() -> Unit
λ
() -> Unit
{ println(“Hi!”) }

你也可以使用 **`Unit`** 來明確地指定你不想要讀取 lambda 的計算結果。例如，下面的程式可以編譯，但是你不能讀取 `x + y` 的結果：

```
val calculation: (Int, Int) -> Unit = { x, y -> x + y }
```

問：`val x = { "Pow!" }` 這段程式會將文字 “Pow!” 指派給 `x` 嗎？

答：不會，這段程式會將 lambda 指派給 `x`，不是 `String`。但是當 lambda 執行時，它會回傳 “Pow!”。

問：我可以將 lambda 指派給型態為 `Any` 的變數嗎？

答：可以。`Any` 變數可以接收任何型態的物件的參考，包括 lambda。

問：`it` 的語法看起來很熟悉，我看過它嗎？

答：有！我們在第 8 章曾經同時使用 `it` 與 `let`。當時沒有讓你知道這件事，因為我們希望把你的注意力放在 null 值上，但是 `let` 其實是一個接收 lambda 參數的函式。

建立 Lambdas 專案

知道怎麼建立 lambda 之後，我們要將它們加入新的應用程式。

建立在 JVM 運行的 Kotlin 專案，將專案命名為 “Lambdas”。接著建立名為 *Lambdas.kt* 的 Kotlin 檔案，方法是點選 *src* 資料夾，按下 File 選單並選擇 New → Kotlin File/Class。將檔名設為 “Lambdas”，再將 Kind 設為 File。

接著將你的 *Lambdas.kt* 改成下面的內容：

```
fun main(args: Array<String>) {
    var addFive = { x: Int -> x + 5 }
    println("Pass 6 to addFive: ${addFive(6)}")

    val addInts = { x: Int, y: Int -> x + y }
    val result = addInts.invoke(6, 7)
    println("Pass 6, 7 to addInts: $result")

    val intLambda: (Int, Int) -> Int = { x, y -> x * y }
    println("Pass 10, 11 to intLambda: ${intLambda(10, 11)}")

    val addSeven: (Int) -> Int = { it + 7 }
    println("Pass 12 to addSeven: ${addSeven(12)}")

    val myLambda: () -> Unit = { println("Hi!") }
    myLambda()
}
```

Lambdas
src
Lambdas.kt

當我們執行程式時， IDE 的輸出視窗會顯示下面的文字：

```
Pass 6 to addFive: 11
Pass 6, 7 to addInts: 13
Pass 10, 11 to intLambda: 110
Pass 12 to addSeven: 19
Hi!
```

連連看

下面有一段簡短的 Kotlin 程式。其中有一段程式不見了。你的任務是將左邊的候選程式放入上面的方塊，並指出執行的結果。有些輸出不會被用到，有些輸出會被使用多次。請將候選程式段落連到它的輸出。

將候選程式放在這裡。

每一段候選程式都有一個它可能產生的輸出，找出它們。

```
fun main(args: Array<String>) {
    val x = 20
    val y = 2.3
    [                    ]
}
```

候選程式：

```
val lam1 = { x: Int -> x }
println(lam1(x + 6))
```

```
val lam2: (Double) -> Double
lam2 = { (it * 2) + 5}
println(lam2(y))
```

```
val lam3: (Double, Double) -> Unit
lam3 = { x, y -> println(x + y) }
lam3.invoke(y, y)
```

```
var lam4 = { y: Int -> (y/2).toDouble() }
print(lam4(x))
lam4 = { it + 6.3 }
print(lam4(7))
```

可能的輸出：

- 22.3
- 26
- 9.6
- 8.3
- 1.1513.3
- 9.3
- 10.013.3
- 4.6

下面有一段簡短的 Kotlin 程式。其中有一段程式不見了。你的任務是將左邊的候選程式放入上面的方塊，並指出執行的結果。有些輸出不會被用到，有些輸出會被使用多次。請將候選程式段落連到它的輸出。

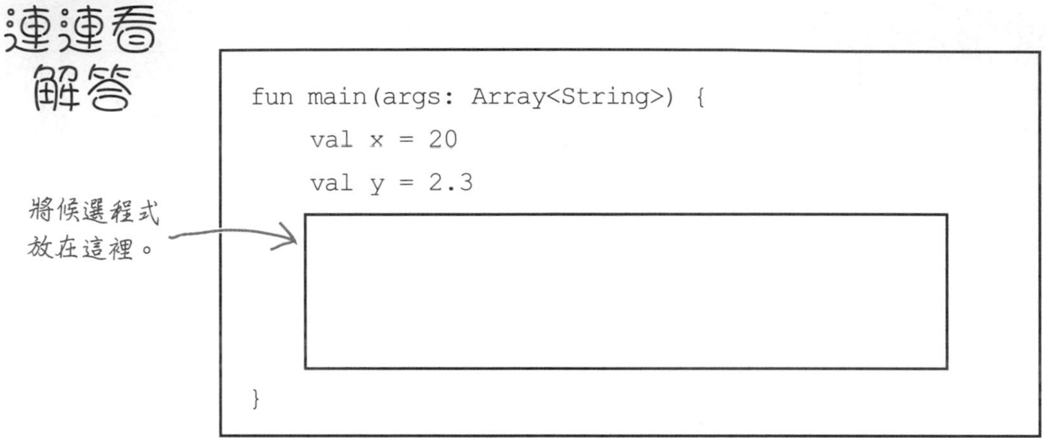


```
fun main(args: Array<String>) {
    val x = 20
    val y = 2.3

}
```

候選程式：

可能的輸出：

```
val lam1 = { x: Int -> x }
println(lam1(x + 6))
```

```
val lam2: (Double) -> Double
lam2 = { (it * 2) + 5}
println(lam2(y))
```

```
val lam3: (Double, Double) -> Unit
lam3 = { x, y -> println(x + y) }
lam3.invoke(y, y)
```

```
var lam4 = { y: Int -> (y/2).toDouble() }
print(lam4(x))
lam4 = { it + 6.3 }
print(lam4(7))
```

```
22.3
```

```
26
```

```
9.6
```

```
8.3
```

```
1.1513.3
```

```
9.3
```

```
10.013.3
```

```
4.6
```

（連線：lam1 → 26；lam2 → 9.6；lam3 → 4.6；lam4 → 10.013.3）

這裡有一些變數定義，以及一些 lambda。哪些 lambda 可以指派給各個變數？將 lambda 與相符的變數連起來。

變數定義：	**Lambdas:**
`var lambda1: (Double) -> Int`	`{ it + 7.1 }`
`var lambda2: (Int) -> Double`	`{ (it * 3) - 4 }`
`var lambda3: (Int) -> Int`	`{ x: Int -> x + 56 }`
`var lambda4: (Double) -> Unit`	`{ println("Hello!") }`
`var lambda5`	`{ x: Double -> x + 75 }`

這裡有一些變數定義，以及一些 lambda。哪些 lambda 可以指派給各個變數？將 lambda 與相符的變數連起來。

變數定義：

```
var lambda1: (Double) -> Int

var lambda2: (Int) -> Double

var lambda3: (Int) -> Int

var lambda4: (Double) -> Unit

var lambda5
```

Lambdas:

```
{ it + 7.1 }

{ (it * 3) - 4 }

{ x: Int -> x + 56 }

{ println("Hello!") }

{ x: Double -> x + 75 }
```

你可以將 lambda 傳給函式

除了將 lambda 指派給變數之外，你也可以讓函式使用一個或多個 lambda 參數。這樣做可讓你**傳遞特定的行為給比較通用性的函式**。

為了瞭解如何運作，我們要寫一個名為 convert 的函式，透過 lambda 接收公式，用公式來轉換一個 Double，印出結果，再回傳它，舉例來說，它可以將攝氏溫度轉換成華式，或將公斤重量轉換成磅，取決於它從 lambda 參數收到什麼東西。

我們先定義函式參數。

使用 lambda 參數或回傳 lambda 值的函式稱為高階（higher-order）函式。

指定 lambda 的名稱與型態，將 lambda 參數加入函式

我們必須告訴 convert 函式兩件事才能讓它將 Double 轉換成另一個 Double：我們想要轉換的 Double，以及指出如何轉換它的 lambda。因此，convert 函式需要兩個參數：一個 Double，與一個 lambda。

定義 lambda 參數的做法與定義任何其他函式參數一樣，你要指定參數的型態，並且給它一個名稱。我們將 lambda 命名為 converter，因為我們希望用這個 lambda 將 Double 轉換成 Double，所以它的型態是 (Double) -> Double（接收一個 Double 參數，並回傳一個 Double 的 lambda）。

這是函式的定義（不包括函式內文）。你可以看到，它指定兩個參數（一個是名為 x 的 Double，另一個是名為 converter 的 lambda），並回傳一個 Double。

這是 x 參數，是個 Double。

```
fun convert(x: Double,
            converter: (Double) -> Double) : Double {
    //轉換 Int 的程式碼
}
```

這是名為 converter 的 lambda 參數。它的型態是 (Double) -> Double。

這個函式回傳 Double。

接下來，我們來編寫函式的內文。

在函式內文呼叫 lambda

我們希望讓 convert 函式使用它透過 converter 參數（lambda）收到的公式來轉換 x 參數的值。因此，我們要在函式內文中呼叫 converter lambda，將 x 的值傳給它，接著印出並回傳結果。

這是 convert 函式的完整程式：

```
fun convert(x: Double,
            converter: (Double) -> Double) : Double {
    val result = converter(x)
    println("$x is converted to $result")
    return result
}
```

呼叫名為 converter 的 lambda，並將它的回傳值指派給 result。（指向 val result = converter(x)）

回傳結果。（指向 println 行）

印出結果。（指向 return result）

寫好這個函式之後，我們來試著呼叫它。

呼叫函式並傳入參數值

呼叫有 lambda 參數的函式與呼叫其他函式一樣，你要傳入每一個引數值，在這個例子中，它們就是一個 Double 與一個 lambda。

我們來使用 convert 函式將攝氏 20.0 度轉換成華氏。為此，我們將 20.0 與 { c: Double -> c * 1.8 + 32 } 兩個值傳給函式：

```
convert(20.0, { c: Double -> c * 1.8 + 32 })
```

這是我們想要轉換的值…

…這是我們用來轉換它的 lambda。注意，我們可以用 "it" 來取代 c，因為當 lambda 只有一個參數時，編譯器可以推斷它的型態。

執行程式後，它會回傳 68.0 這個值（將攝氏 20.0 度轉換成華氏的結果）。

接下來，我們到幕後看看程式執行時發生了什麼事情。

當你呼叫函式時，發生什麼事？

當你用這段程式來呼叫 convert 函式時，會發生下面的事情：

```
val fahrenheit = convert(20.0, { c: Double -> c * 1.8 + 32 })
```

1 val fahrenheit = **convert(20.0, { c: Double -> c * 1.8 + 32 })**

建立值為 20.0 的 Double 物件，以及值為 { c: Double -> c * 1.8 + 32 } 的 lambda。

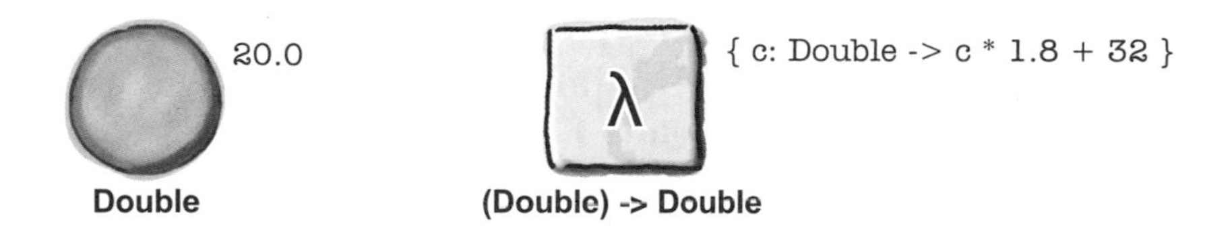

2

```
fun convert(x: Double, converter: (Double) -> Double) : Double {
    val result = converter(x)
    println("$x is converted to $result")
    return result
}
```

程式將它建立的物件的參考傳給 convert 函式。將 Double 傳給 convert 函式的 x 參數，將 lambda 傳給它的 converter 參數。接著將 x 當成 lambda 的參數，呼叫 converter lambda。

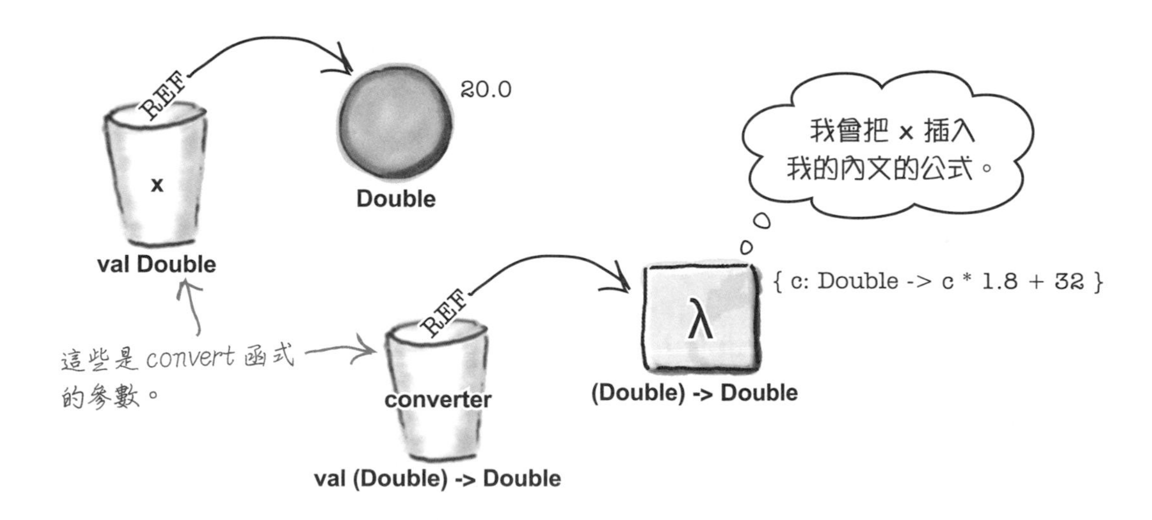

故事還沒結束…

3

```
fun convert(x: Double, converter: (Double) -> Double) : Double {
    val result = converter(x)
    println("$x is converted to $result")
    return result
}
```

執行 lambda 的內文，將結果（值為 68.0 的 Double）指派給新變數 result。函式印出 x 的值與 result 變數，並回傳 result 物件的參考。

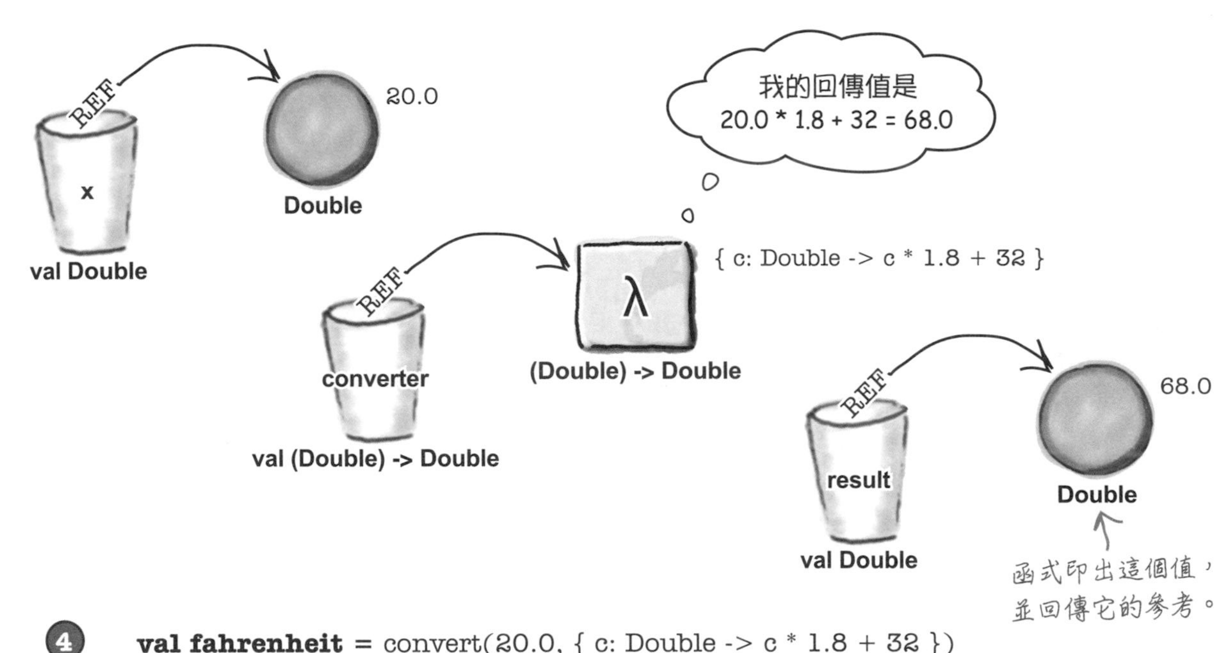

4

```
val fahrenheit = convert(20.0, { c: Double -> c * 1.8 + 32 })
```

建立新的 fahrenheit 變數，將 convert 函式回傳的物件參考指派給它。

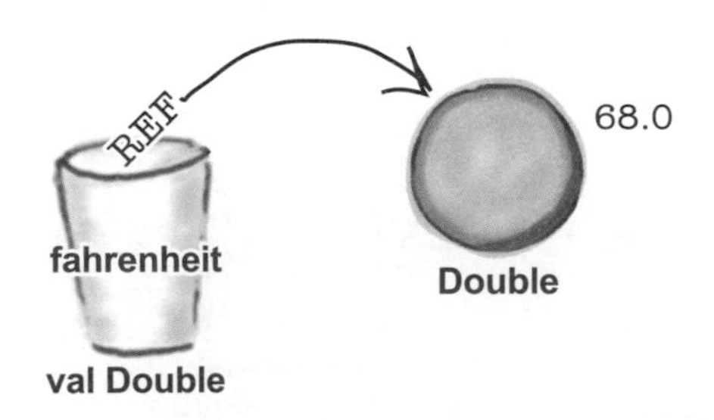

知道呼叫帶有 lambda 參數的函式會發生什麼事情之後，我們來看一下呼叫這種函式時可以使用的簡寫。

你可以將 lambda 移到 () 外面…

現在你已經知道如何在函式的括號裡面傳遞引數，來呼叫有 lambda 參數的函式了。例如，我們用這段程式呼叫 convert 函式：

```
convert(20.0, { c: Double -> c * 1.8 + 32 })
```

如果函式的最後一個參數是 lambda，就像 convert 函式這樣，你可以將 lambda 引數移到函式呼叫式的括號外面。例如，下面的程式做的事情與之前的一樣，但我們將 lambda 移出括號了：

```
convert(20.0) { c: Double -> c * 1.8 + 32 }
```

這是函式的結束括號。

lambda 的結尾不是函式的結束括號了。

…或完全移除 ()

如果你的函式只有一個參數，而且那個參數是 lambda，你可以在呼叫那個函式時，完全省略小括號。

為了說明做法，假設你有這個名為 convertFive 的函式，它可以使用收到的 lambda 轉換公式，將 Int 5 轉換成 Double：

```
fun convertFive(converter: (Int) -> Double) : Double {
    val result = converter(5)
    println("5 is converted to $result")
    return result
}
```

因為 convertFive 函式只有一個參數，lambda，你可以這樣呼叫函式：

```
convertFive { it * 1.8 + 32 }
```

注意這個函式呼叫式沒有小括號。之所以可以如此，是因為函式只有一個參數，而且它是 lambda。

它做的事情與這段程式一樣：

```
convertFive() { it * 1.8 + 32 }
```

但我們移除小括號了。

知道如何編寫有 lambda 參數的函式之後，我們來修改專案的程式。

修改 Lambdas 專案

我們要將 convert 與 convertFive 函式加入 Lambdas 專案了。根據下面的程式修改你的 *Lambdas.kt*（粗體是修改的地方）：

```
fun convert(x: Double,
            converter: (Double) -> Double) : Double {
    val result = converter(x)
    println("$x is converted to $result")
    return result
}

fun convertFive(converter: (Int) -> Double) : Double {
    val result = converter(5)
    println("5 is converted to $result")
    return result
}

fun main(args: Array<String>) {
    val addFive = { x: Int -> x + 5 }
    println("Pass 6 to addFive: ${addFive(6)}")

    val addInts = { x: Int, y: Int -> x + y }
    val result = addInts.invoke(6, 7)
    println("Pass 6, 7 to addInts: $result")

    val intLambda: (Int, Int) -> Int = { x, y -> x * y }
    println("Pass 10, 11 to intLambda: ${intLambda(10, 11)}")

    val addSeven: (Int) -> Int = { it + 7 }
    println("Pass 12 to addSeven: ${addSeven(12)}")

    val myLambda: () -> Unit = { println("Hi!") }
    myLambda()

    convert(20.0) { it * 1.8 + 32 }
    convertFive { it * 1.8 + 32 }
}
```

加入這兩個函式。

不需要這幾行了，所以刪除它們。

加入這幾行。注意，我們可以使用 "it" 是因為各個 lambda 都使用一個參數，所以編譯器可以判斷它們的型態。

Lambdas
src
Lambdas.kt

我們來執行一下程式。

測試

當我們執行程式時， IDE 的輸出視窗會顯示下面的文字：

```
20.0 is converted to 68.0
5 is converted to 41.0
```

在瞭解 lambda 的其他用途之前，先做一下接下來的練習。

Lambda 格式化探究

本章稍早談過，lambda 內文可以容納多行程式。例如，下面的 lambda 可以印出它的參數的值，接著用它來計算：

```
{ c: Double -> println(c)
               c * 1.8 + 32 }
```

當你的 lambda 的內文有好幾行時，最後一個執行計算的運算式會被當成 lambda 的回傳值。所以，在上面的例子中，回傳值是這一行定義的：

```
c * 1.8 + 32
```

你也可以將 lambda 寫得像程式區塊，將大括號與內容放在不同行。下面的程式使用這項技術來將 lambda `{ it * 1.8 + 32 }` 傳給 `convertFive` 函式：

```
convertFive {
    it * 1.8 + 32
}
```

問：似乎我在使用 lambda 時，可以採取好幾種簡寫方式。我需要知道它們全部嗎？

答：知道這些簡寫有很大的好處，因為習慣使用它們會讓你的程式更簡明且易讀。讓程式更容易閱讀的替代語法有時稱為語法糖，因為它可以讓人類覺得程式語言更“甜蜜”。即使你不想要使用我們介紹的簡寫，認識它們仍然非常重要，因為你可能會在第三方程式碼裡面看到它們。

問：為什麼 lambda 稱為 lambda ？

答：它來自名為 Lambda Calculus 的數學與電腦科學領域，在這個領域中，小型的、匿名的函式都是用希臘字母 λ（lambda）來表示的。

問：為什麼不將 lambda 稱為函式？

答：lambda 是一種函式，但是在大部分的語言中，函式都有名稱。如你所見，lambda 不需要名稱。

池畔風光

你的**任務**是把游泳池裡面的程式片段放到上面程式的空行裡面。同一個片段**只能**使用一次，可能有一些程式片段不會被用到。你的**目標**是建立一個名為 unless 的函式，來讓下面的 main 函式呼叫。unless 函式有兩個參數，一個稱為 condition 的 Boolean，一個稱為 code 的 lambda。這個函式要在 condition 是 false 時呼叫 code lambda。

```
fun unless(.................................... , code:....................) {
    if (.....................) {
        ..............
    }
}

fun main(args: Array<String>) {
    val options = arrayOf("Red", "Amber", "Green")
    var crossWalk = options[(Math.random() * options.size).toInt()]
    if (crossWalk == "Green") {
        println("Walk!")
    }
    unless (crossWalk == "Green") {
        println("Stop!")
    }
}
```

除非 crossWalk == "Green"，否則印出 "Stop!"。

提醒你，池子裡的每一個東西都只能使用一次！

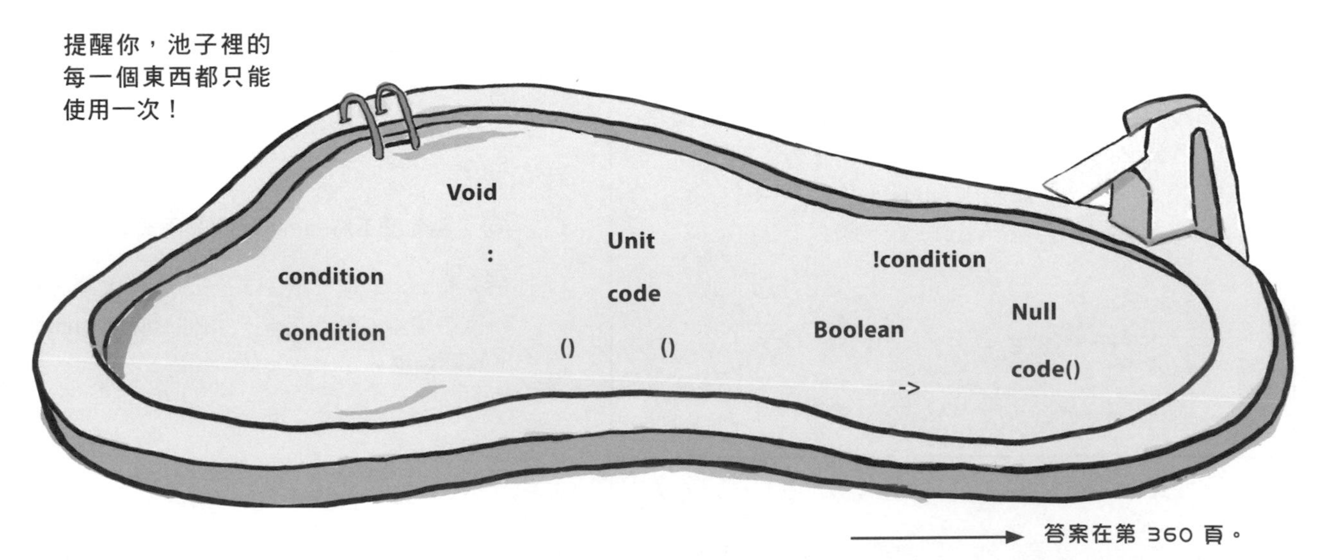

答案在第 360 頁。

函式可以回傳 lambda

除了將 lambda 當成參數來使用之外，函式也可以將回傳型態設為 lambda 來回傳它。例如，下面的程式定義一個名為 getConversionLambda 的函式，讓它回傳一個型態為 (Double) -> Double 的 lambda。它會根據收到的 String 值來決定回傳什麼 lambda。

這個函式有一個 String 參數。

它回傳型態為 (Double) -> Double 的 lambda。

```
fun getConversionLambda(str: String): (Double) -> Double {
    if (str == "CentigradeToFahrenheit") {
        return { it * 1.8 + 32 }
    } else if (str == "KgsToPounds") {
        return { it * 2.204623 }
    } else if (str == "PoundsToUSTons") {
        return { it / 2000.0 }
    } else {
        return { it }
    }
}
```

λ

(Double) -> Double

這個函式會回傳這些 lambda 的其中一個，取決於它收到什麼 String 值。

你可以呼叫函式回傳的 lambda，或將它當成引數傳給別的函式。例如，下面的程式呼叫 getConversionLambda 的回傳值來取得 2.5 公斤的磅數，並將它指派給變數 pounds：

```
val pounds = getConversionLambda("KgsToPounds")(2.5)
```

這會呼叫 getConversionLambda 函式…

…這會呼叫函式回傳的 lambda。

下面的範例使用 getConversionLambda 來取得將攝氏溫度轉換成華式的 lambda，接著將它傳給 convert 函式：

將 getConversionLambda 的回傳值傳給 convert 函式。

```
convert(20.0, getConversionLambda("CentigradeToFahrenheit"))
```

你甚至可以定義接收與回傳 lambda 的函式。我們接著來看。

寫一個接收與回傳 lambda 的函式

我們要建立一個名為 combine 的函式，用它接收兩個 lambda 參數，結合它們，再回傳結果（另一個 lambda）。如果這個函式收到將公斤值轉換成磅值，以及將磅值轉換成 US 噸值的 lambda，它會回傳一個將公斤值轉換成 US 噸值的 lambda，我們可以在其他地方使用這個 lambda。

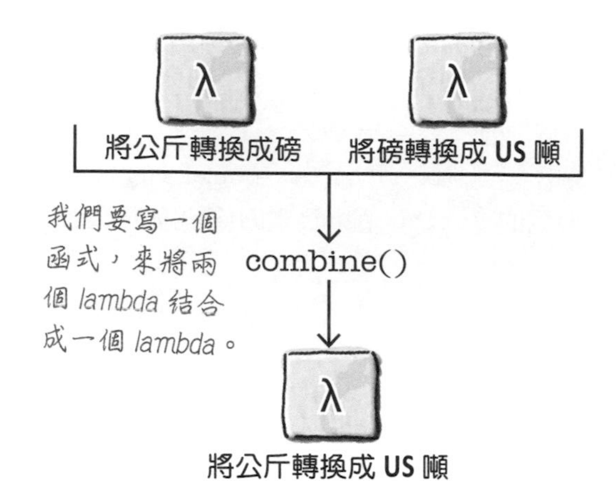

我們先定義函式的參數與回傳型態。

定義參數與回傳型態

combine 函式使用的 lambda 都必須將一個 Double 值轉換成另一個 Double 值，所以它們的型態都是 (Double) -> Double。因此，函式定義式是：

```
fun combine(lambda1: (Double) -> Double,
            lambda2: (Double) -> Double): (Double) -> Double {
    //結合兩個 lambda 的程式
}
```

combine 函式有兩個 lambda 參數，它們的型態是 (Double) -> Double。

這個函式也回傳一個這個型態的 lambda。

接下來，我們來看一下函式的內文。

定義函式內文

函式內文必須回傳 lambda，這個 lambda 必須有下列的特徵：

- 它必須接收一個參數，Double。我們將這個參數稱為 x。
- lambda 的內文必須呼叫 lambda1，將 x 的值傳給它。接著將呼叫的結果傳給 lambda2。

我們可以用下面的程式完成上述事項：

```
fun combine(lambda1: (Double) -> Double,
            lambda2: (Double) -> Double): (Double) -> Double {
    return { x: Double -> lambda2(lambda1(x)) }
}
```

combine 回傳的 lambda 接收一個名為 x 的 Double 參數。

將 x 傳給 lambda1，它接收並回傳 Double。接著將結果傳給 lambda2，它也接收並回傳 Double。

我們來寫一些使用這個函式的程式。

如何使用 combine 函式？

我們剛才寫出來的 combine 函式接收兩個 lambda，並結合它們，形成第三個。這意味著，如果我們將一個可將公斤值轉換成磅值的 lambda，以及另一個可將磅值轉換成 US 噸值的 lambda 傳給函式，函式會回傳一個可將公斤值轉換成 US 噸值的 lambda。

這是做這件事的程式：

```
//定義兩個轉換 lambda
val kgsToPounds = { x: Double -> x * 2.204623 }
val poundsToUSTons = { x: Double -> x / 2000.0 }

//結合兩個 lambda 來建立一個新的
val kgsToUSTons = combine(kgsToPounds, poundsToUSTons)

//呼叫 kgsToUSTons lambda
val usTons = kgsToUSTons(1000.0)     //1.1023115
```

這些 lambda 將一個 Double 公斤轉換成磅，再將磅轉換成 US 噸。

將 lambda 傳給 combine 函式。這會產生一個可將 Double 公斤轉換成 US 噸的 lambda。

呼叫產生的 lambda 並傳入 1000.0。它會回傳 1.1023115。

我們到幕後看一下這段程式執行時發生什麼事情。

當程式執行時發生什麼事？

1. **val kgsToPounds = { x: Double -> x * 2.204623 }**
   val poundsToUSTons = { x: Double -> x / 2000.0 }
   val kgsToUSTons = **combine(kgsToPounds, poundsToUSTons)**

   建立兩個變數，為每一個變數指派一個 lambda。接著將各個 lambda 的參考傳給 combine 函式。

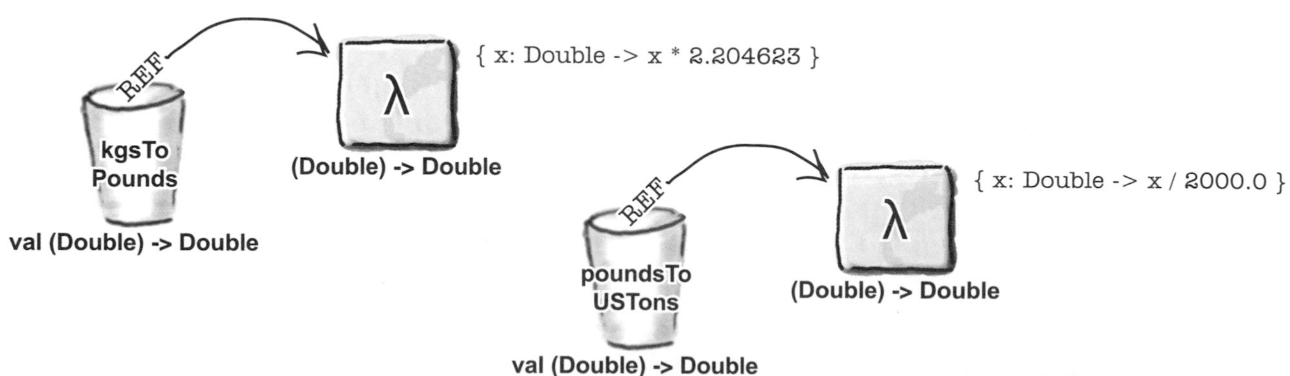

故事還沒結束…

2

```
fun combine(lambda1: (Double) -> Double,
            lambda2: (Double) -> Double): (Double) -> Double {
    return { x: Double -> lambda2(lambda1(x)) }
}
```

將 kgsToPounds lambda 傳給 combine 函式的 lambda1 參數，將 poundsToUSTons lambda 傳給它的 lambda2 參數。

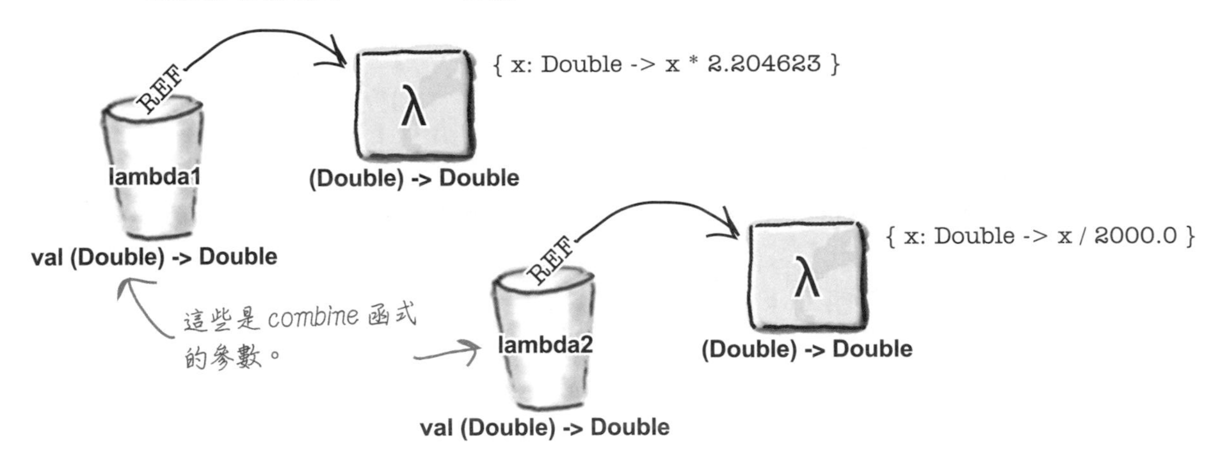

3

```
fun combine(lambda1: (Double) -> Double,
            lambda2: (Double) -> Double): (Double) -> Double {
    return { x: Double -> lambda2(lambda1(x)) }
}
```

執行 lambda1(x)。因為 lambda1(x) 的內文是 x * 2.204623，其中的 x 是 Double，所以它會建立一個值為 x * 2.204623 的 Double 物件。

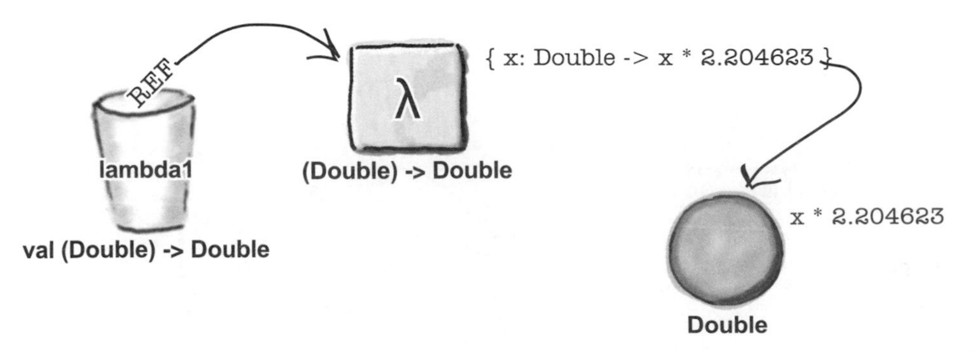

故事還沒結束…

4

```
fun combine(lambda1: (Double) -> Double,
            lambda2: (Double) -> Double): (Double) -> Double {
   return { x: Double -> lambda2(lambda1(x)) }
}
```

接著將值為 `x * 2.204623` 的 `Double` 物件傳給 `lambda2`。因為 `lambda2` 的內文是 `x / 2000.0`，所以 `x` 被換成 `x * 2.204623`。這會建立一個值為 `(x * 2.204623) / 2000.0` 或 `x * 0.0011023115` 的 `Double`。

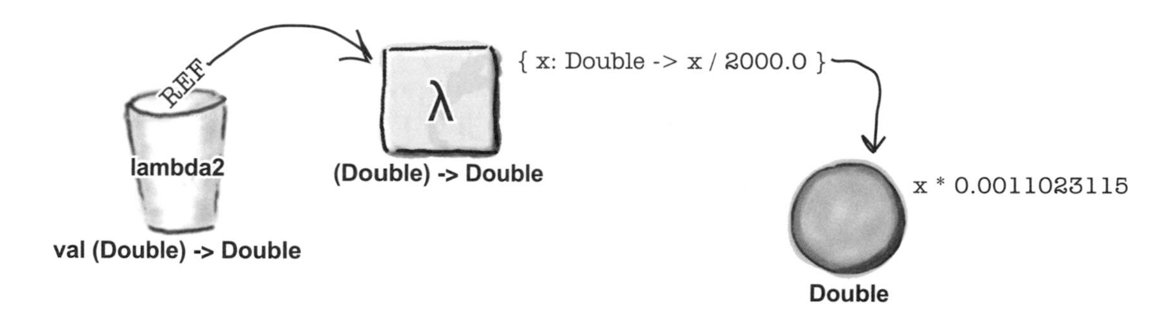

5

```
fun combine(lambda1: (Double) -> Double,
            lambda2: (Double) -> Double): (Double) -> Double {
   return { x: Double -> lambda2(lambda1(x)) }
}
```

建立 `{ x: Double -> x * 0.0011023115 }`，而且函式回傳這個 lambda 的參考。

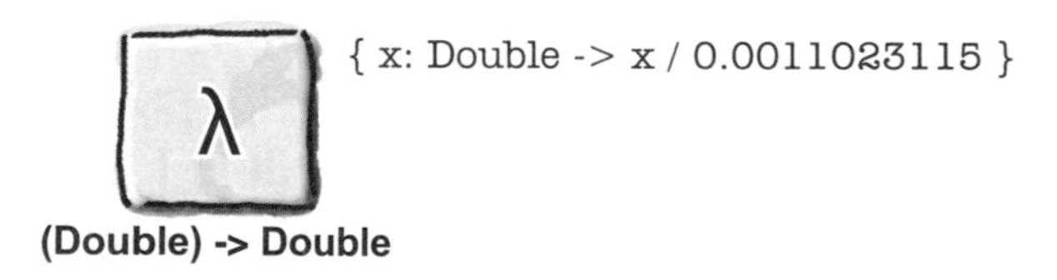

故事還沒結束…

6

```
val kgsToUSTons = combine(kgsToPounds, poundsToUSTons)
val usTons = kgsToUSTons(1000.0)
```

將 `combine` 函式回傳的 lambda 指派給變數 `kgsToUSTons`。接著用引數 1000.0 來呼叫它，它會回傳 1.1023115。將這個值指派給新變數 `usTons`。

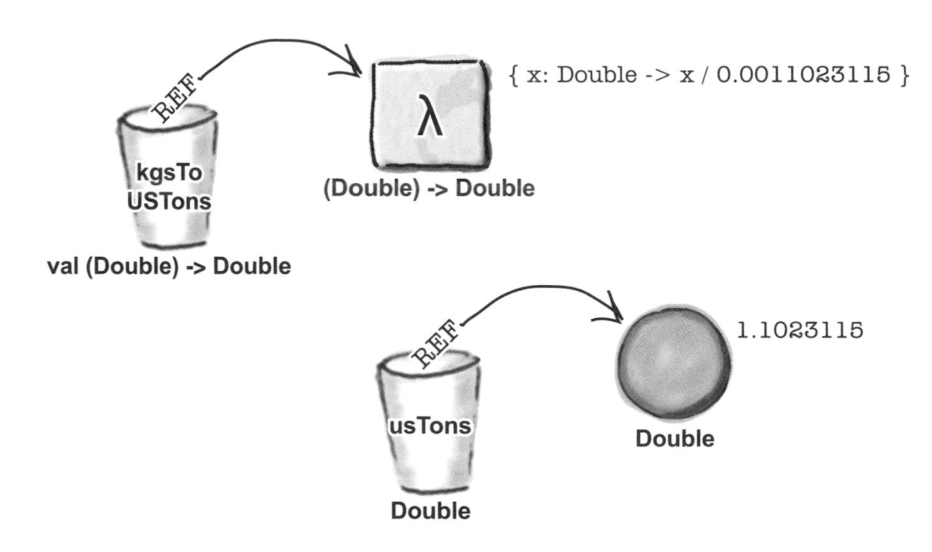

讓 lambda 程式更易懂

本章快要結束了，但是在那之前，我們還要告訴你一件事：如何讓你的 lambda 程式更易懂。

使用函式型態（用來定義 lambda 的型態種類）可能會讓程式看起來既囉嗦且難以理解。例如，`combine` 函式裡面有許多函式型態 `(Double) -> Double`：

```
fun combine(lambda1: (Double) -> Double,
            lambda2: (Double) -> Double): (Double) -> Double {
    return { x: Double -> lambda2(lambda1(x)) }
}
```

combine 函式有三個函式型態 (Double) -> Double。

但是，你可以將函式型態換成**型態別名**來讓程式更易讀。我們來看看它是什麼，以及如何使用它。

使用 typealias 來幫既有的型態指定不同的名稱

型態別名可讓你為既有的型態指定不同的名稱，以更在程式中使用。也就是說，如果你在程式中使用 (Double) -> Double 這種函式型態，你可以定義一個型態別名來取代它，讓程式更易讀。

你可以用 **typealias** 關鍵字來定義型態別名。例如，這是用它來定義型態別名 DoubleConversion 的方式，它可以用來取代函式型態 (Double) -> Double：

```
typealias DoubleConversion = (Double) -> Double
```

這個型態別名代表我們可以用 DoubleConversion 來取代 (Double) -> Double。

所以我們可以將 convert 與 combine 函式改成：

```
fun convert(x: Double,
            converter: DoubleConversion) : Double {
    val result = converter(x)
    println("$x is converted to $result")
    return result
}

fun combine(lambda1: DoubleConversion,
            lambda2: DoubleConversion): DoubleConversion {
    return { x: Double -> lambda2(lambda1(x)) }
}
```

我們可以在 convert 與 combine 函式裡面使用 DoubleConversion 型態別名，來讓程式更易讀。

每當編譯器看到型態 DoubleConversion，就知道它是型態 (Double) -> Double 的替身。上面的 convert 與 combine 的功能與之前一樣，但程式易讀多了。

你可以使用 typealias 來指定各種型態的別名，而非只有函式型態。例如，你可以使用：

```
typealias DuckArray = Array<Duck>
```

來將 Array<Duck> 換成型態 DuckArray。

我們來修改專案的程式。

修改 Lambdas 專案

我們要在 Lambdas 專案中加入 `DoubleConversion` 型態別名、`getConversionLambda` 和 `combine` 函式，以及一些使用它們的程式。根據下面的程式修改你的 *Lambdas.kt*（粗體是修改的地方）：

```
typealias DoubleConversion = (Double) -> Double      加入 typealias。

                                          將函式型態換成型態別名。
fun convert(x: Double,
            converter: (Double) -> Double DoubleConversion) : Double {
    val result = converter(x)
    println("$x is converted to $result")
    return result
}
                            這個函式用不到了，移除它。
fun convertFive(converter: (Int) -> Double) : Double {
    val result = converter(5)
    println("5 is converted to $result")
    return result
}
                      加入 getConversionLambda 函式。
fun getConversionLambda(str: String): DoubleConversion {
    if (str == "CentigradeToFahrenheit") {
        return { it * 1.8 + 32 }
    } else if (str == "KgsToPounds") {
        return { it * 2.204623 }
    } else if (str == "PoundsToUSTons") {
        return { it / 2000.0 }
    } else {
        return { it }
    }
}
                 加入 combine 函式。
fun combine(lambda1: DoubleConversion,
            lambda2: DoubleConversion): DoubleConversion {
    return { x: Double -> lambda2(lambda1(x)) }
}
```

Lambdas
└ src
  └ Lambdas.kt

下一頁還有程式。

程式還沒結束…

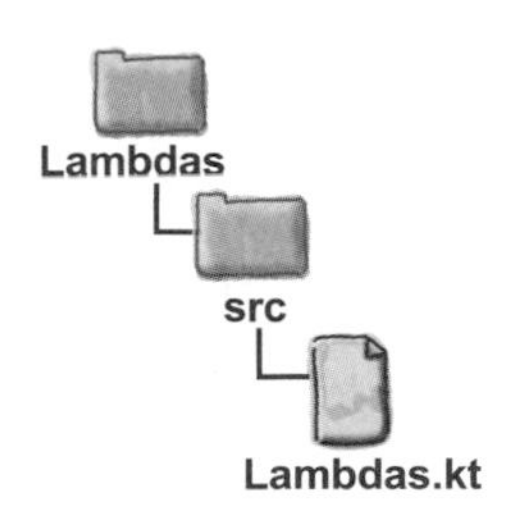


```
fun main(args: Array<String>) {
    convert(20.0) { it * 1.8 + 32 }
    convertFive { it * 1.8 + 32 }

    //將 2.5kg 轉換成磅
    println("Convert 2.5kg to Pounds: ${getConversionLambda("KgsToPounds")(2.5)}")

    //定義兩個轉換 lambda
    val kgsToPoundsLambda = getConversionLambda("KgsToPounds")
    val poundsToUSTonsLambda = getConversionLambda("PoundsToUSTons")

    //結合兩個 lambda 來建立一個新的
    val kgsToUSTonsLambda = combine(kgsToPoundsLambda, poundsToUSTonsLambda)

    //使用新 lambda 將 17.4 轉換成 US 噸
    val value = 17.4
    println("$value kgs is ${convert(value, kgsToUSTonsLambda)} US tons")
}
```

移除這幾行。

用 *getConversionLambda* 來取得兩個 *lambda*。

建立一個將公斤 *Double* 轉換成 *US* 噸的 *lambda*。

使用 *lambda* 將 *17.4* 公斤轉換成 *US* 噸。

我們來執行一下程式。

測試

當我們執行程式時，IDE 的輸出視窗會顯示下面的文字：

```
Convert 2.5kg to Pounds: 5.5115575
17.4 is converted to 0.0191802201
17.4 kgs is 0.0191802201 US tons
```

你已經知道如何使用 lambda 來建立高階函式了，做一下接下來的練習，在下一章，我們要介紹 Kotlin 的內建高階函式，告訴你它們有多麼靈活，威力有多麼強大。

問：我聽過泛函編程（functional programming），那是什麼？

答：lambda 是泛函編程很重要的部分。非泛函編程可以讀取資料輸入，產生資料輸出，而泛函編程可以將函式當成輸入，並輸出函式。當你在程式中使用高階函式時，你就是在做泛函編程。

問：泛函編程與物件導向編程有很大的差異嗎？

答：它們都是分解程式碼的方式。在物件導向編程中，你是將資料與函式結合，在泛函編程中，你是將函式與函式結合。這兩種編程風格用不同的觀點看待世界，它們是不相容的。

程式碼磁貼

有人用冰箱磁貼寫了一個 search 函式，可將 List<Grocery> 內，符合特定規則的項目的名稱印出。可惜有些磁貼掉落了。試試看你能不能重組這個函式。

將函式寫在這裡。

這是 Grocery 資料類別。

```
data class Grocery(val name: String, val category: String,
                   val unit: String, val unitPrice: Double)
```

main 函式使用 search 函式。

```
fun main(args: Array<String>) {
    val groceries = listOf(Grocery("Tomatoes", "Vegetable", "lb", 3.0),
            Grocery("Mushrooms", "Vegetable", "lb", 4.0),
            Grocery("Bagels", "Bakery", "Pack", 1.5),
            Grocery("Olive oil", "Pantry", "Bottle", 6.0),
            Grocery("Ice cream", "Frozen", "Pack", 3.0))
    println("Expensive ingredients:")
    search(groceries) {i: Grocery -> i.unitPrice > 5.0}
    println("All vegetables:")
    search(groceries) {i: Grocery -> i.category == "Vegetable"}
    println("All packs:")
    search(groceries) {i: Grocery -> i.unit == "Pack"}
}
```

```
println(l.name)   l in list   list:   ,   for (   (g: Grocery) -> Boolean   )
criteria(l)   }   search   fun   }   )   {   {   (
List<Grocery>   )   if (   criteria:   }   {
```

答案在第 358 頁。

我是編譯器

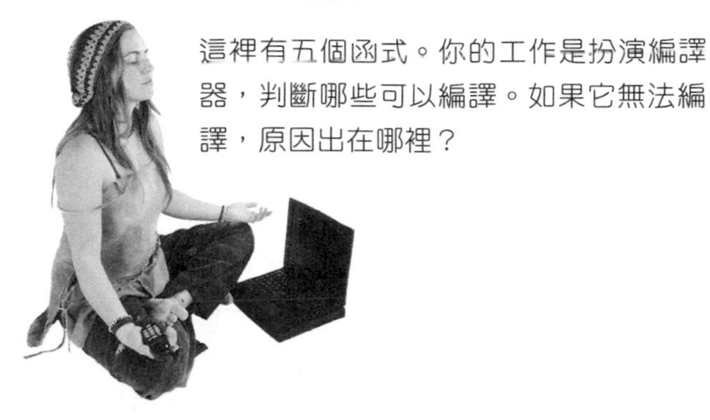

這裡有五個函式。你的工作是扮演編譯器，判斷哪些可以編譯。如果它無法編譯，原因出在哪裡？

A

```
fun myFun1(x: Int = 6, y: (Int) -> Int = 7): Int {
    return y(x)
}
```

B

```
fun myFun2(x: Int = 6, y: (Int) -> Int = { it }) {
    return y(x)
}
```

C

```
fun myFun3(x: Int = 6, y: (Int) -> Int = { x: Int -> x + 6 }): Int {
    return y(x)
}
```

D

```
fun myFun4(x: Int, y: Int,
          z: (Int, Int) -> Int = {
              x: Int, y: Int -> x + y
          }) {
    z(x, y)
}
```

E

```
fun myFun5(x: (Int) -> Int = {
    println(it)
    it + 7
}) {
    x(4)
}
```

答案在第 359 頁。

程式碼磁貼解答

有人用冰箱磁貼寫了一個搜尋函式，可將 List<Grocery> 內，符合特定規則的項目的名稱印出。可惜有些磁貼掉落了。試試看你能不能重組這個函式。

```
fun search ( list: List<Grocery> ,
             criteria: (g: Grocery) -> Boolean ) {
    for ( l in list ) {
        if ( criteria(l) ) { println(l.name) }
    }
}
```

```
data class Grocery(val name: String, val category: String,
                   val unit: String, val unitPrice: Double)

fun main(args: Array<String>) {
    val groceries = listOf(Grocery("Tomatoes", "Vegetable", "lb", 3.0),
            Grocery("Mushrooms", "Vegetable", "lb", 4.0),
            Grocery("Bagels", "Bakery", "Pack", 1.5),
            Grocery("Olive oil", "Pantry", "Bottle", 6.0),
            Grocery("Ice cream", "Frozen", "Pack", 3.0))
    println("Expensive ingredients:")
    search(groceries) {i: Grocery -> i.unitPrice > 5.0}
    println("All vegetables:")
    search(groceries) {i: Grocery -> i.category == "Vegetable"}
    println("All packs:")
    search(groceries) {i: Grocery -> i.unit == "Pack"}
}
```

我是編譯器解答

這裡有五個函式。你的任務是扮演編譯器，判斷哪些可以編譯。如果它無法編譯，原因出在哪裡？

A

```
fun myFun1(x: Int = 6, y: (Int) -> Int = 7): Int {
    return y(x)
}
```

這無法編譯，因為它將預設的 *Int* 值 7 指派給 lambda。

B

```
fun myFun2(x: Int = 6, y: (Int) -> Int = { it }) {
    return y(x)
}
```

這段程式回傳一個 *Int*。

這無法編譯，因為函式回傳一個未宣告的 *Int*。

C

```
fun myFun3(x: Int = 6, y: (Int) -> Int = { x: Int -> x + 6 }): Int {
    return y(x)
}
```

這可以編譯。它的參數的預設值型態是正確的，它也正確地宣告回傳型態。

D

```
fun myFun4(x: Int, y: Int,
           z: (Int, Int) -> Int = {
               x: Int, y: Int -> x + y
           }) {
    z(x, y)
}
```

這可以編譯。z 變數被設為有效的 lambda 作為它的預設值。

E

```
fun myFun5(x: (Int) -> Int = {
    println(it)
    it + 7
}) {
    x(4)
}
```

這可以編譯。x 變數被設為有效的 lambda 作為它的預設值，而且這個 lambda 橫跨多行。

池畔風光解答

你的**任務**是把游泳池裡面的程式片段放到上面程式的空行裡面。同一個片段**只能**使用一次，可能有一些程式片段不會被用到。你的**目標**是建立一個名為 unless 的函式，來讓下面的 main 函式呼叫。unless 函式有兩個參數，一個稱為 condition 的 Boolean，一個稱為 code 的 lambda。這個函式要在 condition 是 false 時呼叫 code lambda。

```
fun unless( condition: Boolean , code: () -> Unit ) {
    if ( !condition ) {
        code()
    }
}
```

如果 condition 是 false，呼叫 code lambda。

```
fun main(args: Array<String>) {
    val options = arrayOf("Red", "Amber", "Green")
    var crossWalk = options[(Math.random() * options.size).toInt()]
    if (crossWalk == "Green") {
        println("Walk!")
    }
    unless (crossWalk == "Green") {
        println("Stop!")
    }
}
```

它被排列成程式碼區塊的樣子，但它其實是個 lambda。這個 lambda 被傳給 unless 函式，如果 crossWalk 不是 "Green"，它就會執行。

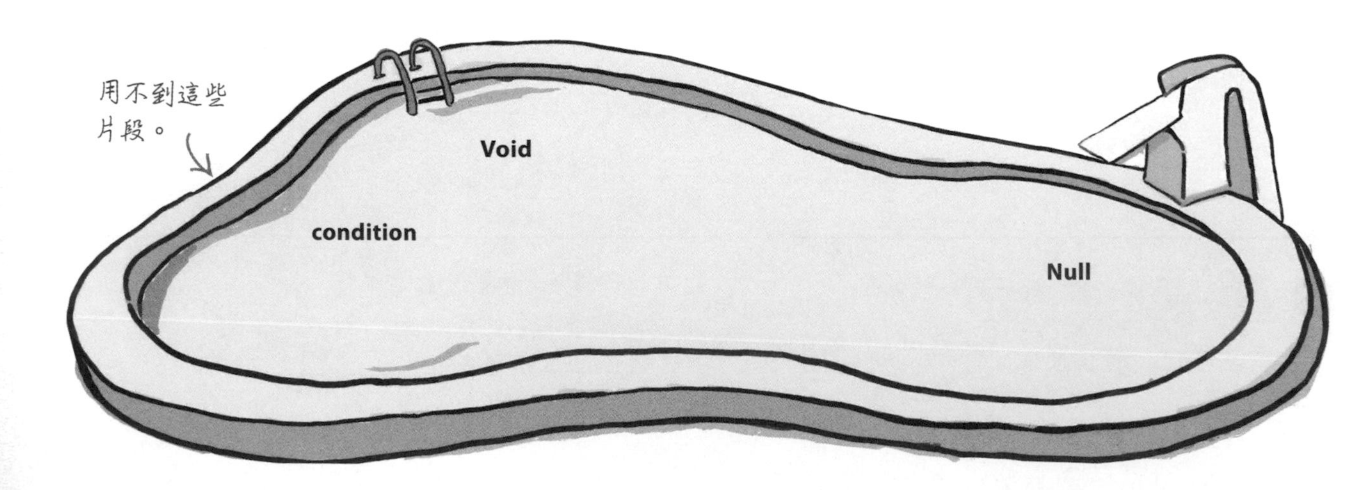

你的 Kotlin 工具箱

讀完第 11 章之後，你已經將 lambda 與高階函式加入工具箱了。

你可以從 https://tinyurl.com/HFKotlin 下載本章的完整程式碼。

重點提示

- lambda 運算式（或 lambda）的形式是：

```
{ x: Int -> x + 5 }
```

  你要在大括號裡面定義 lambda，可以選擇加入參數與內文。

- lambda 可以有多行的內容。在內文中，最後計算的運算式會被當成 lambda 的回傳值。
- 你可以將 lambda 指派給變數。變數的型態必須與 lambda 的型態相容。
- lambda 的型態是這種格式：

```
(parameters) -> return_type
```

- 如果可行，編譯器可以判斷 lambda 的參數型態。
- 如果 lambda 有一個參數，你可以將它換成 `it`。
- 你要藉著呼叫 lambda 來執行它。做法是在括號內傳入 lambda 的參數，或呼叫它的 `invoke` 函式。
- 你可以將 lambda 當成參數傳給函式，或將它當成函式的回傳值。用這種方式來使用 lambda 的函式稱為高階函式。
- 如果函式的最後一個參數是 lambda，你可以在呼叫函式時，將 lambda 移到函式括號外面。
- 如果函式只有一個參數，而且它是 lambda，你可以在呼叫函式時省略小括號。
- 型態別名可讓你為既有的型態指定一個別名。使用 `typealias` 來定義型態別名。

12 內建的高階函式

集合開始失控了，項目到處肆虐，我戴上 map() 無限手套，裝上古老的 foldRight() 寶石，然後一彈指，只剩下 Int 42 活著！

Kotlin 有大量內建的高階函式。

這一章要介紹一些最實用的高階函式。你將認識靈活的**過濾器家族**，並瞭解為何它們可以幫助你削減集合的大小。你將學會如何**使用 *map* 來轉換集合**、**使用 *forEach* 來遍歷它的項目**，以及**使用 *groupBy* 將集合的項目分組**。藉由 ***fold***，你甚至只要用一行程式就可以執行複雜的計算。在本章結尾，你將寫出**你意想不到的強大程式**。

Kotlin 有大量內建的高階函式

上一章的開頭說過，Kotlin 有大量內建的高階函式，它們接收 lambda 參數，很多都是用來處理集合的。例如，它們可讓你根據一些規則來過濾集合，或是根據特定的屬性值，將集合內的項目分組。

每一個高階的函式都有一個泛用的實作，它的具體行為是用你傳給它的 lambda 來定義的。所以，如果你想要用內建的過濾器函式來過濾集合，可以用 lambda 來定義想要使用的規則，並將 lambda 傳給函式。

因為 Kotlin 的許多高階函式都是設計來處理集合的，我們接下來要介紹 Kotlin 的 *collections* 程式包定義的一些強大的高階函式。我們將使用 `Grocery` 資料類別，以及一個名為 `groceries`，內含 `Grocery` 項目的 `List` 來探討這些函式。這是定義它們的程式：

```
data class Grocery(val name: String, val category: String,
                   val unit: String, val unitPrice: Double,
                   val quantity: Int)

fun main(args: Array<String>) {
    val groceries = listOf(Grocery("Tomatoes", "Vegetable", "lb", 3.0, 3),
                           Grocery("Mushrooms", "Vegetable", "lb", 4.0, 1),
                           Grocery("Bagels", "Bakery", "Pack", 1.5, 2),
                           Grocery("Olive oil", "Pantry", "Bottle", 6.0, 1),
                           Grocery("Ice cream", "Frozen", "Pack", 3.0, 2))
}
```

這是 Grocery 資料類別。

groceries List 裡面有五個 Grocery 項目。

我們先來看一下如何在物件集合中，找出最小與最大值的物件。

min 與 max 函式可處理基本型態

如你所知，當你有一個基本型態的集合時，可以使用 min 與 max 函式來找出最小或最大值。例如，如果你想要找出 List<Int> 裡面的最大值，可以用這段程式：

```
val ints = listOf(1, 2, 3, 4)
val maxInt = ints.max()     //maxInt == 4
```

min 與 max 之所以可以處理 Kotlin 的基本型態，原因是基本型態有自然順序。例如，Int 可以按照數字順序排列，所以程式可以輕鬆找出哪個 Int 有最大值，而 String 可以按照字母順序排列。

1, 2, 3, 4, 5...
"A", "B", "C"...

數字與 String 有自然順序，這代表你可以對著它們使用 min 與 max 函式來找出最小與最大值。

但是，min 與 max 函式無法處理沒有自然順序的型態。例如，你不能對著 List<Grocery> 或 Set<Duck> 使用它們，因為這兩個函式無法自動知道如何排序 Grocery 項目或 Duck 物件。所以，若要處理較複雜的型態，你必須採取不同的做法。

minBy 與 maxBy 函式可處理所有的型態

如果你想要找出比較複雜的型態的最小與最大值，可以使用 **minBy** 與 **maxBy** 函式。這兩個函式的運作方式與 min 與 max 很像，只是你要傳遞規則給它們。例如，你可以用它們來找出 unitPrice 最小的 Grocery 項目或是 size 最大的 Duck。

這些項目沒有自然順序。若要找出最大或最小值，我們必須指定一些規則，例如 unitPrice 或 quantity。

minBy 與 maxBy 函式都接收一個參數，它是個 lambda，用來告訴函式應該使用哪個屬性來找出最小或最大的項目。例如，如果你想要在 List<Grocery> 裡面找出 unitPrice 最高的項目，可以用 maxBy 函式這樣做：

```
val highestUnitPrice = groceries.maxBy { it.unitPrice }
```

這段程式就像是說"在 groceries 裡面找出 unitPrice 最大的項目"。

如果你想要找出 quantity 值最小的項目，可以這樣子使用 minBy：

```
val lowestQuantity = groceries.minBy { it.quantity }
```

這一行回傳 quantity 最小的 groceries 項目的參考。

你傳給 minBy 或 maxBy 的 lambda 運算式必須符合特定的形式，才能讓程式可以編譯與正確運作。我們繼續看下去。

更仔細地研究 minBy 與 maxBy 的 lambda 參數

當你呼叫 minBy 或 maxBy 函式時，必須傳遞這種形式的 lambda 給它：

```
{ i: item_type -> criteria }
```

lambda 必須有一個參數，上面的程式將它標記成 i: item_type。這個參數的型態**必須符合集合的項目的型態**，所以如果你想要對 List<Grocery> 使用這兩種函式，必須將 lambda 的參數設為 Grocery 型態：

```
{ i: Grocery -> criteria }
```

因為每一個 lambda 都有一個已知型態的參數，我們可以完全省略參數宣告，在 lambda 內文中，用 it 來引用參數。

你要在 lambda 內文中，指定用來找出最小（或最大）集合值的規則。這條規則通常是屬性的名稱，例如 { it.unitPrice }。它可以是任何型態，只要函式可以用它來判斷哪個項目有最小或最大值即可。

minBy 與 maxBy 可以處理保存任何型態的集合，所以比 min 和 max 還要靈活。

當你對著沒有任何項目的集合呼叫 minBy 或 maxBy 時，它們會回傳一個 null 值。

minBy 與 maxBy 的回傳型態又是什麼？

當你呼叫 minBy 或 maxBy 函式時，它的回傳型態與集合項目的型態一致。例如，如果你對著 List<Grocery> 使用 minBy，這個函式會回傳一個 Grocery。如果你對著 Set<Duck> 使用 maxBy，它會回傳一個 Duck。

知道如何使用 minBy 與 maxBy 之後，我們來看一下它們的兩個近親：sumBy 與 sumByDouble。

問：min 與 max 函式只能處理 Kotlin 的基本型態，例如數字與 String 嗎？

答：如果你可以比較某種型態的兩個值，並且指出其中一個大於另一個，你就可以用 min 與 max 處理那種型態，Kotlin 的基本型態就是如此。那些型態可以如此運作的原因是，在幕後，每一種型態都實作了 Comparable 介面，這個介面定義了如何排序與比較該型態的實例。

在實務上，min 與 max 可以處理實作了 Comparable 的各種型態。但是，與其在你自己的類別中實作 Comparable，我們認為使用 minBy 與 maxBy 函式比較好，因為它們有更大的彈性。

sumBy 與 sumByDouble 函式

如你所料，**sumBy** 與 **sumByDouble** 函式可以根據你用 lambda 傳入的規則，回傳集合項目的總和。例如，你可以用這些函式，將 List<Grocery> 的各個項目的 quantity 值加總，或回傳各個 unitPrice 乘以 quantity 的總和。

sumBy 與 sumByDouble 幾乎一模一樣，只是 sumBy 處理 Int，而 sumByDouble 處理 Double。例如，要回傳 Grocery 的 quantity 值，你要使用 sumBy 函式，因為 quantity 是 Int：

sumBy 將 Int 相加，並回傳一個 Int。

sumByDouble 將 Double 相加，並回傳一個 Double。

```
val sumQuantity = groceries.sumBy { it.quantity }
```

這會回傳 groceries 的所有 quantity 值的總和。

要回傳各個 unitPrice 乘以 quantity 值的總和，你要使用 sumByDouble，因為 unitPrice * quantity 是個 Double：

```
val totalPrice = groceries.sumByDouble { it.quantity * it.unitPrice }
```

sumBy 與 sumByDouble 的 lambda 參數

如同 minBy 與 maxBy，你必須將這種形式的 lambda 傳給 sumBy 與 sumByDouble：

```
{ i: item_type -> criteria }
```

與之前一樣，item_type 必須符合集合的項目的型態。在上面的例子中，我們用函式來處理 List<Grocery>，所以 lambda 的參數型態必須是 Grocery。因為編譯器可以判斷這件事，所以我們可以省略 lambda 參數宣告，並且在 lambda 內文中，使用 it 來引用參數。

函式可以從 lambda 內文知道你想要讓它加總什麼東西。如前所述，如果你使用 sumBy 函式，它必須是個 Int，如果你使用 sumByDouble，它必須是 Double。sumBy 回傳一個 Int 值，sumByDouble 回傳 Double。

知道如何使用 minBy、maxBy、sumBy 與 sumByDouble 之後，我們來建立一個新專案，並加入使用這些函式的程式。

照過來！

你不能直接對 Map 使用 sumBy 或 sumByDouble。

但是，你可以對 Map 的鍵、值或項目屬性使用它們。例如，下面的程式回傳 Map 的值的總和：

```
myMap.values.sumBy { it }
```

建立 Groceries 專案

建立在 JVM 運行的 Kotlin 專案，將專案命名為 "Groceries"。接著建立名為 *Groceries.kt* 的 Kotlin 檔案，做法是點選 *src* 資料夾，按下 File 選單並選擇 New → Kotlin File/Class。在彈出視窗將檔名設為 "Groceries"，再將 Kind 設為 File。

接下來，修改 *Groceries.kt*，讓它符合下面的程式：

```
data class Grocery(val name: String, val category: String,
                   val unit: String, val unitPrice: Double,
                   val quantity: Int)

fun main(args: Array<String>) {
    val groceries = listOf(Grocery("Tomatoes", "Vegetable", "lb", 3.0, 3),
                           Grocery("Mushrooms", "Vegetable", "lb", 4.0, 1),
                           Grocery("Bagels", "Bakery", "Pack", 1.5, 2),
                           Grocery("Olive oil", "Pantry", "Bottle", 6.0, 1),
                           Grocery("Ice cream", "Frozen", "Pack", 3.0, 2))

    val highestUnitPrice = groceries.maxBy { it.unitPrice * 5 }
    println("highestUnitPrice: $highestUnitPrice")
    val lowestQuantity = groceries.minBy { it.quantity }
    println("lowestQuantity: $lowestQuantity")

    val sumQuantity = groceries.sumBy { it.quantity }
    println("sumQuantity: $sumQuantity")
    val totalPrice = groceries.sumByDouble { it.quantity * it.unitPrice }
    println("totalPrice: $totalPrice")
}
```

Groceries
src
Groceries.kt

測試

當我們執行程式時，IDE 的輸出視窗會顯示下面的文字：

```
highestUnitPrice: Grocery(name=Olive oil, category=Pantry, unit=Bottle, unitPrice=6.0, quantity=1)
lowestQuantity: Grocery(name=Mushrooms, category=Vegetable, unit=lb, unitPrice=4.0, quantity=1)
sumQuantity: 9
totalPrice: 28.0
```

我是編譯器

下面是個完整的 Kotlin 原始檔。你的任務是扮演編譯器，指出這個檔案可不可以編譯。如果它不能編譯，原因出在哪裡？你該如何修正它？

```
data class Pizza(val name: String, val pricePerSlice: Double, val quantity: Int)

fun main(args: Array<String>) {
    val ints = listOf(1, 2, 3, 4, 5)

    val pizzas = listOf(Pizza("Sunny Chicken", 4.5, 4),
            Pizza("Goat and Nut", 4.0, 1),
            Pizza("Tropical", 3.0, 2),
            Pizza("The Garden", 3.5, 3))

    val minInt = ints.minBy({ it.value })
    val minInt2 = ints.minBy({ int: Int -> int })
    val sumInts = ints.sum()
    val sumInts2 = ints.sumBy { it }
    val sumInts3 = ints.sumByDouble({ number: Double -> number })
    val sumInts4 = ints.sumByDouble { int: Int -> int.toDouble() }

    val lowPrice = pizzas.min()
    val lowPrice2 = pizzas.minBy({ it.pricePerSlice })
    val highQuantity = pizzas.maxBy { p: Pizza -> p.quantity }
    val highQuantity3 = pizzas.maxBy { it.quantity }
    val totalPrice = pizzas.sumBy { it.pricePerSlice * it.quantity }
    val totalPrice2 = pizzas.sumByDouble { it.pricePerSlice * it.quantity }
}
```

我是編譯器解答

下面是個完整的 Kotlin 原始檔。你的任務是扮演編譯器，指出這個檔案可不可以編譯。如果它不能編譯，原因出在哪裡？你該如何修正它？

```
data class Pizza(val name: String, val pricePerSlice: Double, val quantity: Int)

fun main(args: Array<String>) {
    val ints = listOf(1, 2, 3, 4, 5)

    val pizzas = listOf(Pizza("Sunny Chicken", 4.5, 4),
            Pizza("Goat and Nut", 4.0, 1),
            Pizza("Tropical", 3.0, 2),
            Pizza("The Garden", 3.5, 3))

    val minInt = ints.minBy({ it.value })
    val minInt2 = ints.minBy({ int: Int -> int })
    val sumInts = ints.sum()
    val sumInts2 = ints.sumBy { it }
    val sumInts3 = ints.sumByDouble({ number: Double -> number it.toDouble() })
    val sumInts4 = ints.sumByDouble { int: Int -> int.toDouble() }

    val lowPrice = pizzas.min()
    val lowPrice2 = pizzas.minBy({ it.pricePerSlice })
    val highQuantity = pizzas.maxBy { p: Pizza -> p.quantity }
    val highQuantity3 = pizzas.maxBy { it.quantity }
    val totalPrice = pizzas.sumByDouble { it.pricePerSlice * it.quantity }
    val totalPrice2 = pizzas.sumByDouble { it.pricePerSlice * it.quantity }
}
```

（手寫修正：`.value` 被劃掉；`number: Double -> number` 被劃掉並改為 `it.toDouble()`；`val lowPrice = pizzas.min()` 整行被劃掉；`sumBy` 後加上 `Double`。）

因為 ints 是個 List<Int>，'it' 是 Int，沒有 value 屬性。

這一行無法編譯，因為 lambda 的參數必須是 Int。我們可以將 lambda 改成 { it.toDouble() }。

min 函式無法處理 List<Pizza>。

*{ it.pricePerSlice * it.quantity } 回傳 Double，所以 sumBy 函式無法運作。我們必須改用 sumByDouble。*

認識 filter 函式

接下來要介紹的 Kotlin 高階函式是 **filter**。這個函式可以使用 lambda 提供的規則來搜尋或過濾一個集合。

在處理大部分的集合時，filter 可以回傳一個 List，它裡面有符合規則的所有項目，讓你可以在其他地方使用。但是如果你用它來處理 Map，它會回傳一個 Map。例如，下面的程式使用 filter 函式，從 groceries 中取得 category 值為 "Vegetable" 的所有項目的 List：

```
val vegetables = groceries.filter { it.category == "Vegetable" }
```

它會回傳一個 List，裡面有 category 值是 "Vegetable" 的 groceries 項目。

如同你在本章看過的其他函式，你傳給 filter 函式的 lambda 有一個參數，它的型態必須符合集合項目的型態。因為 lambda 參數的型態是已知的，你可以省略參數宣告，在 lambda 內文中，用 it 來引用它。

lambda 的內文必須回傳 Boolean，filter 函式會將它當成判斷標準來使用，回傳被 lambda 內文判斷為 true 的所有項目的參考。例如，下面的程式回傳 unitPrice 大於 3.0 的 Grocery 項目組成的 List：

```
val unitPriceOver3 = groceries.filter { it.unitPrice > 3.0 }
```

你有整個家族的 filter 函式可用

Kotlin 有許多 filter 函式的變體，有時它們有很大的幫助。例如，filterTo 函式的功能類似 filter 函式，只是它會將符合條件的項目附加到另一個集合。filterIsInstance 函式回傳一個 List，裡面有本身屬於特定類別的實例的所有項目。filterNot 函式回傳不符合規則的集合項目。例如，你可以這樣子使用 filterNot 來回傳一個 List，裡面有 category 值不是 "Frozen" 的所有 Grocery 項目：

你可以在線上文件中，找到更多關於 Kotlin filter 家族的資訊：

https://kotlinlang.org/api/latest/jvm/stdlib/kotlin.collections/index.html

```
val notFrozen = groceries.filterNot { it.category == "Frozen" }
```

filterNot 回傳這些用 lambda 內文來計算會得到 false 的項目。

知道 filter 函式如何運作之後，我們來看另一種高階函式：map 函式。

用 map 對集合執行轉換

map 函式可以用你指定的規則來轉換每一個集合項目，並且用一個新的 List 回傳轉換的結果。

要瞭解它如何運作，假設你有一個 List<Int>：

```
val ints = listOf(1, 2, 3, 4)
```

是的！map 函式回傳的是 List，不是 Map。

如果你想要建立一個新的 List<Int>，並且讓裡面的項目是同一些項目乘以二，可以這樣子使用 map 函式：

```
val doubleInts = ints.map { it * 2 }
```

它會回傳一個 List，裡面有項目 2,4,6 與 8。

你也可以用 map 來建立新的 List，裡面有 groceries 的每一個 Grocery 項目的名稱：

```
val groceryNames = groceries.map { it.name }
```

它會建立一個新 List，並且填入 groceries 的各個 Grocery 項目的 name。

在這些例子中，map 函式都會回傳一個新的 List，原始的集合保持不變。例如，如果你要用 map 來建立一個 List，裡面有各個 unitPrice 乘以 0.5 的結果，在原始集合裡面的各個 Grocery 項目的 unitPrice 會維持不變：

```
val halfUnitPrice = groceries.map { it.unitPrice * 0.5 }
```

它會回傳一個 List，裡面有各個 unitPrice 乘以 0.5 的結果。

與之前一樣，你傳給 map 的 lambda 有一個參數，它的型態必須與集合項目的型態相符。你可以用這個參數（通常用 it 來引用）來指定如何轉換集合內的每一個項目。

你可以將函式呼叫式接起來

因為 filter 與 map 函式都回傳一個集合，你可以將高階函式呼叫式接起來，用簡潔的方式執行複雜的操作。如果你想要建立一個 List，當原始的 unitPrice 大於 3.0 時，就將它乘以 2 並放入 List，可以先對原始的集合呼叫 filter 函式，接著使用 map 來轉換結果：

```
val newPrices = groceries.filter { it.unitPrice > 3.0 }
                         .map { it.unitPrice * 2 }
```

它會呼叫 filter 函式，接著對產生的 List 呼叫 map。

我們來看一下執行這段程式的幕後情況。

當程式執行時發生什麼事？

1

```
val newPrices = groceries.filter { it.unitPrice > 3.0 }
                          .map { it.unitPrice * 2 }
```

對著 `List<Grocery> groceries` 呼叫 `filter` 函式。它會建立一個新的 `List`，裡面有 `unitPrice` 大於 3.0 的 `Grocery` 項目的參考。

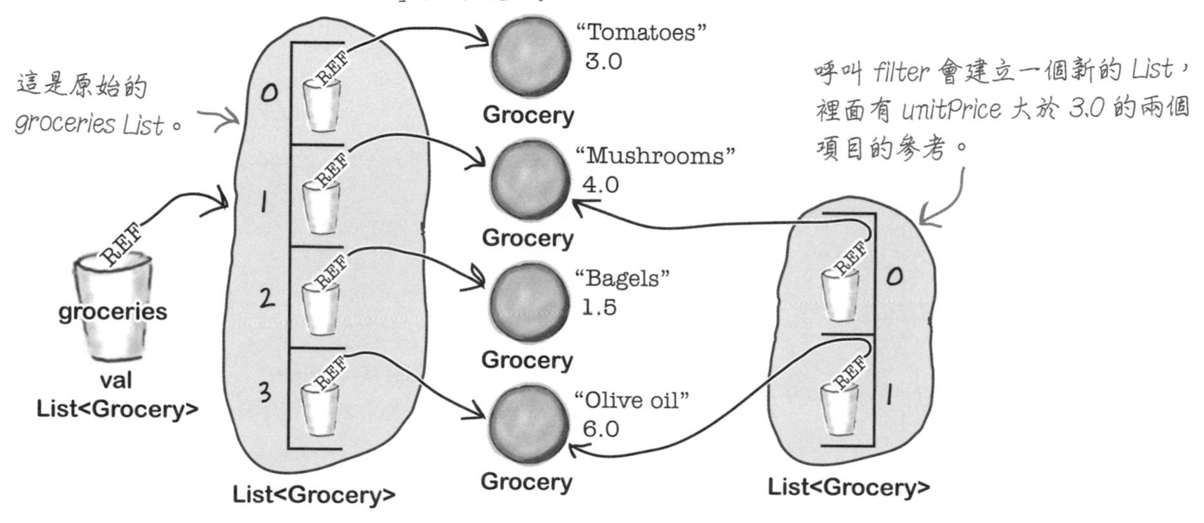

2

```
val newPrices = groceries.filter { it.unitPrice > 3.0 }
                          .map { it.unitPrice * 2 }
```

對新 `List` 呼叫 `map` 函式。因為 lambda `{ it.unitPrice * 2 }` 回傳 `Double`，這個函式建立一個 `List<Double>`，裡面有各個 `unitPrice` 的參考乘以 2 的結果。

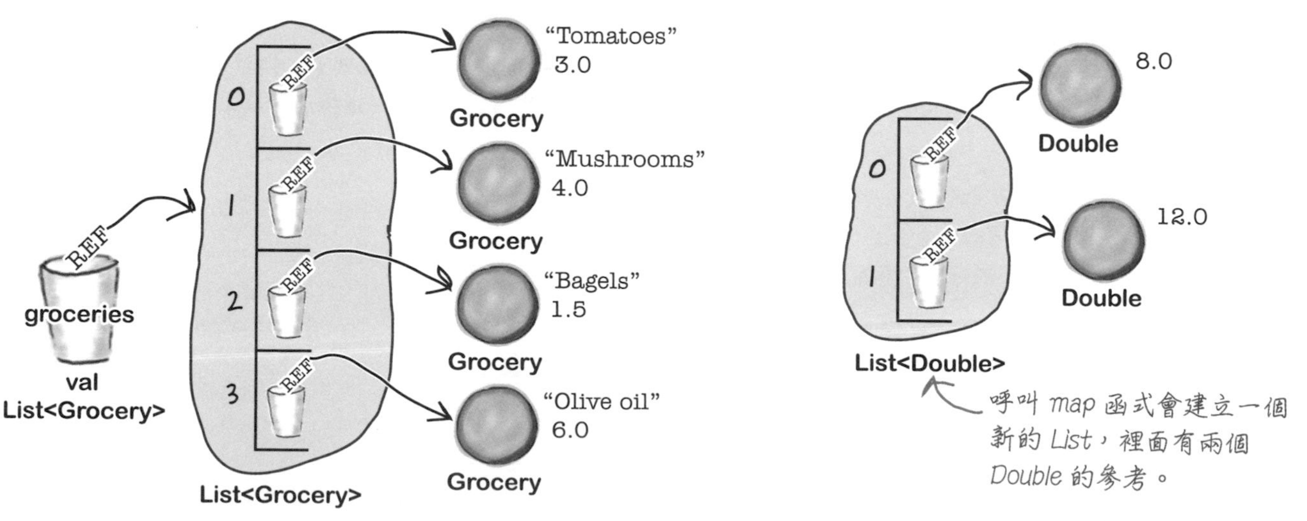

故事還沒結束…

3
```
val newPrices = groceries.filter { it.unitPrice > 3.0 }
                         .map { it.unitPrice * 2 }
```

建立新變數 newPrices，並將 map 函式回傳的 List<Double> 的參考指派給它。

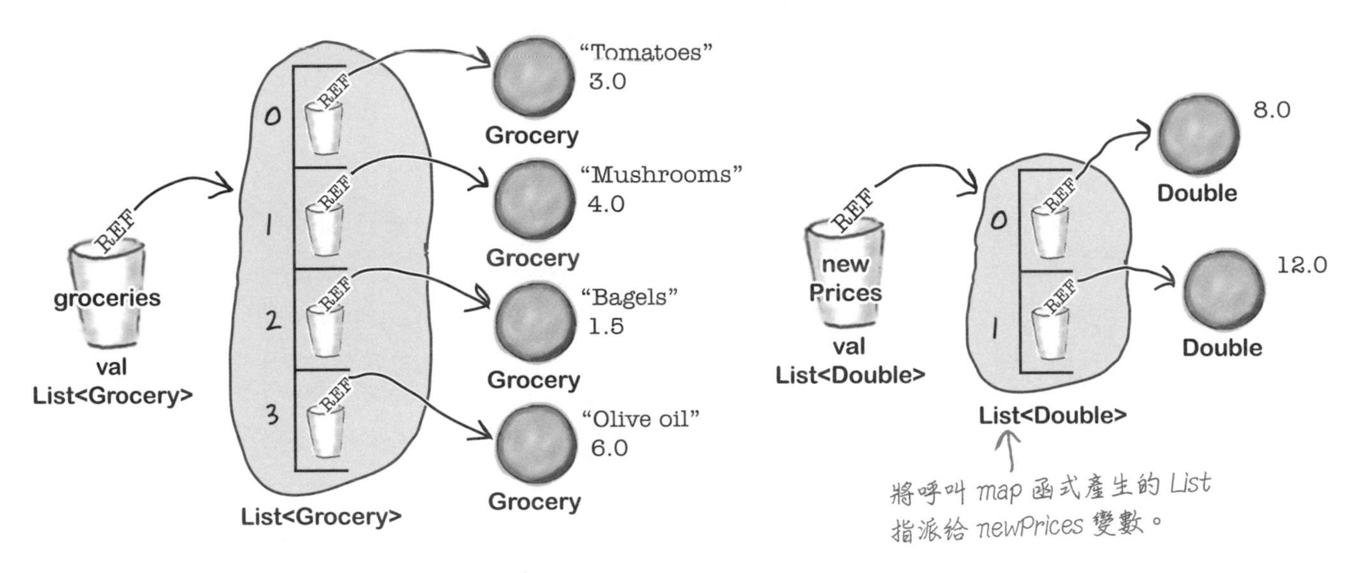

知道將高階函式接起來時的情況後，我們來看下一個函式：forEach。

問：你之前說過，**filter** 函式有許多變體，例如 **filterTo** 與 **filterNot**。**map** 呢？這個函式有沒有變體？

答：有！它的變體包括 mapTo（將轉換的結果附加到既有的集合），mapNotNull（省略任何 null 值），以及 mapValues（處理 Map 並回傳 Map）。你可以到這個網站瞭解更多細節：

https://kotlinlang.org/api/latest/jvm/stdlib/kotlin.collections/index.html

問：在我們看過的高階函式中，你說 lambda 的參數型態必須符合集合的項目。這條規則是如何實施的？

答：使用泛型。

你應該記得，第 10 章說過，泛型可讓你寫出型態一致的程式。它可以防止你將 Cabbage 參考加入 List<Duck>。Kotlin 的內建高階函式使用泛型來確保它們接收的值與回傳的值的型態與它們處理的集合是相符的。

forEach 的運作方式就像 for 迴圈

forEach 函式的運作方式很像 for 迴圈，因為它可讓你對集合的各個項目執行一或多個動作。你要用 lambda 來指定這些動作。

為了瞭解 forEach 如何運作，假設你想要遍歷 groceries List 的每一個項目，並印出各個項目的 name。這是使用 for 迴圈的做法：

```
for (item in groceries) {
    println(item.name)
}
```

這是使用 forEach 函式的等效做法：

```
groceries.forEach { println(it.name) }
```

{ println(it.name) } 是我們傳給 forEach 函式的 lambda。你可以在 lambda 內文編寫多行程式。

這兩段程式做同一件事，但 forEach 比較簡潔。

你可以對陣列、List、Set 使用 forEach，也可以對 Map 的項目、鍵與值屬性使用它。

既然 **forEach** 做的事情與 **for** 一樣，我們豈不是要**多記一種東西**？提供另一**個函式**的理由是什麼？

因為 forEach 是函式，所以你可以在函式呼叫鏈裡面使用它。

假設你要印出每一個 unitPrice 大於 3.0 的 groceries 項目的 name。你可以用 for 迴圈來做這件事：

```
for (item in groceries) {
    if (item.unitPrice > 3.0) println(item.name)
}
```

也可以採取更簡潔的做法：

```
groceries.filter { it.unitPrice > 3.0 }
         .forEach { println(it.name) }
```

所以，forEach 可讓你將函式呼叫式接起來，以簡明的方式執行強大的工作。

我們來仔細看一下 forEach。

forEach 沒有回傳值

如同本章的其他函式，你傳給 forEach 函式的 lambda 有一個參數，它的型態符合集合的項目的型態。因為這個參數的型態已知，你可以省略參數宣告，在 lambda 內文中，用 it 來引用參數。

但是，與其他函式不同的是，lambda 的內文使用 Unit 回傳值。也就是說，你無法使用 forEach 來回傳計算的結果，因為你無法讀取它。但是，我們可以採取一種變通的方法。

lambda 可以讀取變數

如你所知，for 迴圈的內文可以存取在迴圈外面定義的變數。例如，下面的程式定義一個名為 itemNames 的 String 變數，接著在 for 迴圈的內文修改它：

```
var itemNames = ""
for (item in groceries) {
    itemNames += "${item.name} "
}
println("itemNames: $itemNames")
```

你可以在 for 迴圈的內文修改 itemNames 變數。

當你將 lambda 傳給 forEach 之類的高階函式時，lambda 也可以存取這些變數，*即使它們是在 lambda 外面定義的*。這代表你可以在 lambda 內文更改變數，因此不需要使用 forEach 函式的回傳值來取得某些計算的結果。例如，下面的程式是有效的：

```
var itemNames = ""
groceries.forEach({ itemNames += "${it.name} " })
println("itemNames: $itemNames")
```

你也可以在傳給 forEach 的 lambda 的內文更改 itemNames 變數。

在 lambda 外面定義而且讓 lambda 存取的變數有時稱為 lambda 的 **closure**。簡單來說，*lambda 可以存取它的 closure*。因為 lambda 在它的內文使用 itemNames 變數，我們可以說 *lambda 的 closure* **獲得（captured）**變數。

closure 代表 lambda 可以存取它獲得的任何區域變數。

知道如何使用 forEach 函式之後，我們來修改專案的程式。

更改 Groceries 專案

我們要在 Groceries 專案裡面加入一些使用 filter、map 與 forEach 函式的程式。按照下面的程式來修改你的專案的 *Groceries.kt*（粗體是修改的地方）：

```
data class Grocery(val name: String, val category: String,
                   val unit: String, val unitPrice: Double,
                   val quantity: Int)

fun main(args: Array<String>) {
    val groceries = listOf(Grocery("Tomatoes", "Vegetable", "lb", 3.0, 3),
                           Grocery("Mushrooms", "Vegetable", "lb", 4.0, 1),
                           Grocery("Bagels", "Bakery", "Pack", 1.5, 2),
                           Grocery("Olive oil", "Pantry", "Bottle", 6.0, 1),
                           Grocery("Ice cream", "Frozen", "Pack", 3.0, 2))

    val highestUnitPrice = groceries.maxBy { it.unitPrice * 5 }
    println("highestUnitPrice: $highestUnitPrice")
    val lowestQuantity = groceries.minBy { it.quantity }
    println("lowestQuantity: $lowestQuantity")

    val sumQuantity = groceries.sumBy { it.quantity }
    println("sumQuantity: $sumQuantity")
    val totalPrice = groceries.sumByDouble { it.quantity * it.unitPrice }
    println("totalPrice: $totalPrice")

    val vegetables = groceries.filter { it.category == "Vegetable" }
    println("vegetables: $vegetables")
    val notFrozen = groceries.filterNot { it.category == "Frozen" }
    println("notFrozen: $notFrozen")

    val groceryNames = groceries.map { it.name }
    println("groceryNames: $groceryNames")
    val halfUnitPrice = groceries.map { it.unitPrice * 0.5 }
    println("halfUnitPrice: $halfUnitPrice")

    val newPrices = groceries.filter { it.unitPrice > 3.0 }
            .map { it.unitPrice * 2 }
    println("newPrices: $newPrices")
```

刪除這幾行。（刪除線標示的 highestUnitPrice 至 totalPrice 各行）

加入這幾行。

Groceries / src / Groceries.kt

下一頁還有程式。

程式還沒結束…

將這幾行加入 main 函式。

```
    println("Grocery names: ")
    groceries.forEach { println(it.name) }

    println("Groceries with unitPrice > 3.0: ")
    groceries.filter { it.unitPrice > 3.0 }
            .forEach { println(it.name) }

    var itemNames = ""
    groceries.forEach({ itemNames += "${it.name} " })
    println("itemNames: $itemNames")
}
```

Groceries
src
Groceries.kt

我們來執行一下程式。

測試

當我們執行程式時， IDE 的輸出視窗會顯示下面的文字：

```
vegetables: [Grocery(name=Tomatoes, category=Vegetable, unit=lb, unitPrice=3.0, quantity=3),
Grocery(name=Mushrooms, category=Vegetable, unit=lb, unitPrice=4.0, quantity=1)]
notFrozen: [Grocery(name=Tomatoes, category=Vegetable, unit=lb, unitPrice=3.0, quantity=3),
Grocery(name=Mushrooms, category=Vegetable, unit=lb, unitPrice=4.0, quantity=1),
Grocery(name=Bagels, category=Bakery, unit=Pack, unitPrice=1.5, quantity=2),
Grocery(name=Olive oil, category=Pantry, unit=Bottle, unitPrice=6.0, quantity=1)]
groceryNames: [Tomatoes, Mushrooms, Bagels, Olive oil, Ice cream]
halfUnitPrice: [1.5, 2.0, 0.75, 3.0, 1.5]
newPrices: [8.0, 12.0]
Grocery names:
Tomatoes
Mushrooms
Bagels
Olive oil
Ice cream
Groceries with unitPrice > 3.0:
Mushrooms
Olive oil
itemNames: Tomatoes Mushrooms Bagels Olive oil Ice cream
```

修改專案程式之後，做一下接下來的練習，之後會介紹下一個高階函式。

池畔風光

你的**任務**是把游泳池裡面的程式片段放到上面程式的空行裡面。同一個片段**只能**使用一次，可能有一些程式片段不會被用到。你的**目標**是完成 Contest 類別的 getWinners 函式，讓它回傳最高分參賽者的 Set<T>，並印出每一個贏家的名字。

```
abstract class Pet(var name: String)

class Cat(name: String) : Pet(name)

class Dog(name: String) : Pet(name)

class Fish(name: String) : Pet(name)

class Contest<T: Pet>() {
    var scores: MutableMap<T, Int> = mutableMapOf()

    fun addScore(t: T, score: Int = 0) {
        if (score >= 0) scores.put(t, score)
    }

    fun getWinners(): Set<T> {
        val highScore = ..................
        val winners = scores.......... { .......... == highScore }..........
        winners.......... { println("Winner: ${..........}") }
        return winners
    }
}
```

如果你覺得這段程式似曾相識，那是因為我們曾經在第 10 章寫過它的另一個版本。

提醒你，池子裡的每一個東西都只能使用一次！

scores
map
values
filter
keys
values
forEach
max()
. . .
name
. . . .
value
maxBy()
it
it

池畔風光解答

你的**任務**是把游泳池裡面的程式片段放到上面程式的空行裡面。同一個片段**只能**使用一次，可能有一些程式片段不會被用到。你的**目標**是完成 Contest 類別的 getWinners 函式，讓它回傳最高分參賽者的 Set<T>，並印出每一個贏家的名字。

```
abstract class Pet(var name: String)

class Cat(name: String) : Pet(name)

class Dog(name: String) : Pet(name)

class Fish(name: String) : Pet(name)

class Contest<T: Pet>() {
    var scores: MutableMap<T, Int> = mutableMapOf()

    fun addScore(t: T, score: Int = 0) {
        if (score >= 0) scores.put(t, score)
    }

    fun getWinners(): Set<T> {
        val highScore = scores.values.max()
        val winners = scores.filter { it.value == highScore }.keys
        winners.forEach { println("Winner: ${it.name}") }
        return winners
    }
}
```

分數被放在名為 scores 的 MutableMap 裡面，它的值是 Int，所以這會取得最高分的值。

過濾 scores，來取得值為 highScore 的項目。接著用它的 keys 屬性來取得贏家。

使用 forEach 函式來印出每位贏家的名字。

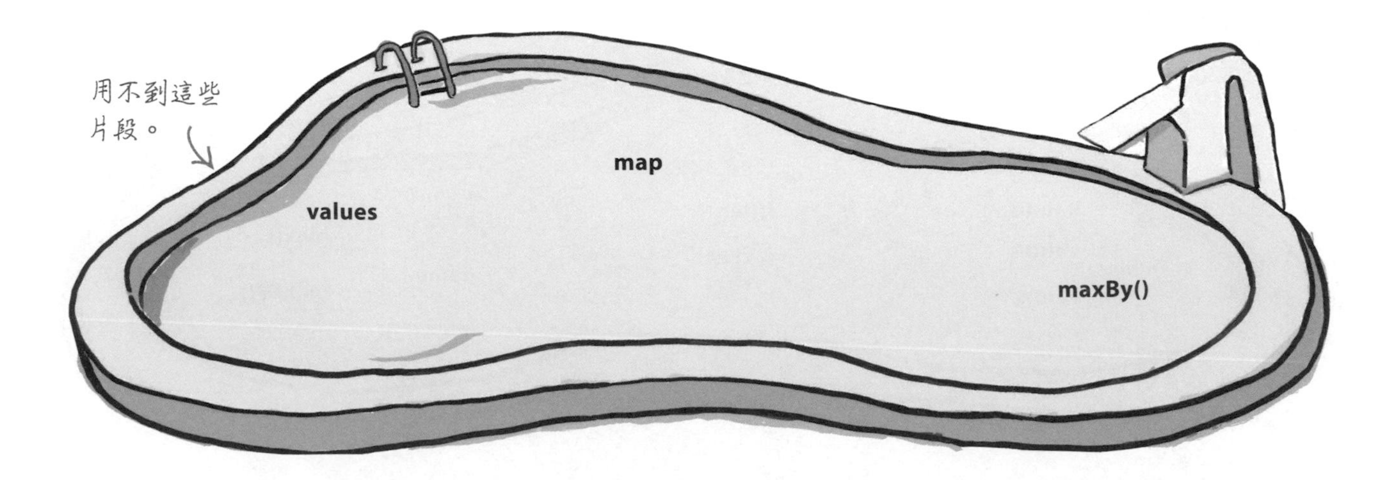

使用 groupBy 將集合分組

我們要介紹的下一個函式是 **groupBy**。這個函式可讓你根據一些規則（例如它的其中一個屬性的值），來將集合內的項目分組。例如，你可以用它（結合其他的函式呼叫式）來印出以 category 值分組的 Grocery 項目的名稱：

注意，你不能直接對著 Map 使用 groupBy，但你可以對著它的鍵、值與項目屬性來呼叫它。

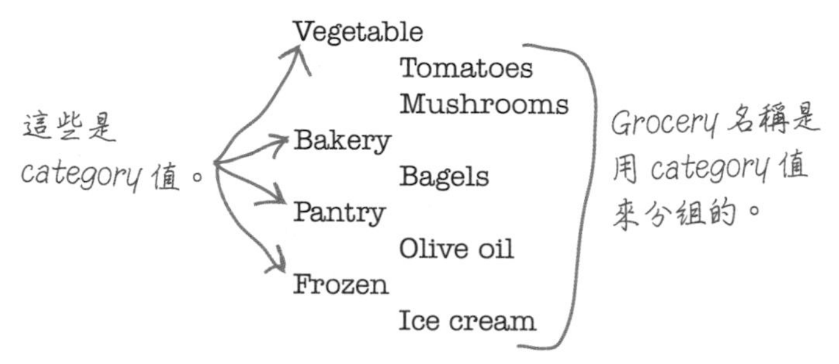

groupBy 函式接收一個參數，lambda，你可以用它來指定函式如何將集合的項目分組。例如，下面的程式用 category 值來將 groceries（它是 List<Grocery>）裡面的項目分組。

```
val groupByCategory = groceries.groupBy { it.category }
```

這就像是說"用 groceries 的 category 值來將它分組"。

groupBy 回傳 Map。它的鍵是用 lambda 內文傳入的規則，值是來自原始集合的項目組成的 List。例如，上面的範例建立的 Map 的鍵是 Grocery 項目 category 的值，值是一個 List<Grocery>：

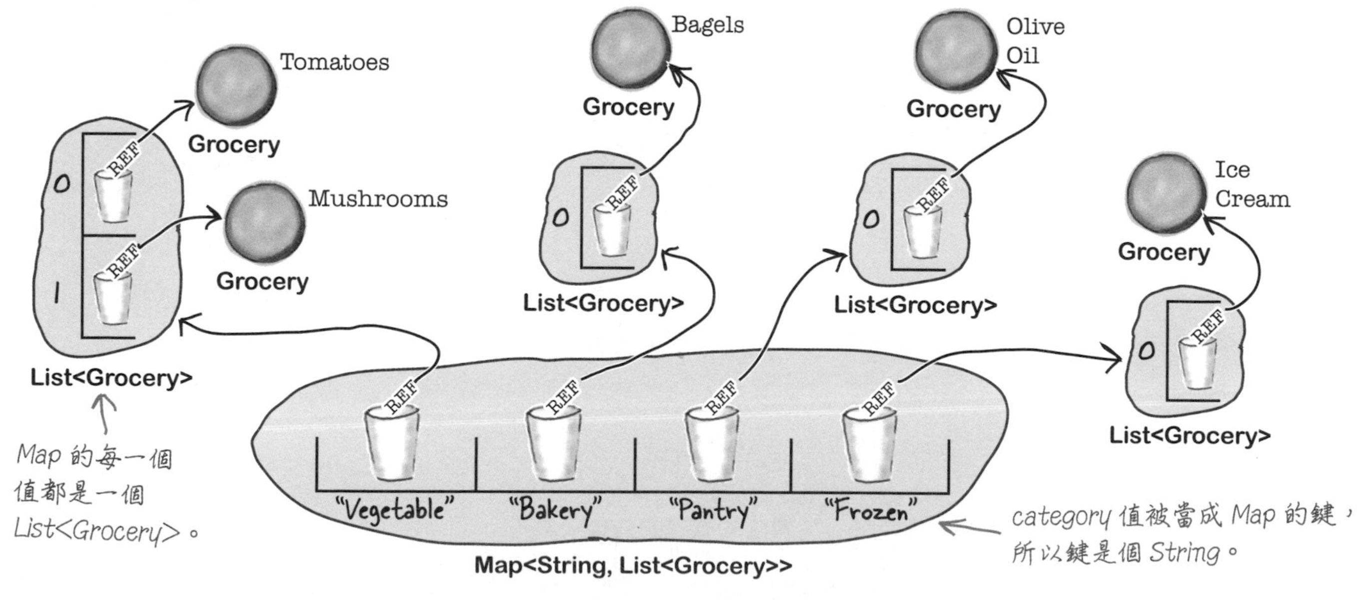

你可以在函式呼叫鏈裡面使用 groupBy

因為 groupBy 函式回傳的是存有 List 值的 Map，你可以進一步對這個回傳值執行高階的函式呼叫，就好像使用 filter 與 map 函式一樣。

想像你要印出 List<Grocery> 的每一個 category 值，以及 category 屬性是那個值的每一個 Grocery 項目的名稱。為此，你可以使用 groupBy 函式，用各個 category 值將 Grocery 項目分組，接著使用 forEach 函式來遍歷產生的 Map：

```
groceries.groupBy { it.category }.forEach {
    //其他程式
}
```

groupBy 回傳 Map，這代表我們可以對著它的回傳值呼叫 forEach 函式。

因為 groupBy 函式將 Grocery category 值當成鍵，我們可以將 println(it.key) 當成 lambda 傳給 forEach 函式：

```
groceries.groupBy { it.category }.forEach {
    println(it.key)
    //其他程式
}
```

這會印出 Map 的鍵（Grocery category 值）。

因為各個 Map 的值都是個 List<Grocery>，我們可以進一步呼叫 forEach，來印出 grocery 的各個項目的名稱：

```
groceries.groupBy { it.category }.forEach {
    println(it.key)
    it.value.forEach { println("    ${it.name}") }
}
```

這一行可取得 Map 的鍵的對應值。因為這是個 List<Grocery>，我們可以對它呼叫 forEach 來印出 Grocery 項目的名稱。

所以，執行上面的程式會產生下面的輸出：

```
Vegetable
        Tomatoes
        Mushrooms
Bakery
        Bagels
Pantry
        Olive oil
Frozen
        Ice cream
```

知道如何使用 groupBy 之後，我們來看高階函式旅程的最後一個函式：fold 函式。

如何使用 fold 函式？

fold 函式可謂 Kotlin 最靈活的高階函式。你可以對 fold 傳入初始值，並且用它來對集合的各個項目執行一些操作。例如，你可以用它來將 List<Int> 的各個項目相乘並回傳結果，或將 List<Grocery> 的各個項目的名稱串接起來，這些工作都只要用一行程式就可以完成。

你可以對 Map 的鍵、值與項目屬性呼叫 fold，但不能直接對 Map 呼叫它。

與本章談過的其他函式不同的是，fold 接收兩個參數：初始值，以及你想要用它來執行的操作（用 lambda 來指定）。所以，如果你有這個 List<Int>：

```
val ints = listOf(1, 2, 3)
```

你可以用 fold 來將它的各個項目與初始值 0 累加：

```
val sumOfInts = ints.fold(0) { runningSum, item -> runningSum + item }
```

這是初始值。

這告訴函式，你想要讓集合的每一個項目的值與初始值累加。

fold 函式的第一個參數是初始值，在這個例子中，它是 0。這個參數可以是任何型態，但它通常是 Kotlin 的基本型態，例如數字或 String。

第二個參數是 lambda，描述你希望用初始值對集合的各個項目進行的操作。在上面的例子中，我們想要讓每一個項目與初始值累加，所以使用這個 lambda：

```
{ runningSum, item -> runningSum + item }
```

我們將 lambda 參數稱為 runningSum 與 item，因為我們要將各個項目的值加上一個累加值。但是，你可以將任何有效的變數名稱當成參數名稱。

我們傳給 fold 的 lambda 有兩個參數，在這個例子中，我們使用具名的 runningSum 與 item。

第一個 lambda 參數 runningSum 的型態與你指定的初始值一樣。它會被設成這個初始值，所以在上面的例子中，runningSum 是個 Int，存有初始值 0。

第二個 lambda 參數 item 的型態與集合的項目一樣。在上面的例子中，我們對 List<Int> 呼叫 fold，所以項目的型態是 Int。

lambda 的內文是你想要對集合的每一個項目執行的操作，它的結果會被指派給 lambda 的第一個參數變數。在上面的例子中，函式接收 runningSum 的值，將它加上目前項目的值，並將這個新值指派給 runningSum。當函式遍歷集合的所有項目時，fold 會回傳這個變數的最終值。

我們來拆解呼叫 fold 函式時發生的事情。

幕後花絮：fold 函式

這是執行下面這段程式時發生的事情：

```
val sumOfInts = ints.fold(0) { runningSum, item -> runningSum + item }
```

其中 ints 的定義是：

```
val ints = listOf(1, 2, 3)
```

1. val sumOfInts = ints.fold(**0**) { **runningSum**, item -> runningSum + item }

   建立一個名為 runningSum 的 Int 變數，並將它設為初始值 0。這個變數是 fold 函式的區域變數。

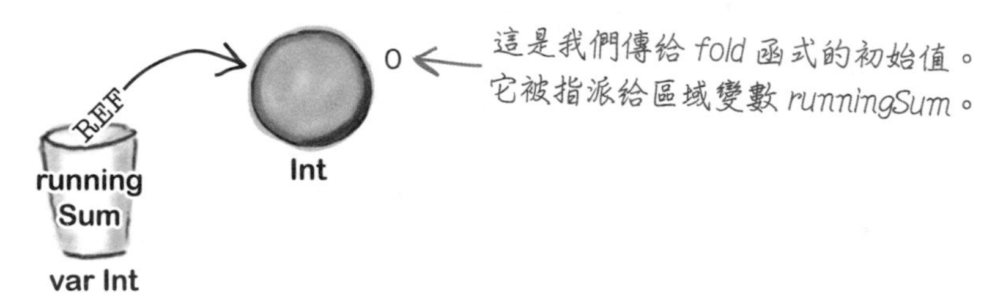

2. val sumOfInts = ints.fold(0) { runningSum, item -> **runningSum + item** }

   函式取出集合的第一個項目的值（它是個值為 1 的 Int），並將 runningSum 的值與它相加，將新值 1 指派給 runningSum。

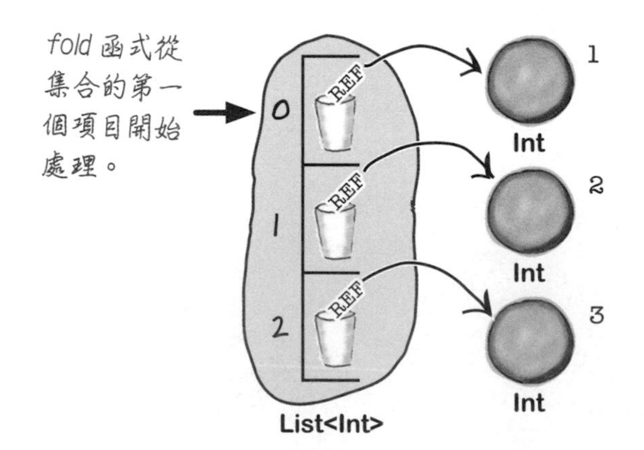

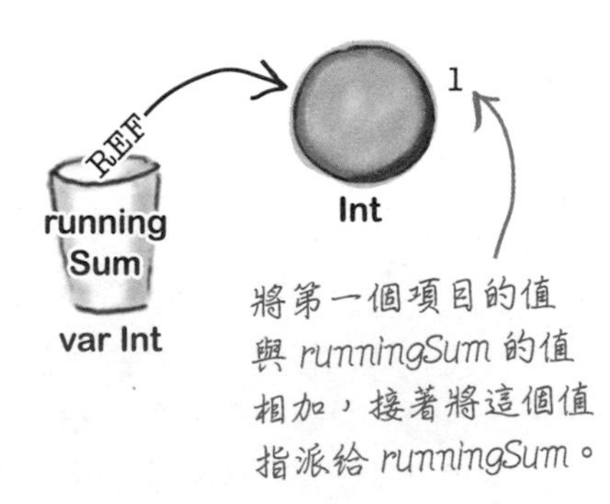

故事還沒結束…

3 val sumOfInts = ints.fold(0) { runningSum, item -> **runningSum + item** }

函式處理集合的第二個項目，它是值為 2 的 `Int`，將它與 `runningSum` 相加，所以 `runningSum` 的值變成 3。

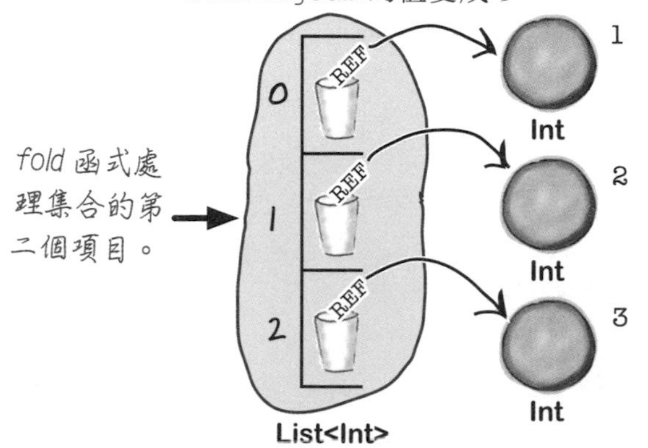

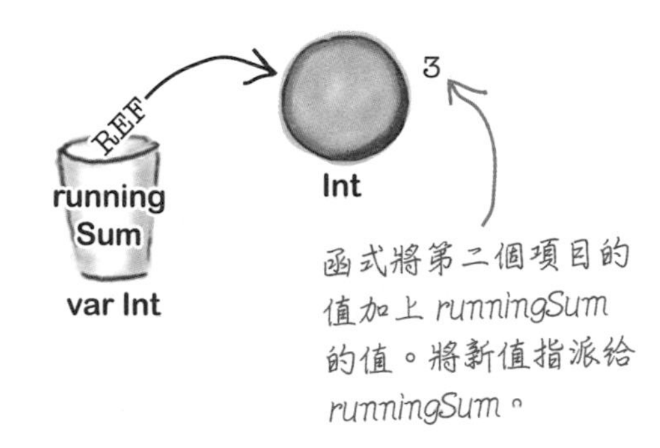

4 val sumOfInts = ints.fold(0) { runningSum, item -> **runningSum + item** }

函式處理集合的第三個，也是最後一個項目：值為 3 的 `Int`。將這個值加到 `runningSum`，所以 `runningSum` 的值變成 6。

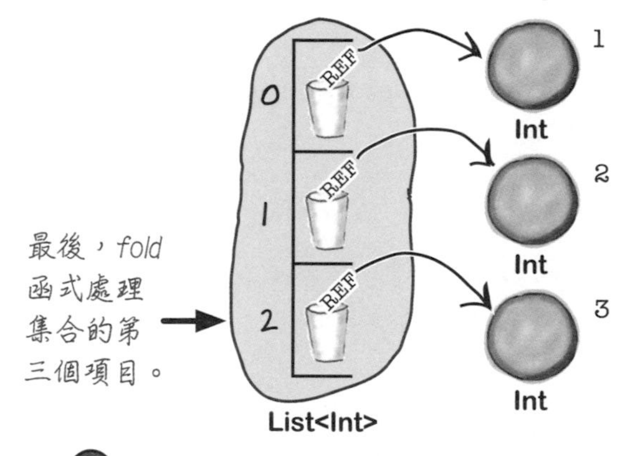

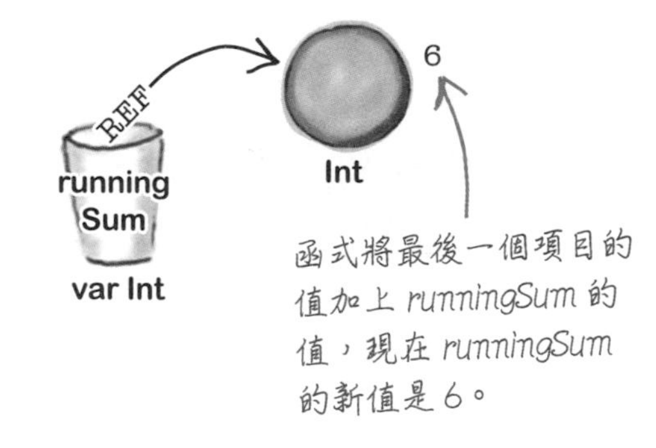

5 **val sumOfInts** = ints.fold(0) { runningSum, item -> runningSum + item }

因為集合沒有其他項目了，函式回傳 `runningSum` 最後的值，將這個值指派給新變數 `sumOfInts`。

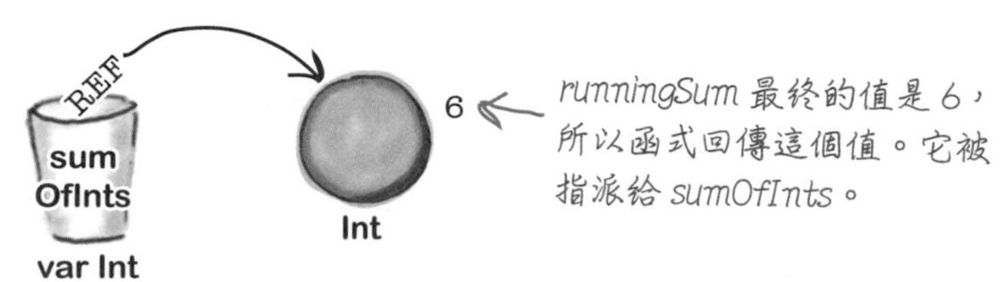

fold 的其他例子

知道如何使用 fold 函式來將 List<Int> 裡面的值相加之後，我們來看一些其他的例子。

算出 List<Int> 的乘積

如果你想要將 List<Int> 的所有成員相乘並回傳結果，可以將初始值 1 和執行乘法的 lambda 傳給 fold 函式：

```
ints.fold(1) { runningProduct, item -> runningProduct * item }
```

將 runningProduct 設為初始值 1。

將 runningProduct 乘以各個項目的值。

將 List<Grocery> 的每一個項目的名稱串接起來

如果你要將 List<Grocery> 的每一個 Grocery 項目的 name 串成一個 String，可以將初始值 "" 與執行串接的 lambda 傳給 fold 函式：

joinToString 函式也可以執行這種工作。

```
groceries.fold("") { string, item -> string + " ${item.name}" }
```

將初始值設為 ""。

這就像是說：對 groceries 的每一個項目執行 string = string + " ${item.name}"。

將初始值減去項目總價格

你也可以使用 fold 來算出當你購買 List<Grocery> 的所有項目之後，還剩下多少錢。做法是將初始值設為你身上的錢，並使用 lambda 內文來減去各個項目的 unitPrice 乘以 quantity 的值：

```
groceries.fold(50.0) { change, item
                      -> change - item.unitPrice * item.quantity }
```

將 change 的初始值設為 50.0。

處理 groceries 的每一個項目時，將 change 減去總價格 (unitPrice * quantity)。

知道如何使用 groupBy 與 fold 函式之後，我們來修改專案程式。

更改 Groceries 專案

我們要在 Groceries 專案中，加入一些使用 groupBy 與 fold 函式的程式。按照下面的程式來修改你的專案的 *Groceries.kt*（粗體是修改的地方）：

```
data class Grocery(val name: String, val category: String,
                   val unit: String, val unitPrice: Double,
                   val quantity: Int)

fun main(args: Array<String>) {
    val groceries = listOf(Grocery("Tomatoes", "Vegetable", "lb", 3.0, 3),
                           Grocery("Mushrooms", "Vegetable", "lb", 4.0, 1),
                           Grocery("Bagels", "Bakery", "Pack", 1.5, 2),
                           Grocery("Olive oil", "Pantry", "Bottle", 6.0, 1),
                           Grocery("Ice cream", "Frozen", "Pack", 3.0, 2))

    val vegetables = groceries.filter { it.category == "Vegetable" }
    println("vegetables: $vegetables")
    val notFrozen = groceries.filterNot { it.category == "Frozen" }
    println("notFrozen: $notFrozen")

    val groceryNames = groceries.map { it.name }
    println("groceryNames: $groceryNames")
    val halfUnitPrice = groceries.map { it.unitPrice * 0.5 }
    println("halfUnitPrice: $halfUnitPrice")

    val newPrices = groceries.filter { it.unitPrice > 3.0 }
            .map { it.unitPrice * 2 }
    println("newPrices: $newPrices")

    println("Grocery names: ")
    groceries.forEach { println(it.name) }

    println("Groceries with unitPrice > 3.0: ")
    groceries.filter { it.unitPrice > 3.0 }
            .forEach { println(it.name) }

    var itemNames = ""
    groceries.forEach({ itemNames += "${it.name} " })
    println("itemNames: $itemNames")
```

不需要這幾行了，所以刪除它們。

Groceries
src
Groceries.kt

下一頁還有程式。

程式還沒結束…

```
    groceries.groupBy { it.category }.forEach {
        println(it.key)
        it.value.forEach { println("    ${it.name}") }
    }

    val ints = listOf(1, 2, 3)
    val sumOfInts = ints.fold(0) { runningSum, item -> runningSum + item }
    println("sumOfInts: $sumOfInts")

    val productOfInts = ints.fold(1) { runningProduct, item -> runningProduct * item }
    println("productOfInts: $productOfInts")

    val names = groceries.fold("") { string, item -> string + " ${item.name}" }
    println("names: $names")

    val changeFrom50 = groceries.fold(50.0) { change, item
                                       -> change - item.unitPrice * item.quantity }
    println("changeFrom50: $changeFrom50")
}
```

將這幾行加入 main 函式。

Groceries
src
Groceries.kt

我們來執行一下程式。

測試

當我們執行程式時，IDE 的輸出視窗會顯示下面的文字：

```
Vegetable
   Tomatoes
   Mushrooms
Bakery
   Bagels
Pantry
   Olive oil
Frozen
   Ice cream
sumOfInts: 6
productOfInts: 6
names:  Tomatoes Mushrooms Bagels Olive oil Ice cream
changeFrom50: 22.0
```

沒有蠢問題

問：你說本章有些高階函式無法直接處理 Map，為何如此？

答：因為 Map 的定義與 List 和 Set 不太一樣，這會讓一些函式無法處理它。

在幕後，List 與 Set 都繼承 Collection 介面，該介面又繼承 Iterable 介面定義的行為。但是，Map 不繼承這兩個介面。所以 List 與 Set 都是 Iterable 型態，但 Map 不是。

這個差異非常關鍵，因為 fold、forEach 與 groupBy 等函式的設計都是針對 Iterables 的。因為 Map 不是 Iterable，如果你試著直接使用這些函式來處理 Map，就會得到編譯器錯誤。

但是，好消息是，Map 的 entries、keys 與 values 屬性都是 Iterable 型態：entries 與 keys 都是 Set，而 values 繼承 Collection 介面。也就是說，雖然你無法直接對 Map 呼叫 groupBy 與 fold 等函式，但你仍然可以用它們來處理 Map 的屬性。

問：我一定要傳遞初始值給 fold 函式嗎？難道我不能直接將集合的第一個項目當成初始值來使用？

答：當你使用 fold 函式時，必須指定初始值。這個參數是必要的，不能省略。

但是，如果你想要將集合的第一個項目當成初始值來使用，可以改用 **reduce** 函式。這個函式的運作方式類似 fold，只是你不需要指定初始值，它會自動將集合的第一個項目當成初始值來使用。

問：fold 是以特定順序來迭代集合嗎？我可以將這個順序反過來嗎？

答：fold 與 reduce 函式都是從左到右，從集合的第一個項目開始處理集合的項目。

如果你想要採取相反的順序，可以使用 **foldRight** 與 **reduceRight** 函式。這些函式可處理陣列與 List，但無法處理 Set 與 Map。

問：我可以更改 lambda 的 closure 的變數嗎？

答：可以。

之前提過，lambda 的 closure 是在 lambda 內文之外定義的變數，且 lambda 可以存取它們。與 Java 之類的語言不同的是，只要變數是用 var 來定義的，你就可以在 lambda 的內文更改那些變數。

問：Kotlin 還有許多高階函式嗎？

答：有。Kotlin 有許多高階函式，我們無法在本章一一介紹它們，所以只介紹我們認為最實用，或最重要的函式。但是，既然你已經知道如何使用這些函式了，我們認為你一定能夠活用所學。

你可以在線上文件找到完整的 Kotlin 函式（包括它的高階函式）：

https://kotlinlang.org/api/latest/jvm/stdlib/index.html

下面的程式定義 Grocery 資料類別，以及一個名為 groceries 的 List<Grocery>：

```
data class Grocery(val name: String, val category: String,
                   val unit: String, val unitPrice: Double,
                   val quantity: Int)

val groceries = listOf(Grocery("Tomatoes", "Vegetable", "lb", 3.0, 3),
                       Grocery("Mushrooms", "Vegetable", "lb", 4.0, 1),
                       Grocery("Bagels", "Bakery", "Pack", 1.5, 2),
                       Grocery("Olive oil", "Pantry", "Bottle", 6.0, 1),
                       Grocery("Ice cream", "Frozen", "Pack", 3.0, 2))
```

在下面寫出一段程式，計算蔬菜（vegetable）的總價格。

....

建立一個 List，在裡面放入總價格小於 5.0 的各個項目的名稱。

....

印出各個種類的總價格。

....

....

....

印出非瓶裝（bottle）的每一個項目的名稱，並且用單位（unit）來分組。

....

....

....

....

答案在第 392 頁。

連連看

下面有一段簡短的 Kotlin 程式。其中有一段程式不見了。你的任務是將左邊的候選程式放入上面的方塊，並指出執行的結果。有些輸出不會被用到，有些輸出會被使用多次。請將候選程式段落連到它的輸出。

將候選程式放在這裡。

每一段候選程式都有一個它可能產生的輸出，找出它們。

```
fun main(args: Array<String>) {
    val myMap = mapOf("A" to 4, "B" to 3, "C" to 2, "D" to 1, "E" to 2)
    var x1 = ""
    var x2 = 0

    [                                                    ]

    println("$x1$x2")
}
```

候選程式：

```
x1 = myMap.keys.fold("") { x, y -> x + y}
x2 = myMap.entries.fold(0) { x, y -> x * y.value }
```

```
x2 = myMap.values.groupBy { it }.keys.sumBy { it }
```

```
x1 = "ABCDE"
x2 = myMap.values.fold(12) { x, y -> x - y }
```

```
x2 = myMap.entries.fold(1) { x, y -> x * y.value }
```

```
x1 = myMap.values.fold("") { x, y -> x + y }
```

```
x1 = myMap.values.fold(0) { x, y -> x + y }
                .toString()
x2 = myMap.keys.groupBy { it }.size
```

可能的輸出：

```
10
```

```
ABCDE0
```

```
ABCDE48
```

```
43210
```

```
432120
```

```
48
```

```
125
```

答案在第 393 頁。

下面的程式定義 Grocery 資料類別，以及一個名為 groceries 的 List<Grocery>：

```
data class Grocery(val name: String, val category: String,
                   val unit: String, val unitPrice: Double,
                   val quantity: Int)

val groceries = listOf(Grocery("Tomatoes", "Vegetable", "lb", 3.0, 3),
                       Grocery("Mushrooms", "Vegetable", "lb", 4.0, 1),
                       Grocery("Bagels", "Bakery", "Pack", 1.5, 2),
                       Grocery("Olive oil", "Pantry", "Bottle", 6.0, 1),
                       Grocery("Ice cream", "Frozen", "Pack", 3.0, 2))
```

在下面寫出一段程式，計算蔬菜（vegetable）的總價格。

```
groceries.filter { it.category == "Vegetable" }.sumByDouble { it.unitPrice * it.quantity }
```

用 category 過濾，接著算出總價格。

建立一個 List，在裡面放入總價格小於 5.0 的各個項目的名稱。

```
groceries.filter { it.unitPrice * it.quantity < 5.0 }.map { it.name }
```

用 unitPrice * quantity 過濾，接著用 map 來轉換結果。

印出各個種類的總價格。

```
groceries.groupBy { it.category }.forEach {
    println("${it.key}: ${it.value.sumByDouble { it.unitPrice * it.quantity }}")
}
```

對於每一個種類…

…印出鍵，以及用 sumByDouble 處理各個值的結果。

印出非瓶裝（bottle）的各個項目的名稱，並且用單位（unit）來分組。

```
groceries.filterNot { it.unit == "Bottle"}.groupBy { it.unit }.forEach {
                    println(it.key)
                    it.value.forEach { println("    ${it.name}") }
}
```

用 unit 將結果分組。

取得 unit 值不是 "Bottle" 的項目。

印出結果 Map 的每一個鍵。

Map 的每一個鍵都是 List<Grocery>，所以我們可以用 forEach 來遍歷各個 List，並印出各個項目的名稱。

連連看解答

下面有一段簡短的 Kotlin 程式。其中有一段程式不見了。你的任務是將左邊的候選程式放入上面的方塊，並指出執行的結果。有些輸出不會被用到，有些輸出會被使用多次。請將候選程式段落連到它的輸出。

```
fun main(args: Array<String>) {
    val myMap = mapOf("A" to 4, "B" to 3, "C" to 2, "D" to 1, "E" to 2)
    var x1 = ""
    var x2 = 0
    [                                                    ]
    println("$x1$x2")
}
```

將候選程式放在這裡。

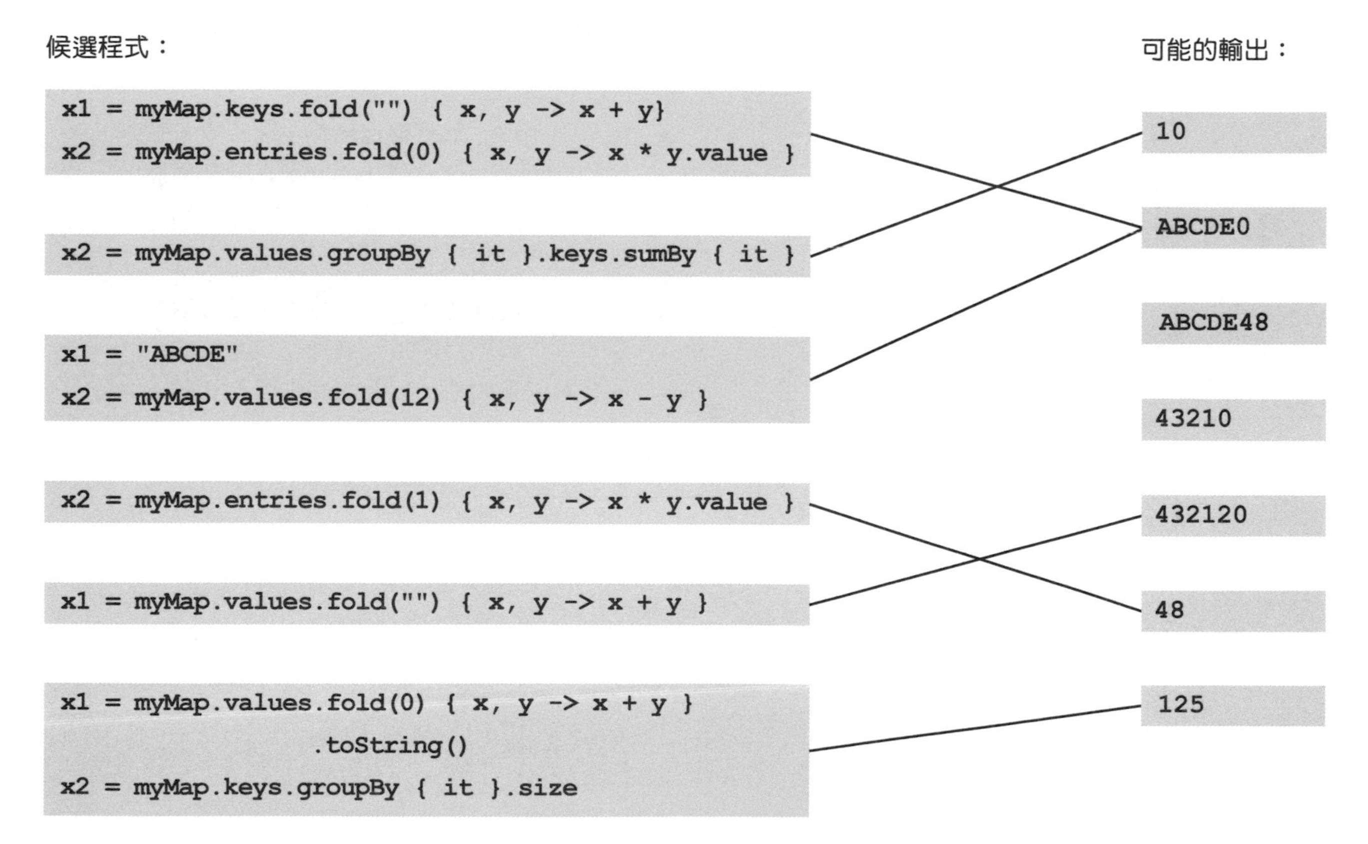

你的 Kotlin 工具箱

讀完第 12 章之後，你已經將內建高階函式加入工具箱了。

你可以從 https://tinyurl.com/HFKotlin 下載本章的完整程式碼。

重點提示

- 使用 `minBy` 與 `maxBy` 來尋找集合的最小與最大值。這些函式接收一個參數與一個指定函式規則的 lambda。它的回傳型態與集合的項目型態相符。
- 使用 `sumBy` 或 `sumByDouble` 來回傳集合項目的總和。它的參數，lambda，指定你想要總和的東西。如果它是 `Int`，就使用 `sumBy`，如果它是 `Double`，則使用 `sumByDouble`。
- `filter` 函式可以根據一些規則來搜尋或過濾集合。你要用 lambda 來指定規則，lambda 內文必須回傳一個 `Boolean`。`filter` 通常回傳一個 `List`。但是，如果你用這個函式來處理 `Map`，它會變成回傳 `Map`。
- `map` 函式可以根據 lambda 規則來轉換集合的項目。它回傳一個 `List`。
- `forEach` 的運作方式很像 `for` 迴圈。它可讓你對集合的各個項目執行一或多個動作。
- 用 `groupBy` 來將集合分組。它接收一個參數，lambda，這個 lambda 定義如何將項目分組。這個函式回傳一個 `Map`，它的鍵是 lambda 規則，值是 `List`。
- `fold` 函式可讓你指定初始值，並且對集合的每一個項目執行一些操作。它接收兩個參數：初始值，以及指定你想要執行的操作的 lambda。

再會了…

感謝蒞臨 Kotlin 小鎮

很捨不得看你離開，但是看到你能夠學以致用是我們最開心的事情。後面還有一些寶貴的內容，和一個方便的索引，看完它們之後，就是實際應用這些新知識的時候了。祝你一路順風！

附錄 i：協同程序

平行執行程式碼

有些工作最好在背景執行。

你應該不希望讓其他的程式停下來，等你從緩慢的外部伺服器讀取資料。在這種情況下，**協同程序（coroutine）是你的新戰友**。協同程序可讓你寫出**非同步執行的程式碼**。也就是說，它可讓你的停擺時間更少，產生更好的用戶體驗，應用程式也更有擴展性。繼續看下去，你會學到一邊與 Bob 談話，一邊聽著 Suzy 說話的技巧。

我們來做一個鼓機

協同程序可讓你建立多段**非同步**執行的程式碼。它可以讓你平行執行多段程式碼，而不是一個接著一個，依序執行執行它們。

使用協同程序的意思就是，你可以啟動一個背景工作（例如讀取外部伺服器資料），同時讓其他程式不需要等待工作完成就可以做別的事情。它可以讓用戶有更流暢的體驗，也可以讓應用程式更具擴展性。

為了說明使用協同程序對程式的影響，我們要用一些播放打鼓節拍的程式碼來製做一個鼓機。我們先按照下面的步驟來建立一個 Drum Machine 專案。

這個附錄的程式適用於 Kotlin 1.3 以上，在它之前的版本中，協同程序被標記為實驗性的。

1. 建立新的 GRADLE 專案

我們要建立新專案 **Gradle**，並設置它，以便編寫程式來使用協同程序。為此，建立一個新專案，選擇 Gradle 選項，並將 Kotlin (Java) 打勾。接著按下 Next 按鈕。

Gradle 是一種組建工具，可讓你編譯與部署程式碼，以及 include 你需要的第三方程式庫。我們在此使用 Gradle，以便在幾頁之後，將協同程序加入專案。

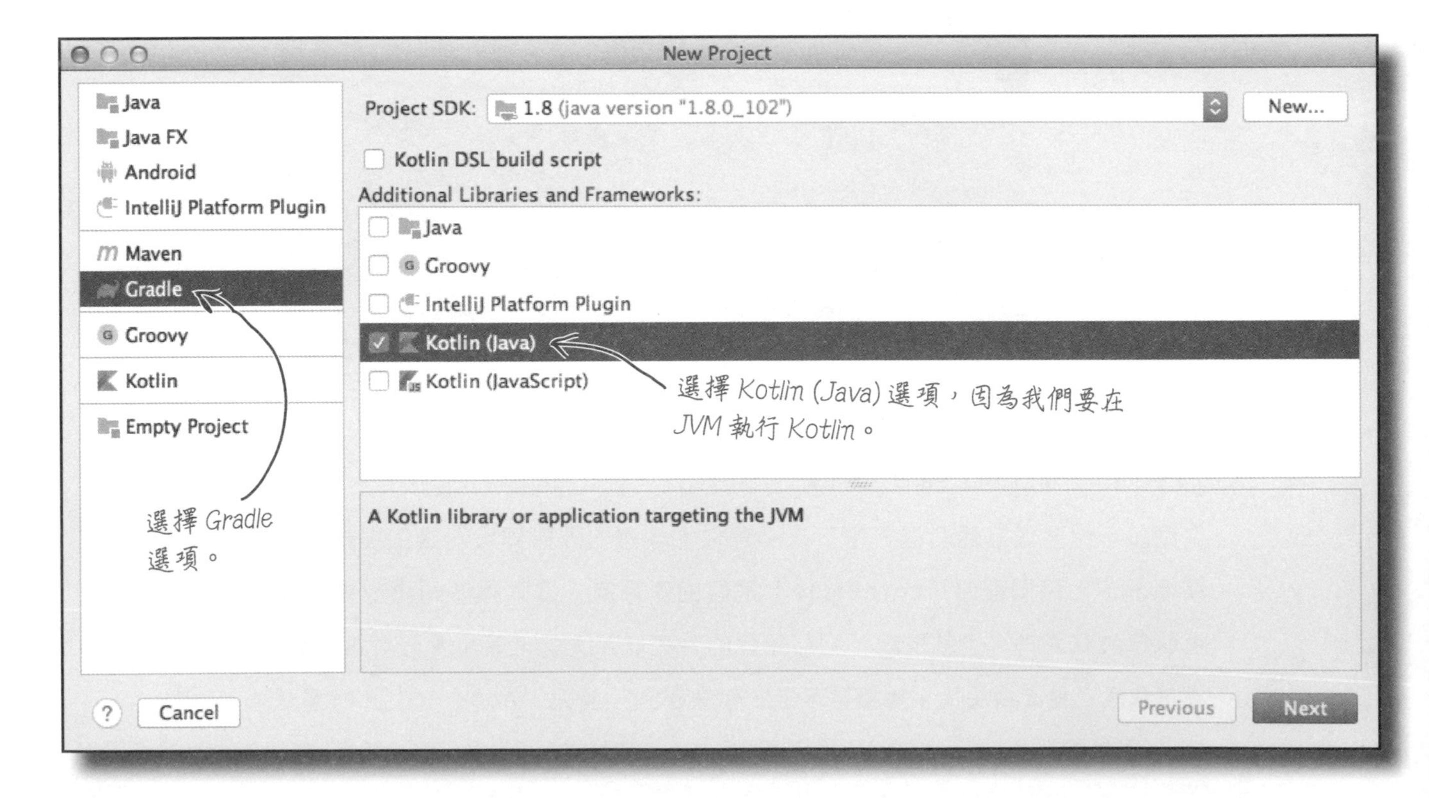

2. 輸入 artifact ID

在建立 Gradle 專案時，你必須指定 artifact ID。基本上它是專案的名稱，只是按照慣例，它是小寫的。輸入 “drummachine”，接著按下 Next 按鈕。

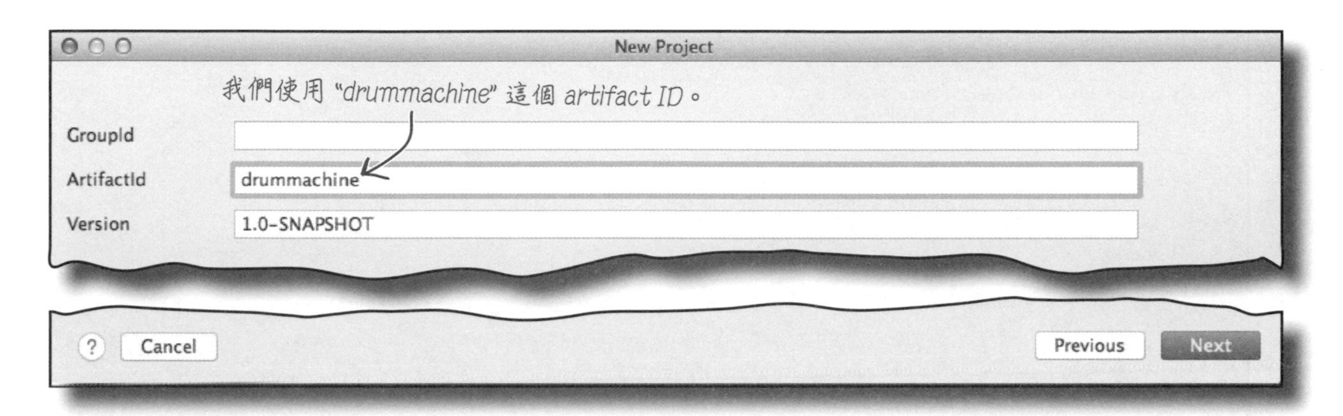

3. 指定設置細節

接下來要調整預設的專案設置。按下 Next 按鈕來接受預設值。

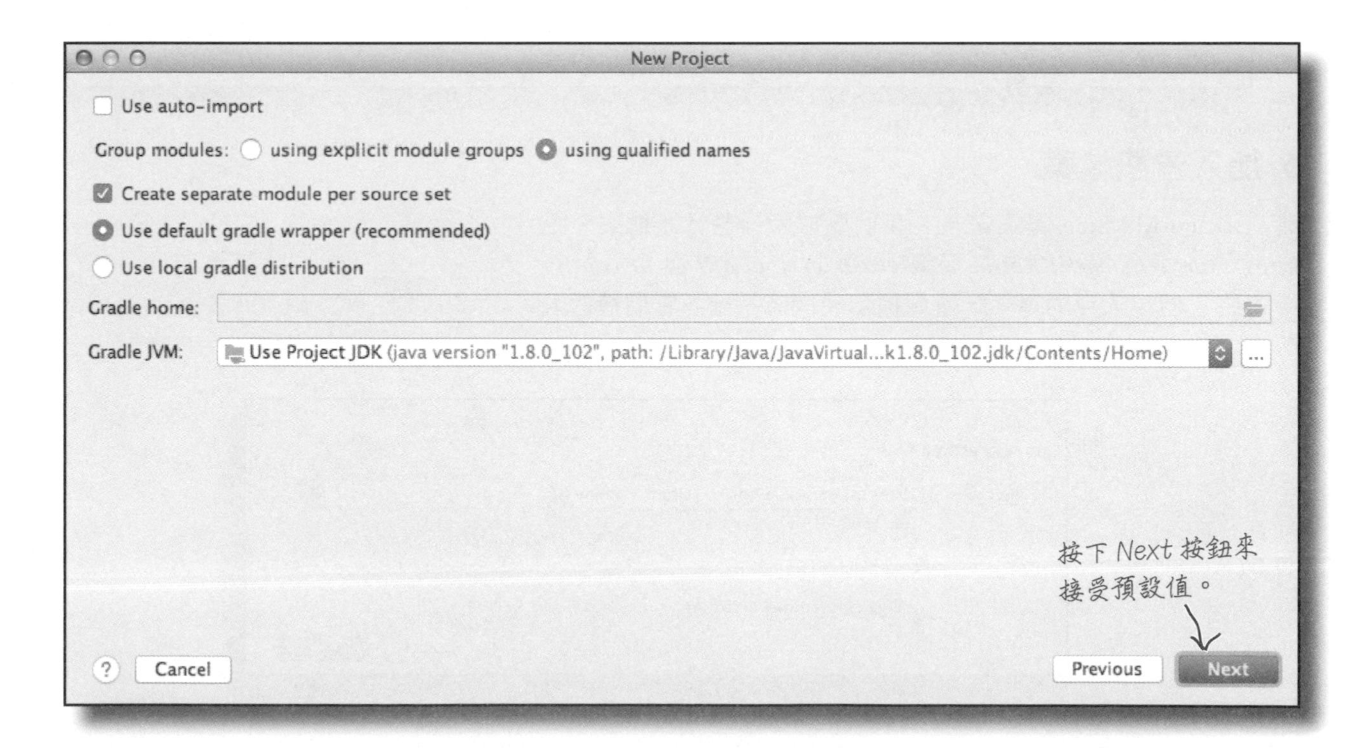

4. 指定專案名稱

最後，我們要指定專案名稱。將專案命名為 “Drum Machine”，按下 Finish 按鈕之後，IntelliJ IDEA 就會建立專案。

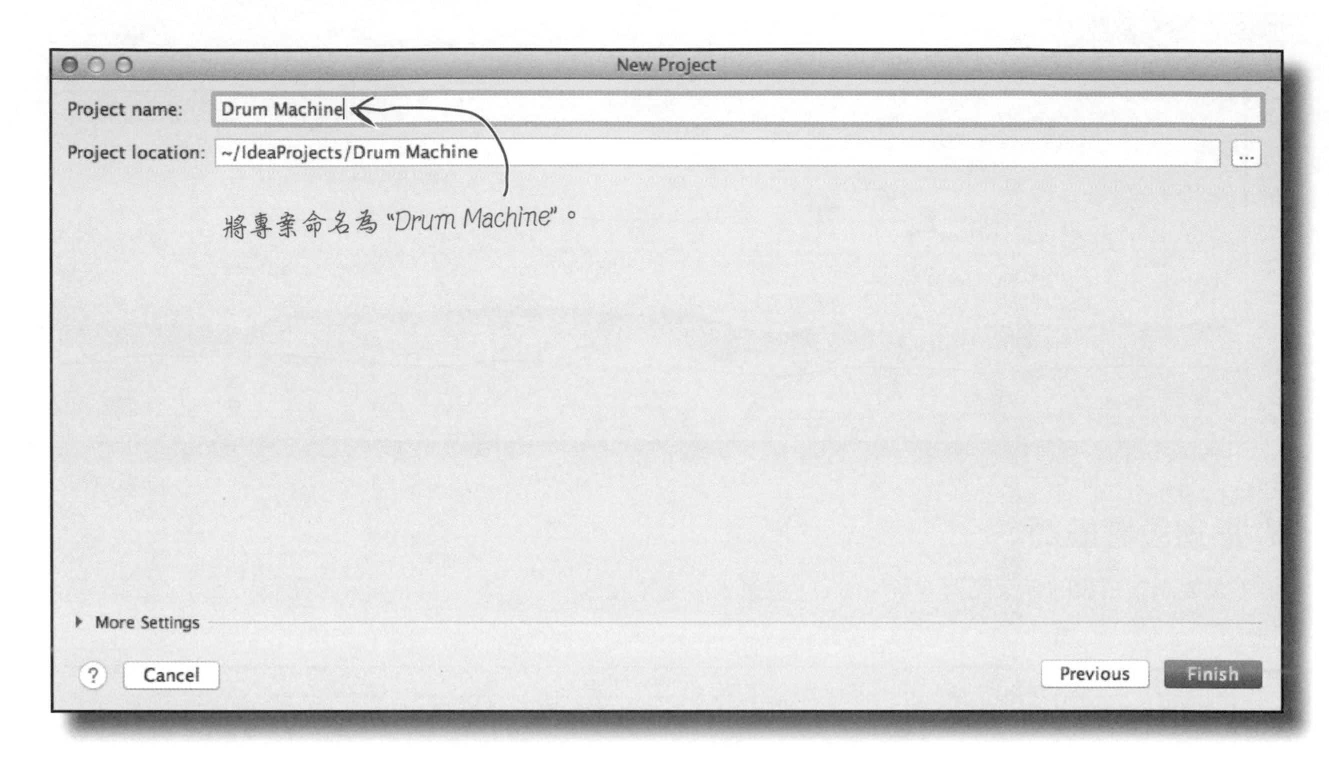

5. 加入音訊檔案

建立 Drum Machine 專案之後，我們要加入一些音訊檔案。從 *https://tinyurl.com/HFKotlin* 下載 *crash_cymbal.aiff* 與 *toms.aiff*，接著將它們拉入你的專案。看到提示視窗時，確認它們被放入 *Drum Machine* 資料夾。

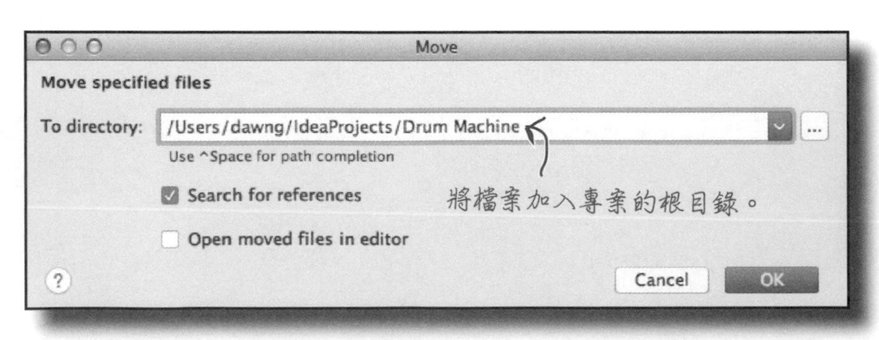

將程式加入專案

我們要將一些既有的鼓聲節拍播放程式碼加入專案。建立一個名為 *Beats.kt* 的 Kotlin 檔案，選擇 *src/main/kotlin* 資料夾，按下 File 選單，並選擇 New → Kotlin File/Class。將檔名設為 "Beats"，再將 Kind 設為 File。接著修改你的 *Beats.kt*，將它的內容換成下面的程式：

```
import java.io.File
import javax.sound.sampled.AudioSystem

fun playBeats(beats: String, file: String) {
    val parts = beats.split("x")
    var count = 0
    for (part in parts) {
        count += part.length + 1
        if (part == "") {
            playSound(file)
        } else {
            Thread.sleep(100 * (part.length + 1L))
            if (count < beats.length) {
                playSound(file)
            }
        }
    }
}

fun playSound(file: String) {
    val clip = AudioSystem.getClip()
    val audioInputStream = AudioSystem.getAudioInputStream(
        File(
            file
        )
    )
    clip.open(audioInputStream)
    clip.start()
}

fun main() {
    playBeats("x-x-x-x-x-x-", "toms.aiff")
    playBeats("x-----x-----", "crash_cymbal.aiff")
}
```

我們使用兩個 Java 程式庫，所以必須匯入它們。附錄 iii 會進一步說明 import 陳述式。

beats 參數指定節拍模式。file 參數指定想要播放的聲音檔案。

為 beats 參數的每一個 "x" 呼叫一次 playSound。

暫停目前的執行，讓聲音檔有時間可以執行。

播放指定的音訊檔案。

Drum Machine
src/main/kotlin
Beats.kt

播放鼓聲（tom）與鈸聲（cymbal）的聲音檔案。

我們來看看執行程式時發生什麼事。

測試

當我們執行程式後，它先播放鼓聲（*toms.aiff*），接著播放鈸聲（*crash_cymbal.aiff*）。它是依序執行的，所以會在鼓聲結束之後，再播放鈸聲：

Bam! Bam! Bam! Bam! Bam! Bam! Tish! Tish!

這段程式播放鼓聲檔案六次。

接著播放鈸聲檔案兩次。

但是如果我們想要平行執行鼓聲與鈸聲呢？

使用協同程序來平行播放節拍

如前所述，協同程序可讓你非同步執行多段程式碼。在本例中，這代表我們可以將鼓聲程式碼加入協同程序，讓它與鈸聲同時播放。

為了做到這一點，我們必須做兩件事：

1. **將協同程序當成依賴項目加入專案。**

   協同程序在不同的 Kotlin 程式庫裡面，我們必須先將它加入專案，才能使用它們。

2. **啟動協同程序。**

   將播放鼓聲的程式放入協同程序。

我們開始動手吧！

1. 加入協同程序依賴項目

如果你想要在專案中使用協同程序，就要先將它當成依賴項目加入你的專案。為此，打開 *build.gradle*，像這樣修改 dependencies 段落：

```
dependencies {
    compile "org.jetbrains.kotlin:kotlin-stdlib-jdk8"
    implementation 'org.jetbrains.kotlinx:kotlinx-coroutines-core:1.0.1'
}
```

將這一行加入 build.gradle，來將 coroutines 程式庫加入專案。

Drum Machine
build.gradle

接著按下 Import Changes 來讓變更生效。

如果你看到這個提示畫面，按下 Import Changes。

Gradle projects need to be imported
Import Changes Enable Auto-Import

接下來，我們要修改 main 函式，讓它使用協同程序。

2. 啟動協同程序

我們將播放鼓聲的程式碼放入 kotlinx.coroutines 程式庫的 **GlobalScope.launch** 呼叫式裡面，來讓程式在背景的獨立協同程序裡面播放鼓聲檔。在幕後，這會讓播放鼓聲的程式在背景運行，因此可以平行地播放兩種聲音。

這是新版的 main 函式，依此修改你的程式（粗體的地方）：

```
...
import kotlinx.coroutines.*
...

fun main() {
    GlobalScope.launch { playBeats("x-x-x-x-x-x-", "toms.aiff") }
    playBeats("x-----x-----", "crash_cymbal.aiff")
}
```

加入這一行，這樣才可以在程式中使用 coroutines 程式庫裡面的函式。

在背景啟動協同程序。

Drum Machine
src/main/kotlin
Beats.kt

我們來執行一下程式，看看它如何動作。

測試

當我們執行程式時，它會平行執行鼓聲與鈸聲。鼓聲是背景的協同程序播放的。

Bam! Bam! Bam! Bam! Bam! Bam!
Tish! Tish!

這一次，鼓聲與鈸聲是平行播放的。

知道如何在背景啟動協同程序，以及它的效果之後，我們來更深入地研究協同程序。

協同程序就像輕量的執行緒

在幕後，啟動協同程序就像啟動一個獨立的執行緒。執行緒在其他的語言中很常見，例如 Java。協同程序與執行緒都可以平行執行，並且互相溝通。但是，**它們之間最大的差異在於，使用協同程序比使用執行緒有效率。**

啟動執行緒並讓它持續執行是非常消耗效能的行為。處理器通常只能同時執行有限數量的執行緒，而且運行中的執行緒數量越少越有效率。另一方面，在預設的情況下，協同程序是在一個共享的執行緒池裡面執行的，同一個執行緒可以執行多個協同程序。因為使用的執行緒比較少，所以當你想要非同步執行工作時，使用協同程序更有效率。

在程式中，我們使用 `GlobalScope.launch` 在背景執行一個新的協同程序。在幕後，這會建立一個新的執行緒，讓協同程序在裡面執行，所以 *toms.aiff* 與 *crash_cymbal.aiff* 是在不同的執行緒裡面執行的。因為使用的執行緒越少越有效率，我們來看一下如何在同一個執行緒但不同的協同程序裡面播放聲音檔。

使用 runBlocking 在同一個作用域執行協同程序

如果你想要在同一個執行緒，但不同協同程序裡面執行程式，可以使用 **runBlocking** 函式。這是個高階函式，可阻擋目前的執行緒，直到你傳給它的程式碼執行完畢為止。runBlocking 函式定義一個讓它收到的程式碼繼承的作用域（scope），我們在例子中藉由這個作用域在同一個執行緒裡面運行不同的協同程序。

下面是採取這種做法的新 main 函式，依此修改你的程式（粗體部分）：

```
fun main() {
    runBlocking {
        GlobalScope.launch { playBeats("x-x-x-x-x-x-", "toms.aiff") }
        playBeats("x-----x-----", "crash_cymbal.aiff")
    }
}
```

將想要執行的程式包在 runBlocking 呼叫式裡面。

移除 GlobalScope。

Drum Machine
src/main/kotlin
Beats.kt

注意，我們現在使用 launch 而不是 GlobalScope.launch 來啟動新協同程序。因為我們想要啟動在同一個執行緒裡面執行的協同程序，而不是在不同的執行緒之下執行的。移除 GlobalScope，可讓協同程序的作用域與 runBlocking 一樣。

我們來看一下執行程式會發生什麼事。

測試

執行程式後，它會播放聲音檔，但這次是循序的，不是平行的。

Tish! Tish! Bam! Bam! Bam! Bam! Bam! Bam!

這段程式播放鈸聲檔兩次。

接著播放鼓聲檔六次。

哪裡出錯了？

Thread.sleep 會執行目前的執行緒

你或許已經發現，當我們將 playBeats 函式加入專案時，裡面有這行程式：

```
Thread.sleep(100 * (part.length + 1L))
```

為了讓它播放的聲音檔有時間執行，它使用 Java 程式庫來暫停目前的執行緒，並阻擋執行緒做任何其他事情。由於我們在同一個執行緒播放聲音檔，所以它們變成不是平行執行了，即使它們屬於不同的協同程序。

delay 函式可暫停目前的協同程序

在這種情況下，比較好的做法是改用協同程序的 **delay** 函式。它的效果與 Thread.sleep 很像，但它不是暫停目前的執行緒，而是暫停目前的協同程序。它會讓協同程序暫停指定的時間長度，讓同一個執行緒的其他程式得以執行。例如，這個例子延遲協同程序 1 秒鐘：

```
delay(1000)
```

delay 函式會加入一段暫停時間，但它比使用 Thread.sleep 更有效率。

你可以在兩種情況下使用 delay 函式：

- **在協同程序內。**

  例如，下面的程式在協同程序內呼叫 delay 函式：

```
GlobalScope.launch {
    delay(1000)
    //在 1 秒鐘之後執行的程式
}
```

我們啟動協同程序，再延遲它的程式碼 1 秒鐘。

- **在編譯器已經知道可能會暫停的函式裡面。**

在例子中，我們想要在 playBeats 函式裡面使用 delay 函式，所以我們必須告訴編譯器：playBeats 以及呼叫它的 main 函式可能會暫停。為此，我們在這兩個函式前面加上 suspend：

```
suspend fun playBeats(beats: String, file: String) {
    ...
}
```

suspend 前綴詞告訴編譯器可將這個函式暫停。

當你從其他函式呼叫可暫停的函式時（例如 delay），也必須將那個函式加上 suspend。

下一頁會展示這個專案完整的程式碼。

完整的專案程式

這是 Drum Machine 專案的完整程式，根據變動的地方（粗體）修改你的 *Beats.kt*：

```
import java.io.File
import javax.sound.sampled.AudioSystem
import kotlinx.coroutines.*

suspend fun playBeats(beats: String, file: String) {
    val parts = beats.split("x")
    var count = 0
    for (part in parts) {
        count += part.length + 1
        if (part == "") {
            playSound(file)
        } else {
            Thread.sleep delay(100 * (part.length + 1L))
            if (count < beats.length) {
                playSound(file)
            }
        }
    }
}

fun playSound(file: String) {
    val clip = AudioSystem.getClip()
    val audioInputStream = AudioSystem.getAudioInputStream(
        File(
            file
        )
    )
    clip.open(audioInputStream)
    clip.start()
}

suspend fun main() {
    runBlocking {
        launch { playBeats("x-x-x-x-x-x-", "toms.aiff") }
        playBeats("x-----x-----", "crash_cymbal.aiff")
    }
}
```

將 playBeats 加上 suspend，讓它可以呼叫 delay 函式。

將 Thread.sleep 換成 delay。

將 main 函式加上 suspend，這樣它才可以呼叫 playBeats 函式。

Drum Machine
src/main/kotlin
Beats.kt

我們來看看執行程式時發生什麼事。

測試

當我們執行程式時，它會像之前一樣，平行播放鼓聲與鈸聲。但是，這一次聲音檔是在同一個執行緒的不同協同程序運行的。

Bam! Bam! Bam! Bam! Bam! Bam!
Tish! Tish!

鼓聲與鈸聲仍然平行播放，但這一次以更有效率的方式來播放聲音檔。

你可以在此進一步瞭解協同程序：

https://kotlinlang.org/docs/reference/coroutines-overview.html

重點提示

- 協同程序可讓你非同步地執行程式。它們很適合執行背景工作。
- 協同程序就像輕量的執行緒。在預設情況下，協同程序是在共享的執行緒池裡面執行的，同一個執行緒可以執行許多協同程序。
- 要使用協同程序，你要建立 Gradle 專案，並將 coroutines 程式庫當成依賴項目加入 *build.gradle*。
- 使用 `launch` 函式來啟動新的協同程序。
- `runBlocking` 函式會阻擋目前的執行緒，直到它裡面的程式完成執行為止。
- `delay` 函式可暫停程式一段指定的時間。它可以在協同程序裡面使用，或是在標記 `suspend` 的函式裡面使用。

你可以從 https://tinyurl.com/HFKotlin 下載本章的完整程式碼。

附錄 ii：測試

讓程式碼對自己負責

所有人都知道，好程式是需要付出心力才能寫出來的。

但是你對程式做的每一次變動，都有可能引入新 bug，讓程式無法做它該做的事情。所以進行詳盡的測試非常重要，也就是說，你必須在將程式部署程式到實時環境之前，對它的問題瞭若指掌。這個附錄將討論 ***JUnit*** 與 ***KotlinTest*** 這兩種程式庫，它們可以**對程式執行單元測試**，讓你永遠被一張安全網守護。

Kotlin 可以使用既有的測試程式庫

如你所知，你可以將 Kotlin 程式編譯成 Java、JavaScript 或原生程式碼，所以你可以使用目標平台的既有程式庫。對測試而言，這代表你可以使用 Java 和 JavaScript 最熱門的測試程式庫來測試 Kotlin 程式碼。

我們來看看如何使用 JUnit 來對你的 Kotlin 程式碼執行單元測試。

加入 JUnit 程式庫

單元測試的用途是測試原始碼的各個單元，例如類別或函式。

JUnit 程式庫（*https://junit.org*）是最常用的 Java 測試程式庫。

為了在 Kotlin 專案中使用 JUnit，你必須先將 JUnit 程式庫加入專案。你可以前往 File 選單，並選擇 Project Structure → Libraries 來將程式庫加入專案，或者，如果你有 Gradle 專案，可以在 *build.gradle* 檔案裡面加入這幾行：

```
dependencies {
    ....
    testImplementation 'org.junit.jupiter:junit-jupiter-api:5.3.1'
    testRuntimeOnly 'org.junit.jupiter:junit-jupiter-engine:5.3.1'
    test { useJUnitPlatform() }
    ....
}
```

這幾行將 5.3.1 版的 JUnit 程式庫加入專案。如果你想要使用不同的版本，可以改變數字。

編譯程式之後，你可以在類別或函式名稱按下右鍵，接著選擇 Run 來執行測試。

為了瞭解如何使用 JUnit 來測試 Kotlin，我們要幫下面的 Totaller 類別寫一個測試：這個類別是用一個 Int 值來初始化的，它會用 add 函式來累加一個數值，並保存那個累加值：

```
class Totaller(var total: Int = 0) {
    fun add(num: Int): Int {
        total += num
        return total
    }
}
```

我們來看一下測試這個類別的 JUnit 測試長怎樣。

建立 JUnit 測試類別

這是用來測試 Totaller 的 JUnit 測試類別範例，它的名稱是 TotallerTest：

```
import org.junit.jupiter.api.Assertions.*
import org.junit.jupiter.api.Test

class TotallerTest {
    @Test
    fun shouldBeAbleToAdd3And4() {
        val totaller = Totaller()

        assertEquals(3, totaller.add(3))
        assertEquals(7, totaller.add(4))
        assertEquals(7, totaller.total)
    }
}
```

我們要用 JUnit 程式包的程式，所以必須匯入它。附錄 iii 會進一步說明 import 陳述式。

我們用 TotallerTest 類別來測試 Totaller。

這個註解將下列的函式標記為測試。

建立 Totaller 物件。

確認當我們加 3 時，回傳值是 3。

現在當我們加 4 時，回傳值應該是 7。

確認回傳值符合 total 變數的值。

你必須將每一個測試放在一個函式裡面，並在它前面加上註解 @Test。註解的用途是附加與程式碼有關的資訊，@Test 註解可以告訴工具“這是一個測試函式”。

測試是用動作與斷言組成的。動作是一段做事情的程式，斷言是一段檢查事情的程式。在上面的程式中，我們用叫做 assertEquals 的斷言來確定兩個值是不是相等。如果它們不相等，assertEquals 就會丟出例外，且測試失敗。

在上面的例子中，我們將測試函式命名為 shouldBeAbleToAdd3And4。但是，我們也可以使用較不常見的 Kotlin 功能，將函式名稱包在反單引號（`）裡面，接著在函式名稱加入空格與其他符號，來讓它更具說明性。例如：

```
....
@Test
fun `should be able to add 3 and 4 - and it mustn't go wrong`() {
    val totaller = Totaller()
...
```

這看起來很奇怪，但它是有效的 Kotlin 函式名稱。

大致而言，使用 JUnit 來測試 Kotlin 與使用它來測試 Java 專案幾乎一模一樣。但如果你想要採取更符合 Kotlin 風格的方式，也可以使用另一種程式庫，KotlinTest。

使用 KotlinTest

KotlinTest 程式庫（*https://github.com/kotlintest/kotlintest*）在設計上全面使用 Kotlin 語言，讓你可以用更富表現力的方式編寫測試。如同 JUnit，它是個獨立的程式庫，你必須將它加入專案才能使用它。

KotlinTest 非常龐大，可以讓你用許多風格編寫測試，例如這段程式是上一頁的 JUnit 程式的 KotlinTest 版本：

```
import io.kotlintest.shouldBe
import io.kotlintest.specs.StringSpec

class AnotherTotallerTest : StringSpec({
    "should be able to add 3 and 4 - and it mustn't go wrong" {
        val totaller = Totaller()

        totaller.add(3) shouldBe 3
        totaller.add(4) shouldBe 7
        totaller.total shouldBe 7
    }
})
```

我們使用這些 KotlinTest 程式庫的函式，所以必須匯入它們。

將 JUnit 測試函式換成 String。

我們用 shouldBe 來取代 assertEquals。

上面的測試看起來很像之前的 JUnit 測試，但是 `test` 函式變成 `String`，而且 `assertEquals` 呼叫式改成 `shouldBe` 運算式。它是個 **String Specification**（或 **StringSpec**）風格的 KotlinTest。KotlinTest 有許多種測試風格可用，你可以從中選擇最適合你的程式的那一種。

但是 Kotlin 並非只是改寫 JUnit（事實上，KotlinTest 在底層使用 JUnit）。KotlinTest 還有許多功能可讓你更輕鬆地建立測試，而且使用的程式碼比使用簡單的 Java 程式庫還要少。例如，你可以用整組的資料來測試程式。我們來看一個例子。

使用資料列，以一組資料進行測試

我們在這裡加入第二項測試，它使用資料列（row）來將許多不同的數字相加（粗體代表修改的地方）：

```
import io.kotlintest.data.forall
import io.kotlintest.shouldBe
import io.kotlintest.specs.StringSpec
import io.kotlintest.tables.row

class AnotherTotallerTest : StringSpec({
    "should be able to add 3 and 4 - and it mustn't go wrong" {
        val totaller = Totaller()

        totaller.add(3) shouldBe 3
        totaller.add(4) shouldBe 7
        totaller.total shouldBe 7
    }

    "should be able to add lots of different numbers" {
        forall(
                row(1, 2, 3),
                row(19, 47, 66),
                row(11, 21, 32)
        ) { x, y, expectedTotal ->
            val totaller = Totaller(x)
            totaller.add(y) shouldBe expectedTotal
        }
    }
})
```

我們使用這兩個額外的 KotlinTest 程式庫函式。

這是第二項測試。

我們用各個資料列來執行測試。

各列中的值會被指派給 x、y 與 expectedTotal 變數。

這兩行會執行每一個資料列。

你也可以使用 KotlinTest 來：

- 平行執行測試。
- 用生成的屬性來建立測試。
- 動態地啟用 / 停用測試。例如，讓一些測試在 Linux 執行，其他的在 Mac 執行。
- 將測試分組。

以及許多其他功能。如果你想要編寫大量的 Kotlin 程式，KotlinTest 絕對值得研究。

你可以在這裡找到更多 KotlinTest 的資訊：

https://github.com/kotlintest/kotlintest

（我們沒有談到的）十大要事

即使我們介紹了這麼多東西，遺珠之憾依然難以避免。

我們認為還有一些事情是你應該知道的，忽略它們會讓我們良心不安，而且我們真心希望你不需要苦苦尋找其他資訊就可以輕鬆閱讀這本書。在闔上書本之前，先**瞭解一下這些小花絮**吧！

#1 程式包與 import

第 9 章談過，Kotlin 標準程式庫將類別與函式分成許多程式包。不過當時有一件事沒有談到：你也可以將你自己的程式碼分成程式包。

將自己的程式碼放入程式包有兩大好處：

- **它可以協助你組織程式碼。**

  你可以按照特定的功能種類，用程式包將程式碼分組，就像資料結構或資料庫的做法。

- **它可以防止名稱衝突。**

  如果你有一個名為 Duck 的類別，將它放入程式包可以將它與尚未加入專案的任何其他 Duck 類別區分開來。

如何加入程式包？

要在 Kotlin 專案加入程式包，請點選 *src* 資料夾，並選擇 File → New → Package。看到提示視窗時，輸入程式包的名稱（例如 *com.hfkotlin.mypackage*），接著按下 OK。

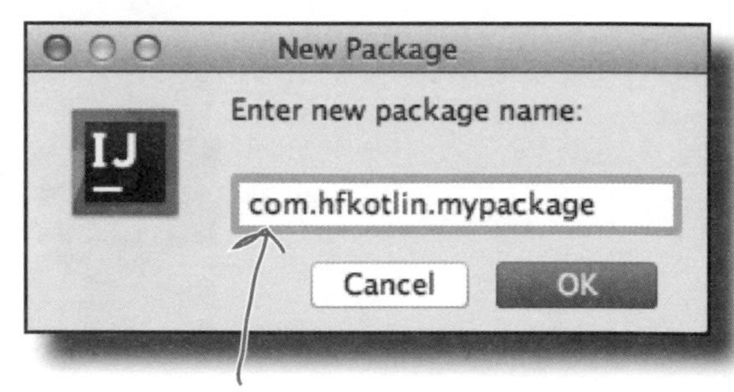

這是我們建立的程式包的名稱。

宣告程式包

將 Kotlin 檔案加入程式包之後（點選程式包的名稱，並選擇 File → New → Kotlin File/Class），就會自動將一個 **package** 宣告加入原始檔的開頭了，就像這樣：

```
package com.hfkotlin.mypackage
```

package 宣告可讓編譯器知道原始檔裡面的所有東西都屬於那一個程式包。例如，下面的程式指定 *com.hfkotlin.mypackage* 裡面有 Duck 類別與 doStuff 函式：

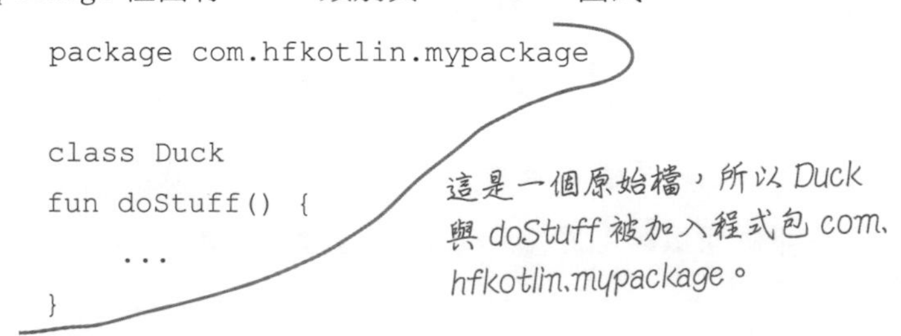

```
package com.hfkotlin.mypackage

class Duck
fun doStuff() {
    ...
}
```

這是一個原始檔，所以 Duck 與 doStuff 被加入程式包 com.hfkotlin.mypackage。

如果原始檔沒有 package 宣告，程式碼會被加入一個沒有名稱的預設程式包。

你的專案可以包含多個程式包，每一個程式包可以包含多個原始檔。但是，每一個原始檔只能有一個 package 宣告。

完整名稱

當你將類別加入程式包時，它的全名（或完整名稱）是程式包名稱加上類別名稱。所以如果 *com.hfkotlin.mypackage* 裡面有類別 Duck，Duck 類別的完整名稱就是 com.hfkotlin.mypackage.Duck。你仍然可以在同一個程式包裡面的任何程式中，將它稱為 Duck，但如果你想要在其他程式包裡面使用該類別，就必須告訴編譯器它的全名。

提供完整類別名稱的方式有兩種：在你的程式中，到處使用它的全名，或匯入它。

輸入完整名稱…

第一種做法是每當你在類別的程式包外面使用它時，就輸入它的完整名稱，例如：

```
package com.hfkotlin.myotherpackage

fun main(args: Array<String>) {
    val duck = com.hfkotlin.mypackage.Duck()
    ...
}
```

這是不同的程式包。

這是完整名稱。

但是，如果你需要多次使用這個類別名稱，或引用同一個程式包的多個項目，這種做法很麻煩。

…或匯入它

另一種做法是**匯入**類別或程式包，如此一來，你就不需要在每次使用 Duck 類別時，都輸入完整的名稱了。例如：

```
package com.hfkotlin.myotherpackage
import com.hfkotlin.mypackage.Duck

fun main(args: Array<String>) {
    val duck = Duck()
    ...
}
```

這一行匯入 Duck 類別…

…因此，我們不需要輸入完整名稱就可以引用它了。

你也可以使用下面的程式來匯入整個程式包：

```
import com.hfkotlin.mypackage.*
```

*代表"匯入這個程式包裡面的所有東西"。

如果類別的名稱互相衝突（重複），你可以使用 **as** 關鍵字：

```
import com.hfkotlin.mypackage.Duck
import com.hfKotlin.mypackage2.Duck as Duck2
```

你可以使用 "Duck2" 來引用 mypackage2 裡面的 Duck 類別。

預設匯入的程式包

下面的程式包預設會被自動匯入每一個 Kotlin 檔案：

*kotlin.**

*kotlin.annotation.**

*kotlin.collections.**

*kotlin.comparisons.**

*kotlin.io.**

*kotlin.ranges.**

*kotlin.sequences.**

*kotlin.text.**

如果你的目標平台是 JVM，下面的程式包也會被匯入：

*java.lang.**

*kotlin.jvm.**

如果你的目標平台是 JavaScript，會改成匯入這個程式包：

*kotlin.js.**

#2 可見範圍修飾符

可見範圍修飾符可讓你設定程式的可見範圍，例如類別與函式。比方說，你可以宣告一個類別只讓它的原始檔裡面的程式使用，或宣告一個成員函式只讓所屬類別裡面的程式使用。

Kotlin 有四種可見範圍修飾符：**public**、**private**、**protected** 與 **internal**。我們來看一下如何使用它們。

可見範圍修飾符與頂級程式碼

如你所知，你可以直接在原始檔或程式包裡面宣告類別、變數與函式這類的程式碼。在預設情況下，這些程式碼的可見範圍都是 public，你可以在任何一個匯入它的程式包裡面使用它。但是，你也可以改變這個行為，在宣告式前面加上下列的可見範圍修飾符：

請記得：如果你沒有指定程式包，在預設情況下，程式碼會被自動加入一個無名程式包。

修飾符：	功能：
public	讓宣告式可被任何地方看見。這是預設套用的選項，所以可以省略。
private	讓宣告式可被它的原始檔裡面的程式碼看見，但無法被其他地方的程式碼看見。
internal	讓宣告式可被同一個模組裡面的程式碼看見，但無法被其他地方的程式碼看見。模組是一組一起編譯的 Kotlin 檔案，例如 IntelliJ IDEA 模組。

注意，在原始檔或程式包的頂層不能使用 protected。

例如，下面的程式指定 Duck 類別是 public，讓它可被任何程式碼看見，但 doStuff 函式是 private，只能被它的原始檔裡面的程式看見：

```
package com.hfkotlin.mypackage

class Duck

private fun doStuff() {
    println("hello")
}
```

Duck 沒有可見範圍修飾符，所以它是 public。

doStuff() 被標為 private，所以它只能在它被定義的原始檔裡面使用。

你也可以幫類別與介面成員加上可見範圍修飾符。我們來看一下如何使用它們。

可見範圍修飾符與類別 / 介面

下面的可見範圍修飾符可以用於屬性、函式以及其他類別或介面的成員：

修飾符：	功能：
public	讓可以看見類別的所有地方都可以看見成員。這是預設套用的選項，所以可以省略。
private	讓類別裡面可以看見成員，但其他地方都無法看見。
protected	讓類別及其子類別裡面可以看見成員。
internal	讓模組裡面可以看見類別的程式都可以看見成員。

在下面的例子中，有一個使用可見範圍修飾符來標示屬性的類別，以及一個覆寫它的子類別：

```
open class Parent {
    var a = 1
    private var b = 2
    protected open var c = 3
    internal var d = 4
}

class Child: Parent() {
    override var c = 6
}
```

因為 b 是 private，它只能在這個類別裡面使用。它無法被 Parent 的任何子類別看見。

Child 類別可以看見 a 與 c 屬性，如果 Parent 與 Child 是在同一個模組裡面定義的，它也可以存取 d 屬性。但是，Child 無法看見 b 屬性，因為它的可見範圍修飾符是 private。

注意，如果你覆寫 protected 成員，就像上面的例子，子類別的該成員預設也是 protected。但是，你可以改變它的可見範圍，例如：

```
class Child: Parent() {
    public override var c = 6
}
```

現在可以看見 Child 類別的地方都可以看見 c 屬性了。

在預設情況下，類別建構式是 public，所以可以看見那個類別的程式都可以看見它們。但是，你可以用可見範圍修飾符來改變建構式的可見範圍，並且在建構式前面加上 constructor 關鍵子。例如，如果類別的定義是：

```
class MyClass(x: Int)
```

在預設情況下，MyClass 主建構式是 public。

你可以這樣子將它的建構式變成 private：

```
class MyClass private constructor(x: Int)
```

這段程式將主建構式變成 private。

#3 enum 類別

enum 類別可以幫變數指定對它來說有效的值。

假設你要幫樂團寫一個應用程式，你想要確保變數 `selectedBandMember` 只會被設為有效的樂團成員值。為了執行這種工作，我們可以建立一個 enum 類別 `BandMember`，在裡面放入有效值：

```
enum class BandMember { JERRY, BOBBY, PHIL }
```

這個 enum 類別有三個值：JERRY、BOBBY 與 PHIL。

接著我們可以將 `selectedBandMember` 變數的型態設為 `BandMember`，讓它只能儲存那些值：

```
fun main(args: Array<String>) {
    var selectedBandMember: BandMember
    selectedBandMember = BandMember.JERRY
}
```

變數的型態是 BandMember…

…所以我們可以指派 BandMember 的其中一個值給它。

enum 類別的每一個值都是一個常數。

每一個 enum 常數都是一個 enum 類別的實例。

enum 建構式

你可以幫 enum 類別加入建構式，用它來將每一個 enum 值初始化。這種做法之所以可行，是因為 **enum 類別定義的每一個值都是該類別的實例**。

為了瞭解它如何運作，假設我們想要指定每一位樂團成員使用的樂器。我們在 `BandMember` 建構式加入一個 `String` 變數 `instrument`，並且將類別裡面的每一個值設為適當的初始值。程式如下：

```
enum class BandMember(val instrument: String) {
    JERRY("lead guitar"),
    BOBBY("rhythm guitar"),
    PHIL("bass")
}
```

在 BandMember 建構式定義 instrument 屬性。在 enum 類別裡面的每一個值都是一個 BandMember 的實例，所以每一個值都有這個屬性。

接著我們可以讀取它的 `instrument` 屬性，來取得樂團成員使用的樂器：

```
fun main(args: Array<String>) {
    var selectedBandMember: BandMember
    selectedBandMember = BandMember.JERRY
    println(selectedBandMember.instrument)
}
```

這會輸出 "lead guitar"。

enum 屬性與函式

我們在上一個範例將一個屬性加入 BandMember 類別，做法是將它加入 enum 類別的建構式。 你也可以將屬性與函式加入類別的內文。例如，下面的程式將一個 sings 函式加入 BandMember enum 類別：

```
enum class BandMember(val instrument: String) {
    JERRY("lead guitar"),
    BOBBY("rhythm guitar"),
    PHIL("bass");

    fun sings() = "occasionally"
}
```

注意，我們要用一個 ";" 來將 sings() 函式與 enum 值隔開。

每一個 enum 值都有一個 sings() 函式，它會回傳 String "occasionally"。

在 enum 類別裡面定義的每一個值都可以覆寫它從類別定義式繼承的屬性與函式。例如，你可以覆寫 JERRY 與 BOBBY 的 sings 函式：

```
enum class BandMember(val instrument: String) {
    JERRY("lead guitar") {
        override fun sings() = "plaintively"
    },
    BOBBY("rhythm guitar") {
        override fun sings() = "hoarsely"
    },
    PHIL("bass");

    open fun sings() = "occasionally"
}
```

JERRY 與 BOBBY 都有它們自己的 sings() 實作。

因為我們在兩個地方覆寫 sings()，所以必須將它標為 open。

接著我們可以呼叫樂團成員的 sings 函式來得知他唱得怎樣：

```
fun main(args: Array<String>) {
    var selectedBandMember: BandMember
    selectedBandMember = BandMember.JERRY
    println(selectedBandMember.instrument)
    println(selectedBandMember.sings())
}
```

這一行呼叫 JERRY 的 sings() 函式，並輸出 "plaintively"。

#4 密封類別

enum 類別可讓你建立一組特定值，但有時你需要更多彈性。

假設你希望在應用程式中使用兩種不同的訊息類型：一種用於“成功”，另一種用於“失敗”。你希望將訊息限制為這兩種類型。

如果使用 enum 類別，程式將是：

```
enum class MessageType(var msg: String) {
    SUCCESS("Yay!"),
    FAILURE("Boo!")
}
```

MessageType enum 類別有兩個值：SUCCESS 與 FAILURE。

但是這種做法有兩個問題：

- **每一個值都是一個常數，只能以單一實例的方式存在。**
  例如，你無法在某種情況下改變 SUCCESS 值的 msg 屬性，因為這項變動會被應用程式的所有其他地方看見。

- **每一個值都必須有相同的屬性與函式。**
  為 FAILURE 值加入 Exception 屬性或許可以幫助你查看為何出錯，但 enum 類別不能讓你這樣做。

那麼，解決辦法是什麼？

讓密封類別來拯救你！

這種問題的解決方案是使用**密封類別**。密封類別就像 enum 類別的加強版。它可讓你將類別階層限制為特定的子型態集合，其中的每一個子型態都定義它自己的屬性與函式。與 enum 類別不同的是，你可以為每一種型態建立多個實例。

要建立密封類別，你要在類別名稱前面加上 **sealed**。例如，下面的程式建立一個密封類別 MessageType，它有兩個子型態，名為 MessageSuccess 與 MessageFailure。每一種子型態都有一個 String 屬性 msg，而 MessageFailure 子型態有個額外的 Exception 屬性 e：

```
sealed class MessageType
class MessageSuccess(var msg: String) : MessageType()
class MessageFailure(var msg: String, var e: Exception) : MessageType()
```

MessageType 是 sealed。

MessageSuccess 與 MessageFailure 繼承 MessageType，並且在它們的建構式裡面定義它們自己的屬性。

如何使用密封類別？

如前所述，密封類別可讓你為各個子型態建立多個實例。例如，下面的程式建立兩個 MessageSuccess 實例，與一個 MessageFailure 實例：

```
fun main(args: Array<String>) {
    val messageSuccess = MessageSuccess("Yay!")
    val messageSuccess2 = MessageSuccess("It worked!")
    val messageFailure = MessageFailure("Boo!", Exception("Gone wrong."))
}
```

接著你可以建立一個 MessageType 變數，並將下面其中一個訊息指派給它：

```
fun main(args: Array<String>) {
    val messageSuccess = MessageSuccess("Yay!")
    val messageSuccess2 = MessageSuccess("It worked!")
    val messageFailure = MessageFailure("Boo!", Exception("Gone wrong."))

    var myMessageType: MessageType = messageFailure
}
```

messageFailure 是 MessageType 的子型態，所以我們可以將它指派給 myMessageType。

因為 MessageType 是密封類別，子型態有限，你可以使用 when 來檢查各個子型態，而不需要使用額外的 else，就像這樣：

```
fun main(args: Array<String>) {
    val messageSuccess = MessageSuccess("Yay!")
    val messageSuccess2 = MessageSuccess("It worked!")
    val messageFailure = MessageFailure("Boo!", Exception("Gone wrong."))

    var myMessageType: MessageType = messageFailure
    val myMessage = when (myMessageType) {
        is MessageSuccess -> myMessageType.msg
        is MessageFailure -> myMessageType.msg + " " + myMessageType.e.message
    }
    println(myMessage)
}
```

myMessageType 只能有 MessageSuccess 或 MessageFailure 型態，所以不需要使用額外的 else 子句。

你可以前往這個網址，進一步瞭解如何建立與使用密封類別：*https://kotlinlang.org/docs/reference/sealed-classes.html*

#5 嵌套與內部類別

嵌套類別是在另一個類別裡面定義的類別。如果你想要讓外部的類別擁有不屬於它的主要目的的額外功能，或是把程式碼放在它被使用的地方附近，就很適合使用嵌套類別。

Kotlin 的嵌套類別就像 Java 的靜態嵌套類別。

在定義嵌套類別時，你要將它放在它的外部類別的大括號裡面。例如，下面的程式定義類別 Outer，以及它的嵌套類別 Nested：

```
class Outer {
    val x = "This is in the Outer class"

    class Nested {
        val y = "This is in the Nested class"
        fun myFun() = "This is the Nested function"
    }
}
```

這是嵌套類別。它被外部類別完全包住。

接著你可以這樣子引用 Nested 類別，以及它的屬性與函式：

```
fun main(args: Array<String>) {
    val nested = Outer.Nested()
    println(nested.y)
    println(nested.myFun())
}
```

建立一個 Nested 的實例，接著將它指派給一個變數。

如果你要透過外部類別的實例來使用嵌套類別，就必須先在外部類別裡面建立那個型態的屬性。例如，下面的程式是無法編譯的：

```
val nested = Outer().Nested()
```

這段程式無法編譯，因為它使用 Outer()，不是 Outer。

另一個限制是，嵌套類別無法使用外部類別的實例，所以無法使用它的成員。你無法在 Nested 裡面存取 Outer 的 x 屬性，例如下面的程式無法編譯：

```
class Outer {
    val x = "This is in the Outer class"

    class Nested {
        fun getX() = "Value of x is: $x"
    }
}
```

Nested 無法看見 x，因為它是在 Outer 類別裡面定義的，所以這一行無法編譯。

內部類別可以使用外部類別的成員

如果你希望嵌套類別能夠使用它的外部類別定義的屬性與函式，可以讓它成為**內部類別**。做法是在嵌套類別前面加上 **inner**。例如：

```
class Outer {
    val x = "This is in the Outer class"

    inner class Inner {
        val y = "This is in the Inner class"
        fun myFun() = "This is the Inner function"
        fun getX() = "The value of x is: $x"
    }
}
```

內部類別是可以使用外部類別成員的嵌套類別。所以在這個例子中，Inner 類別可以使用 Outer 的 x 屬性。

要使用內部類別，你可以建立一個外部類別的實例，接著用它來建立一個內部類別的實例。這個例子使用上面定義的 Outer 與 Inner 類別：

```
fun main(args: Array<String>) {
    val inner = Outer().Inner()
    println(inner.y)
    println(inner.myFun())
    println(inner.getX())
}
```

因為 Inner 是個內部類別，我們必須使用 Outer()，而不是 Outer。

或者，你可以在外部類別裡面，將一個內部類別型態的屬性實例化，例如：

```
class Outer {
    val myInner = Inner()

    inner class Inner {
        ...
    }
}

fun main(args: Array<String>) {
    val inner = Outer().myInner
}
```

Outer 的 myInner 屬性保存它的 Inner 類別的實例的參考。

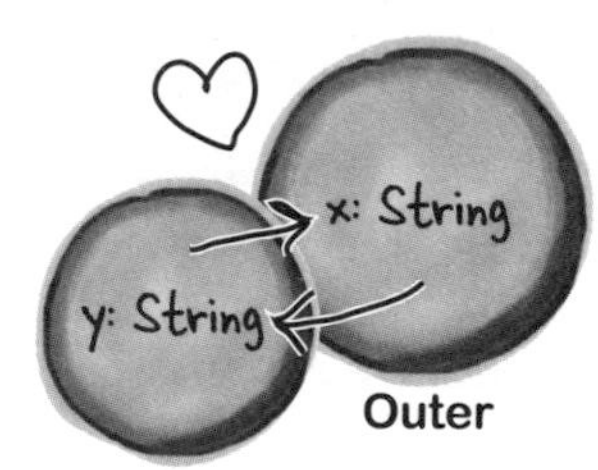

Inner 與 Outer 物件有一種特殊的關係。Inner 可以使用 Outer 的變數，反之亦然。

重點在於，內部類別的實例永遠與特定的外部類別實例綁定，所以如果你沒有先建立一個 Outer 物件，就無法建立 Inner 物件。

#6 物件宣告與運算式

有時你想要確保某個型態只能建立一個實例，例如，你可能想要用單一物件來協調整個應用程式的動作。此時，你可以使用 **object** 關鍵字來做**物件宣告式**。

如果你熟悉設計模式，物件宣告式就是 Kotlin 版的 Singleton。

物件宣告式可用單一陳述式來定義一個類別宣告式，並建立它的一個實例。當你將它放入原始檔或程式包的頂層時，那個型態永遠都只有一個實例被建立。

這是物件宣告式的樣子：

```
package com.hfkotlin.mypackage

object DuckManager {
    val allDucks = mutableListOf<Duck>()

    fun herdDucks() {
        //放牧 Duck 的程式碼
    }
}
```

DuckManager 是個物件。

它有一個 allDucks 屬性，與一個 herdDucks() 函式。

物件宣告式可以用一個陳述式來定義類別，並且建立它的一個實例。

你可以看到，物件宣告式就像類別定義式，不過它的前面是 object，不是 class。它跟類別一樣，可以擁有屬性、函式與初始化區塊，而且它可以繼承類別或介面。但是，你不能在物件宣告式裡面加入建構式。原因是當物件被訪問時，它就會被自動建立，所以建構式是多餘的。

你可以直接呼叫物件的名稱來引用物件宣告式建立的物件，並且使用它的成員。例如，如果你想要呼叫 DuckManager 的 herdDucks 函式，可以使用這種程式：

```
DuckManager.herdDucks()
```

除了將物件宣告式加入原始檔或程式包的頂層之外，你也可以將它放入類別。我們來看一下怎麼做。

類別物件…

下面的程式將一個物件宣告式 DuckFactory 加入 Duck 類別：

```
class Duck {
    object DuckFactory {
        fun create(): Duck = Duck()
    }
}
```

物件宣告式在類別的主內文裡面。

將物件宣告式加入類別後，它會建立一個屬於該類別的物件，它會幫每一個類別建立一個該物件實例，讓該類別的所有實例共用。

加入物件宣告式之後，你就可以用句點標記法，透過類別來使用物件。例如，下面的程式呼叫 DuckFactory 的 create 函式，並將結果指派給新變數 newDuck：

```
val newDuck = Duck.DuckFactory.create()
```

你要用 Duck 來使用物件，而不是 Duck()。

在類別裡面加入物件宣告式，可以建立一個屬於該類別的那一種型態的實例。

…以及 companion 物件

每一個類別都有一個物件可以用 **companion** 前綴詞來標記成**伴生**物件。伴生物件很像類別物件，只是你可以省略物件的名稱。例如，下面的程式將上面的 DuckFactory 物件變成無名的伴生物件：

```
class Duck {
    companion object DuckFactory {
        fun create(): Duck = Duck()
    }
}
```

在物件宣告式前面加上 companion 之後，你就不需要提供物件名稱了。但是，喜歡的話，你也可以使用名稱。

建立伴生物件之後，你只要引用類別名稱就可以使用它了。例如，下面的程式呼叫 Duck 的伴生物件定義的 create() 函式：

```
val newDuck = Duck.create()
```

要取得無名伴生物件的參考，你可以使用 Companion 關鍵字。例如，下面的程式建立一個新變數 x，並將它設為 Duck 的伴生物件的參考：

```
val x = Duck.Companion
```

認識物件宣告式與伴生物件之後，我們來看一下物件運算式。

你可以像 Java 的靜態方法那樣，在 Kotlin 使用伴生物件。

你加入伴生物件的每一個函式都會被所有類別實例共享。

物件運算式

物件運算式可以動態建立沒有預先定義的型態的匿名物件。

假設你想要建立一個物件來保存 x 與 y 座標的初始值。你不需要定義一個 Coordinate 類別並建立它的實例，只要建立一個物件，並使用屬性來保存 x 與 y 座標的值就可以了。例如，下面的程式建立一個新變數 startingPoint，並將這種物件指派給它：

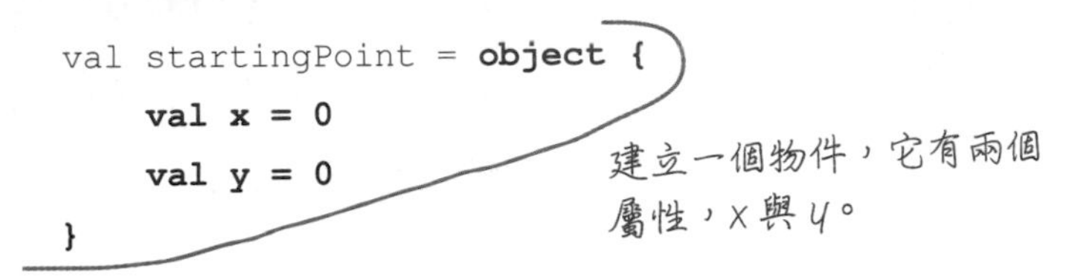

接著你可以這樣子引用物件的成員：

```
println("starting point is ${startingPoint.x}, ${startingPoint.y}")
```

物件運算式的主要用途相當於 Java 的匿名內部類別。如果你正在編寫 GUI 程式，突然發現你需要一個實作了 MouseAdapter 抽象類別的類別的實例，可以使用物件運算式來動態建立那個實例。例如，下面的程式將一個物件傳給函式 addMouseListener；那個物件實作 MouseAdapter 介面，並覆寫它的 mouseClicked 與 mouseEntered 函式：

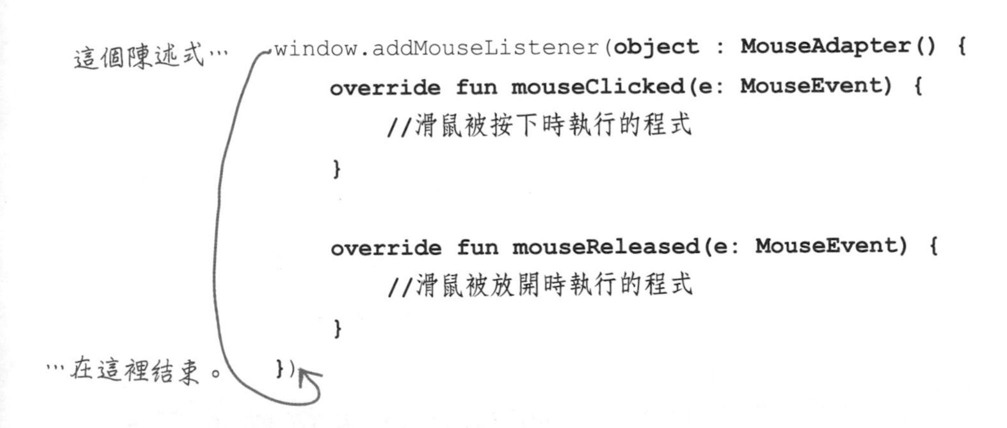

粗體的物件運算式就像是說"建立一個實作 MouseAdapter 的類別（沒有名稱）的實例，順便實作 mouseClicked 與 mouseReleased 函式"。換句話說，我們提供一個類別實作以及該類別的實例給 addMouseListener 函式，就在需要它的地方。

你可以到這個網址進一步瞭解物件宣告式與運算式：

https://kotlinlang.org/docs/reference/object-declarations.html

#7 擴展

擴展（extension）可讓你在既有的型態加入新函式與屬性，而不需要建立全新的子型態。

有一些 Kotlin 擴展程式庫可讓你的編程更輕鬆，例如可以協助你開發 Android app 的 Anko 與 Android KTX。

假設你有一個應用程式，它經常需要在 Double 前面加上 “$”，來將該值變成金額格式。你不需要一再地重複執行同樣的動作，只要寫一個擴展函式 toDollar 來處理 Double 就可以了。做法是：

```
fun Double.toDollar(): String {    // 定義函式 toDollar()，擴展 Double。
    return "$$this"                 // 回傳目前的值，在前面加上 $。
}
```

上面的程式指定一個名為 toDollar 的函式，它回傳一個 String，可以和 Double 值一起使用。這個函式接收目前的物件（以 this 來引用），在它的前面加上 “$”，並回傳結果。

建立擴展函式之後，你可以像使用任何其他函式一樣使用它。例如，下面的程式對著值為 45.25 的 Double 變數呼叫 toDollar 函式：

```
var dbl = 45.25
println(dbl.toDollar())     //印出 $45.25
```

你也可以像建立擴展函式一樣建立擴展屬性。例如，下面的程式為 String 建立一個擴展屬性 halfLength，可回傳目前的 String 除以 2.0 的長度：

```
val String.halfLength      // 定義可以和 String 一起使用的 halfLength 屬性。
   get() = length / 2.0
```

這是新屬性的使用範例：

```
val test = "This is a test"
println(test.halfLength)     //印出 7.0
```

你可以到這個網址進一步瞭解如何使用擴展（包括如何將它們加入伴生物件）：

https://kotlinlang.org/docs/reference/extensions.html

也可以到這裡進一步瞭解如何使用 this：

https://kotlinlang.org/docs/reference/this-expressions.html

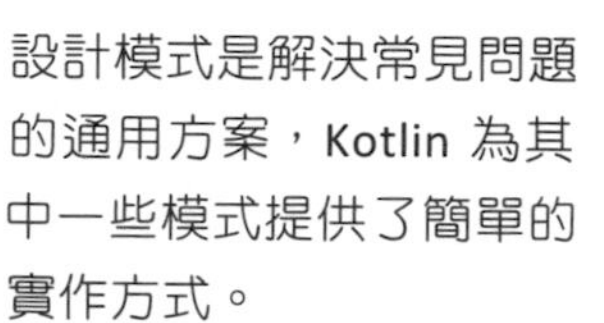

設計模式

設計模式是解決常見問題的通用方案，Kotlin 為其中一些模式提供了簡單的實作方式。

物件宣告式是 **Singleton** 模式的實作方式之一，因為每一個這種宣告都建立該物件的一個實例。**擴展**可代替 **Decorator** 模式，因為它們可以擴展類別與物件的行為。如果你想要用 **Delegation** 模式來取代繼承，可以到這裡瞭解細節：

https://kotlinlang.org/docs/reference/delegation.html

#8 return、break 與 continue

Kotlin 有三種跳出迴圈的方法：

- **return**

  如你所知，它可以讓你從函式內跳出。

- **break**

  終止包住它的迴圈（或跳到結束處），例如：

```
var x = 0
var y = 0
while (x < 10) {
    x++
    break
    y++
}
```

這段程式遞增 x，接著終止迴圈，不執行 y++ 這一行。最後 x 的值是 1，y 的值仍然是 0。

- **continue**

  前往包住它的迴圈的下一次迭代，例如：

```
var x = 0
var y = 0
while (x < 10) {
    x++
    continue
    y++
}
```

這會遞增 x，接著移回 while (x < 10) 這一行，不執行 y++ 這一行。它會不斷遞增 x，直到條件 (x < 10) 變成 false。x 最終值是 10，y 值維持 0。

與 break 及 continue 一起使用標籤

如果你有嵌套的迴圈，你可以使用**標籤（label）**來明確地指定想要跳出哪一個迴圈。標籤包含一個名稱與一個 @ 符號。例如，下面的程式有兩個迴圈，一個迴圈在另一個裡面。外面的迴圈有一個標籤 myloop@，我們在 break 運算式使用它：

```
myloop@ while (x < 20) {
    while (y < 20) {
        x++
        break@myloop
    }
}
```

這就像是說"跳出被標為 myloop@ 的迴圈（外部的迴圈）"。

當你同時使用 break 與標籤時，它會跳到該標籤的迴圈的結束處，所以在上面的例子中，它會終止外部迴圈。當你同時使用 continue 與標籤時，它會跳到那個迴圈的下一次迭代。

同時使用 return 與標籤

你也可以使用標籤來控制程式碼在嵌套函式裡面的行為，包括高階函式。

假設你有下面的函式，它呼叫 forEach 這個接收 lambda 的高階內建函式：

```
fun myFun() {
    listOf("A", "B", "C", "D").forEach {
        if (it == "C") return
        println(it)
    }
    println("Finished myFun()")
}
```

我們在 lambda 裡面使用 return。當我們到達 return 時，它會退出 myFun() 函式。

在這個範例中，當程式到達 retrun 時，它就會跳出 myFun 函式，所以這一行：

```
println("Finished myFun()")
```

永遠不會執行。

如果你要跳出 lambda，但想要繼續執行 myFun，可以為 lambda 加上標籤，讓 return 使用它。例如：

```
fun myFun() {
    listOf("A", "B", "C", "D").forEach myloop@{
        if (it == "C") return@myloop
        println(it)
    }
    println("Finished myFun()")
}
```

我們傳給 forEach 的 lambda 被標為 myloop@。lambda 的 return 使用這個標籤，所以執行到它那裡時，它會退出 lambda，並 return 到它的呼叫方（forEach 迴圈）。

你也可以將它換成**隱性**標籤，它的名稱與接收 lambda 的函式的名稱一樣：

```
fun myFun() {
    listOf("A", "B", "C", "D").forEach {
        if (it == "C") return@forEach
        println(it)
    }
    println("Finished myFun()")
}
```

我們用隱性標籤來告訴程式退出 lambda，並回到它的呼叫方（forEach 迴圈）。

這個網頁介紹如何使用標籤來控制程式應該跳到哪裡：

https://kotlinlang.org/docs/reference/returns.html

#9 其他有趣的函式功能

在這本書，你已經掌握許多關於函數的知識了，但是我們認為還有一些東西應該讓你知道。

vararg

如果你想要讓函式接收同一個型態的多個引數，但不知道有幾個，可以在參數前面加上 **vararg**，讓編譯器知道這個參數可以接收可變數量的引數。例如：

只有一個參數可以標為 vararg。它通常是最後一個參數。

vararg 前綴詞代表我們可以傳遞多個值給 int 參數。

```
fun <T> valuesToList(vararg vals: T): MutableList<T> {
    val list: MutableList<T> = mutableListOf()
    for (i in vals) {
        list.add(i)
    }
    return list
}
```

varag 值是用陣列傳給函式的，所以我們可以遍歷各個值。在此，我們將各個值加入一個 MutableList。

在呼叫有 vararg 參數的函式時，你只要傳值給它就可以了，就像呼叫任何其他種類的函式。例如，下面的程式將五個 Int 值傳給 valuesToList 函式：

```
val mList = valuesToList(1, 2, 3, 4, 5)
```

如果你有一個值陣列，可以在陣列名稱加上 *，來將它們傳給這個函式，它是**展開運算子（spread operator）**，這是一些使用它的例子：

```
val myArray = arrayOf(1, 2, 3, 4, 5)
val mList = valuesToList(*myArray)
val mList2 = valuesToList(0, *myArray, 6, 7)
```

這會將 myArray 的值傳給 valuesToList 函式。

將 0 傳給函式⋯

⋯接著是 myArray 的內容⋯

⋯接著是 6 與 7。

infix

在函式前面加上 **infix** 之後，你就可以在呼叫它時不使用句點標記法。這是 infix 函式的例子：

我們用 infix 來標記 bark()。

```
class Dog {
    infix fun bark(x: Int): String {
        //讓 Dog 吠 x 次的程式
    }
}
```

因為這個函式被標為 infix，你可以這樣子呼叫它：

```
Dog() bark 6
```

這會建立一個 Dog 並呼叫它的 bark() 函式，傳入 6 這個值。

如果函式是擴展函式的成員，而且有一個無預設值並且未被標記為 vararg 的參數，你就可以用 infix 標記函式。

inline

高階函式有時跑起來比較慢，但通常你可以在函式前面加上 **inline** 來改善它們的效能，例如：

```
inline fun convert(x: Double, converter: (Double) -> Double) : Double {
    val result = converter(x)
    println("$x is converted to $result")
    return result
}
```

這是我們在第 11 章寫過的函式，但在這裡，我們將它標為 inline 函式。

當你用這種方式來 inline 函式時，生成的程式碼會移除函式呼叫，將它換成函式的內容。這樣子可以移除呼叫函式的開銷，通常可讓程式跑得更快，但是在幕後，它會產生更多程式碼。

你可以到這個網址進一步瞭解這些技術的資訊，以及其他資訊：

https://kotlinlang.org/docs/reference/functions.html

#10 互動能力

本書開頭談過，Kotlin 可以和 Java 互動，而且 Kotlin 程式可以轉換成 JavaScript。如果你想要同時使用 Kotlin 與其他語言，我們建議你閱讀 Kotlin 的線上文件的互動能力（interoperability）章節。

與 Java 的互動

你可以幾乎毫無問題地從 Kotlin 呼叫所有 Java 程式。你只要匯入沒有被自動匯入的程式庫並使用它們即可。你可以在這個網站瞭解其他的注意事項，例如 Kotlin 如何處理 Java 送來的 null 值：

https://kotlinlang.org/docs/reference/java-interop.html

類似的情況，你可以到這裡瞭解如何在 Java 裡面使用 Kotlin 程式碼：

https://kotlinlang.org/docs/reference/java-to-kotlin-interop.html

同時使用 Kotlin 與 JavaScript

線上文件也有豐富的資訊介紹如何同時使用 Kotlin 與 JavaScript。例如，如果你的應用程式是以 JavaScript 為目標，可以使用 Kotlin 的 `dynamic` 型態，它可以有效率地關閉 Kotlin 的型態檢查機制：

```
val myDynamicVariable: dynamic = ...
```

你可以在這裡進一步瞭解 dynamic 型態：

https://kotlinlang.org/docs/reference/dynamic-type.html

你可以到這個網頁瞭解如何在 Kotlin 中使用 JavaScript：

https://kotlinlang.org/docs/reference/js-interop.html

並且在這裡瞭解如何在 JavaScript 使用 Kotlin 程式碼：

https://kotlinlang.org/docs/reference/js-to-kotlin-interop.html

如果你想要在多個目標平台共用你的程式碼，我們建議你看一下 Kotlin 對多平台專案的支援。你可以在這裡瞭解多平台專案的細節：

https://kotlinlang.org/docs/reference/multiplatform.html

用 Kotlin 編寫原生程式

你也可以使用 Kotlin/Native 將 Kotlin 程式碼編譯成原生二進制檔，詳情請見：

https://kotlinlang.org/docs/reference/native-overview.html

索引

符號

A

B

C

D

E

F

J

K

L

M

N

O

P

Q

R

S

T

U

V

W

深入淺出 Kotlin

作　　者：Dawn Griffiths, David Griffiths
譯　　者：賴屹民
企劃編輯：蔡彤孟
文字編輯：江雅鈴
設計裝幀：陶相騰
發 行 人：廖文良

發 行 所：碁峰資訊股份有限公司
地　　址：台北市南港區三重路 66 號 7 樓之 6
電　　話：(02)2788-2408
傳　　真：(02)8192-4433
網　　站：www.gotop.com.tw
書　　號：A586
版　　次：2019 年 08 月初版
建議售價：NT$780

國家圖書館出版品預行編目資料

深入淺出 Kotlin / Dawn Griffiths, David Griffiths 原著；賴屹民譯.
-- 初版. -- 臺北市：碁峰資訊, 2019.08
面；　公分
譯自：Head First Kotlin
ISBN 978-986-502-187-0(平裝)
1.系統程式　2.電腦程式設計
312.52　　108010416

讀者服務

- 感謝您購買碁峰圖書，如果您對本書的內容或表達上有不清楚的地方或其他建議，請至碁峰網站：「聯絡我們」\「圖書問題」留下您所購買之書籍及問題。(請註明購買書籍之書號及書名，以及問題頁數，以便能儘快為您處理）
http://www.gotop.com.tw

- 售後服務僅限書籍本身內容，若是軟、硬體問題，請您直接與軟、硬體廠商聯絡。

- 若於購買書籍後發現有破損、缺頁、裝訂錯誤之問題，請直接將書寄回更換，並註明您的姓名、連絡電話及地址，將有專人與您連絡補寄商品。